THE CARBON ALMANAC

カーボン・アルマナック

気候変動パーフェクト・ガイド

世界40カ国300人以上が作り上げた資料集

カーボン・アルマナック・ネットワーク
セス・ゴーディン＝編

平田仁子
Climate Integrate代表理事＝日本語版監修

日経ナショナル ジオグラフィック

本書の印刷には、可能な限り環境に配慮した資材を使用した。

本文用紙：S金菱FSC-MX
表紙：NEW-DV
カバー：ヴァンヌーボF-FS
帯：ヴァンヌーボF-FS

The Carbon Almanac
カーボンアルマナック

気候変動パーフェクト・ガイド

世界40カ国300人以上が作り上げた資料集

カーボン・アルマナック・ネットワーク、セス・ゴーディン＝編

平田仁子（Climate Integrate代表理事）＝日本語版監修

目次

3
いくつかのシナリオ

4
影響

5
解決策

6
それぞれの役割

7
進むべき道を見据えて

8
情報源

地球アイコン
自分の目で確かめよう

本書の執筆にあたり、多くの情報源を参考にした。各記事の末尾に地球アイコンとともに記した番号から**www.thecarbonalmanac.org/999**にアクセスすると、情報源のリンクに飛ぶことができる（999は記事の番号に置き換える）。**888**には引用とファクトボックスの出典がある。

日本語版監修者まえがき

世界各地で異常気象が頻発し、多くの人々の命が奪われ、経済や地域社会に壊滅的な被害をもたらしています。それなのに、各国はなおも化石燃料に依存し続けており、アントニオ・グテーレス国連事務総長が、「気候地獄に向かう高速道路でアクセルを踏み続けている」と強烈に警告するほど事態は深刻です。ともかく、急いでなんとかしなければなりません。

けれども一人ひとりにしてみれば、この問題は深く大きく、また複雑で難しいために、他人ごとになりがちです。自分に何ができるのか見当がつかなかったり、錯綜する断片的な情報に混乱してしまったりということも少なくありません。

私自身、確かな情報が体系的に共有されていないことが、多くの人々や企業を立ち止まらせていると感じています。ファクトに基づく情報をつかみとることは、とても重要です。

ですから、日経ナショナル ジオグラフィックよりいただいた本書の日本語版の監修は、この上ない好機会でした。まさに、ファクトを届け、何が起こっているのかをまず知ることに手を差し伸べる本だからです。

本書は、膨大なデータや情報を多数の協力者が総力を上げて収集し、気候変動に関するほぼ「すべて」と言ってよい内容を網羅的に収録しています。本の分厚さに圧倒されるかもしれませんが、一つひとつのトピックが短くまとめられており、読みやすいのも特徴です。

アメリカで出版された本ですので、事例やファクトはアメリカに関することが多く、日本の情報には物足りなさもあります。考えが一致しないところもあるかもしれません。それでも読者の皆さんは、本書を通じて、関心のあるテーマを見つけ、知らなかったファクトに遭遇し、自身と気候変動の接点や、行動する意味と糸口を見つけ出すことができるでしょう。

でも大事なのはそこからです。本書が呼びかけるのは、読者の皆さん一人ひとりが行動の担い手になることです。それも個人の行動を超え、より大きなシステムを変えていくための担い手です。

ぜひここから、皆さんなりの道を切り拓いていってください。

そして共に歩みましょう。

平田仁子
Climate Integrate代表理事

序文

エネルギーの話をしよう。

私たちは100年以上の長きにわたり、地面を掘ればいくらでもエネルギーを汲み出せるという好条件に恵まれてきた。安価で手に入る燃料を利用して、今の私たちを取り巻く世界を築き上げたのだ。そして、素晴らしい品々を生み出しながらも、価値ある資源を浪費し、そうしているうちに厄介な事態を招いてしまった。

しかし本書が扱うのは、それとはまた別のエネルギーだ。希望、そして結び付きがもたらすエネルギーだ。問題を解決して状況を改善するために、人間に備わった能力だ。

手を打つのには遅過ぎるなどということはない。

とはいえ急ぐ必要はあるだろう。自分たちが抱えている問題の大きさを論じたり、これまでの状況を嘆いたりして無駄にする時間は少しもない。けれどもその代わりに、希望や結び付きを頼りにすることはできる。

手遅れではないと分かれば希望が持てる。

さらに、協調して活動し、地域社会の助けを得れば、ほぼ限りなく力が湧いてくる。1人ひとりが個別に活動するより、みんなが協力して活動すれば、はるかに効果的だ。

本書は300名を超えるボランティアの協力によって完成した。私たちは、ほぼ全員が初対面でありながら、協調して活動しようという使命感に満ちていた。例えばベナン、オランダ、オーストラリア、シンガポールなど、それぞれが拠点とする国は40を超えたが、まさに24時間体制で働き（タイムゾーンがさまざまなので！）、今あなたが手にしている本を作り上げた。

したがって、あなたがこの本を読んで友人と共有したいという気になったら、私たちの活動には価値があったということになる。あなたと友人が10人で仲間を作れば、状況は変わってくるだろう。さらにその10人が、それぞれ別の10人と協調して、組織的で文化的な変化が生じるきっかけを作れば、それは大成功と言える。

私たちは便利なものや、近道や、どこかから切り取ってきた言葉があふれる時代を生きている。そのどれも明日を良くする役には立たない。だがそれでも、私たちは、本当に重要な事柄に目を向け、品位を持って、しかも早急に対処する絶好の機会に恵まれている。

今こそ、そのときだ。

共に行動を起こしてくれてありがとう。

セス・ゴーディン

The Carbon Almanac
気候変動パーフェクト・ガイド

世界40カ国300人以上が作り上げた資料集

はじめに

炭素とは何か なぜ重要なのか そして どうして気にかけるべきなのか?

炭素、燃焼、牛、コンクリート

私たちが今、勇気を出して
この一大事から目をそらさずにいれば、
未来に続く道ははるかに穏やかで
見通しの良いものになるだろう。

大気中に二酸化炭素などの温室効果ガスが増えたことで、文明は脅かされている。読者のみなさんは本書の至るところで、私たちが今置かれている状況を際立たせ裏付けるチャートやグラフや統計データを目にするだろう。

2021年末の時点で、地球全体における大気中の二酸化炭素濃度は415ppmを上回っている。ちょうど50年で25%以上高まったことになる。これは人間の活動によるものだが、**この流れを逆転させ、全生物の命が懸かっている地球の気候を守るため、この先10年で二酸化炭素を大幅に減らす必要がある。**

二酸化炭素など、人間が放出する温室効果ガスの大部分は主に4つの要因から発生している。**石炭、燃焼、牛、そしてコンクリート**だ。

これら4つを合わせると、目下直面している気候変動問題の原因の70%は説明がつくと推定できる。さらにこれらの要因は、世界規模で温室効果ガスの排出を減らし、炭素削減目標を達成するための極めて有力なレバレッジポイントの一端を担ってもいる。

4つの要因はすべて人間が選んできたものであって、それぞれに代替手段がある。長く使い続けてきたシステムを切り替えるのは容易なことではない。しかしそれぞれの要因に前向きに取り組む道筋は（社会にとってはどれも厳しい挑戦になるだろうが）、真っすぐに延びている。

石炭

何百年もの間、石炭の主要な役目は熱を発生させることだった。住居、電気、それに産業活動で利用する熱だ。英国で産業革命が可能になったのは石炭のおかげだった。英国には石炭が豊富にあり、石炭を扱うのに技術はさほど必要なく、燃やすのも簡単だったからだ。

当時は石炭を動力とする蒸気船や列車が世界へ製品を運んだ。それから何世紀かたったが、世界を見渡せば、今も石炭に頼り、石炭そのものを使って直接的に、あるいは石炭を燃料とする発電所を介して間接的に、住居の暖房や調理を行っている国々がほとんどだ。

地球上にある石炭はすべて、何億年も前に埋まった古代の植物や動物が分解されて作られたものだ。そのプロセスは地球の深部でゆっくり時間をかけて進み、炭素や炭化水素の分子は圧縮されて石炭となる。

石炭が地下に埋もれている限り、炭素は封じ込められ、いうなれば“隔離されている”のだから、気にかけなくても問題にはならない。**石炭を採掘し、取り出して燃やすから、隔離されていた炭素が解放されて二酸化炭素として大気中に排出されるのだ。**

私たちはそれでもなお石炭を燃やし続けている。2021年に石炭によって排出されたCO_2の量は14.8ギガトンだ。これは、世界中の二酸化炭素換算排出量合計の**4分の1**に当たる。つまり世界最大の排出源だ。

一方、安上がりで信頼性が高く低公害な代替品も、これまでにないほど豊富にそろっている。いよいよそれらを石炭の代わりに取り入れなくてはならない。

燃焼

化石燃料からエネルギーを取り出すため、燃料に熱を加えると、必ず燃焼が起きる。熱が発生すると同時に、燃料に蓄積されていた炭素も放出される。

自動車は燃焼によって走行する。ガス火力発電所や家の裏庭にあるグリルも同じ仕組みだ（石炭も同じように燃焼するのだが、石炭はこの問題の特に重要な部分なので、別のカテゴリーとして扱う）。

本書の至るところで読者のみなさんは、人々がどのように燃焼を減らし、もっとスマートで回復力に富む別のエネルギー源に置き換えようとしているのか、数々の例を目にするだろう。

牛

石炭を燃やす火力発電所に比べて、牛には害がないように思える。ところが牛はメタンを発生させる。食物連鎖の最上位付近に位置する大型動物で、膨大な数が世界中に生息している。

毎年地球全体で、二酸化炭素はメタンよりもはるかに大量に（70倍ほど）放出されている。だが20年間に大気を閉じ込めて暖める潜在的な能力に関しては、メタンのほうが84倍も高い。**肉用牛・乳用牛産業は、世界的に見て、温室効果ガスの主要な発生源と言える。**

牛は消化作用や老廃物排泄の過程でメタンを作り出す。消化作用によるものだけでも、1頭当たり毎年100キロのメタンを吐き出すのだ。

地球には推定14億頭の牛がいる。発展途上国では肉の消費が増えており、わずか25年のうちにアジアでの牛肉の消費量は3倍になると予測されている。

牛によるメタンの排出に加えて、牛の放牧による土地や土壌の劣化、生物多様性の低下という形で気候変動に影響がもたらされる。**米国だけで9500万頭の牛がおり、放牧地の面積は国土の半分を占める勢いだ。**

メタン削減は、気候に対して効果的で即効性のある強力な方法だ。

コンクリート

コンクリートはどこにでもある。何世紀にもわたって身近にあるコンクリートは、丈夫で汎用性が高く、低価格だ。空港、ビル、橋、ダム、道路などに使われており、コンクリートは水に次いで、世界中で大量に消費されている。

この1つの製品が**世界中の二酸化炭素排出量の8%に寄与している**ことを知ると、世間の人たちはたいがい驚く。直近40年間で、1人当たりのコンクリート生産量は3倍に膨らみ、結果として、それが二酸化炭素排出量に大きな影響をもたらしている。

コンクリートを作るためには、セメントに砂や砂利を加え、水を混ぜ、型枠に流し込む。するとコンクリートは乾燥して固まる。このプロセスには、二酸化炭素が著しく排出される場面はない。しかし、まずはセメントを作る必要があり、このときに炭素が排出される。セメント作りには昔ながらの効率の悪い技術が使われているのだ。だが現在では、影響を小さく抑えられる新たな技術を利用できる。

中国は他国に比べ群を抜いて多くのセメントを生産し、この3年間での利用量は、米国が20世紀の間に利用した量を上回っている。インドが2番手で、欧州連合の国々がそれに続く。

これら4つの要因（石炭、燃焼、牛、コンクリート）が地球温暖化のかなりの割合を占めている。そのどれにも構造的な変化が必要だ。私たちが行動を起こしてこそ実現する変化だ。問題を理解することが1つ目の難題で、皆を行動に踏み出させるよう、声を広めるのがその次だ。

変化はここで起きている

どんなものでも永遠に上向きというわけにはいかない。100年あるいはそれ以上、私たちは、未来への道を切り開くために、切り倒し、燃やし、耕し、廃棄してきた。

もはや今となっては、起きた事実から逃れられはしない。変化はここで起きているということに、否が応でも1人ひとりが気づきつつある。

しかし、その変化は良い方向へも作用し得る。これまで見過ごしてきたものに目を向ける機会をもたらし、新たな仕事を生み出すことができるのだ。私たちは、自分たちの日々の過ごし方、互いへの接し方、より良い世界を作る方法を考え直せる。

変化はここで起きている。十分に間に合う。**今こそ、何ができるのかを自ら判断すべき時だ。**

009

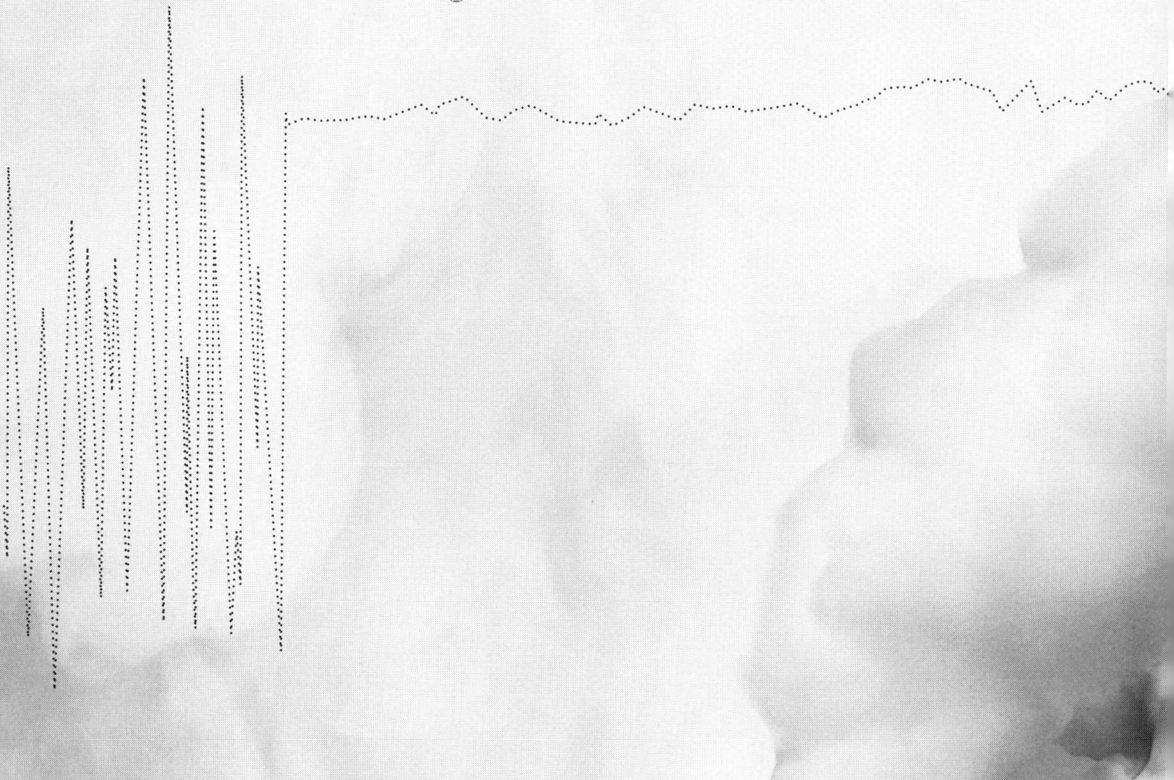

紀元前80万3719年　紀元0年　500年　1000年　1500年

400 ppm
350 ppm
300 ppm
CO_2濃度
米国における1000人当たりの自動車台数
750台
500台
CO_2
140億トン
石炭に由来する年間のCO_2排出量
プラスチック
70億トン
プラスチック累積生産量
1900年
1950年
2000年

利便性の暴挙

21世紀の先進国では、利便性(物事をできるだけ効率よく楽に済ませる手段)が、個人の暮らしや経済の形を作る、何よりも強い力として現れた。とりわけ米国ではその傾向が強い。と同時に米国では、自由や個性を大いにたたえながらも、利便性は本当に何より素晴らしい価値を持つのだろうかと訝しむ人もいる。

“利便性ですべてが決まる”

ツイッター社の共同創業者、エバン・ウィリアムズが「利便性ですべてが決まる」と述べたように、利便性は私たちに代わって決定を下し、私たちが本来望んでいることを抑え込みさえする(私の場合、自分でコーヒーを淹れることを好むが、スターバックスはとても便利だから、私自身が“好むこと”はめったにやらない)。楽なほうが良いし、楽な方法が最高だ。

利便性が絡むと他の選択肢は考えられなくなる可能性がある。一度でも洗濯機を使ったなら、手で衣服を洗うなんて、たとえそのほうが安価だとしても不合理に思える。インターネット配信のテレビ番組を経験したら、決められた時間に番組を見るために待機するなんて、ばかばかしいうえに、あまり格好が良くない気すらする。利便性に抗う(例えば、携帯電話を持たない、グーグルを利用しない)ためには、狂信的とは言わないまでも、変わり者と思われるかもしれない振る舞いをしなくてはならなくなる。

利便性が、個人が判断を下す場合よりもさらに大きな力を発揮するのは、全体として判断を下すときではないだろうか。例えば利便性は現代の経済構造を築くために多大な貢献をしている。特にテクノロジー関連産業では、利便性を高めるための戦いは、業界の優位性をかけた戦いになる。

アマゾンの使い勝手が良くなればなるほど、アマゾンはますます力を増す。その結果、アマゾンはさらに楽に使えるようになる。利便性と市場独占が手を携えてやってくるのも当然だろう。

利便性が(理想として、価値として、生き方として)拡大するとすれば、利便性に固着することが私たちにとって、そして国にとって、どう役に立つのかを問う価値はある。利便性が邪心を生む力だと言いたいのではない。物事を楽にするのが悪いわけではないのだ。それどころか、利便性のおかげで、かつてはあまりに厄介で実現性を考えてみるのも難しいと思えていたことでも道が開けてくる場合が少なくない。そして特に、生きるために単調で骨が折れる仕事からどうしても逃れられない人たちにとっては、利便性が生活上の苦労を減らしてくれる。

しかし、利便性がどんなときも望ましいことだと考えるのは間違っている。というのも、利便性は私たちが大切に温めている他の理想と複雑に絡んでいるためだ。利便性は解放の手段だという理解のもとで盛んに助長されているが、その一方で陰の側面もある。苦労せずに順調に効率を高められるのは確かだが、生活に意味をもたらすこともある苦労や難題が拭い去られる恐れもあるのだ。利便性が生み出されるおかげで私たちは自由になれるが、一方で、そのために進んでやってみたいと思うことに制約が課される可能性もあり、いつの間にか利便性から逃れようがなくなるかもしれない。

不便さを当然のことのように受け入れると、へそ曲がりと思われかねない。とはいえ、なんでもかんでも利便性で判断するというのは、利便性にすべてを委ね過ぎだろう。

現在知られている利便性という発想が生まれたのは19世紀終わりから20世紀初めにかけてのことだ。この頃、家庭向けに労力節約の道具が考案され、販売された。画期的な出来事としては、初めての“インスタント食品”(ポークビーンズの缶詰やインスタントのオートミールなど)、初の電気洗濯機、その他、電気掃除機やインスタントケーキミックス、電子レンジといった驚くべき数の発明や開発が挙げられる。

利便性は、19世紀終盤に生まれたもう1つの発想である産業効率、およびそれに伴う“科学的管理”の家庭版だった。工場の気風（エートス）を作りかえて家庭生活向けにすることの象徴だったのだ。

今となってはありふれていると思えても、利便性、いうなれば人類を労働から見事に解放してくれる立役者は、かつてはユートピア的な理想だった。時間を節約し、骨の折れる単調な仕事を省ければ、余暇も手に入るだろう。また余暇とともに、学習や趣味、あるいはその他、私たちにとって本当に大切なものが何であれ、それに時間を充てられるようになる。利便性のおかげで、以前は上流階級だけが享受していた自己修養のための自由を、一般の人が手にできるようになるのだ。こうして、利便性は万人を平等にすると考えられた。

ひょっとすると、人間らしさというものは、行動しにくい場面や追求に時間がかかる場合に表れることがあるのかもしれない。おそらくはそれが理由で、便利になるたびに、それに抗う人たちが必ずいるのだろう。

こうした発想、つまり平等化としての利便性は、私たちを夢のような気分にさせてくれる。それをまたとないほどうっとりと気持ちよく描き出しているのが、20世紀中盤のSFや未来派の生んだイメージだ。「ポピュラーメカニクス」のような堅い雑誌やアニメ『宇宙家族ジェットソン』のようなコメディタッチのエンターテインメントによって、私たちは未来の生活が完璧なまでに利便性の高いものになるだろうと夢想した。食べ物はボタンを押せば用意される。動く歩道のおかげで歩く手間が省ける。衣服は1日着たら自動的にきれいになるか自動消滅する。そして、とうとう生存競争の終わりが見えてくるのだ。

利便性という夢は、肉体労働は悪夢だという考えを前提にしている。しかし肉体労働はいつでも悪夢だろうか？　私たちは本当にそのすべてから解放されたいと思っているのだろうか？　ひょっとすると、人間らしさというものは、行動しにくい場面や追求に時間がかかる場合に表れることがあるのかもしれない。おそらくはそれが理由で、便利になるたびに、それに抗う人たちが必ずいるのだろう。

そのような人たちは、確かに強情だから抵抗している（のであり、それが許されるからでもある）のだが、それだけでなく、自分は何者なのかという感覚や、自分にとって重要な事柄を自らコントロールできているという実感が脅かされると感じるからでもある。

1960年代終盤までに、最初の利便性革命は終息に向かい始めていた。その頃にはもはや、すべてが便利になるという見通しは、社会が何より望むものではなかったようだ。利便性は服従を意味した。カウンターカルチャーで肝心なのは、人々が自己を表現し、個々の可能性を実現することだった。自然の厄介さをなんでもかんでも克服しようとするのではなく、自然と調和した暮らしを求めることだった。ギターを奏でるのは便利ではなかった。自らの手で野菜を育てたり、自分でオートバイを修理したりすることも。だがそれでも、そのような行動には価値があると思われた。もっと正確に言えば、結果として、ではあるが、人々は再び個性を探し始めていた。

だから、利便性テクノロジーの第2波が訪れたとき、つまり私たちが生きている時代がこの理想を取り込むのは、おそらく必然だった。この第2波によって個性は利便性の高いものになるだろう。

この時代の始まりは、1979年のソニー製ウォークマンの登場まで遡れるだろう。ウォークマンについて考えてみると、利便性というイデオロギーに微細ながら根本的な変化があったことが分かる。最初の利便性革命が人々の生活や労働の手間を省いたなら、第2波は、もっと楽に自分らしくいられることを約束した。新しいテクノロジーは自己本位のきっかけだった。テクノロジーのおかげで自己表現が効率化されたのだ。

1980年代初期の人を考えてみよう。その人はウォークマンとイヤホンを身に着けて街を歩き回っている。自ら選んだ音楽にすっぽりと包まれて、以前なら1人になれる自室でなければ味わえなかったような楽しみを公衆の面前で満喫している。新しいテクノロジーのおかげで、たとえ自らに向けてであっても、本来の自分というものが示しやすくなったのだ。その人は自分の映画の花型役者として、世界中を闊歩する。

その光景はかなり魅力的で、私たちの生活様式の中心となった。過去数十年間に開発された強力で重要なテクノロジーのほとんどは、個人とその個性に尽くし、利便性をもたらすものだった。ビデオデッキ、プレイリスト、フェイスブック、インスタグラムを考えてみてほしい。この種の利便性で重要なのは、もはや体を使う労働を省くことではない。いずれにしても、多くの人は体を使う労働をほとんどしていないのだ。肝心なのは、自己表現のための選択肢が数多あるなか、いかに"楽"に選ぶか、そのための作業を最小限にするかである。利便性とは、ワンクリック、ワンストップ・ショッピング、"プラグ＆プレイ"のシームレスな経験であり、理想は手間をかけずに個人の好みを実現することだ。

最初の利便性革命が人々の生活や労働の手間を省いたなら、第2波は、もっと楽に自分らしくいられることを約束した。

もちろん私たちは利便性には喜んで割増金を、つまり、多くの場合に納得して支払うであろう額に、さらに上乗せして支払う。例えば1990年代終盤には、ナップスターのような音楽配信テクノロジーのおかげで、インターネットに接続して無料で音楽を手に入れられるようになり、多くの人がそれを選択した。ところが、相変わらず簡単に無料で音楽を手に入れられるというのに、もはや誰もそんなことはしない。なぜか？2003年にiTunesストアが導入され、音楽を購入するのが不法にダウンロードするよりもはるかに便利になったからだ。利便性が無料に勝ったのだ。

仕事が次々と楽になるにつれて、便利になることへの期待は膨らみ続け、その他の何事にも、楽になるか、さもなければ取り残されるという圧力がかかる。私たちは、即時性という贅沢に甘やかされ、昔と同じように苦労や時間を要する仕事には苛立つようになる。コンサートのチケットを買うのに列に並ばずに電話で済むようになると、選挙で投票するために列に並ぶのも不快に思う。これは列に並ばざるを得ないという経験がない人たちには特に当てはまる（若年層の投票率の低さを説明する理由の1つになるだろう）。

ここで言いたいのは、現在の個性化のテクノロジーはマスカスタマイゼーションのテクノロジーだという逆説的な事実だ。カスタマイゼーションは、物事を驚くほど均質化させる。誰もが、あるいはほぼ誰もが、フェイスブックを利用している。友人や家族を記録する何より便利なやり方で、本来であればあなたやあなたの生活に固有なものを表しているはずだ。しかしフェイスブックは私たちみんなを同じにしてしまうらしい。そのフォーマットや慣習は、例えば、どのビーチや山の写真を背景画像に選ぶかといった、最も表面的な個性の表現以外、私たちからすべてを取り上げてしまう。

物事を楽にすることが私たちにとって数々の重要な点で役に立ち、かつては選ぶ余地がごくわずかしか、もしくはまったくなかった場面で（レストラン、タクシーサービス、オープンソースの百科事典の）、多くの選択肢をもたらし得るのを否定したいわけではない。しかし、選択肢があり、選ぶ余地があるというのは、人間であることのほんの一部にすぎない。突き付けられた状況にどう向き合うか、価値のある困難をいかに乗り越えるか、といったことも、人間として重要だ。そうしたことこそが、私たちにとって自分らしくいるための有益な戦いなのだ。多くの障害や妨害や必要条件や覚悟を取り去ってしまったら、人間らしくいるために、どんな経験が残されているだろうか？

ここで言いたいのは、現在の個性化のテクノロジーはマスカスタマイゼーションのテクノロジーだという逆説的な事実だ。カスタマイゼーションは、物事を驚くほど均質化させる。

現在の利便性崇拝には、困難が人間の経験を構成するという認識がない。利便性とは、目的地だけがあって、旅路がないことなのだ。

歩いて山に登ることと、トロッコに乗って頂上に行くこととは別のものだ。最終的には同じ場所に行き着くのだとしても。私たちは主に結果を、あるいは結果だけを気にかける人間になろうとしている。このままでは、人生経験のほとんどを次々とトロッコに乗って通り過ぎてしまう恐れがある。

利便性は便利さだけを追い求めるよりも素晴らしいものをもたらさなくてはならない。ベティ・フリーダンは、1963年に刊行した代表作『新しい女性の創造』で、家事を支えるテクノロジーが女性のために何をしてきたのかに目を向け、女性たちはそのテクノロジーによって要求されるものが増えただけだと結論した。そして次のように綴っている。「現代の主婦は、いろんな便利な電気器具を持っているのに、ひと昔前の主婦より、時間をかけて家の仕事をしている」。物事が楽になると、私たちはもっと“楽な”仕事で時間を埋めようと努めることができる。するとある時点から、人生の闘いが、雑用や些細な決断に支配されるようになってしまう。

利便性とは、目的地だけがあって、旅路がないことなのだ。

何でも“楽な”世界で生活していると、唯一の重要なスキルはマルチタスクをこなせる能力であるというありがたくない結末を迎えることになる。極端な場合、私たちは本当に何もしない。これから行われる事柄の手はずを整えるだけだ。それが、取るに足らない生活の基盤なのだ。

私たちは不便さを意識的に受け入れる必要がある。いつもではないにしても、もっと頻繁にそうすべきだ。今日では、個性は少し不便なくらいの選択をすることに表れるようになった。自力で攪拌してバターを作ったり、狩りに出かけて肉を手に入れたりする必要はないが、自立した人間として生きたいのであれば、利便性が何よりも価値があるなどと考えてはならない。困難は必ずしも問題ではない。時には解決法だ。自分は何者かという疑問への解になり得る。

不便さを受け入れるのは妙なことに思えるかもしれない。しかし、すでに私たちは何の気なしにそうしている。まるで核心部分を覆い隠すかのように、不便な選択肢に、趣味、道楽、天職、あるいは情熱の対象な

時間のかかることや難しいことに取り組む喜びや、一番楽なことには手を出さない満足感を断じて忘れてはならない。私たちと、完全に効率を優先して服従する生活との間にあるのは、便利ではないさまざまな選択肢だけだろう。

どといった別の名前を付けているのだ。これらは自分自身を定義する役には立つものの、実用的ではない活動だ。そんな活動を通じて、私たちは品性を養うという形で報われる。というのも、活動には意味のある抵抗との出合いが伴うからだ。木彫りをしたり、原料を混ぜたり、壊れた電気器具を修理したり、コードを書いたり、波とタイミングを合わせたり、ランニング中に息は上がり脚も前に進まなくなる状態を体感したりするときに、自然法則や自らの身体的限界を思い知らされる。

そのような活動は時間を要するが、時間を返してもくれる。また、活動すれば挫折や失敗のリスクにさらされるものの、世界、およびその中の自分たちの居場所について教えられもする。

だから利便性に振り回されてしまうことについてよく考え、利便性の力で感覚が麻痺してしまわないように何度も抗い、どうなるのかを確かめよう。時間のかかることや難しいことに取り組む喜びや、一番楽なことには手を出さない満足感を断じて忘れてはならない。私たちと、完全に効率を優先して服従する生活との間にあるのは、便利ではない、さまざまな選択肢だけだろう。

— ティム・ウー、2018年
（米国の大統領特別補佐官）

008

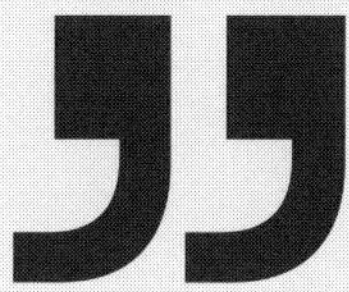

カーボンロックインを理解する

現在の世界経済は化石燃料の使用に大いに依存している。低価格で便利な電力が生産でき、資産投入が行われ、安定性が期待されている化石燃料は、世界の生産力の基盤になっている。

気候変動をきっかけに、私たちが利用するテクノロジーを、気候に与える影響がもっと少ないものに変えようという強力なインセンティブが生まれている。しかし、世界中の政府は迅速に移行するための政策を実行し損ねた。その1つの理由は、「カーボンロックイン」と呼ばれている。

200年の間に世界では工業化が進んだ。蒸気機関が登場して輸送に利用されるようになると、世界貿易が始まった。その結果、需要が拡大し、それを受けて保険や投資市場をはじめとするさまざまなものが必要になった。

人々は生計を立てるために経済の各層に依存する。ピラミッドがとても広大な地盤の上に築かれたように、炭素は多くの人たちの収入の基盤になった。

20世紀には世界人口が数十億人増え、大多数の人々のために新たな仕事が作られた。彼らはテクノロジーのおかげで食べていくことができたのだ。その仕事、そして食料は、真のコストの代償を顧みず、炭素に頼ってきた経済の上に成り立っている。

社会が発展し、新たなニーズが生じた過去100年で、人間が求めるものは安定した食料供給から、旅をする手段、安定したエネルギー供給、そして近年はインターネット接続へと展開してきた。そのたびに競合するテクノロジーが出現し、拡大し続ける必要性に応えた。自由市場経済では、これらのテクノロジーを提供する企業は市場シェアを独占することに関心を寄せる。他に勝るテクノロジーは、次々と新しい事業を生み出す。こうしてロックインのサイクルが始まる。

- 他のテクノロジーは、システム規格や投資収益との関係上、既存システムに入り込むのが困難になるため、無視される。
- 専門企業が組織され、そのテクノロジーのサブシステムに投資して、システムの細かな部分を最適化する。
- 変化から利益を得られると確信しているイノベーターの人数よりも、失うものがある既存プレイヤーの人数は、はるかに多い。
- すでに確立したシステムを将来にわたって運営する専門家を供給するための専門教育が始まる。
- 生産性を向上させて相互運用を可能とするため、専門知識が蓄積される。
- テクノロジーを規制する機関が設立されるが、こうした機関は、既存の主要な経済・社会階級の人たちによって運営されたり、大きく影響を受けたりする。

支配的なテクノロジーは、それが組み込まれたシステムに強く依存している。そして、ネットワーク効果をもたらし、利用者数が増えれば増えるほどますます価値が高まる。自動車は運転する道がある場合にのみ価値がある。電気自動車は充電する設備がなければ価値がない。

初期サポートの基幹施設(インフラ)が構築できれば、新たにテクノロジーを利用する人が負担するコストは減少する。既存のインフラは、テクノロジーをより手の届きやすい価格にし、さらなる利用者の増加につながる。利用者が増えるとまたインフラを増やす必要が生まれ、そのテクノロジーが使われれば使われるほど、人々はその価値や利益に引き付けられるようになる。そのようにして、このサイクルが繰り返される。

こうして私たちは、炭素を燃料とする世界にたどり着き、気候変動という存亡の危機に直面しても、その根本的なシステムを変えられずにいる。持続可能なテクノロジーは、その導入とインフラ構築という最初のハードルを越え、必要な変化を生み出さなくてはならない。それができて初めて、気候変動の根底にある脅威であるロックインを逆転させることに成功できるのだ。

006

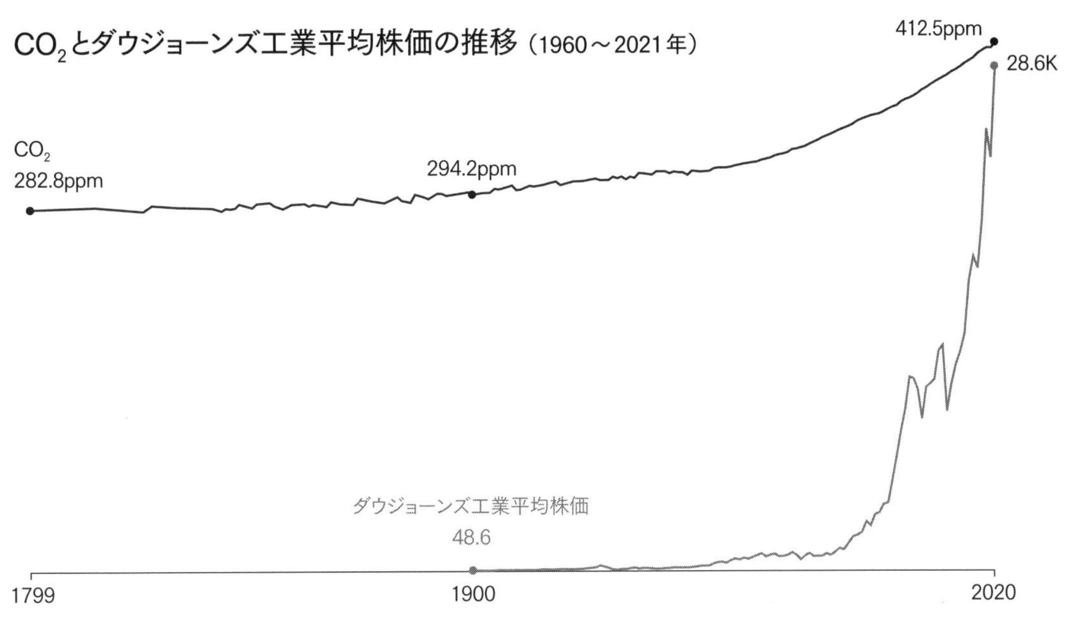

〈世界の問題〉を解決したいと思っています。ご協力いただけますか？

本当はそんなこと、気にしていないんだろ？　気にしているなら、〈もっと大きな問題〉を解決しようとするはずだ。

OK！　では、〈もっと大きな問題〉の解決にご協力いただけますか？

いや、こっちにも事情があってね……。考えとくよ。

魔法使い、預言者、ダチョウ

ノーマン・ボーローグは農業を根本的に変えるテクノロジーを利用した業績をたたえられ、ノーベル平和賞を受賞した人物だ。ボーローグが先陣を切った緑の革命は、10億もの人たちを飢餓から救い、人口増加が飢饉を招くという予測が一斉に上がる中、それに打ち勝ったと評価されている。

緑の革命が進行したその数十年間に、ウィリアム・フォークトは人口増加が私たちの住む世界に影響をもたらしつつあることを示し、環境保護運動を開始した。彼は、人間が地球を植民地化するのをやめなければ、人類社会の破滅は間違いないと主張した。

チャールズ・C・マンはこの2人について述べている。マンは、「ボーローグはテクノロジーを利用すればいっそう健康的で回復力（レジリエンス）のある地球を作れるのは間違いないと思い込んでいる魔法使い」で、「フォークトは人口が増加すれば破滅がもたらされるのは避け得ないと警告する預言者である」と説明した。多くの考え方がある中で、この相反する立場は、人々が気候変動への挑戦について考えるための2つの方法を示している。

テクノロジーのイノベーションと人類の進歩だけが地球に希望をもたらすと主張する人たちがいる。増やすこと、つまりもっと多くの発電所、もっと多くの人、もっと多くのテクノロジーに賛成しているのだ。その一方で、減らすことを強く求める人たちもいる。彼らは人間と自然界の関わり合いを大幅に縮小しようとしているのだ。

3つめのグループもある。ダチョウ（事なかれ主義者）だ。ダチョウは不確かなものや恐怖に直面すると、本能的に砂の中に頭を隠してしまう。事なかれ主義者は、気候が実際には変動していない可能性もあるし、変動しているとしても地球上での人間活動には無関係だという。さらに、気候変動は人類社会のある部分にとっては良いことだとさえ主張する。

本書の読者は、自分が受け入れるのは魔法使いの視点なのか、預言者の視点なのかが分かってくるだろう。時に両者の視点を同時に受け入れる人がいるかもしれない。しかし、ダチョウの目を通じて世界を見ることはあり得ない。

002

同じ現実を
共有するところから始めよう。

シロクマだけではない
——絶滅に追い込まれる動物たち

愛らしいシロクマに一般大衆に訴えかける力があるのは否定できない。しかし、気候変動のシンボルとして、シロクマは気候変動が“どこか関係のない場所”の出来事であるという間違った印象を与えはしないだろうか？　ふかふかの毛皮に包まれ、擬人化されやすい動物にばかり注目が集まる間にも、問題はますます広がっているのだ。

気候変動はここで、まさに今、起きている。そして最終的には地球上のすべての生き物が影響を受けるだろう。約100万種もの多様な生物が今後数十年で危険な状況に追い込まれる。目下、何千種もの生物が人間の引き起こした気候変動に適応できなくなりつつある。

現在危険な状態にある動物のほんの一部を以下に示す。

- トラ
- マルハナバチ
- クジラ
- アジアゾウ
- アフリカゾウ
- ユキヒョウ
- マウンテンゴリラ
- シロクマ
- オオカバマダラ
- ジャイアントパンダ
- デルタワカサギ
- キリン
- 昆虫
- サンゴ礁
- フイリアザラシ
- タイセイヨウダラ
- コアラ
- オサガメ
- アデリーペンギン
- アメリカナキウサギ
- テングカワハギ
- アオウミガメ

このリストには登場しないが、微生物、ナメクジ、虫など、もっとよく知られるべき生物たちが何千種もいる。

367

ごみ焼却炉は、石炭を燃料とする発電所の２倍を上回る温室効果ガスを排出する。

参加すべきか、手を引くべきか？

「メール」と「炭素」を組み合わせてインターネット検索をしてみると、ネット上では、メールが温室効果ガス増加の要因になっていると考えられていることが分かる。メールの利用を減らせば気候に大きく影響するだろうという記事や報告が、ネット上にいくつも見られるのだ（どれも2010年の古い概算に基づいているようだ）。

メールが減れば問題が簡単に解決すると思いたくなるのは、行動に移すのに痛みをほとんど伴わないような気がするからだ。自分がやり過ぎていることをとにかく減らしてみること。そうすればみんなが成功する。

私たちは日々、地球環境の改善に寄与するこのような選択に直面しているから、これは面白い例でもある。

もう諦めて、１人ひとりがそんなことをしてもただ焼け石に水にすぎず、改善はかなわないと理解すべきなのか、行動に出て影響を及ぼそうとしてみるべきなのか？

毎日、3000億通ものメールがやり取りされている。あなた１人がメールを止めたくらいでは、それに気づく人はいないし、あなた宛てにメールが来なくなることもないだろう。仮に、あなたが大量の迷惑メールを送るような人であってもだ。

しかし、メールを利用して1000人もの人たちをまとめ、沖合の風力発電所建設への承諾を取り付けたとすればどうだろうか？　この１つの活動がきっかけとなって、石炭火力発電所はもはや使われなくなるだろう。システムを変えることを狙いとしたその１つの協調活動のおかげで、ある概算によれば、年に600万トンもの温室効果ガスが削減できる。

個人個人が結び付きを失うと、個人で成し遂げられることはごくわずかにとどまる。私たちが手を引いたとしても、少しも問題にはならないだろう。しかし、システムを変えるためにコミュニティーとして結集すると、目的遂行の力は思いのほか強くなる。

001

> 私たちは
> 気候変動の影響を感じる
> 初めての世代であり、
> 何か手を打てる
> 最後の世代でもある。
>
> バラク・オバマ（米国の第44代大統領）

ゲーム理論

ゲーム理論では、リソースが限られ、望ましいとされる結果があり、時間が有限な場合（これは、まさに気候問題の特徴に他ならない）に、人や組織はどのように協力し合うのかを研究対象とする。世界的な排出削減につながるであろう“ゲームに参加する”国々のためには、どのようなルールを整えなくてはならないだろうか？　裕福で石油が豊富な国は、他国が排出を減らしているというのに、苦労せずにお金儲けをして、うまく逃れているのはどうしてか？

これは一種の「コモンズ（共有地）の悲劇」だ。共有地で、家畜の過剰な放牧を誰も思いとどまらなければ、みんなが家畜を放牧し、共有地にはやがて何も残らなくなってしまう。

ゲーム理論はこの難問の解決に挑んでいる。相互依存という点で問題なのは、排出が極めて多い国々は非常に裕福であるゆえに、他国と互恵的な行動をとる必要がほとんどないことだ。

回復力のある方法をとるよりもコストがかからないという理由で、誰かが廃棄物を破棄したり燃料を燃やしたりすれば、気候の崩壊が始まる。気候の崩壊を回避できるのは、仲間がみんな同じインセンティブを持ってこそだ。3つの解決策を以下に挙げる。

・協力や相互関係に報いる
・フリーライドの誘惑を制限する
・フリーライダーを罰する

グループのメンバー、あるいはさまざまな国々が一緒に努力すれば、結果的に互いに報われるシステムが構築できる。長期的な視野に立って活動すれば報われるという市場が作られれば、人や組織はきっとそうするだろう。社会的規範、真のコストに基づくシステムの価格設定、そしてその他の介入次第で、組織や国の振る舞い方を変えられるのは明らかだ。

したがってゲーム理論に基づけば、なぜ一部の国が二酸化炭素を排出しながらもその処理をしないのか、つまり、一部の国々が安価な燃料をもとに利益を得ている一方で、それ以外の国々が気候変動や汚染という形で代償を払っている理由の説明がつく。

社会的規範は組織の振る舞いようを変える鍵を握っている。なぜならば、時間はかかるが利益に結び付く行動は、社会的規範を通じて広まり、充実するからだ。消費者が何を選択するか、生産者の活動に対して私たちがどう反応するかによって、業界が指針とするルールは書き換えられる。このように、社会規範が炭素排出や回収に関連する報酬や配当とうまく結び付けば、プレイヤーが最後のゲームで生じた混乱状態を片付けることで勝利を手にできる“ゲーム”が成り立ち得る。

004

そうだ。エビデンスからして、人類は恐るべき規模で地球温暖化を引き起こしているに違いない。しかし、科学に基づけば議論は無用だ。議論の勝者は問題ではない。大切なのは現実だ。もう少し待てば誰が正しかったのかが分かるだろう。不誠実かもしれないが、私自身は、科学的な事柄には口を出さない。確かなことを知りたいとただ望んでいる。ひどいと思われるかもしれないが、今の世界情勢は私の責任ではない。私はただ、見物するのを楽しんでいる。科学者の言い分が正しいとして、それが人々に広く理解されないままの状態がもう少し続くなら、かなりのスリルを楽しめそうだ。万一、科学者が完全に間違っていたとしても、私は話題にしたという後ろめたさを味わわずに済む。

大胆で
驚くべき真実

私たち人間は、小さくて孤独な惑星に暮らし
遠くの星々を横目に、向こうで知らぬ顔をして光を放つ星々を超え
すべての星宿が示してくれるほうへと
とりとめなく広がる宇宙を巡っている
私たちは　大胆で驚くべき真実を
知ることができるし、知らなくてはならない

やがて時が満ちたなら
私たちは和平の日を迎え
敵意の握り拳を開いて
指をほどき
そして澄んだ空気で手のひらを冷やす

時が満ちたなら
憎むべきミンストレル・ショー*に幕を下ろし
蔑みに満ちた煤まみれの顔をさっぱりと洗い
私たちの唯一無二でかけがえのない息子たちや娘たちが
戦場やコロシアムの
踏みにじられて血に染まった芝生の上にかき集められ
異国の地で同じような地所に埋葬されることも
もはやない

教会の強欲な猛攻撃や
寺院での罵り合いの騒ぎがやみ
三角旗が華やかにはためき
世界の旗が心地よくすがすがしい風に力強く翻る

時が満ちたなら
肩に担ぐ小銃を下ろし
子どもたちが休戦の旗で人形を包み
死を招く地雷が取り除かれ
老人が平和の夜に足を踏み入れる
宗教的な儀式で肉の焼け焦げるにおいはしない
そして夢を見る子どもたちが
虐待という悪夢で目覚めることもない

時が満ちたなら
そのときに私たちは正直に認めよう
神秘的な完成度で石を積み上げたピラミッドも
永遠の美とされるバビロンの空中庭園も
私たちの記憶にはないことを
西部の夕日に照らされてとろけるような色に燃えたぎるグランドキャニオンも
記憶にないことを

青き魂をあふれんばかりにヨーロッパにもたらすドナウ川も
昇りゆく太陽にまで届く富士山の神聖なる頂も
陸の上から深い底まで、ありとあらゆる生き物を私心なく育む
父なるアマゾン川や母なるミシシッピ川も
記憶にはないことを
それだけが世界の驚異ではないのだ

時が満ちたら
このごく小さくて天涯孤独な天体に暮らす私たち人間は
爆弾や刀や短剣に日々手を伸ばしながらも
密かに和平のしるしを願う
私たち人間は、このささいな問題で
私たちの存在そのものを問い、心を蝕む言葉を胸に畳む
そして魅力あふれる甘美な歌を口ずさみ
心はその労苦に揺らぎ
肉体は畏れて沈黙を保つ

この小さくて彷徨える惑星に暮らす私たち人間は
その手で思うがままに攻撃できる
だから生きる者の人生も瞬く間に破壊される
しかし、その手でこそ癒やしあふれる魅力的な優しさで触れられる
だから横柄な者も喜んで首を垂れ
尊大な者も嬉々として屈服する
そんな混沌とした状態、矛盾に満ちた状況を思えばこそ
私たちは知る
人間は悪でも善でもないのだと

時が満ちたなら
気まぐれに漂うこの天体の上の私たち人間は
この大地から、この大地の上で生まれた
そして、男も女も誰もが
信心深い聖人ぶったり
恐怖に苛まれたりすることもなく
自由に暮らすことができる気候をこの地球のためにこしらえる力を持つ

時が満ちたなら
打ち明けなくてはならない　私たちは可能性を秘めた存在であることを
私たちには奇跡を起こす力がある　私たちはこの世における真の奇跡なのだ
でもそれは、時が満ちたとき　ただそのときだけだ

マヤ・アンジェロウ（米国の詩人、歌手、俳優、活動家）
2012年1月23日月曜日

＊米国で19世紀を中心に行われたエンターテインメント。顔を黒く塗った白人（あるいは黒人）が歌や踊りなどを交えた寸劇を披露した。

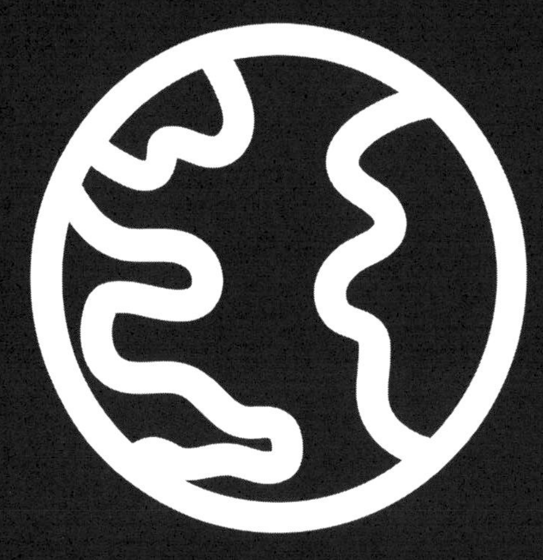

1
気候変動を初めて知る人たちへ

なぜ炭素が問題になるのか?

気候変動とは何か?

人間が気候を変えている

地球の気候は、温暖なジュラ紀から寒冷な氷河時代まで、変動を繰り返してきた。そして、およそ140年前に産業革命が起きてからというもの、地球の気温は急上昇の一途をたどっている。上昇の主要因は人間の手による石炭、石油、天然ガスの燃焼、続いて森林伐採や集約農業だという点で科学者の見解は一致している。

化石燃料

石炭、石油、天然ガスが化石燃料と言われるのは、これらが化石と同様に地球の深部で植物や動物など、大昔の生き物の残留物からできることによる。石炭と天然ガスは大規模な発電所で燃やされて電気を発生させ、石油はガソリンの主原料となる。

温室効果

石炭や石油、天然ガスを燃やすと炭素が発生する。炭素は酸素と結び付いて二酸化炭素になる。「温室効果」という名前が示すように、二酸化炭素などの気体は、例えるなら温室の屋根の働きをする。つまり太陽光は通し、熱は逃がさない。他にメタンや水蒸気も熱を閉じ込める温室効果ガスとして働く。

最近まで、太陽がもたらす熱の一部は地球の大気圏から容易に流れ出て、そのおかげで地球の気温は一定に保たれていた。現在では、蓄積した温室効果ガスが毛布のように地球を覆い、気温の急上昇を招いている。

1℃の違いがもたらす深刻な影響

人間は携帯電話に充電したり、クッキーを焼いたり、自動車で買い物に行ったりするだけでも炭素を排出する。結果として、私たちが日常生活のために化石燃料を燃やしているからこそ、地球は急激に1℃も温暖化したのだ。

1℃くらい、大した上昇ではないと思うかもしれない。しかし病気で熱が出たときのように、それだけで十分、地球は不安定になり異常気象が生じ得る。例えば以下のような現象だ。

- ハリケーン
- 熱波
- 強風
- 洪水
- 冬期の天候激化
- 暴風雪
- 土砂降り
- 干ばつ
- 地滑り

> **私たちは未来の創造者になるために集められている。犠牲者になるためではない。**
> **［難しいのは］世界の全人類にとって良い世界を、**
> **できるだけ短い時間で、自発的に協力し、かつ、**
> **生態上の損害や不利益を誰一人被らないように創り上げることだ。**
> ―リチャード・バックミンスター・フラー（米国の思想家、建築家、発明家、詩人）

1℃は地球全体での平均的な気温上昇値であり、したがって特定の地域での上昇値がこれを上回っている場合も少なくない。例えば北極地方では、平均気温が1.5〜2℃ほど高まっている。

1〜2℃の気温上昇は地球にとっては著しい変化だが、だからといって私たち1人ひとりが、気温が上がったことを日々感じるわけではない。その代わりに、1週間も続いた記録的な暑さや雨のことを思い出すかもしれない。あるいは、丸々と太ったリスの姿を見ることで気温上昇に思い当たるかもしれない。例年通りの積雪がなく、必要以上に食料があふれているということだからだ。

およそ140年前に産業革命が起きてからというもの、地球の気温は急上昇の一途をたどっている。上昇の主要因は人間の手による石炭、石油、天然ガスの燃焼、続いて森林伐採や集約農業だという点で科学者の見解は一致している。

行動すべき10年

2020年は記録に残る最も暑い年だった。科学者たちの報告では、地球に取り返しのつかないダメージをもたらさないうちに、人類が炭素排出を大幅に削減するために残された時間は約10年だ。

気候変動は複合的で、特効薬や簡単な解決法はない。炭素排出の要因となるコンクリートを禁止することが妥当だと思える一方、発展途上国は手ごろな費用で建築物を造るために安価なコンクリートに頼っている。気候変動の解決策として、食事のとり方や移動手段を改めるとともに、太陽光発電や風力発電を活用して、ガソリンや石油への依存をやめるのも選択肢の1つだ。

目下、炭素削減に取り組んでいても、世界中で人々はなおも建物を暖め、乗り物を動かし、ノートパソコンに充電する必要がある。したがって、気候変動を止める個人の努力は重要ながらも限られている。一方で、気候変動に対処する行動計画や政策をはっきりと打ち出す政治家候補者を選ぶのも排出を大幅に削減するためのとりわけ有効な方法として挙げられるだろう。

影響力を強める

インペリアル・カレッジ・ロンドンは、気候に強く影響をもたらすためにできる事柄を重要性の高い順に9つ挙げた。1位の重要性が極めて高いことは間違いない。9位は本書が存在する所以だ。

1. 政権の座にいる人たちに声を届ける
2. 肉や乳製品を食べる量を減らす
3. 飛行機に乗る機会を減らす
4. 自動車は家に置いておく
5. エネルギー使用量（および光熱費）を減らす
6. 緑豊かな空間を大切にして守る
7. 責任を持って投資する
8. 消費や無駄を減らす
9. 自分はどう変えるのかを語る

354

温室効果

温室効果を簡単にまとめてみると

CO_2は温室効果ガス全体の約80%を占めており、人間が引き起こす気候変動の要因として、とりわけ大きな役割を果たしている。したがって「炭素」が含まれる気体は通常、すべて温室効果ガスを意味する。だが、ほかにも温室効果ガスは存在する。

主な温室効果ガスは以下の通り。

- 二酸化炭素（CO_2）
- メタン（CH_4）
- 亜酸化窒素（一酸化二窒素）（N_2O）
- フッ素ガス

化石燃料を燃やすと大気中の温室効果ガスがさらに増え、熱が閉じ込められて地球の温暖化が進む。

温室効果ガスは、人間が日常生活に使うエネルギーを供給するために、石油、天然ガス、石炭などの化石燃料を燃やすと放出される。そして大気中を上昇して地球を覆い、地球の気温を上げる。

それはまるで温室の屋根のガラスのようなものだ。二酸化炭素などの気体は太陽光が地球に降り注ぐ妨げにはならないが、熱を閉じ込める。地球に届いた太陽光は赤外放射として大気圏内で反射するからだ。赤外放射は、温室効果ガスに吸収されるので、大気圏外へは逃れにくい。

気温は過去1世紀で1℃ほど上昇した。これは幼児が熱を出したようなもので、わずかな変化が大きな違いとなって表れる。たった1℃の気温上昇でも地球は安定性を失い、ハリケーン、激しい土砂降り、洪水、干ばつ、さらには暴風雪などが生じて天候に深刻な影響が及んでいる。

753

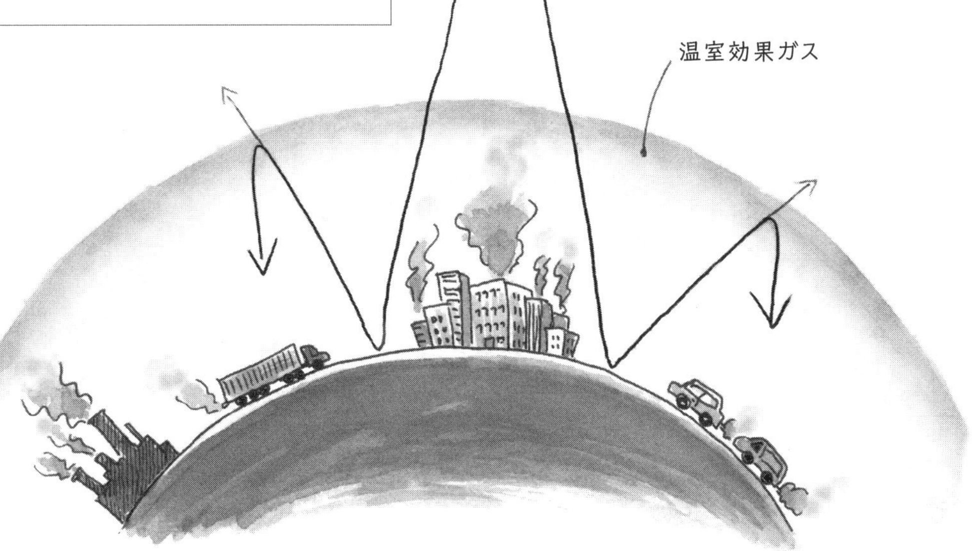

なぜ炭素が問題になるのか？

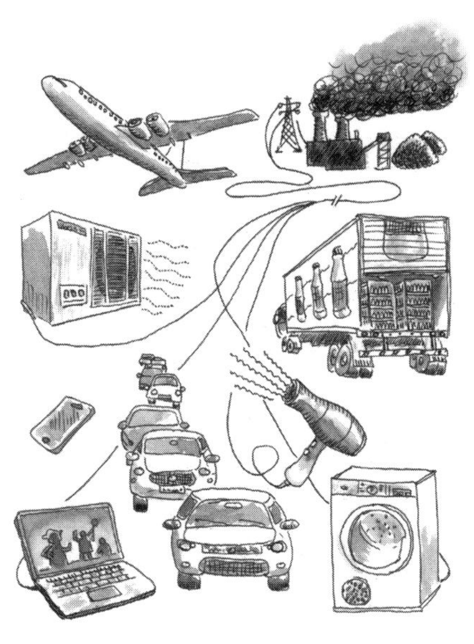

コンセントに電源を差し込んだり、工場で製品を生産したり、あちこちにものを運んだりすると、必ず炭素が放出される。

炭素はすべての生き物の中に存在している。それが問題視されるようになったのは、この150年間のことだが、それは人間がイノベーションを起こし、世の中が産業化したからだ。

地球上に大量に存在する石炭（石炭は主として炭素からできている）が発見されたことは、産業革命を導く要因の1つとしてひときわ強い影響力を発揮したと考えられている。石炭が列車や船舶、機械の動力となる蒸気機関の燃料として利用できたからだ。

人間がイノベーションを進めるにつれ、輸送機関の燃料としたり、電気を起こしたり、機械を動かしたりするために、石炭や石油、天然ガスを燃やしてきたため、排出する炭素の量も次第に増えていった。

ここで問題が起きる。炭素と酸素が結び付くと二酸化炭素（CO_2）になり、二酸化炭素は地球の上空で熱を逃さず、気温上昇の原因になるのだ。

私たちは、過去1世紀にわたって気温の変化による物理的影響や政治的影響をすでに感じている。社会基盤（インフラ）は今にも崩壊しそうだ。

751

天候と気候

天候と気候は同じではないが、関係はある。いとこ同士のようなものだと思ってほしい。

天候とは日々の大気の状態を言う。「夜通し続く暴風雪」とか「よく晴れた午後」などがそうだ。

気候とはある地方の全般的な天候を指す。例えば、2月のアルバ島*で予測できる典型的な状態といったことだ。

気候変動のせいで、ある地域に予測できる天候と、そこで暮らす人々が経験する天候とはもはや同じではない場合も少なくない。米国のテキサス州で氷点下まで気温が下がり、カリフォルニア州で干ばつや洪水が発生するということはつまり、居住者はもう“標準的な”天候状態など期待することはできないということだ。

 **752**

＊ベネズエラ北西岸の沖にある島。

目に見えない炭素排出

二酸化炭素は無色で基本的に目に見えない。衣類を乾燥機に入れてくるくると回したところで、"排出物" が目に見えるというわけではない。電気器具を動かす電気を起こすために、遠くの発電所で石炭など、炭素を排出する化石燃料を燃やしているのだ。

炭素排出削減のためのアドバイス

洗濯物は干して乾かそう

衣類乾燥機は、炭素を特に多く排出する家庭用電気器具の上位に挙げられるものの1つだ。家庭用電気器具は、炭素を排出する化石燃料で発電した電気の力で動いているのだ。

詰め替えできる水筒を使おう

水の入った重いペットボトルは炭素を排出するトラックで市場まで運ばれるし、プラスチック製のボトルは炭素を排出する化石燃料を材料として作られる。おまけにプラスチックはこれまでに、たった9%しかリサイクルされていない。

照明、冷暖房、テレビやエアコンを消そう

何かをコンセントにつないだときに使われる電力の約70%は、石炭や石油を燃やして生み出されている。

地産地消に努めよう

地元産の品物なら店舗に届けるまでの移動距離は短くなり、炭素を排出するトラックや飛行機の必要台数も減らせる。

セーターを着よう

暖房用の灯油や天然ガスは、燃やすと炭素を排出する化石燃料だ。

マイバッグを持っていこう

プラスチック製のレジ袋はほとんどリサイクルされずに埋め立てられ、何百年もかけて分解される。しかも分解が進むにつれて土壌に毒素が染み出ていく。プラスチックの原料は炭素を排出する化石燃料でもある。

洗濯には冷水を使おう。シャワーは手短に。給湯器は設定温度を下げよう

湯沸かしに必要な燃料は炭素を放出する。それに、湯を保温するためには、炭素を排出して得られるエネルギーを使い続けなくてはならない。

飛行機で移動せずにテレビ会議をしてみよう

サンフランシスコからロンドンまで片道を飛行機で移動すると、乗用車に1年間乗った場合と同程度の炭素を排出する。

電気自動車に乗ろう

電気自動車は、ガソリン車と違って、走行時に排気管から排出すべきものはない。とはいえ発電所で化石燃料を燃やして発電し、電気自動車に充電するのであれば、炭素による汚染は、ガソリン車の場合よりはずっとましとはいえ、なくすことはできない。太陽光発電や風力発電に移行する企業が増えるにつれて、電気自動車に充電するための排出は減るか、皆無になるだろう。

750

1トンとは、どれくらいか？

目に見えないのに、とても重い気体と言ってもなかなか想像がつかない。まして、重さ1トンの目に見えない気体では、なおさら想像できない。

二酸化炭素の重さを量るのに科学ではトン（t）という質量単位を利用する。

1t＝1000kg。1トンはレンガ約440個分、あるいはホオジロザメ1匹分の重さと大体同じだ。

米国のショートトン

当たらずといえども遠からず……。

通常、米国で1トンと言えば2000ポンド（約900キロ）のことを指す（「ショートトン」と呼ぶこともある）。これはメートル法のトンに近いが、完全に等しいわけではない。

どのくらいの炭素を排出しているのか

二酸化炭素1トンは、1辺10メートルの立方体（つまり1辺の長さが電柱の高さと同じくらいの立方体）ほどの広い空間を占める。

ニューヨーク市では、約2トンの炭素が**毎秒**排出されている。化石燃料を燃やす火力発電所が主な排出源だ。1日当たりで考えると約15万トンに及ぶ。

米国やカナダでは、市民1人当たり、平均で年間14トン（レンガ約6300個分の重さ）を少し上回るほどの炭素を排出している。2050年までにネットゼロという目標を達成するためには、大気中への炭素排出量を最終的に1人当たり約1トン（レンガ約440個分の重さ）まで減らさなくてはならない。

排出量を1人当たりレンガ6300個分から440個分まで削減するには、個人個人が次のような行動を取る必要があるだろう。

1. 飛行機での移動、プラスチックやエアコンの使用、肉食をやめる。
2. 国家レベルの徹底的な変化を法令化し、エネルギー源は、炭素による汚染の原因となる化石燃料から太陽光や風力などの再生可能なものに移行することを念頭に議員を選ぶ。
3. 大規模事業に対し、気候にやさしい方法で事業運営するように圧力をかける。
4. 炭素除去技術や森林再生に投資し、なおも続く炭素排出を埋め合わせる。

中国では、国民1人当たり、米国国民の約3分の1しか炭素を排出していない。しかし中国は人口が極めて多いため、排出量は世界一である。モザンビークのようなもっと小規模な国々では、そもそも各国民の炭素排出量は平均して年間1トンに満たない。

注：大気中の炭素を除去する技術はいまだに完成していない。したがって、ネットゼロを達成するために各個人が実際にどれくらい削減しなくてはならないのかは、正確には予測できない。

754

現在の米国人１人当たりの排出量

2050年に達成すべき
１人当たりの排出量目標

知っておこう　ファクトと定義

気候変動に関連してよく見かける用語を簡単に紹介しよう。

二酸化炭素　気候変動を引き起こす主な要因。石油、天然ガス、石炭を燃焼させると、放出される炭素が酸素と結合し、二酸化炭素（CO_2）が発生する。

炭素排出　あらゆる温室効果ガスを一括して「炭素」と呼ぶ場合があるが、それぞれのもたらす影響はかなり異なる。温室効果ガスの中には二酸化炭素の何百倍も影響力が強いものもある。

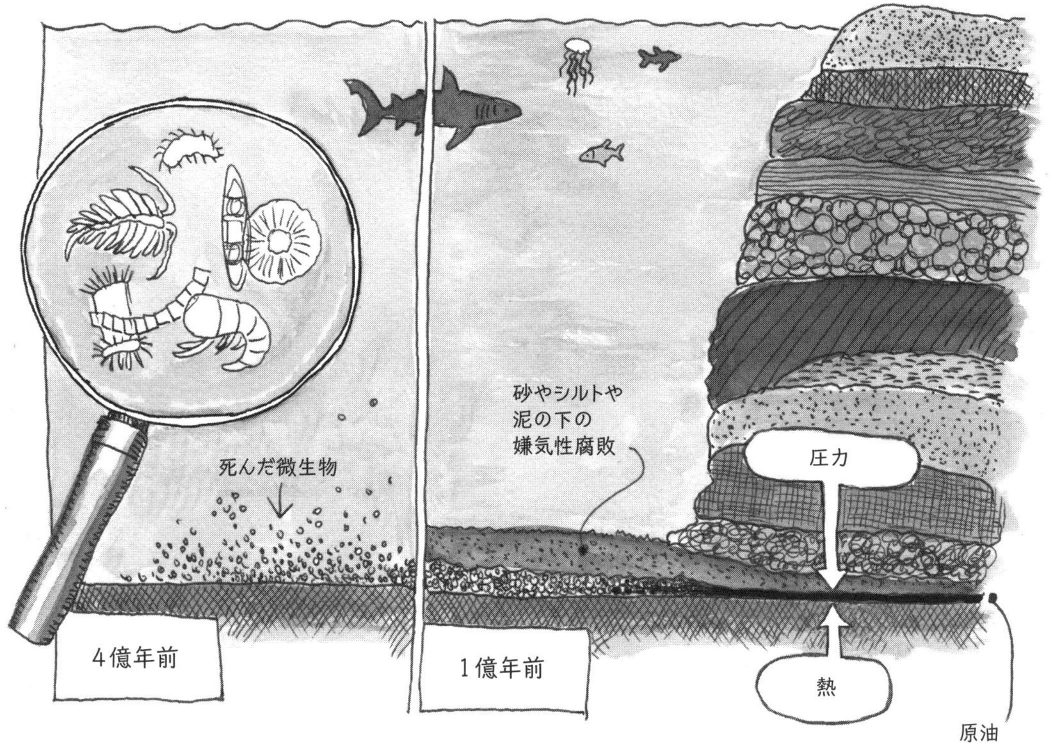

気候変動　地球の気温や生態系の変化。例えば、降水量や海面の変動、農業における変異など。

石炭　再生不可能な化石燃料。主に発電所で燃焼させ、家庭や企業に送る電力を生み出す。

排出　温室効果ガスを大気中に放出すること。化石燃料の燃焼など人間の活動に起因する。

化石燃料　地球の深部で何百万年も前に有機体の残留物がもとになって形成された石炭、石油、天然ガス。

地球温暖化　温室効果ガスが増えることで引き起こされる、地球の平均的な表面温度の上昇。

温室効果ガス　主に二酸化炭素、その他にはメタンやフッ素系ガスなど。地球をすっぽりと覆い、気温上昇を招く。

メタン　二酸化炭素の次に多い温室効果ガス。20年単位で考えると二酸化炭素より84倍も温室効果が強い。メタンは牛の消化作用、産業活動に伴う天然ガスの燃焼、埋め立てごみの分解などが原因で発生する。

緩和　温室効果ガスの排出を減らす、あるいは防ぐ取り組み。例えば、二酸化炭素を吸収する木々を植える、再生可能エネルギーを利用するなど。

適応　緩和を実施しても避けられない気候変動の悪影響に対し、被害を小さくするための取り組み。災害に備えたり、気候変化に合わせた作物を育てたりするなど。

天然ガス　主に建物の暖房や発電のために用いる再生不可能な化石燃料。

石油・原油　再生不可能な化石燃料。これを精製してガソリンや軽油、さらに灯油が得られる。燃焼すると電気も生産できる。プラスチックは一般的に石油から作られる。

再生可能エネルギー　太陽光、風力、波力、および地球の深部に存在する地熱など、自然に供給され、炭素を排出しないエネルギー。

海面上昇　気温が上昇して氷河が融解したり、海水が膨張したりするために生じる現象。

🌐 **756**

目の前で起きている気候変動

気候変動はどこか“遠く”で起きていることではない。私たちの暮らしのすぐ近くで、他でもない、ここで起きていることだ。玄関先まで迫ってきた気候変動の影響には、次のようなものがある。

家庭で

停電
地下室の浸水
インターネットサービス障害
携帯電話サービスの停止
側溝の凍結
倒木
増税
失業
電気料金引き上げ
食料価格高騰
保険料急騰
住宅価格下落
保険に加入できない住宅

街で

ポットホール*
交通渋滞
学校閉鎖
電力線の溶融
電力線の劣化
地下鉄の浸水
下水のあふれ
迂回
水質汚染
ダム故障
舗道のひび割れ
貯水量の減少
橋梁の崩壊
道路冠水

健康面

食物経由の疾病
熱中症
低体温症
ぜんそく
花粉症
ライム病
食料不足

娯楽や旅行で

水浸しになったゴルフ場のグリーン
氷原の減少
スキー日和の減少
イベントの中止
飛行機の乱気流遭遇
長距離移動の遅延
赤潮藻の異常発生
海岸の浸食
観光収入の減少

＊寒冷地で雪が溶け、道路等に発生する陥没穴。温暖化によって発生頻度が上昇しているとされる。

屋外で

汚染物質やスモッグ
栽培期の変化
作物生産高の減少
花粉量の増加
散水制限
カビ、病気を媒介する蚊、
　外来植物の増加
紅葉の遅れ
メープルシロップ収穫の早まり
草木の開花の早まり、果実の減少
丸々と太るリス
チョウの減少
クマの冬眠期間の短縮
年輪の間隔の広がり
雪崩
甲殻類動物の絶滅

天候

森林火災（山火事）
干ばつ
洪水
高潮
暴風雨
土砂降り
強風
竜巻
ハリケーン
温暖な地域での降雪
同時多発的災害
連続的災害
熱波

079

「ネットゼロ」とはどういうことか?

天秤を思い描いてほしい。右側には発電所やガソリン車など炭素の発生源、左側には木々や海洋など炭素の吸収源が載っているとする。この天秤が釣り合っていれば、炭素の排出はネットゼロとなる。

目標は、2050年までに炭素排出量ネットゼロを達成することだ。しかし、すでに受けたダメージを取り消すには、ネットゼロで満足するだけでは不十分だ。発生させる温室効果ガスの量を地球が引き受けられる量よりも少なくしなくてはいけない。

炭素排出を一切禁じるのは不可能だ。そこで、ネットゼロに到達するためには、樹木のような天然の炭素吸収源と革新的な技術の力によって除去できる量まで、炭素の排出を減らす必要がある。

だから、化石燃料の使用禁止も炭素除去を目指すイノベーションへの投資も、どちらも欠かすことはできない。

2050年の生活がどのようなものになるか、正確なことは誰にも分からない。しかし現状で、目下準備中の技術に基づけば、次のようなシナリオが考えられる。

ネットゼロ生活の１日

午前8時　薄手の毛布をはねのけて室温21℃の部屋に入る。効果的に断熱処理を施した住宅は、窓ガラスも3重のものに取り換えてある。おかげでこのスマートホームの室温は、電動のヒートポンプを利用して、1年中常に21℃に保たれている。ヒートポンプは住宅を涼しくするためにも利用する。コンセントにつないだものはすべて、近隣のソーラーパネルで発電したか、太陽光発電所や風力発電所から購入した電気を使う。

午前9時　2019年式のコーヒーメーカーでは、当初プラスチック製のコーヒーカプセルを使っていたが、20年前に改良されて、今では堆肥にできるバイオプラスチックのカプセルを使っている。現在はプラントベースのミルクを入れてラテを作るのが主流だが、休みの日は牛乳を入れて味わう人もいまだにいる。

午前10時　職場に出向くのは月に数日だけ。出勤時は電車に乗るか、ライドシェアサービスを利用する。

午前11時　近辺のヤギが週に1度、草を食みにやってくる。ヤギの群れが来るだけで、群生する植物は良い具合に剪定されて、雑草もなくなる。芝はかなり前になくなったが、数年前に芽吹いた植物の種が成長し、水をまいて補う必要はなくなり、まずまずの丈に育っている。

正午　友人との気楽なランチはプラントベース（植物由来）のバーガーなど。動物の肉は高価で、どこでも手に入るわけではない。そのため特別な場面でしか食べない。外が寒いときでも、レストランでは暖房炉を使わず、地球内部の熱を取り込む地中熱ヒートポンプを利用し、店内を暖かくしている。店内の温度調整には、日除け、自動のシェード、大きな日陰樹も役立てている。

午後1時　残りの業務をこなすため、自宅に向かう。途中、かつては牛舎や乳製品工場として使われ、現在は二酸化炭素除去装置が設置されている土地をいくつか通り過ぎていく。木々や海洋が大気中の二酸化炭素を減らすのに加え、こうした除去装置の働きでさらなる効果が加わる。

午後2時　友人とビデオ通話をして25周年記念の海外旅行の話を聞く。飛行機を使って旅行する場合もまだあるが、炭素サーチャージが高騰しているため、予約するのは特別な場合のみだ。

午後4時　全負荷型蓄電池の年間サービスを選ぶ。蓄電池にはプログラムが組み込まれており、電気料金が最も低いときにグリッド（送配電網）から電気を取り込み、蓄積したエネルギーをいつでも（日没後や風のないときであっても）住居で確実に使えるように備えられる。さらには、太陽光を最大限に取り入れるため、周辺地域の家々の屋根は市松模様のように配置され、どの家も近隣にある他の家の陰には決して入らない。

午後5時　ナスや温室育ちの野菜を電磁調理器で炒める。電磁調理器を使えばエネルギーをあまり無駄にせずに食品を加熱できる。

午後9時　ガレージで電気自動車の充電が完了する。グリッドにあまり需要がないときに充電するようにシステムを最適化してある。ガレージは2室に分かれている。自動車がまだ各家庭に複数台あった2030年代に建てた家だからだが、現在では多くの家がカレージは1室しか持たない。家族が2人以上同じ時間に別々に移動する必要がある場合はライドシェアサービスを利用する。

午後10時　環境設定されたベッドのスイッチが入って夜間のエネルギー節約が始まる。この“スマートな”マットレスはベッドに入った人をじかに暖めたり涼しくしたりして、安眠できるように一晩中温度を調節する。

755

気候変動についての10の俗説

気候変動についての間違った俗説が根強く残っている。気候学者がきっぱりと否定しても、消えてはまた現れるの繰り返しだ。国連の気候変動に関する政府間パネル（IPCC）によると、地球の気候システムが温暖化していることを裏付ける科学的エビデンスは明白だという。産業革命の間に、人々は工場や製錬所、蒸気機関の動力とするために、石炭などの化石燃料を燃やすようになった。化石燃料を燃焼させると大気中の温室効果ガスが増え、そのせいで1880年以来、地球の平均気温は1℃上昇した。

俗説1

気候変動は今に始まったわけではない。気候はいつでも変動し続けている

有史以来、最も温暖だった18年のうち17年は2001年以降のことだ。人間の活動、例えば石炭や石油、天然ガスを燃焼することによって、この変動はさらに勢いを増している。世界自然保護基金の報告によると、今日見られるような急速な変動は、人間の行動にあおられなければ、ほんの何十年ではなく、何十万年もの時をかけて起きるようなことであるという。

俗説2

地球は温暖化していない。外に出れば、まだまだ寒い！

グラスの中の氷が溶けると飲み物は冷たくなる。しばらくの間ではあるが。地球が温暖化するにつれて北極や南極周辺の積雪地域は狭まり、海氷は減るだろう。低圧で寒冷な空気によって形成される広大な領域を極渦と呼ぶ。これは反時計回りの空気の流れであり、極付近で空気がますます冷たくなる一因として働く。極渦が暖まった空気の影響を受けて不安定化すると、その結果として、通常は温暖な地域が突如、急激な寒波に見舞われ、気温は氷点下まで下がる。そうした現象は2020年にテキサス州で発生している。この不安定化によって、大気中の水分が増え、それが原因で豪雨が激しさを増したり、ハリケーンや暴風雪が発生したりする可能性もある。

地球の平均表面温度の偏差（℃）

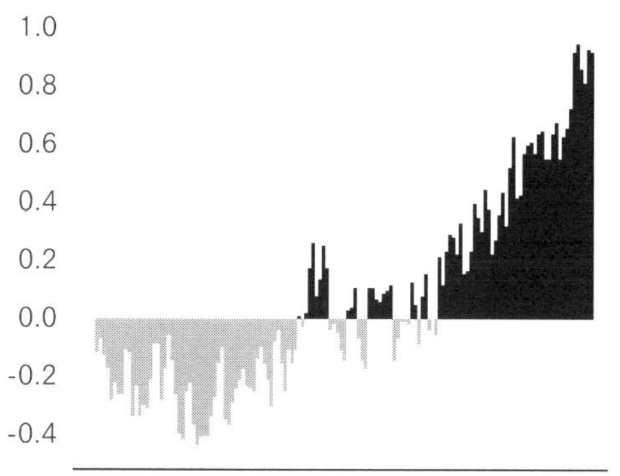

発電所で作られる電気の価格
（kWh［キロワット時］）

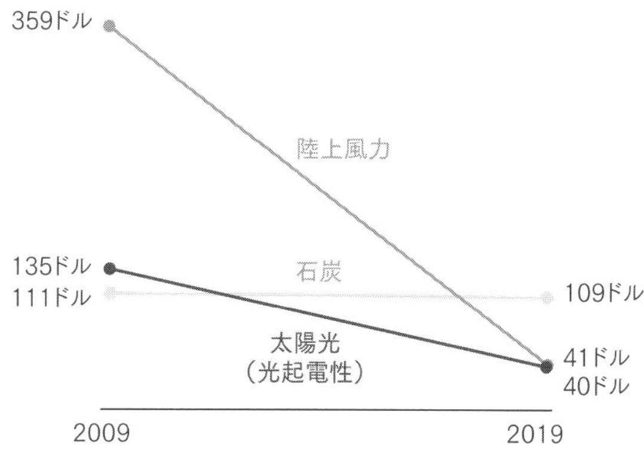

俗説3

再生可能エネルギーには費用がかかる

太陽光発電や陸上風力発電の価格は過去10年で急激に下がり、太陽エネルギーと風力エネルギーは、最も経済的な発電方法になった。

俗説4

太陽光と風力は天候に左右されるので役に立たない

蓄電池や蓄電装置が進歩したおかげで、晴天の日や風のある日に余った電気を蓄積し、曇天の日や寒い日に有効活用することができる。世界規模の再生可能エネルギーを常にコスト効率良く蓄電する性能はまだ得られていないものの、蓄電性能は需要を満たすところまで高まりつつある。

俗説5

大多数の人は気候変動を真に受けていない

イェール大学の気候変動コミュニケーションセンターによると、2020年に米国の人口の55％は気候変動に関心があるか、気候変動を懸念している。気候変動に否定的、あるいは懐疑的なのはわずか20％だ。

俗説6

プラスチックをリサイクルすれば気候変動への取り組みになる

プラスチックの種類を問わず、リサイクルされるプラスチックはわずか9％で、あとは焼却されたり、埋立地や海洋に集められたりしている。プラスチック製容器、あるいはその他の使い捨て容器を燃やすと、CO_2などの温室効果ガスがますます多く発生する。

9％

プラスチック製品に付いているリサイクルマークや、マークとともに書き込まれた番号*は、その製品の材料となるプラスチック樹脂を識別するためのものにすぎない。

俗説7

発泡スチロールのコップやテイクアウトの容器をリサイクル用回収容器に入れれば環境保護になる

ポリスチレン（発泡剤を用いて発泡スチロールを作る）はほとんど空気からなっていて、リサイクルできるのはほんのわずかなプラスチックだけだ。結果として使い捨てプラスチックの代わりにまた使い捨てプラスチックが作られて、量が増えていくというわけだ。

俗説8

オゾン層の破壊が進むことが気候変動の根本的原因だ

オゾン層の破壊が原因で気候変動が起きているわけではない。米国航空宇宙局によると、気候変動は、ここ数年発生しているオゾン層の破壊のせいではない。熱をためこむ他のあらゆる気体のほうがオゾン層破壊よりも気候変動を助長しているのだ。

俗説9

気候変動といっても私個人には何の影響もない

気候変動は徐々に進むので、急激な変化のような注目は集まりにくい。ところが、世界人口の85％はすでに、じかに気候変動を経験しているか、その影響を受けている。たいがいは暴風雨、停電、熱波、干ばつという形で。

俗説10

手遅れだ。手の施しようがない

遅過ぎるわけではない。気候に取り返しのつかないダメージを与えないようにするには、温室効果ガスと炭素の排出を削減する必要があるが、国連によると、そのために地球には、あと10年ほどの猶予が与えられている。排出を減らし、間違いなく将来も地球上で人間が暮らせるように、多くの組織が力を尽くしている。

342

＊米国ではリサイクルマークの中に、プラスチックの種類に応じた番号を表示することが義務付けられている。

気候変動に関する20の真実

1. 気候学者の99.5%は、人間が気候変動を招いているという見解で一致している。
2. メタンや二酸化炭素などの温室効果ガスは、菜園の温室のガラスによく似た役目を果たす。太陽光は大気を通り抜けるが、熱は大気に阻まれて外に出られない。これが原因で地球の気温は上昇する。
3. 洪水、熱波、雪、豪雨、それに干ばつのような極端な天候は、地球が温暖化すると激しさを増す。
4. オゾン層ははるか上空にあり地球を守っている。大気汚染によって発生するオゾンと同じものではない。汚染物質としてのオゾンは、人間が環境中に放出する温室効果ガスの1つだ。
5. 地球の気候は常に変動し続けてきた。だが現在、気候は、何十万年ではなく、何十年という単位で急速に変動している。
6. 大気中のCO_2の量は、過去200万年で最大となっている。
7. 地球規模で気温が上昇すると、局所的には気温下降が起こり得る。したがって、テキサス州のような、通常は温暖な地域での降雪は、地球の温暖化を反証するものではなく、それを象徴する事実だ。
8. 氷は太陽光を反射し、地球を冷涼に保つ。したがって氷床や氷河が溶けると、そのために生じた水が太陽光の熱を吸収し、海洋はさらに急速に暖まる。
9. 地球が温暖化すると保持できる水蒸気量が増す。これが原因で降雨が激しくなり、頻度も高まる。
10. 過去7年間（2015～2021年）は記録上、最も暖かい7年だった。
11. 米国本土に、記録上極めて甚大な被害をもたらしたハリケーンのうち9つは、過去15年間（2007～2021年）に発生した。
12. 海面が上昇しており、しかもその上昇の度合いは加速している。たとえ今すぐに世界が温室効果ガスの排出量削減へと抜本的に切り替えたとしても、2100年までに少なくとも30センチは海面が上昇すると予測されている。最悪のシナリオ、つまり、私たちが気温上昇を止めるための手を何も打たない場合、海面の上昇は2100年までに2.5メートルにまで及ぶ可能性がある。
13. 6億3400万人の人たちが、海抜約10メートル以下の地域で暮らしており、洪水や居住地の水没に見舞われる危険にさらされている。
14. 1982年から2016年までの間に、米国西部における積雪期は34日短くなった。
15. 一部の昆虫が二酸化炭素を吸収する木々を精力的に枯らしている。なぜならば、近年は冬でも気温が下がりきらず、昆虫の拡散を食い止めるには至らないからだ。
16. 気温上昇に伴って疾病の蔓延がいっそう拡大している。
17. 毎日、150種から200種の動植物が絶滅の危機に直面している。
18. 人類がこれまで製造したすべてのプラスチックのうち、リサイクルされたのはわずか9%だ。12%は焼却され、79%は埋立地に残っているか、ごみとして環境内にある。使い捨てにしたプラスチックの代わりに、また新たにプラスチックを作り出し、温室効果ガスがますます排出されることになる。
19. 埋め立てられたごみは分解されてメタンを放出する。メタンは二酸化炭素に比べて84倍も影響力の強い温室効果ガスだ。
20. 2020年、Covid-19（新型コロナウイルス感染症）が世界的に流行しているさなか、炭素排出は5.8%減少した。これは欧州連合が1年に排出する炭素の合計に相当する。

 032

イノベーションの普及

気候変動を初めて論じたのは科学者たちで、それは50年以上も前のことだった。エクソン*の科学者たちは、1980年代にはその多大な影響を明確に把握していた。しかし、地球の気候に関する事実が広く受け入れられるのには時間を要している。

だが、それも驚くようなことではない。

米国の社会学者、エベレット・ロジャーズは1962年に「イノベーションの普及」理論を提唱し、こうした現象について論じた。ロジャーズは、考え方というものがどのようにして集団の隅々まで広まるのかを説明した。考え方は、1度にすべて届くわけでも、あらゆる人たちに同時に、あるいは同じ方法で受け入れられるわけでもない。

人間は、信じるところや振る舞い方を徐々に変える。中には他の人に先立って変化を起こそうという人たちもいる。そうした人たちは、どんな分野にも、どんなときにもいるわけではない。彼らは、新しい考え方にオープンで熱心な分野において現れる。このようなことは、介入することの有効性や新たな考え方が根差す数々の事実の信頼性にかかわらず起きる。

ロジャーズの見解によると、考え方や関心領域との関わり方について、人は5つのカテゴリーのいずれかに分類されるという。

1. **イノベーター**　先陣を切る人たち。このカテゴリーの人たちが新たな考え方やイノベーションに飛び付くのは、単に新しいからであって、正しい、または有益であることが分かったからではない。
2. **アーリーアダプター**　他ならぬこの文化的な節目に、リーダーシップを取るという役割を担い、変化を受け入れる人たち。彼らは、まずは、その考え方やテクノロジーが本当に以前より良くなっていることを確認する必要を感じる。しかし、このカテゴリーの人たちは喜んで先頭に立つので、新しい考え方を他人に熱心に伝える可能性はどのカテゴリーの人よりも高い。
3. **アーリーマジョリティー**　率先するわけではないものの、平均的な人よりは早いうちに新しい考え方を取り込むと決める。アーリーアダプターに追随することに満足感を覚え、一定のステータスを得る。
4. **レイトマジョリティー**　おそらくこのグループは懐疑的だと言ってよいだろう。しかし多くのアーリーマジョリティーがやり方を変えた頃、アーリーマジョリティーの話を念入りに粘り強く聞いて、追随する可能性は高い。
5. **ラガード**　ある問題に関してこのグループにとどまろうとする人たちは、簡単には物の見方を変えないだろう。それどころか、断じて変えないかもしれない。最善の結果は、このグループの人たちを考慮に入れず、その代わりに他のグループに注目することで得られるだろう。このグループは平均して母集団の6分の1に満たない場合が多く、このグループのことは考慮しないというのが一般的に最も生産性の高い戦略だ。

353

＊米国の石油会社。のちに合併してエクソン・モービルとなる。

気候変動に対する行動

大きなものからささやかなものまで

リサイクルが望ましいということに反対する人はいないだろうが、現状のリサイクルは、多くの人が想定するほど効果がない。

> これまでに、プラスチック全体のわずか9%しかリサイクルされていない。しかもここにはリサイクル用の回収ボックスに積極的に持ち込まれた分も入っている。

一般的に人々は、気候変動に対する行動として、この問題と戦う意欲に満ちたリーダーに投票するといった影響の大きな行動を過小評価し、リサイクルや電球の取り換えなど、さほど影響の大きくないものは過大評価しがちだ。

友人10人に気候変動対策に協力してもらうのは、唯一、誰もが手軽に影響力を発揮できる方法であり、そのために科学的な予備知識や技術面での素養が必要なわけではない。1人ひとりが自分のスキルや創造性、興味を生かすことで、気候変動に対する地域社会の組織的な活動を促したり、楽しみながら率先して行ったりする必要性を高められるのだ。

影響力が大きい行動

- 電気、プラスチック、リサイクル、燃料に関する規制を全面的に変えるために、気候変動に関する行動計画を支持する政治家や候補者たちを支援する選挙運動。選挙運動には、街角で寄付の呼びかけをしたり、政治的なメッセージを掲げたりするのとはまったく違う手助けが必要だ。スケジュールを調整したり、スピーチを書いたり、さらには他のボランティアの食事を用意したりするために、裏方として多くの人手が求められている。
- シチズンズ・クライメート・ロビー＊1を通じてメディアに意見記事を送り、また、再生可能エネルギーについて国の導入基準の設定を求める手紙を政治家に送る。
- 気象キャスターにメールを送り、暴風雨についてレポートする際、気候変動に触れるように求める。
- 市民科学プロジェクトに参加する。こうしたプロジェクトでは、携帯電話アプリを利用して積雪を測ったり、鳥の生息数を集計したりする。ハイキングやスキー、バードウォッチングに出かけた人たちがアプリにデータを入力すると、科学者がそれを気候変動に関連づけることができる。
- 地域社会のための自転車や歩行者のための専用道路あるいは歩道プロジェクトの基金を集める。
- シエラクラブのクライメート・ペアレンツグループ＊2で、家族向けの気候変動への取り組みを探して参加する。
- 気候変動への取り組みや研究への協力を必要とする地元の大学や非営利団体に連絡する。
- 気候変動への取り組みに集中し、運動を進めたい人に代わって、子どもの面倒を見る。
- 地元の地域社会に、大量輸送交通機関を適切に設計し、導入することを目的とした委員会に参加する。

影響力が中程度の行動

炭素を毎年2.5トン以上削減する

- 短距離なら飛行機ではなく鉄道を選ぶ。移動時間はどちらでも同じくらいだが、鉄道による移動のほう

＊1　気候変動に対処する活動を行う米国の非営利団体。日本支部もある。
＊2　シエラクラブは米国の自然保護団体。クライメート・ペアレンツグループは、その傘下でクリーンエネルギーや気候の問題を解決するための親や家族たちによる運動組織。

が汚染は著しく少ない。スウェーデンでは、ソーシャルメディア上で2つの言葉が人気を集めている。「飛び恥（flygskam）」と「鉄道自慢（tagskryt）」だ。

- 今度、あなたの属する組織が募金活動をする場合、包装紙や飴のような使い捨て可能な品物の代わりに、カーボンオフセットやカーボンクレジットを売る。
- 電力会社は、太陽光や風力を利用して発電しているところを選ぶ。
- フェイスブック上で地元の「何も買わない」グループに参加し、あなたのお下がりの行き先を探す。
- 給水スポットを設置して、ボトル入りの飲料水を減らす。
- 倹約することや自然に関心を持つことについて、前の世代の話を聞いてみんなで共有し、希望を育み、気候に配慮する発想を発展させよう。
- 高齢者の集まる施設、ボーイスカウトやガールスカウトの集まり、保育園や幼稚園、図書館で、気候変動の基礎知識を教える。
- 4人の人たちを集めてカープール[*3]方式でライドシェアをする。

> 1日を過ごすだけで、必ず身の回りの世界に影響を及ぼしている。行動すれば変化が起きる。だから何を改善したいのかを自分で判断しなくてはならない。
>
> —ジェーン・グドール（英国の動物学者、国連平和大使）

- 化石燃料を開発する企業への投資をやめる。
- グリーンウォッシュ[*4]ではなく、実際に排出を抑制している持続可能な企業を支援する。
- 1年間飛行機を利用せず、メールの署名部分にそのことを書き込んで、他人に伝える。
- 集合住宅の全世帯で利用するために、生ごみを処理するコンポストの設置を提案・実施する。
- 地元の刊行物に、自分が暮らす町での気候変動について寄稿する。
- テレビで見かけるお気に入りのシェフ宛てにツイートし、レシピにぜひプラントベース（植物由来）の肉を使ってほしいと持ちかける。
- 毎年実施するサイエンス関連の催しのテーマを、気候変動を軸としたものに切り替える。

影響力が小さい行動

毎年0.1〜2.4トンの炭素を削減する

- 紙を節約する。
- リサイクルする。
- 白熱電球をLED電球に変える。
- 再利用可能な買い物袋を持って買い物に出かける。
- 衣類は乾燥機でなく干して乾かす。
- 冷水で衣服を洗濯する。
- ガソリン車から、ハイブリッド車あるいは電気自動車に乗り換える。
- 在宅勤務する。
- 新品を購入する前にオークションやフリマサイトを確認する。

757

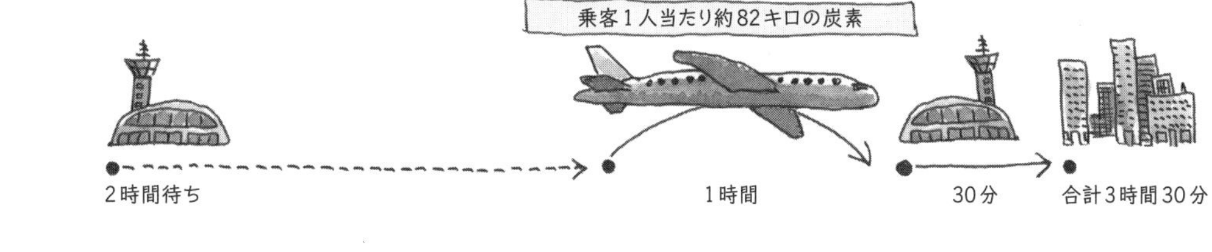

＊3　ライドシェアの方法の1つ。自動車の所有者が同じ方向に向かう複数の人たちを乗せること。運転手はガソリン代などの実費のみを受け取る。
＊4　環境保護をするふりをしながら利益を得ること。

2
これが真実だ
気候科学の危機

炭素とは何か？

原子は化学元素としてそれ以上は分割できない最小単位だ。

すべての物質は原子でできている。

炭素原子は、地球上のあらゆる生命体の基本単位だ。地球外にも生命が存在するとすれば、その生命も炭素原子を含んでいる可能性が高い。

炭素原子は、地球上のあらゆる
生命体の基本単位だ。

元素周期表には118の元素が記載されている。炭素もその1つだ。炭素は周期表の6番目の元素であり、大文字のCで表す。元素は宇宙を物理的に捉えるうえでの基本単位であり、簡単には他の構成要素に分解できない。すべての生物は、植物でも動物でも、炭素、酸素、水素、窒素というたった4つの元素でできている。

人体はその18%が炭素でできている。木の場合はおよそ50%、魚の場合はおよそ10〜15%が炭素でできている。ダイヤモンドと黒鉛（鉛筆の芯に使われている）は、どちらも炭素原子100%でできていることでよく知られる物質だ。

地球上のすべての生物を考えると、蓄積されている炭素の量は非常に多い。生物が死ぬと、その生物に含まれていた炭素が周囲の環境に放出される。このようにして炭素循環が続く。

ギガトンとは何か？

地球環境について、特に気候の危機に関連づけて学ぶと、「ギガトン（Gt）」という単位をよく目にするはずだ。これは、メートル法などの国際単位系による質量（物体を構成する物質の量）単位だ。

質量単位

測定値	同等の量
1000グラム(g)	1キログラム(kg)
1000キログラム	1トン(t)
100万トン	1メガトン(Mt)
1000メガトン	1ギガトン(Gt)

ギガは「10億」を意味する接頭語で、1ギガトンは10億トンとなる。人間の脳は、あまりに大きな数字を効率良く処理するのが苦手なため、1ギガトンがどのくらいの質量を表すのかを頭に入れておくのは大切だ。

1ギガトンは地球に暮らす77億人全員の体重の2倍に相当する。米国にあるすべての自動車を合わせた重量は0.5ギガトンになる。

011

> 突きつけられたことをすべて変えられるわけではないが、
> 突きつけられてみなければ何も変えられない。
>
> —ジェームズ・ボールドウィン（米国の小説家、劇作家、詩人、公民権運動家）

炭素は木材、プラスチック、食料、セラミック、鋼鉄、さらに地球上にすむすべての生物の構成要素だ。

地球上のすべての生命体に含まれる炭素

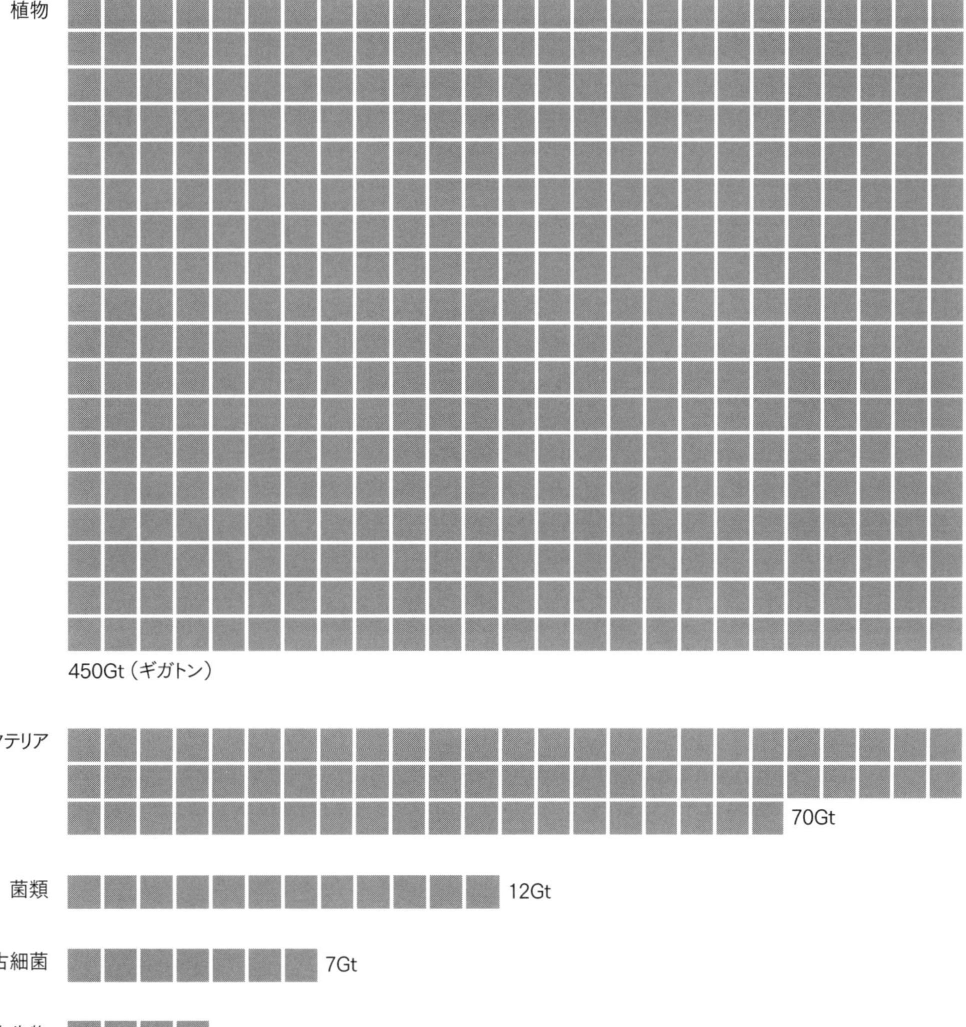

大気中の二酸化炭素の自然発生源

CO_2を大気中から完全に排除することはできない。そもそもそこにあるべきなのだから。自然界には、CO_2を排出する以下のようなプロセスがある。

陸上や海中の有機物の分解

分解の過程でバクテリアや菌類が働いて、尿や糞、それに死んだ有機体を分解し、CO_2などのごく単純な形の炭素にする。

火山活動

2019年時点での推定によると、火山が噴火したりガスを噴出したりすることで、地殻の下にある何兆トンものCO_2が解放され、年間0.28〜0.36ギガトンのCO_2が大気中に放出される。

自然発生する森林火災

森林火災によって2021年に排出されたCO_2の量は、推定で1.76ギガトンだった。

人間の呼吸

私たち人間は毎日、CO_2を吐き出している。しかし、そのCO_2の排出は有害とは見なされない。なぜだろう？それは、その二酸化炭素は直接的に（穀物や農産物を食べるときに）しろ、間接的に（植物を餌にして育った家畜の肉を食べるときに）しろ、植物による光合成由来のものだからだ。同じ考え方は動物の呼吸にも当てはまる。

およそ100万年前から1958年まで、自然の大気中の二酸化炭素濃度は約175〜300ppmの範囲で変動を続けてきた。

1800年代半ばに起きた第二次産業革命以前、つまり、世界中で本格的に製造業が発展し、化石燃料が利用されるようになるまで、CO_2濃度はゆっくりと徐々に上昇しており、2万年もかけて51%増加した。これに対し、1958年以降、CO_2濃度は316ppmから417ppmへと32%も増加している。

028

> レンガの壁に向かう
> 大きな自動車の中で、
> 誰もが自分の座る場所を巡って
> 言い争っている。
>
> —デービッド・スズキ（カナダの生物学者、環境活動家）

炭素の量はどれくらい？

左の図には、1万個の点が描かれている。この1万個の点が呼吸1回分の空気を表しているとすると、左の図に記した通り、炭素はそのうちの3個にすぎない。残りは酸素、窒素、アルゴン、そしてその他少量の元素だ。

実際のところ、数十万年前なら炭素の量は3個以下だった。3個を超えたのは、1958年に炭素の定期観測が始まったときだ。

それが今は4個を超えている。5個に到達すると、人間の文明は現在とは似ても似つかない姿になるだろう。

だから、炭素が点いくつ分なのかが私たちにとって重要なのだ。気候は炭素の量に想像も及ばないほど左右される。1万個の点のうちの1個が何もかもを変えるのだ。

336

炭素循環とは何か?

炭素循環とは、大気から地球へ、そして再び大気へと、炭素がくるくるとたどる道程だ。

私たちを取り巻く自然体系の中で考えれば、炭素の総量は変わらない。しかし、炭素がどこにあってどのように分布しているのかは絶えず変化している。

遅い循環

炭素は岩や土壌や海洋や大気を出入りしながら巡っており、このプロセスには普通、1億年から2億年かかる。

はるか昔に蓄積された炭素の中には岩石になるものもあれば、石炭や石油や天然ガスなどの化石燃料になるものもある。これを「化石燃料」と呼ぶのは、死んだ植物や動物が、地中に取り込まれ、やがて石油や石炭に変わるからだ。それにはかなりの時間を要する。

火山は噴火すると蓄積していた炭素を自然に大気中に放出するが、人間が化石燃料を燃やしても同じことが起こる。今日、人類は化石燃料を燃やして、毎年、地球上のすべての火山が放出する量の60倍もの炭素を放出している。

こうして化石燃料が炭素を大量に放出するので、大気中の炭素の自然なバランスは崩れ始めている。人間が介入したために、時間をかけて進む循環プロセスが速度を上げて進む循環プロセスになったのだ。

速い循環

まるで地球が息をしているかのように、炭素交換が素早く行われることもある。

速い循環

10年

光合成：二酸化炭素は植物に吸収され、糖と酸素に変換される。酸素は人間が生きるために欠かせない。

消費：人間を含む動物が植物を食べると、植物の中の炭素がエネルギーとして動物の体内に移動する。

呼吸：動物が酸素を吸うと、体内の炭素原子と結合して二酸化炭素となる。それが再び大気中へと放出される。

分解：植物や動物が死ぬと、炭素化合物が分解される。その結果、二酸化炭素が再び大気中に放出される。

速い炭素循環には、平均して10年を要する。呼吸はほんのわずかな時間があれば済むが、生命が誕生してから死に、分解されるまでに要する時間は100年にも及ぶ。

012

遅い循環

200,000,000年

地球の炭素循環のバランス

二酸化炭素は地球上の生命にとって不可欠なものだ。二酸化炭素が時間をかけて熱を少しずつ吸収し、放出するから、地球は人間が暮らしやすい温度を保っている。

有機物の分解、陸上や海洋の動植物の吸収（および放出）、火山の噴火、森林火災は、二酸化炭素の自然発生源だ。これらの作用や場所こそ、大気中に二酸化炭素を放出する要因なのだ。その二酸化炭素を相殺するのが「吸収源」だ。つまり二酸化炭素を吸収する要因である。海や陸上や水際の植物が行う光合成、そして土壌が盛り上がったところや泥炭地も吸収源と考えてよい。

何百万年もの間、「吸収」と「放出」という炭素循環を支える2つの力が働いて、大気中の二酸化炭素濃度は300ppm以下を維持してきた。これは、43ページの図に描かれた1万個の点のうち3個に相当する値だ。二酸化炭素濃度が一定に保たれていたのは、自然の吸収源が、自然の発生源から生成された二酸化炭素と同じ量を大気から除去できたからだ。

氷床コア*とモデリングによって、過去100万年もの間、地球は放出されたおよそ700ギガトンの二酸化炭素を処理し、自然のバランスを保っていたことが判明している。この自然のバランスが崩れたのは、人間の活動によって発生する二酸化炭素が、それを除去する吸収源の処理量をはるかに上回るスピードで著しく増加したためだ。

すでに300リットルの雨水で満杯になっている樽に、あとほんの5〜6リットルの雨水を加えようとしているとしよう。樽は大きいのだからあと少しぐらい足しても大したことではないように思えるかもしれない。しかし、樽に入りきらない分はあふれてこぼれてしまう。地球の炭素循環も、これと同じで、人間の活動のせいで二酸化炭素の発生量が増えたために、本来の働きができなくなりつつある。人間の活動により増加した二酸化炭素は、正反対の働きをする放出と吸収のプロセスを通じて処理できていた量を超過している。そのために地球の二酸化炭素の自然なバランスにわずかな変化が生じ、それが今日起きている気候の乱れの引き金になっているのだ。

029

*過去の気候変動などの情報を得るため、氷河などの深層から採掘される氷のサンプル。

炭素循環の不均衡

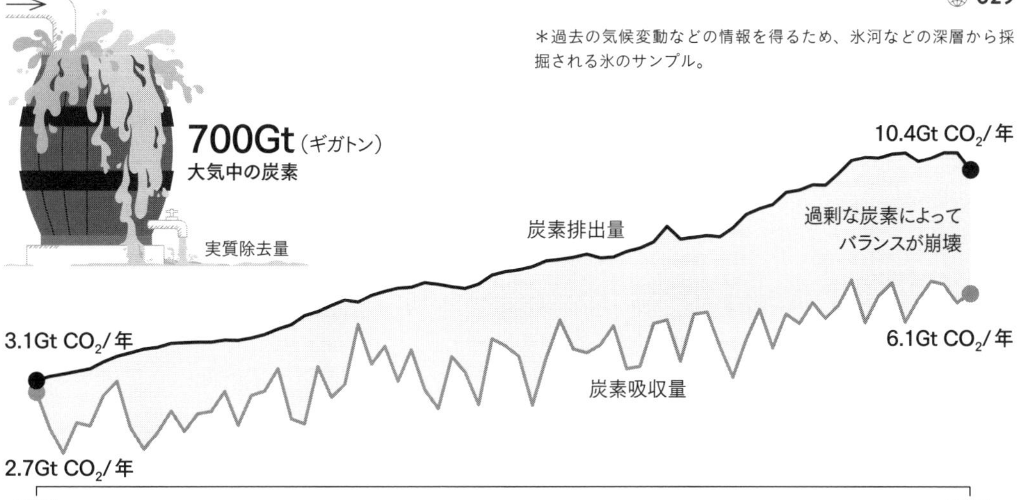

過去70年間における排出量と吸収量の差（炭素の不均衡）

EXXON RESEARCH AND ENGINEERING COMPANY

P.O. BOX 101, FLORHAM PARK, NEW JERSEY 07932

M. B. GLASER
Manager
Environmental Affairs Programs

November 12, 1982

CO_2 "Greenhouse" Effect

エクソンリサーチ＆エンジニアリング
P.O. BOX 101. フロラムパーク、ニュージャージー州

M・B・グレイサー
マネジャー
環境事業担当

1982年11月12日
CO_2「温室」効果

These models indicate that an increase in global average temperature of 3° ± 1.5°C is most likely.

PAGE 13（www.thecarbonalmanac.org/374で読めるThe Exxon memoのページを示す。以下同）

これらのモデルは、世界の平均気温が3°±1.5℃ほど上昇する可能性が極めて高いことを示している。

One cannot rule out, in view of the inherent uncertainty of the major fluxes, that the biosphere may be a net sink and the oceans may absorb much less of the man-made CO_2.

PAGE 11

主だったフラックスには本来不確実性があることを考慮すると、生物圏が実質的な吸収源であり、人間由来のCO_2のうち海洋が吸収する量はごくわずかにとどまるという可能性は排除できない。

The rate of forest clearing has been estimated at 0.5% to 1.5% per year of the existing area. Forests occupy about 50 x 10^6km^2 out of about 150 x 10^6km^2 of continental land, and store about 650 Gt of carbon. One can easily see that if 0.5% of the world's forests are cleared per year, this could contribute about 3.0 Gt/a of carbon to the atmosphere. Even if reforestation were contributing significantly to balancing the CO_2 from deforestation, the total carbon stored in new trees tends to be only a small fraction of the net carbon emitted. It should be noted, however, that the rate of forest clearing and reforestation are not known accurately at this time. If deforestation is indeed contributing to atmospheric CO_2, then another sink for carbon must be found, and the impact of fossil fuel must be considered in the context of such a sink.

PAGE 11

森林伐採率は、年間で現存面積の0.5%から1.5%と推定されている。森林は約150×10^5平方キロの大陸地のうち約50×10^5平方キロを占め、そこにおよそ650ギガトンの炭素が貯蔵されている。世界中で年間0.5%の森林が伐採されると、面積当たりおよそ3.0ギガトンの炭素が大気中に放出されることになるのは明らかだ。たとえ再植林が、森林伐採に伴うCO_2のバランス崩壊の修復に大きく寄与したとしても、新しい樹木が貯蔵する炭素の総量は、炭素の実質排出量のほんの一部にとどまるだろう。ただし現時点では森林伐採や再植林の進み具合が正確に把握できているわけではない点に注意を要する。森林伐採が実際に大気中のCO_2に影響しているのであれば、炭素の別の吸収源を見つけなければならず、化石燃料の影響もそのような吸収源との関係を踏まえて考慮しなければならない。

Although all biological systems are likely to be affected, the most severe economic effects could be on agriculture. There is a need to examine methods for alleviating environmental stress on renewable resource production — food, fiber, animal, agriculture, tree crops, etc.

PAGE 21

すべての生物系に影響が及ぶと考えられるものの、経済的に最も深刻な影響を受けるのは農業であると考えられる。食料、繊維、動物、農業、樹木作物など、再生可能な資源生産にかかる環境負荷を軽減するための方法を検討しなければならない。

There is a need to be sure that "lifetime" exposure to elevated CO_2 poses no risks to the health of humans or animals. Health effects associated with changes in the climate sensitive parameters, or stress associated with climate related famine or migration could be significant, and deserve study.

PAGE 21

高濃度のCO_2に“生涯にわたって”さらされても人間や動物の健康が脅かされないことを確認する必要がある。気候感度パラメーターの変化に関連する健康面での影響、あるいは飢饉や移住に絡んだ気候関連のストレスは重要な問題であり、研究に値すると考えて良い。

CO_2 induced warming is predicted to be much greater at the polar regions. There could also be positive feedback mechanisms as deposits of peat, containing large reservoirs of organic carbon, are exposed to oxidation. Similarly, thawing might also release large quantities of carbon currently sequestered as methane hydrates. Quantitative estimates of these possible effects are needed.

PAGE 21

CO_2由来の温暖化は、極地でかなり増大すると予測されている。泥炭が堆積したところには有機炭素が大量に貯蔵されており、これが酸化されるときに正のフィードバックメカニズムも働く可能性がある。また、現在メタンハイドレートとして隔離されている大量の炭素が、氷が溶けることで放出される可能性もある。これらの考え得る影響について定量的予測が必要となる。

Our best estimate is that doubling of the current concentration could increase average global temperature by about 1.3° to 3.1°C. The increase would not be uniform over the earth's surface with the polar caps likely to see temperature increases on the order of 10°C and the equator little, if any, increase.

PAGE 4

CO_2の濃度が現在の2倍になると、地球の平均気温は約1.3℃から3.1℃上昇すると考えるのが妥当だ。この上昇は地表全体で一様ではなく、極地では気温が10℃程度上昇し、赤道付近ではほとんど上昇しないと考えられる。

Along with a temperature increase, other climatological changes are expected to occur including an uneven global distribution of increased rainfall and increased evaporation. These disturbances in the existing global water distribution balance would have dramatic impact on soil moisture, and in turn, on agriculture.

PAGE 19

気温の上昇に伴って、降雨量や水蒸気の増加が世界的に見て不均一に起こるなど、他の気候変動が起きると予測される。現在の地球上の水分配がバランスを失えば、土壌水分に劇的な影響をもたらし、ひいては農業にも影響が及ぶ。

In addition to the effects of climate on global agriculture, there are some potentially catastrophic events that must be considered. For example, if the Antarctic ice sheet which is anchored on land should melt, then this could cause a rise in sea level on the order of 5 meters. Such a rise would cause flooding on much of the U.S. East Coast, including the State of Florida and Washington, D.C. The melting rate of polar ice is being studied by a number of glacialogists. Estimates for the melting of the West Anarctica ice sheet range from hundreds of years to a thousand years. EtKins and Epstein observed a 45 mm raise in mean sea level. They account for the rise by assuming that the top 70 m of the oceans has warmed by 0.3°C from 1890 to 1940 (as has the atmosphere) causing a 24 mm rise in sea level due to thermal expansion. They attribute the rest of the sea level rise to melting of polar ice. However, melting 51 Tt (10^{12} metric tonnes) of ice would reduce ocean temperature by 0.2°C, and explain why the global mean surface temperature has not increased as predicted by CO_2 greenhouse theories.

PAGE 19

気候が地球全体の農業に影響を及ぼすことに加えて、壊滅的となり得る事象について考慮すべきだ。例えば、南極で陸地の上にある氷床が溶けた場合、5メートルも海面が上昇する可能性がある。それだけ海面が上昇したら、フロリダ州やワシントンD.C.を含む米国東海岸の大部分は洪水に見舞われるだろう。極地の氷の溶解速度は多くの氷河学者が研究しており、西南極の氷床の融解にかかる時間は、数百年から1000年と推定されている。エトキンスとエプスタインは平均海面が45ミリ上昇したことを観測した。2人によれば、このような海面の上昇は、海洋の表層70メートルの温度が（大気と同様に）1890年から1940年にかけて0.3℃上昇し、これにより熱膨張が起きて海面水位が24ミリ上昇したと仮定することで説明がつく。それ以外の海面上昇は北極と南極における氷の融解によるということだ。しかし、10^{12}トンもの氷が溶ければ、海洋温度が0.2℃低下することになり、地球の平均表面温度がCO_2温室効果理論で予測される通りには上昇しない理由が説明できる。

Atmospheric monitoring programs show the level of carbon dioxide in the atmosphere has increased about 8% over the last twenty-five years and now stands at about 340 ppm. This observed increase is believed to be the continuation of a trend which began in the middle of the last century with the start of the Industrial Revolution. Fossil fuel combustion and the clearing of virgin forests (deforestation) are believed to be the primary anthropogenic contributors although the relative contribution of each is uncertain.

PAGE 4

大気モニタリングプログラムによれば、大気中の濃度は過去25年間で約8%上昇し、現在は約340ppmであるという。この上昇傾向は、前世紀半ばに産業革命が始まって以来続いていると考えられる。化石燃料の燃焼と原生林の伐採（森林伐採）が、人間が関与する二酸化炭素濃度上昇の主要因であるとされているが、それぞれがどの程度関わっているかは不明だ。

🌐 374

ジャン・セネビエによる炭素の発見

草木や樹木や藻類はすべて、自然に二酸化炭素を取り込んで貯蔵する。これは光合成というプロセスによるもので、植物や藻類は太陽光、水、二酸化炭素を酸素と植物性物質に変換する。

光合成は、1782年にスイスの牧師で、植物生理学の研究者でもあったジャン・セネビエが初めて発見した。セネビエの言葉で表現すれば、植物は太陽光を浴びると、「固定空気」(二酸化炭素) を吸収し、「良質な空気」(酸素) を放出する。植物は二酸化炭素と太陽光の両方がなければ酸素を作ることができない。

当時、セネビエはこのプロセスにどのような役目があるのかはほとんど把握していなかった。それどころか、植物が二酸化炭素を分解して炭素と酸素を生み出すために欠かせない酵素であるルビスコが発見されるまでに、なお100年以上の時間が必要だったのだ。

セネビエは、植物が空気中の二酸化炭素を分解し、炭素を蓄積することを初めて提示した研究者の1人だ。炭素循環に関するおそらくごく初期の記述として、セネビエは自著『植物生理学 (Physiologie Vegetale・未邦訳)』に次のように記している。

枯れた植物は分解され地中に堆積し、その堆積物は発酵して、植物にとっての肥料として大きな役割を果たす。このようにして植物は、それまでに取り込んだものを土壌や空気中に返還する。

炭素なくして植物の成長はあり得ない。植物も人間と同じように炭素でできていて、幹や枝や根に炭素を隔離している。そして、枯れるとその炭素の多くが土壌の一部となってこの循環を促進する。

351

炭素研究の先駆け

米国の科学者、ユーニス・フットは、一編の論文を発表し、その中で、二酸化炭素の入った容器のほうが空気の入った容器よりも太陽の熱を多く吸収することを明らかにした。論文では次のように説明している。

> **その気体に囲まれると地球は高温になるだろう。そして、一部の人たちが推定するように、地球の歴史のある時点で、空気中でのその気体の割合が現在よりも高かったのだとすると、その気体の働き、および重量増加の結果として、必然的に気温は上昇したに違いない。**

二酸化炭素濃度の推移

過去60年間における大気中の二酸化炭素濃度の年間増加率は、1万1000年前の最後の氷河期が終わった時点での平均的な増加率のおよそ100倍だ。

二酸化炭素は、地球の誕生以来ずっと大気中に存在しており、その濃度は、45億4000万年に及ぶ地球の歴史の中で大きく変化してきた。そうした二酸化炭素濃度の変化に伴って、地球の平均気温も大幅に変動してきた。

5億年前は大気中の二酸化炭素濃度が3000〜9000ppmであり、気温は1960〜1990年の平均より14℃以上高かったと推定されている。

25億年前に最初の生命体が出現すると、二酸化炭素は光合成によって消費されるようになった。そして、生命の発達と共に二酸化炭素は大気にも変化をもたらし、2000万年前には、濃度が300ppmほどに低下した。

過去80万年の間、地球の二酸化炭素濃度は一定の周期で変動しており、150ppmから300ppmの間で常に上下を繰り返している。だがこの50年間でその周期は大幅に変化し、濃度は記録的な高まりを見せた。

自然由来の二酸化炭素は、有機物の分解、海や陸の動植物による吸収（および放出）、火山の噴火、森林火災という形で地球の大気中に放出される。そして、吸収源、つまり二酸化炭素を海洋に運ぶプロセス、陸上および水生植物による光合成、さらには土壌や泥炭の蓄積地の作用によって吸収される。

これらの働きで、少なくとも過去100万年間に何度か訪れた氷河期の間も、地球は大気中の二酸化炭素濃度が300ppm以下という自然なバランスを保っていたのだ。

地球がたどった歴史全体を地質的観点から、時間的尺度で見ると、1750年代に炭素と関わる人間の活動が加速して以来、二酸化炭素の大幅な増加は、まるで一夜にして起こったかのようだ。産業革命が始まってから使用されてきた化石燃料は、数百万年にわたって地中でできたものでありながら、300年とたたないうちに大気中に戻っていったのだ。

030

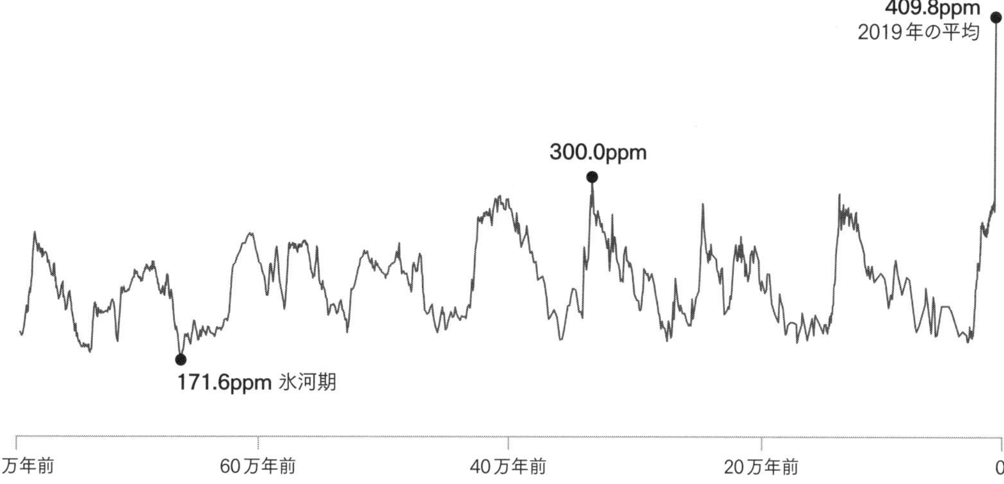

人体の20%は炭素でできている。

地球の気温変化

温度計に基づいて正確に気温を記録するようになったのは、1850年代からだ。それ以前の地球表面の気温を調べるためには、雪、サンゴ、鍾乳石に記録された同位体組成などの間接的な指標を利用する。例えば、北極圏の雪の層からは、はるか昔の年間の天候パターンが分かる。

さらに、「年輪気象学」では樹木の年輪の幅を手掛かりに、過去のある時期の気温を判断する。しかし、地球上で最も古い木でも樹齢がわずか数千年であるため、調べられる時代には限りがある。

歴史的根拠に基づいて過去数百万年の記録を得るための、信頼性の高い唯一の手段は、極地の氷床コアだ。これを研究すれば気温の指標が得られる。時間の経過に伴って地球の気温は周期的に上昇と下降を繰り返す。その周期を「ミランコビッチ・サイクル」という。ミランコビッチはセルビアの科学者で、地球の自転軸の傾き、公転軌道の離心率、太陽放射の周期的な変化によって、地球の気温の上下変動が起きることを明らかにした人物だ。

地質学的変化は、一般的に非常に長い時間をかけて起きる。しかし、1880〜2020年の気温データを見ると、1世紀の間にかなりの変化が起きたことが分かる。

わずか1世紀の間に1℃も気温が変化するのは普通ではない。通常なら、これほどの変化は数千年かけて起きるものだ。

過去50年、地球の気温が上昇する一方で、地球が太陽から受ける光エネルギーは減少している。地球の気温が上昇するのは太陽が原因ではない。温室効果ガスによって閉じ込められる太陽の熱が増えているためだ。

366

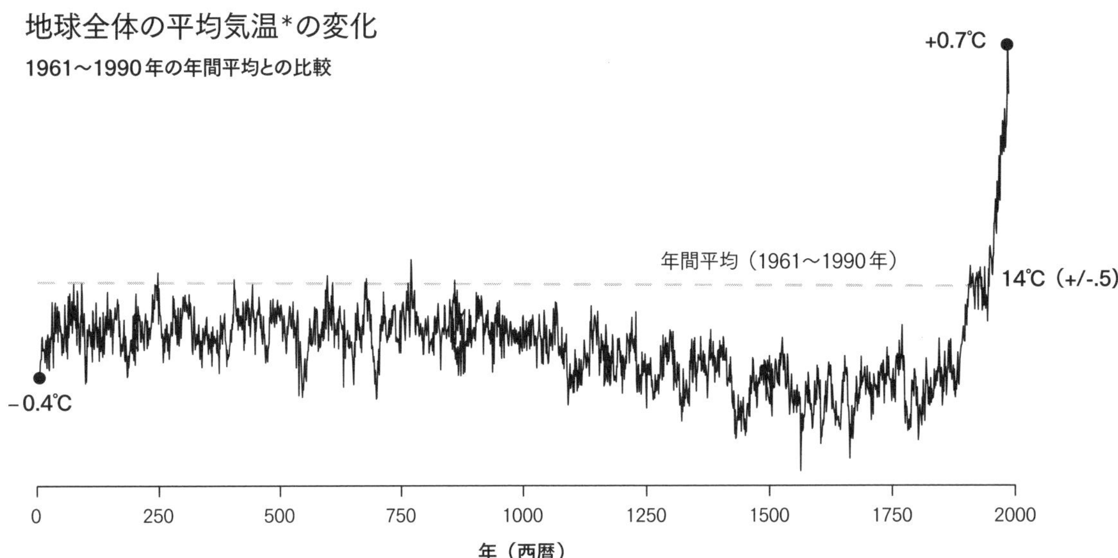

＊IPCC第6次報告書によれば、（1850〜1900年と比較して）1.1℃上昇している。

地球全体の気温と日射量（地球に到達する太陽光の量）

1951～1980年の年間平均との比較

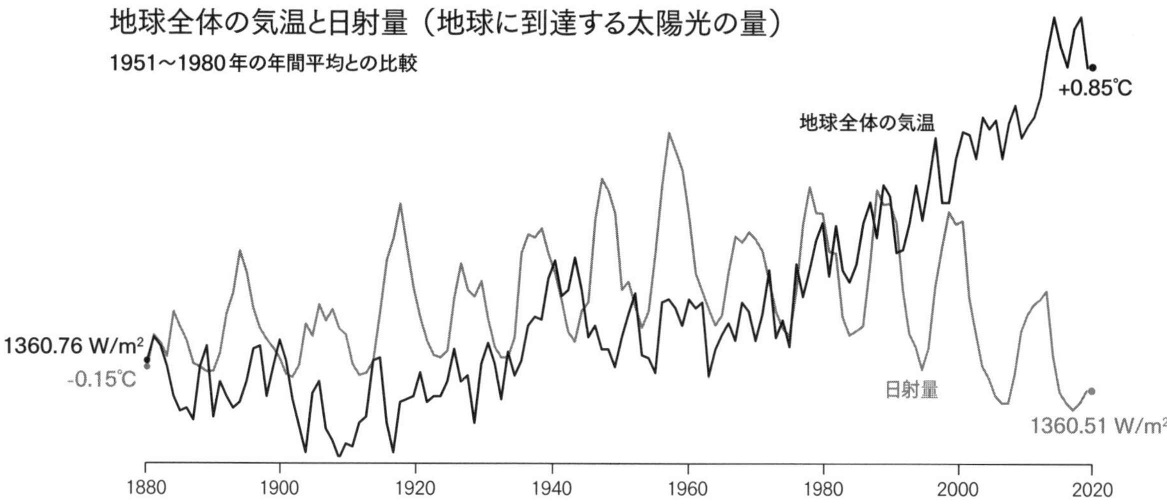

豊かな熱帯林をあっという間に破壊

地球が誕生して以来の46億年を46年に縮めると、産業革命が始まったのは今から1分前のこと。この1分で、人間は世界の熱帯林の50%以上を破壊した。

CO_2換算

気候変動を引き起こす分子を「温室効果ガス」(GHG)と呼ぶ。温室効果ガスとしては二酸化炭素（CO_2）がよく知られているため、二酸化炭素と言い換えることも少なくない。

CO_2は温室効果ガスとしては最も量が多いが、人間の活動に由来する温室効果ガスとして、もっと強力だったり、もっと長く大気中にとどまったりするものは他にある。そういった気体はたいがい、ごく微量に存在するだけだが、気候変動に及ぼす影響は大きい。

温室効果ガスにはさまざまあるが、その影響を二酸化炭素に換算して扱う「地球温暖化係数」(GWP)の検討が進んでいる。例えば20年間で考えると、メタンのGWPはCO_2のGWPの80倍を超える。つまり、大気中にメタンが1トン排出されると、その時点から20年間は、80トンを超えるCO_2が存在するのと同じなのだ。

人間の活動に由来するその他の主要な温室効果ガスには以下のようなものがある。

- **メタン：**牛や、埋立地で腐敗する有機物質（食品など）から発生する。天然ガスの主成分はメタンなので、天然ガスが漏れると大気中のメタンが増える。
- **一酸化二窒素：**主に燃焼、産業活動、自動車の排気ガス、肥料の生産によって発生する。NOx（窒素酸化物）のGWPはCO_2のGWPの270倍だ。
- **フッ素ガス：**主に冷蔵・冷凍用に用いられる人工の無機ガスの総称。そのGWPはCO_2のGWPの1000倍を超え、オゾン層破壊の要因となるガスと、その代替ガスがある。

370

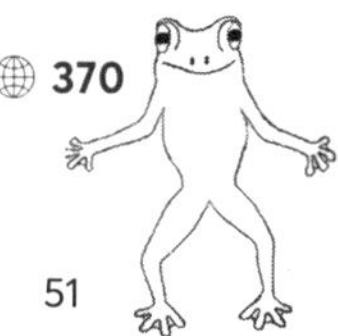

注：本書では、CO_2ですべての温室効果ガスの影響について説明し、特にCO_2以外のガスの影響を表す場合は「CO_2e」（二酸化炭素換算）を使用する。

人口増加と排出量の関係

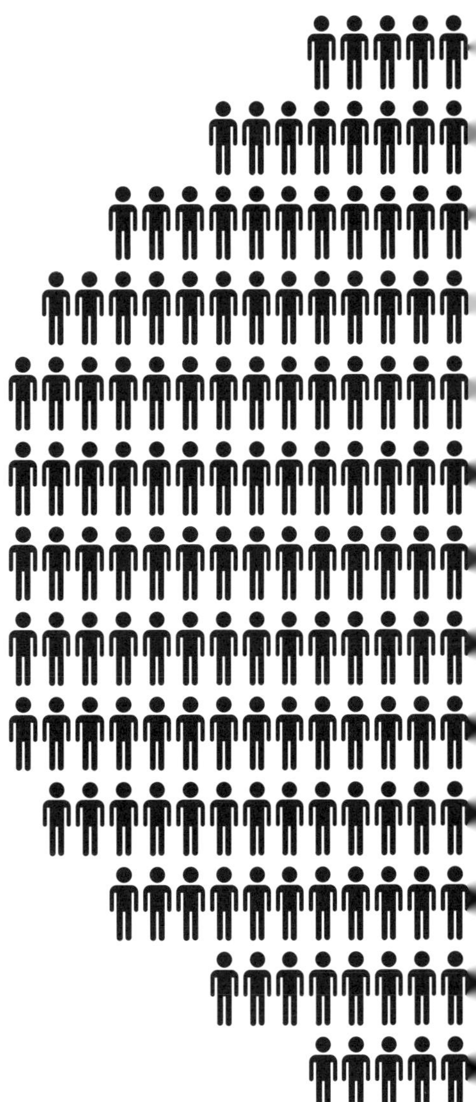

1798年、英国の経済学者トマス・マルサスは著書『人口論』で次のような疑問を提起した。「地球はどのくらいの人口を支えられるのか」

そして、マルサスが語った「食料生産量を増やすと、それに伴って人口が増加し、増産した食料ではまかない切れなくなる」というパラドックスから、地球の人口と、その当然の成り行きとして迎える限界についての思索が始まった。

いわゆる「マルサスの罠」に対する反論は、人口が増えるほどイノベーションも進むというものだ。イノベーションが進めば、人口問題の実質的限界は遠ざかる。こうしたイノベーションの1つが、化石燃料を使ってエネルギーや肥料を生み出すことだったのだ。

マルサスの著書が出版されて以来、世界の人口は10億人にやや満たないくらいから80億人に達するほどに増え、世界の生活水準は飛躍的に向上した。それに伴い、1人当たりの炭素燃焼量も増加し続けている。

マルサスの試算によれば、優れた農法を採用すれば穀物生産量は25年で倍増する。しかし、それに続く25年では、最初の25年を上回るほどには増加しない。これは線形的増加または算術級数的（等差数列的）増加と呼ばれている。

一方、人口増加率は25年後には倍になり、その25年後にはさらに倍になる、といった具合に増えていく。これは幾何学的増加または指数関数的増加と呼ばれる。つまり、人口増加率は常に食料生産量の増加率を上回るのだ。

世界の人口は増え続けているが、マルサスが予言したような大惨事はこれまでのところ何度も回避されてきた。
マルサスは化石燃料を動力源とするテクノロジーが、
どれほどの農作物収穫量、健康、生産性の向上を
もたらすかについてまでは考えが及ばなかったのだ。

1948年に生態学者のウィリアム・ヴォートは著書『生き残る道』（トッパン、1950年）でマルサスの研究成果を再度紹介した。ヴォートによると、テクノロジーの進化をもってしても、いかなる種も環境収容力を超えることは永遠にできないという。この言葉は当初、貨物船の最大積載量を

引き合いに出して語られた。人類は地球の環境収容力と資源の量の限界を超え、破滅に至るだろうとヴォートは予測したのだ。5年後、今度はユージン・P・オダムが著書『生態学の基礎』（培風館、1974〜1975年）で環境収容力をテーマとして探求を続け、基盤となる理論を確立した。それが礎となって、人口増加を続ける人類が認識しなければならない地球の限界という概念が導かれた。

ところが、過去数十年での遺伝学、エネルギー生産や輸送面でのイノベーションがテクノロジーの進歩につながり、ゆえに地球の環境収容力は拡大を繰り返した。

とはいえマルサス・モデルでは、炭素燃焼による副作用は考慮していなかった。過去2世紀にわたる生産量と人口の増加は、地球上の生活の質を脅かすほどの炭素排出を生み出してきた。

地球規模で見ると、一般的に人は一生の間に約4トンの二酸化炭素を排出する。しかし排出量の幅には大きなばらつきがある。例えば、米国で平均的に1人が排出する二酸化炭素の量は、バングラデシュで平均的に1人が排出する量の40倍を超えている。

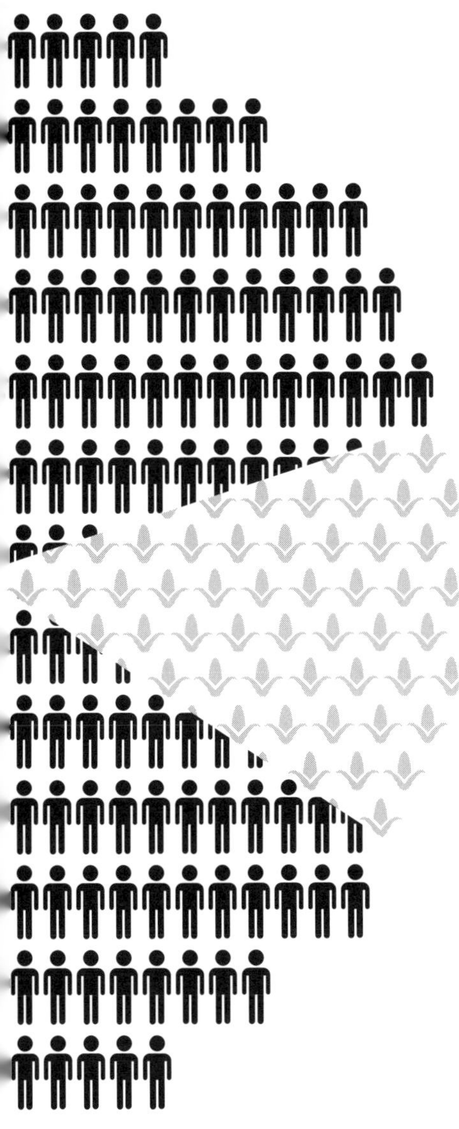

科学者たちは、地球が許容できる限界は100億人だと主張している。推定では、2050年にはこの数字に到達する。

その一方、現在のテクノロジーで許容できる範囲を基準にして最大量を見積もるべきではないと主張する専門家もいる。こうした状況に備える最善の方法は、テクノロジー開発に携わる人も、その成果も増やし続けることであり、人口の増加は前向きな一歩であるというのだ。

344

歴史的に見るCO_2と人口の推移

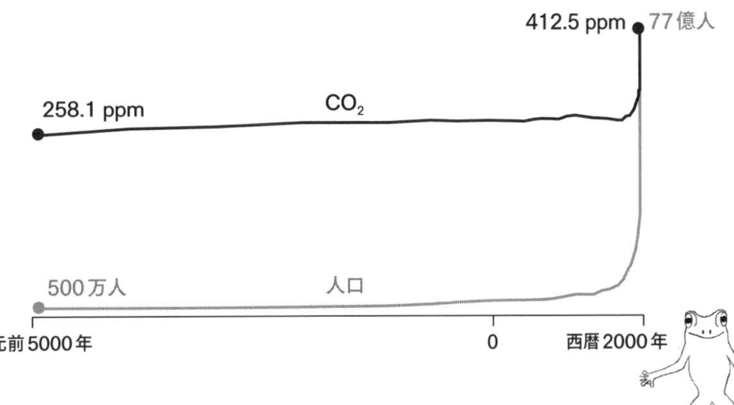

CO_2観測の歴史

二酸化炭素が気候に影響をもたらすのではないかという疑いは何百年も前からあり、過去60年の間に科学者たちは精密な記録を残してきた。

1820年代に、ジョセフ・フーリエは大気中のガスが熱を閉じ込める可能性があるという説を唱えた。その数十年後、ジョン・ティンダルが実験を行って、二酸化炭素とメタンが実際に熱を閉じ込めることを実証した。

スウェーデンの化学者スバンテ・アレニウス（1859～1927年）は、石炭を燃やすと温室効果が高くなることに気づいた。初めて化学の原理に基づいて、大気中のCO_2の増加と地表温度の上昇との関連を予測したのだ。

その後、英国の蒸気技師であり発明家でもある、ガイ・カレンダー（1898～1964年）が、アレニウスの理論をさらに発展させた。カレンダーは、大気中の二酸化炭素濃度の上昇が地球の気温上昇と関連していることを証明し、地温が19世紀の間に上昇していたことを初めて実証したのだ。カレンダーは、自分の研究が気候科学者たちに受け入れられるのを見届けてから亡くなった。

カナダの物理学者、ギルバート・プラス（1920～2004年）も、地球の二酸化炭素濃度上昇と、それが平均気温へ及ぼす影響を予測した。1956年に予測した結果は、50年後に実測した正確な値に近い。プラスは、二酸化炭素が倍増して地球の気温は3.6℃上昇し、2000年の二酸化炭素濃度は1900年の濃度より30％高く、2000年の気温は1900年の気温より約1℃高くなると予測した。また、地球は二酸化炭素の層にすっぽりと覆われて、温室のようになるだろうと述べた。

1957年に米国の海洋学者、ロジャー・レベルと化学者ハンズ・スースは、大気中に放出される二酸化炭素が増えても海水がすべてを吸収できるわけではないことを証明した。レベルは「人類は目下、地球物理学の大規模な実験を行っているところだ」と述べている。

しかし、系統的な測定が初めて行われたのは1956年、チャールズ・デービッド・キーリング（1928～2005年）が大気中のCO_2濃度の研究に着手したときだ。キーリングは大気中の二酸化炭素を測定する装置を開発し、CO_2にかなりの変動があること発見した。この変動は、近隣にある工場が原因と思われた。

そこでキーリングは、測定場所をハワイ諸島の休眠期の火山に移した。この付近の産業汚染源は、最も近くても山から風上に6400キロ以上離れていた。当初、キーリングが使った装置の極端な正確性が疑われた。測定を試みた環境に対して予測された変化よりもはるかに正確だったからだ。しかし、キーリングは諦めずに忍耐強く、同じ場所で同じ時期に大気中の二酸化炭素を測定し続けた。測定は数十年に及んだ。

そうした測定の結果、大気中のCO_2濃度は急増の一途をたどっていることが分かった。二酸化炭素の濃度を初めて直接測定し、上昇傾向が続いていることを厳密に証明して以降、ハワイ島のマウナ・ロア観測所での測定プロジェクトは現在も継続して行われている。

035

1958年から現在までのCO_2量（ppm）

マウナ・ロア観測所での測定値

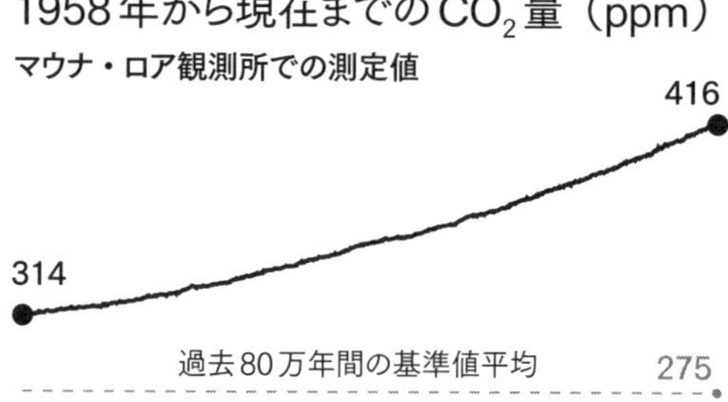

生態系とは何か?

19世紀までは、地球上の生物はそれぞれ独立した存在であるとする考え方が一般的だった。しかし、生態学が発展するにつれて、相互関係で成り立つ生態系という概念が知られるようになる。

生態系は地理的な領域で、熱帯雨林のように広大なものも、潮だまりのように小さいものもあり、陸上、海洋、淡水に分布する。生態系の中では生命のある（生物的）個体群と生命のない（非生物的）環境との間に複雑な関係が成立している。

地球の表面には、相関関係を持つ生態系が隅々まで張り巡らされている。生態系は、植生、土壌、気候、野生生物に応じて「バイオーム」と呼ばれるカテゴリーに分類される。一般的なバイオームとしては、山や森林などがある。

生態系を通じて、エネルギーは流れ、物質は循環する。詳しく言うと、エネルギーは太陽から生態系へともたらされ、熱として消えていく。光は光合成を経て植物に入り、植物がさらに多くの物質を生み出す手助けとなる。物質は食べられ、消化され、排泄され、分解され、やがて再び食べられる。こうした流れや循環を追跡すれば、生態系がどのようにして均衡状態を維持し、何がきっかけで緊張状態になるのかが理解しやすくなる。

炭素、窒素、リンなどの元素は、植物と動物の両方で連続的に循環し続けている。植物はこれらの物質を空気、水、土壌から摂取する。動物は他の有機体を食べて摂取する。

生態系では、熱帯雨林で分解作用の一端を担うバクテリアから、サバンナで狩りをするライオンに至るまで、すべてが互いにつながっている。その結果、すべての生物と非生物が、それ自身を取り巻く生態系だけではなく、さらに広範な他の生態系のバランスにも影響を及ぼす。1つ何かが変化したり消えたりすると、それに連鎖するあらゆるものが影響を受けるのだ。

例えば、オーストラリアに、もともといなかったウサギが持ち込まれたとき、他のさまざまな生物の生態に影響が及んだ。ウサギを捕食する大型の動物が姿を消すと、ウサギはその数を増やし、それが植物の成長に影響を及ぼしたのだ。

エネルギーにも同じことが言える。気温が上昇すると、生物群集は移動することがあり、互いに調和が取れなくなる。

352

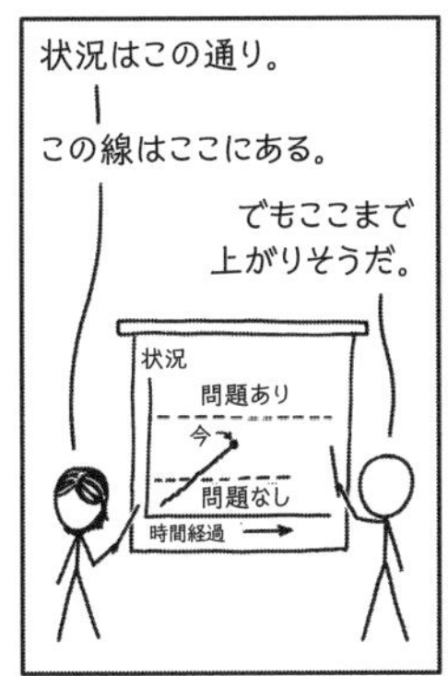

プラネタリーバウンダリー：自然界の限界

2009年、ヨハン・ロックストロームと研究チームは、気候の安定性をつかさどる9つの要素を挙げた。しかしどの要素も予測が難しく、直線的に変化していくわけではないので、ある条件を入力すると突然“崖”が現れる可能性もある。また、中には相互に作用する要素もあるので、さらに状況は悪化している。

1. **気候変動：**地球の温暖化はひたすら加速を続ける。炭素を吸収する森林や海洋も気温上昇の悪影響を受ける。つまり、炭素の吸収量が増えないどころか、吸収が進みにくくなる。雨が降れば洪水が発生し、そうすると土壌表面が浸食されて、さらに気温が上昇する可能性もある。

2. **生物多様性の喪失と種の絶滅：**ある種が絶滅すると、他の種が増殖し、それが糧とする植生に害をもたらすことになる。すると絶滅の危機に瀕する種がますます増える可能性がある。

3. **成層圏のオゾン層破壊：**オゾン層の破壊が進むと、人間に影響が出るだけでなく、海洋生物にも害は及び、気候変動が加速する。

4. **海洋の酸性化：**海がCO_2を吸収すると、炭酸が発生する。すると海洋の化学組成が変化し、酸性度が上昇する。こうしてバイオシステム（生命システム）に影響が及び、海がさらに多くの炭素を吸収するのは難しくなる。

5. **リンと窒素の生物地球化学的な循環*：**温暖化が進むと、農業で使われる肥料が増える。その肥料が河川に流れ出て藻などの発生を招く。こうして起きた環境悪化はさらに、炭素隔離（貯蔵）能力の低下や気温の上昇につながり得る。

6. **森林伐採など、土地利用の変化：**農場に負荷がかかると、森林や沼地などの自然のままの土地から農地への転用が増える。これにより生物多様性が低下し、水の流れが変化し、炭素隔離に多大な影響が及ぶ。

7. **淡水の利用可能性の低下：**水の供給が減ると、人間は水をたくさん得るためによりいっそう大胆な対策をとり、自然環境に負荷をかけ、健康にも影響をもたらす。

8. **新種の物質の出現：**人工的な有機汚染物質、重金属化合物、放射性物質の放出量が増えやすくなる。これらは大気を汚染し、人間や動物の健康問題の原因となる。

9. **大気中のエアロゾル負荷：**水蒸気の増加により、大気中のエアロゾル負荷が変化する。これにより、太陽放射の影響が予測できない形で変化する可能性がある。

339

＊炭素や水などの物質が、地球の生態圏、大気圏、水圏、岩石圏などを経由して移動すること。

温室効果を理解する

ローマ皇帝ティベリウスは、毎日朝食には必ずキュウリを出すように言い渡したという。それで1年中キュウリを用意できるように、家臣たちがこしらえたのが温室の原型だ。

温室とは日光を採り入れつつ、熱を逃がさないガラス製の建物のことだ。これがあれば庭づくりをする人は、たとえ外が寒くても植物を育てられる。ガラスは光を通し、太陽光に含まれる赤外線が植物や空気や鉢を暖める。

温室効果ガスは、ガラスが温室に対して果たすのとほぼ同じ役割を地球に対して果たしている。地表のはるか上空にある炭素などの分子は、日光が地球に届くのを妨げはしない一方で、まるで毛布のように、大気中の熱が宇宙に逃げないようにとどめておく役割を果たしているのだ。

例えてみればそういうことだが、実際の物理的な仕組みは少し違う。温室ではガラスを使って空気の移動を妨げている。それに対して、地球の大気にはごく微量の二酸化炭素やその他の温室効果ガスが存在し、それが地球から放出される赤外線熱の一部を宇宙空間に逃すまいとしているのだ。

大気が（99％ではなく）100％酸素と窒素でできていたら、大気中に熱はほとんどとどまらないだろう。水蒸気があると、赤外線の熱はいくらかとどまる。さらにここに二酸化炭素などの温室効果ガスが1％分存在するので、熱が保持される。これでちょうどバランスが取れた状態なのだ。

温室の例えは厳密ではないが、仕組みの考察には役に立つ。目に見えない物質が、一種のバリアーのような働きをして、熱を閉じ込めるのだ。

大気による何らかの温室効果がなければ、地球は宇宙空間と同じくらい冷え、生命は存在できなくなる。とはいえ、大気中の温室効果ガス（二酸化炭素やメタンなど）がこれ以上増えると、均衡が崩れる。大気の不均衡が急速に進んでいるのは、大気中の温室効果ガスの割合が変化した結果だ。そして地球は全体がますます暑くなってきている。

355

> 人類がいなければ、地球は持続し、持ちこたえるだろう。
> しかし、地球がなければ我々人類は存在すらできない。
> —アラン・ワイズマン（米国のジャーナリスト）

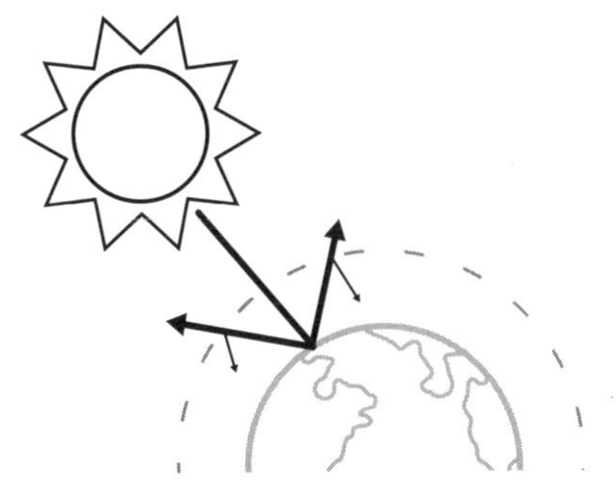

人間が化石燃料の燃焼を始める前、
熱は大気圏から逃れやすかった。

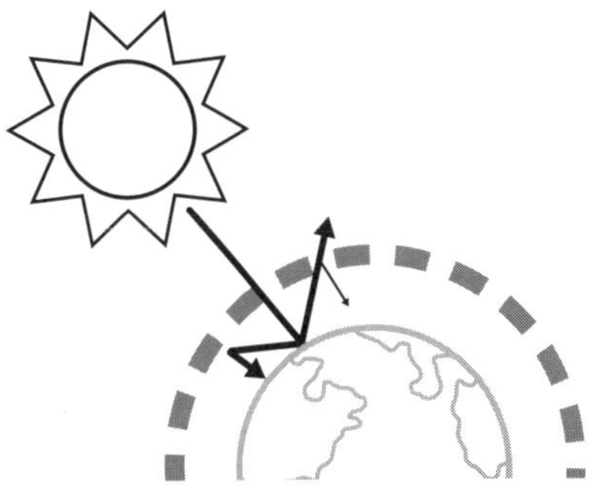

温室効果ガスが蓄積されるにつれて、
反射して大気中に戻る熱が増えた。

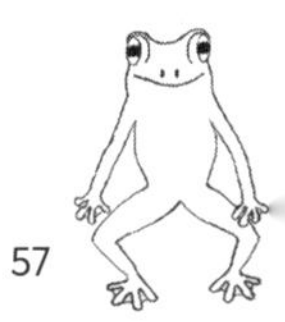

温室効果ガス排出量の数値が分かりにくいのはなぜか？

数値のつじつまは合っているのか？

本書の編集に際して、5000件を超えるデータソースを精査してきた。同じような経験をお持ちの読者であれば、数字に混乱させられたことがあるかもしれない。例えば、人間によるある活動が「全炭素排出量の8%以上」の要因である、というような記述を目にすることがよくある。データを見れば、未来の予測がさまざまに分かれるのは予測がつくかもしれない。だが意外にも、現在の状況についても見解に違いが生まれるのだ。

よって、単純なグラフでは表し切れていない部分にも注目し、温室効果ガスの排出について理解することが重要だ。同時に重要なのが、データの根拠となる情報源を吟味し、脚注を読み、意図的であろうとなかろうとデータ操作が行われて特定の筋書きを裏付けるように仕立てられている可能性があるのを承知しておくことだ。不注意による重複カウント、相互依存変数に絡む難しい問題、分類や定義の混乱といったこともある。

信頼できる情報源から、加工していないデータを取得できれば理想的だ。未加工のデータがない場合、比較的公平で透明性が高い典拠に頼ること。気候分野では、研究者のデータをダウンロードして、各自が自分で分析して結論を出す場合も少なくない。その結果、同じデータから異なる筋書きが展開する可能性もある。

同じデータから多様な状況が生まれる

よく直面する問題は、データが示しているのが生産工程のどの部分なのかが判断しにくいというものだ。例えばハンバーガーには肉が必要で、肉を運ぶにはトラックが必要だ。トラックは牛を運ぶのにも使う。牛が育つには牧草地がなくてはならず、牧草地には肥料が欠かせない。この場合、肥料を作るという段階は、食品に関連する炭素を排出していると考えるべきなのだろうか。

例えば、以下の2つの円グラフでは、温室効果ガスの排出の原因を異なるキーワードで説明していて、詳細の程度も異なっている。

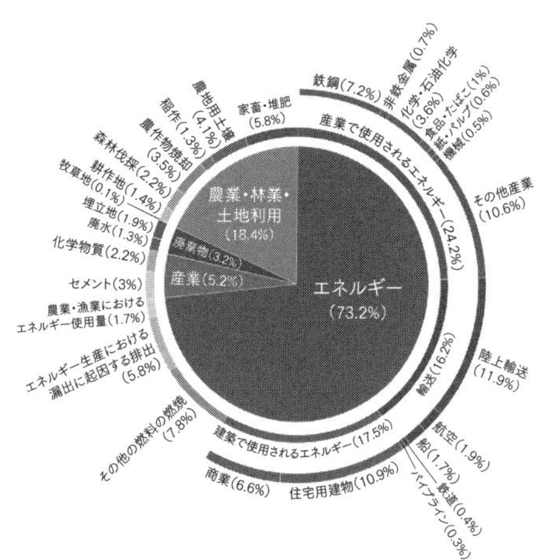

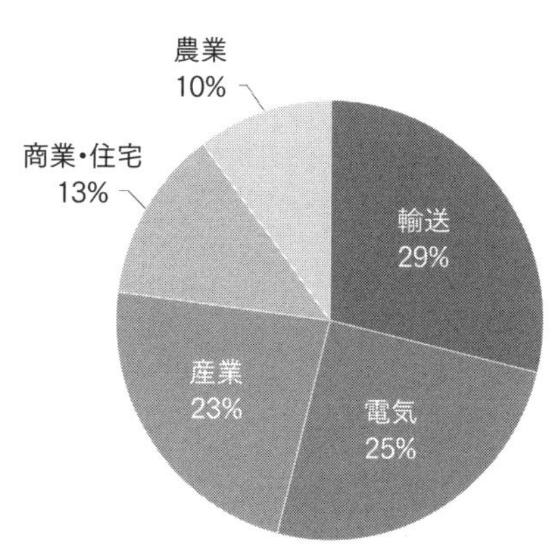

ネット上でよく見る2種類のグラフ　左の図は非常にややこしい。二酸化炭素の発生源があまりに複雑に絡み合っていて読者には理解しにくいだろう。それに対して、右の例は単純化され過ぎていて、重複を考慮していないし、分け方も正確ではない。こうした分類を1つのグラフで、簡潔に、分かりやすく、正しく表す方法はないのだ。

前ページ左の円グラフは、温室効果ガスの部門別排出を示し、最終的なエネルギー消費者まで掘り下げている。このようにデータを分解すると、産業別の排出が特に明確に把握できる。

同右の円グラフは、もっと特定性を持たせずに分類しているため、それがエネルギー消費者による排出なのか、それともエネルギー生産者による排出なのかがはっきりしない。

その生産工程を延々とたどっていけば、大手の石油会社にたどり着く。石油会社は排出される炭素を大量に生み出しているが、自らはそのほとんどを使ってはいない。売っているのだ。

どちらのグラフもデータとして間違いではないが、それぞれが異なるストーリーを伝えており、読者が異なる結論に達する可能性がある。

複雑な計算

下の図は、温室効果ガス排出量に関する企業の報告に影響をもたらす、直接的および間接的な活動を示している。それぞれの活動が製品やサービスの製造と提供のプロセスで役割を果たしている。

このプロセスは非常に多くの段階に分かれていて、実際の排出量を正確に測定するのはかなり難しい。この活動はどこから始まっているのか、あの活動はどこで終わっているのか？　排出量はどのようにして、誰が記録しているのだろうか？

発電所がエネルギーを得るために再生プラスチックを燃やせば、環境に優しいのだろうか？　それは、プラスチックが炭素に及ぼす影響をどの時点で見るかによる。発電所が再生プラスチックを燃焼させることまで含めるのか、含めないのかだ。

従業員がそれほど必死にならなくても、企業がカーボンニュートラルを装うことはできる。できる限り多くの炭素活動を間接的なものとして分類すればよいだけなのだから。

023

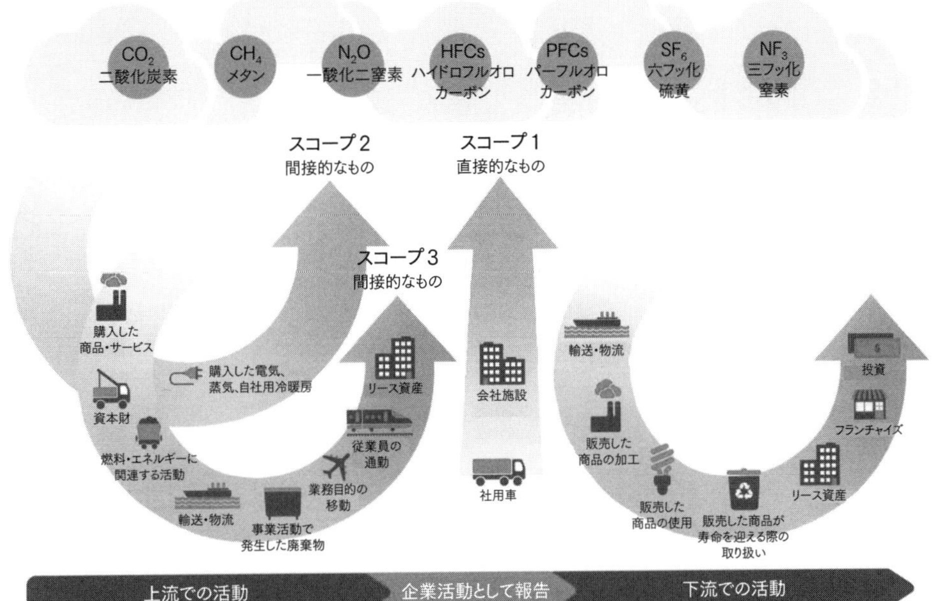

さらに複雑な図　この図はネット上のさまざまな場所で見られるものだが、企業が環境への影響をいともたやすく不明瞭にできることを示している。図の作成者は、人々を混乱させるのがいかに簡単であるかを示したいと考え、うまくいったというわけだ。

4434トンのCO_2が大気中に排出されるごとに、1人が早すぎる死を迎える。

私たちの選択が致命的な影響を生むかもしれない

ライフスタイルの選択は、大気への炭素排出量に大きく影響していて、消費スピードは国によってかなり異なる。

「ネイチャー」誌に寄せられた計算結果によると、大気中に二酸化炭素が（2020年の排出率を上回る）4434トン排出されるたびに、気温上昇によって1人が早期死亡に至るという。

すなわち、平均的な一生を送る米国民は、たった3.5人で、誰か1人の寿命を大幅に縮めるのに足る二酸化炭素を排出するということになる。これに対し、同じ結果をもたらすのに、ブラジル人なら25人、ナイジェリア人なら146人である。

341

1人の寿命を縮めるのに値する国民の数

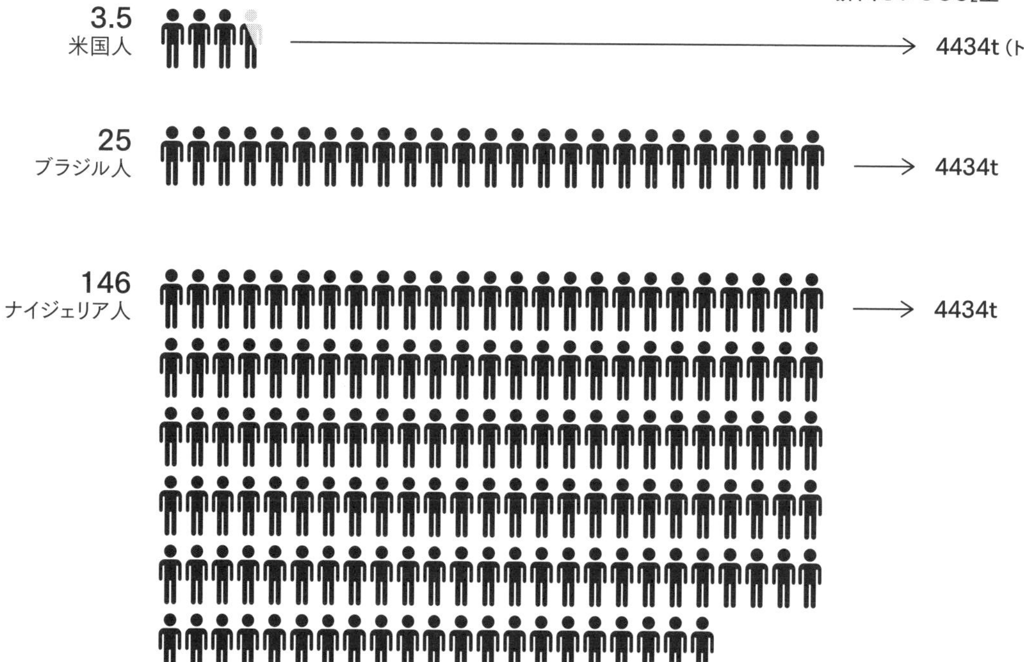

炭素循環フィードバック

気候は3つの強制的な力に影響される。

1つ目の力は、人間がどれほど排出するかだ。人間に起因する排出量は、人口増加率、自動車の動力源（ガソリンか電気か）、化石燃料に頼らない発電への切り替え、政治的意思などの要因に左右される。文化やテクノロジーの動向をかなり先まで予測するのは非常に難しい。動向は常に変化し続けているからだ。

2つ目の力は、環境が私たちの行動にいかに敏感に反応するかということだ。二酸化炭素やその他の温室効果ガスが増加すると、大気や海洋にはどのように影響するのだろうか？線形的な変化や指数関数的な変化ならば、過去のデータや研究室での実験に基づいて抜かりなく予測を立てることができる。

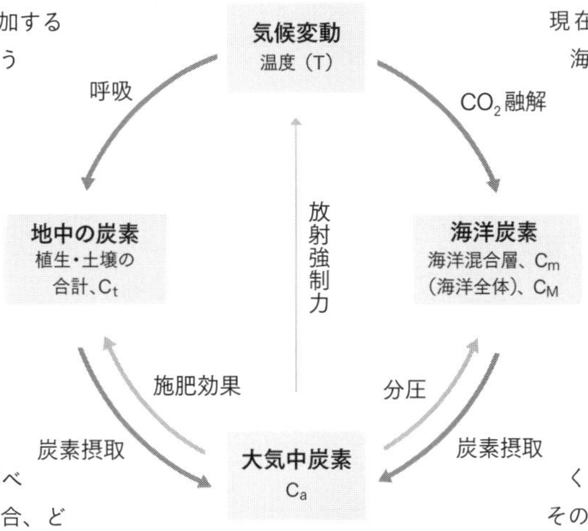

そして3つ目の力は、中でもとりわけややこしいもので、地球環境のさまざまなシステムが今述べたような変化に直面した場合、どのように相互作用するかというものだ。この力は「炭素循環フィードバック」と呼ばれている。大気、陸、海洋、植物、動物の間で炭素をやり取りするプロセスはたくさんあり、どれもが複雑に絡みながら、相互作用が進んでいく。温室効果ガスの問題や、2つ目の力の結果として気候変動に私たちが取り組むのは、この力ゆえだ。

子どもがブランコを漕いでいるとしよう。前後に少し動かすのは難しくない。しかし、勢いがついてくると、だんだん移動距離を伸ばすことが難しくなる。ブランコのてっぺんまで振り切ることは、基本的に不可能だ。てっぺんに近づけば近づくほど、もっと先まで漕ぐのは難しくなる。

システムの中には、本質的に「正のフィードバック」もあれば、「負のフィードバック」を生むものもある。負のフィードバックのシステムが働くと、安定性が維持される。バランスを崩すような動きは抵抗に遭い、元の位置に押し戻される。正のフィードバックのシステムは、手に負えない状態になることがあり、混乱状態になるたびに動揺は悪化し、さらなる動揺を招く。

数千年にわたり、二酸化炭素が増えると海がそれを吸収し、二酸化炭素が減ると海がそれを放出してきた。海は負のフィードバックのシステムを作り、二酸化炭素濃度を安定させてきたのだ。

現在、CO_2排出量の約30%を海洋が吸収する。二酸化炭素を吸収する力の1つは、海流がなすシステムである大西洋深層循環（AMOC）だ。AMOCを引き起こすのは海水温と塩分であり、どちらも気候の変化に応じて変動する。AMOCは将来、現在ほど二酸化炭素を吸収しなくなるだろう。

その結果、海が温室効果ガスをあまり吸収しなくなり、地球の温暖化は加速する。そしてAMOCの効果がさらに弱まるだろう。排出ガスを吸収する役目を担い、安定していた負のフィードバックのシステムも、その働きの有効性はどんどん低下するのだ。

同様の炭素循環フィードバックシステムは他の場所でも見られる。はるか昔、メタンは北極の永久凍土に閉じ込められていた。しかし、北極が温暖化し、永久凍土が融解すると、メタンガスが放出される。大気中のメタンの増加は、極地の気温上昇にさらに影響をもたらし、永久凍土の融解拡大が繰り返されることになるだろう。

正のフィードバックループは、変化しつつある気候問題をますます加速する力になるかもしれない。

368

1キロのCO_2と引き換えに何を得られる?

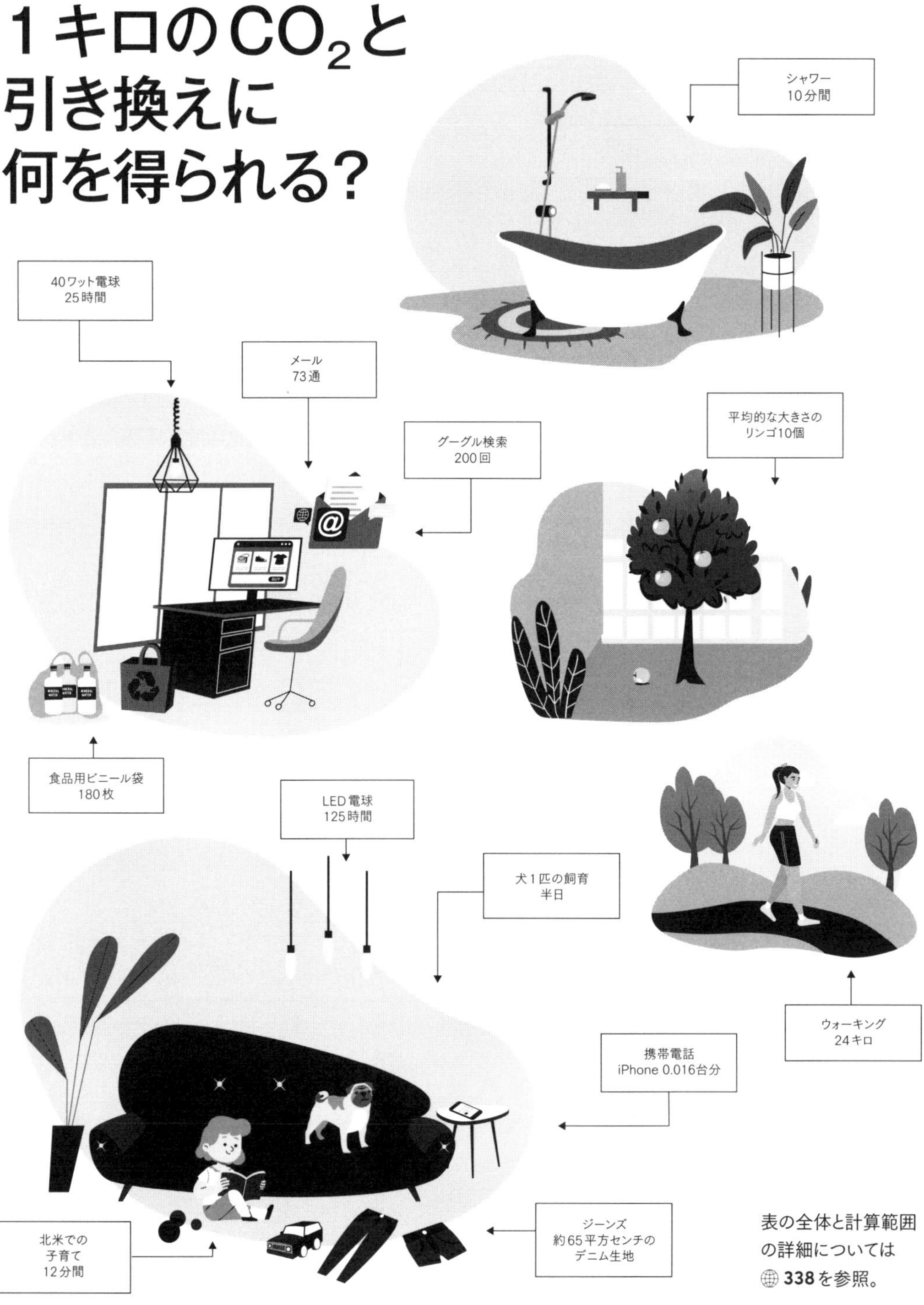

表の全体と計算範囲の詳細については
338を参照。

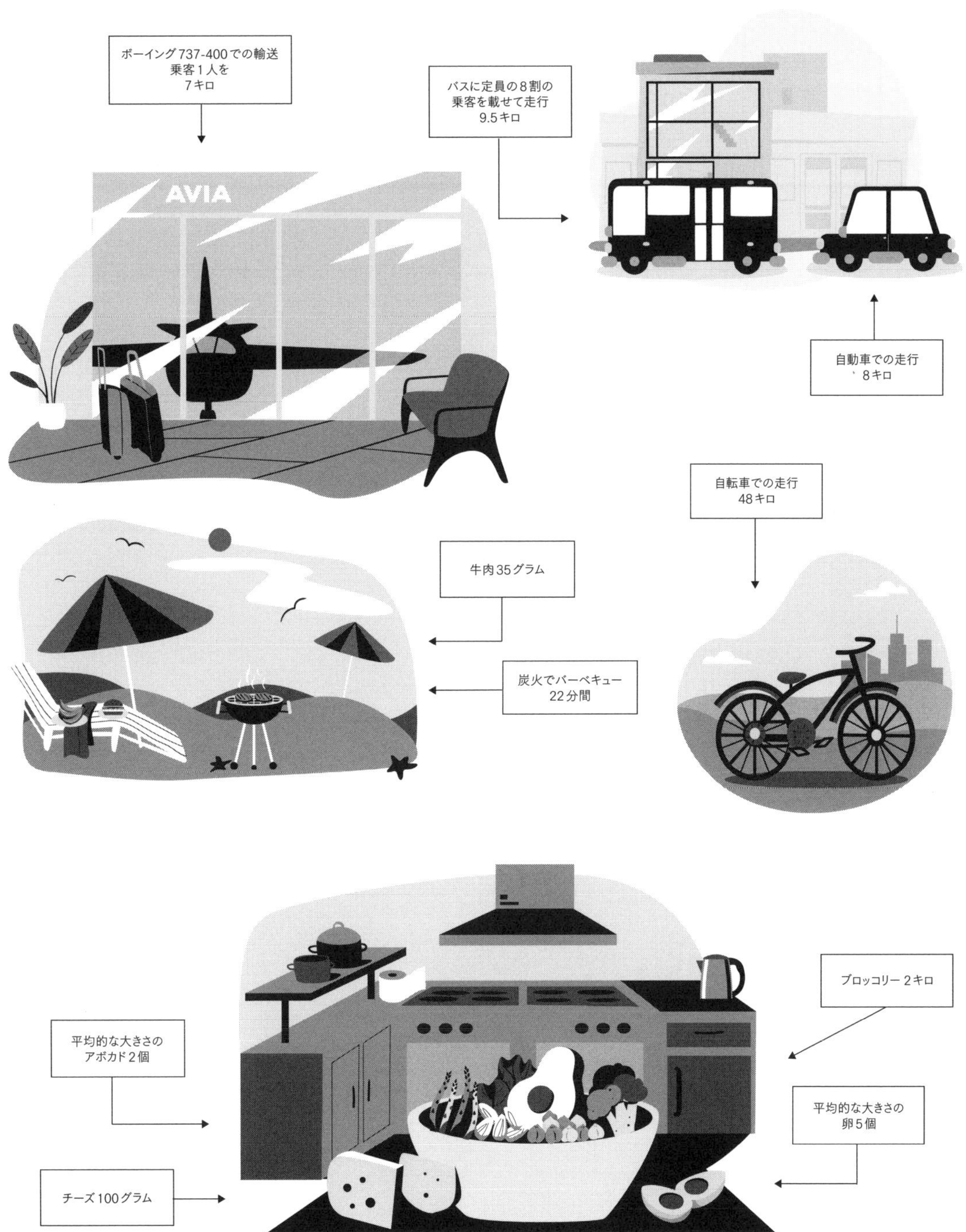
ボーイング737-400での輸送
乗客1人を
7キロ
AVIA
バスに定員の8割の
乗客を載せて走行
9.5キロ
自動車での走行
8キロ
自転車での走行
48キロ
牛肉35グラム
炭火でバーベキュー
22分間
ブロッコリー 2キロ
平均的な大きさの
アボカド2個
平均的な大きさの
卵5個
チーズ100グラム

国別のCO_2排出量

国別の累積炭素排出量（1960〜2018年）

過去から現在までの累積炭素排出量は、それぞれの国が気候変動にこれまでどのように関与してきたか、いかに影響をもたらしてきたかを反映している。各国は長い歳月をかけて排出量を削減してきたかもしれないが、各国の歴史的な排出量は、今日の地球規模の問題を解決する責任を誰が負うべきかという点に関する重要な要素の1つだ。

	国名	Gt（ギガトン）
	全世界	**1280.93**
1	米国	279.25
2	中国	204.69
3	ロシア連邦	131.28
4	**日本**	**56.19**
5	インド	45.68
6	英国	32.4
7	カナダ	25.51
8	ドイツ	23.7
9	フランス	22.65
10	イタリア	20.92
11	ポーランド	19.65
12	メキシコ	17.13
13	韓国	16.62
14	南アフリカ	16.24
15	イラン	15.77
16	オーストラリア	15.31
17	ブラジル	13.72
18	サウジアラビア	12.65
19	スペイン	12.37
20	インドネシア	11.98
21	ウクライナ	9.61
22	トルコ	9.22
23	オランダ	8.77
24	ルーマニア	7.21

	国名	Gt
25	アルゼンチン	6.86
26	ベルギー	6.57
27	タイ	6.54
28	ベネズエラ	6.46
29	エジプト	5.64
30	カザフスタン	5.5
31	マレーシア	5.05
32	北朝鮮	4.82
33	パキスタン	4.35
34	アラブ首長国連邦	4.33
35	イラク	4.07
36	アルジェリア	3.93
37	ハンガリー	3.73
38	ギリシャ	3.6
39	スウェーデン	3.54
40	ブルガリア	3.44
41	チェコ	3.43
42	オーストリア	3.39
43	ベトナム	3.33
44	ウズベキスタン	3.3
45	フィリピン	3.1
46	デンマーク	3.06
47	コロンビア	2.9
48	フィンランド	2.85
49	クウェート	2.44
50	スイス	2.36

国別の炭素排出量（2018年）

各国の炭素排出量は時代と共に変化する。全世界でネットゼロを達成するためには、すべての国の年間排出量を現在の水準からゼロもしくはゼロ近くまで減らす必要がある。現在の排出量は、各国がどの程度削減しなければならないかを示す良い指標となる。

	国名	Gt
1	中国	10.31
2	米国	4.98
3	インド	2.43
4	ロシア連邦	1.61
5	**日本**	**1.11**
6	ドイツ	0.71
7	韓国	0.63
8	イラン	0.63
9	インドネシア	0.58
10	カナダ	0.57
11	サウジアラビア	0.51
12	メキシコ	0.47
13	南アフリカ	0.43
14	ブラジル	0.43
15	トルコ	0.41
16	オーストラリア	0.39
17	英国	0.36
18	イタリア	0.32
19	フランス	0.31
20	ポーランド	0.31
21	タイ	0.26
22	ベトナム	0.26
23	スペイン	0.26
24	エジプト	0.25
25	マレーシア	0.24

国別の市民１人当たり炭素排出量（2018年）

国民１人当たりの炭素排出量は、その国における資源利用の度合いを反映している。地球規模で見た場合、温室効果ガスの総排出量が地球の気温変化をもたらす要因だ。国単位で見ると、この指標からその国では平均して国民１人が１年間にどれだけの量を排出しているかが分かる。

	国名	t（トン）
1	カタール	32.42
2	クウェート	21.62
3	アラブ首長国連邦	20.80
4	バーレーン	19.59
5	ブルネイ	16.64
6	パラオ	16.19
7	カナダ	15.50
8	オーストラリア	15.48
9	ルクセンブルク	15.33
10	サウジアラビア	15.27
11	米国	15.24
12	オマーン	15.19
13	トリニダード･トバゴ	12.78
14	トルクメニスタン	12.26
15	韓国	12.22
16	エストニア	12.10
17	カザフスタン	12.06
18	ロシア連邦	11.13
19	チェコ	9.64
20	リビア	8.83
21	オランダ	8.77
22	**日本**	**8.74**
23	ドイツ	8.56
24	シンガポール	8.40
25	ポーランド	8.24

部門別温室効果ガス排出量

2016年の時点で、人間活動による温室効果ガス排出量は、二酸化炭素換算で49.4Gt（ギガトン）にもなった。

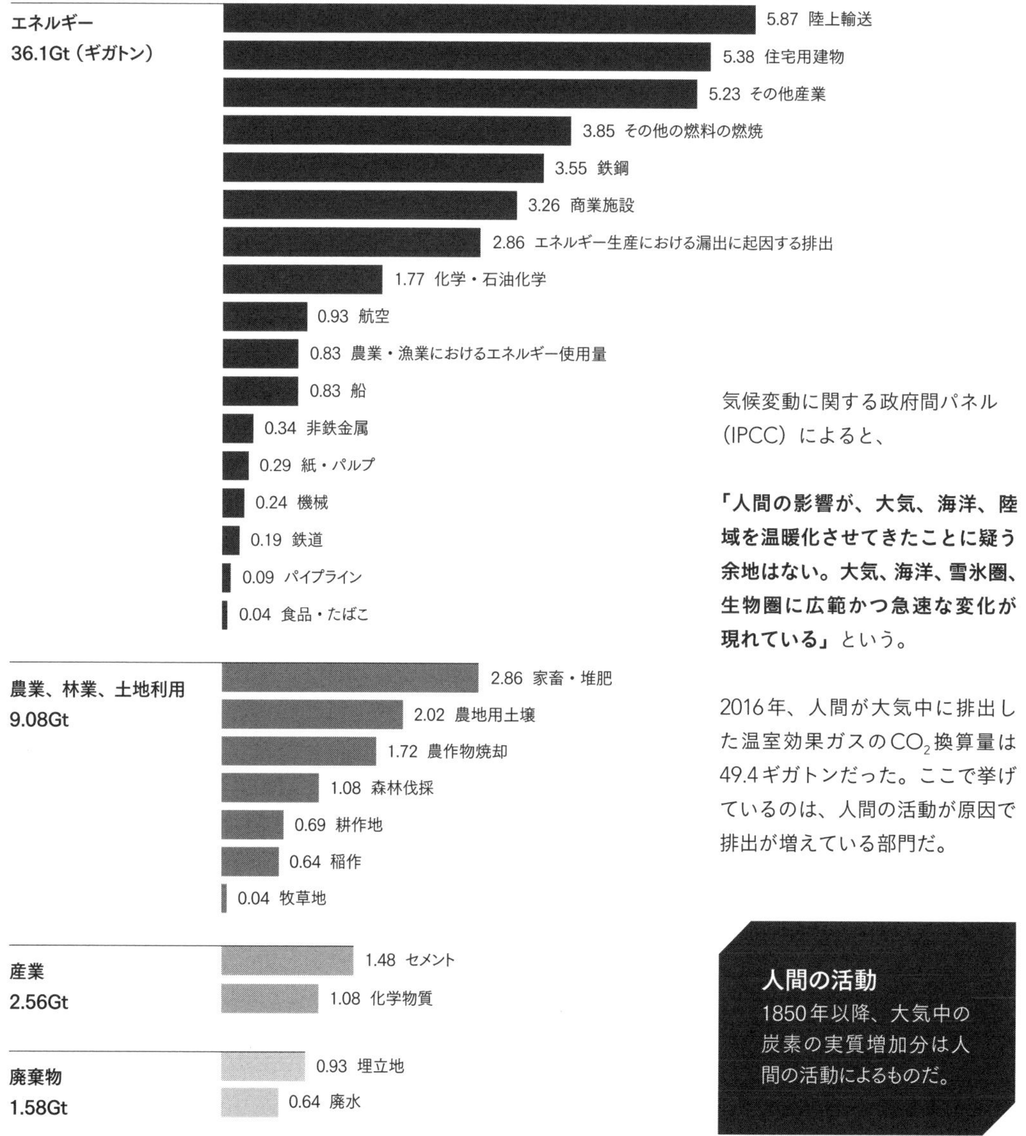

気候変動に関する政府間パネル（IPCC）によると、

「人間の影響が、大気、海洋、陸域を温暖化させてきたことに疑う余地はない。大気、海洋、雪氷圏、生物圏に広範かつ急速な変化が現れている」という。

2016年、人間が大気中に排出した温室効果ガスのCO_2換算量は49.4ギガトンだった。ここで挙げているのは、人間の活動が原因で排出が増えている部門だ。

人間の活動
1850年以降、大気中の炭素の実質増加分は人間の活動によるものだ。

66ページ各項の内訳は以下の通り。

※割合はすべて総排出量に対する数値。出典「データで見る私たちの世界（Our World in Data）」

エネルギー

73.2%※
36.1ギガトン

産業でのエネルギー使用量：24.2%

- **鉄鋼（7.2%）：**鉄鋼の生産によるエネルギー関連排出量。
- **化学・石油化学（3.6%）：**肥料、医薬品、冷却剤、石油および天然ガスの採掘などに伴うエネルギー関連排出量。
- **食品・たばこ（1%）：**たばこ製品の製造および食品加工（例えば、小麦からパンを作るなどの未加工農産物から最終製品への転換）に伴うエネルギー関連排出量。
- **非鉄金属（0.7%）：**非鉄金属とは、鉄をほとんど含まない金属のこと。アルミニウム、銅、鉛、ニッケル、スズ、チタン、亜鉛、真鍮のような合金などを言う。これらの金属の製造にはエネルギーが必要で、温室効果ガスの排出を伴う。
- **紙・パルプ（0.6%）：**木材を紙やパルプに転換する際に発生するエネルギー関連排出量。
- **機械（0.5%）：**機械の製造に伴うエネルギー関連排出量。
- **その他産業（10.6%）：**採掘・採石、建設、繊維、木材製品、輸送機器（自動車製造など）を含むその他の産業における製造に伴うエネルギー関連排出量。

輸送：16.2%

ここには、少量の電気（間接排出）と、輸送に使用する化石燃料の燃焼から輸送活動による電力消費に至るまで、あらゆる直接排出を含む（これらの数値には自動車などの輸送機器の製造による排出は含まない。それは「産業でのエネルギー使用量」に該当する）。

- **陸上輸送（11.9%）：**あらゆる形態の陸上輸送（自動車、トラック、大型トラック、オートバイ、バスなど）に伴うガソリンおよびディーゼル燃料の燃焼による排出量。陸上輸送の排出量の60%は人の移動（自動車、オートバイ、バス）に伴うものであり、残りの40%は貨物輸送（大型トラックおよびトラック）に伴うものである。これはすなわち、仮に陸上輸送部門全体を電力輸送に切り替え、電力構成を完全に脱炭素に移行できれば、世界の排出量を11.9%削減できるということだ。
- **航空（1.9%）：**旅客輸送・貨物輸送、および国内・国際航空輸送に伴う排出量。航空輸送による排出量の81%は旅客輸送によるもので、残りの19%は貨物輸送によるものだ。旅客航空輸送に伴う排出量の60%は海外旅行によるもので、40%が国内旅行によるものである。
- **船舶（1.7%）：**船舶に使用するガソリンまたはディーゼル燃料の燃焼に伴う排出量。これには旅客と貨物の両方の海上輸送を含む。
- **鉄道（0.4%）：**鉄道による旅客輸送と貨物輸送に伴う排出量。
- **パイプライン（0.3%）：**燃料およびコモディティ（石油、ガス、水または蒸気など）は、パイプラインを介して（国内または国と国の間で）輸送しなければならないことが多い。その際にエネルギー投入の必要があるため、排出ガスが発生する。パイプラインの施工に不備がある場合は漏れが発生することもあるが、その場合は「（エネルギー生産における）漏出に起因する排出」のカテゴリーに入る。

建築物でのエネルギー使用：17.5%

- **住宅用建物（10.9%）：**家庭での照明、電気製品、調理、冷暖房などに使用する電力の発電に伴うエネルギー関連排出量。
- **商業施設（6.6%）：**オフィス、レストラン、店舗などの照明、電気製品、冷暖房などに使用する電力の発電に伴うエネルギー関連排出量。

その他の燃料の燃焼：7.8%

バイオマス、施設内熱源、熱電併給（CHP）＊、原子力

＊発電と同時に、排熱を回収・利用して効率を高めるエネルギー供給システム。

産業、揚水発電など、他の燃料によるエネルギー生産に伴うエネルギー関連排出量。

漏洩に起因する排出：5.8%

- **石油および天然ガスの漏出に起因する排出（3.9%）：** ここでの漏出に起因する排出とは、石油やガスの採掘および輸送の際、あるいは配管の損傷もしくは整備不良によりメタンが大気中に漏れるという、よくある偶発的なものを指す。これには、フレアリング（採掘中に誤ってガスが放出されるのを防ぐために意図的にガスを燃やすこと）も含む。
- **石炭の漏出に起因する排出（1.9%）：** ここでの漏出に起因する排出とは、石炭採掘中のメタンの偶発的な漏出のこと。

農業および漁業：1.7%

農業機械や漁船に使う燃料など、農業および漁業における機械の使用に伴うエネルギー関連排出量。

農業、林業、土地利用

18.4%
9.08ギガトン

農業、林業、土地利用は直接的に温室効果ガス全排出量の18.4%を占める。冷蔵・冷凍、食品加工、包装、輸送を含む食料体系全体では、温室効果ガス排出量の約4分の1を占める。

- **草地（0.1%）：** 草地が荒廃すると、その過程で土壌は炭素を失い、二酸化炭素となることがある。逆に（耕作地などが）草地として再生されると、炭素が隔離固定される可能性がある。したがって、ここでの排出量とは、草地のバイオマスや土壌から失われる炭素と得られる炭素の実質の残余を指す。
- **耕作地（1.4%）：** 耕作地の管理方法に応じて、炭素は失われたり土壌やバイオマスに隔離固定されたりする。これは、二酸化炭素排出の実質の残余に影響を及ぼす（家畜のための放牧地は含まない）。
- **森林伐採（2.2%）：** 森林の植生の変化による二酸化炭素の実質排出量（森林再生は「負の排出量」、森林伐採は「正の排出量」とされる）。排出量は、森林から失われた炭素貯蔵量と森林土壌の炭素貯蔵量の変化に基づく。
- **農作物焼却（3.5%）：** 農家では、米、小麦、サトウキビなどの農作物の収穫後に、作物を植え直すための準備として、残った農作物を焼却することがしばしばある。こうした焼却により、二酸化炭素、一酸化二窒素、メタンが発生する。
- **稲作（1.3%）：** 水を張った水田は、「嫌気性消化」と呼ばれるプロセスを通じてメタンを生成する。浸水水分を多く含む水田が低酸素環境になると、土壌中の有機物が分解されてメタンが発生する。
- **農地用土壌（4.1%）：** 温室効果ガスの一種である一酸化二窒素は、合成窒素肥料を土壌に散布すると発生する。これには、人間が直接消費する食品、動物飼料、バイオ燃料、その他の食用以外の作物（たばこや綿花など）を含むすべての農産物の農地用土壌からの排出を含む。
- **家畜・堆肥（5.8%）：** 動物（主に牛や羊といった反芻する動物）は、「腸内発酵」と呼ばれるプロセスを通じて温室効果ガスを排出する。この腸内発酵の際、消化器系の微生物が食物を分解すると、副産物としてメタンを生成する。
  低酸素環境下では、動物の堆肥が分解して一酸化二窒素やメタンが発生することがある。これは、多くの動物を狭い場所（酪農場、肉牛飼育場、養豚場、養鶏場など）に閉じ込めて管理している場合にたびたび起きる。そのような場所ではたいてい堆肥は山積みになっているか、ラグーン（堆積場所）やその他の堆肥管理施設に置かれている（この排出には家畜から直接排出されるもののみを含み、牧草地または家畜飼料のための土地利用の変化による影響は考慮していない）。

直接的工業プロセス

5.2%
2.56ギガトン

- **セメント（3%）**：セメントの原料となるクリンカーを作るための化学変換プロセスの副産物として二酸化炭素が発生する（セメント製造では「産業でのエネルギー使用量」に該当するエネルギー投入からの排出も生じる）。
- **化学・石油化学（2.2%）**：温室効果ガスは、化学的なプロセスの副産物として発生することがある。例えばアンモニアは、冷却、水質浄化、あるいは洗浄といった用途の他、プラスチックや肥料や農薬や繊維といった多くの素材や資材の製造に使われる。このアンモニアを製造する際にCO_2が排出されることがあるのだ。化学物質や石油化学物質の製造でも、「産業でのエネルギー使用量」に該当するエネルギー投入からの排出が生じる。

廃棄物

3.2%
1.58ギガトン

- **廃水（1.3%）**：動物、植物、人間およびそれらが出す廃棄物に由来する有機物や残留物は、廃水システムに集められる。この有機物が分解されるとメタンと一酸化二窒素が発生する。
- **埋立地（1.9%）**：埋立地はたいがい低酸素環境だ。このような環境では、有機物は分解されるとメタンに変化する。

013

炭素はどこへ行く?

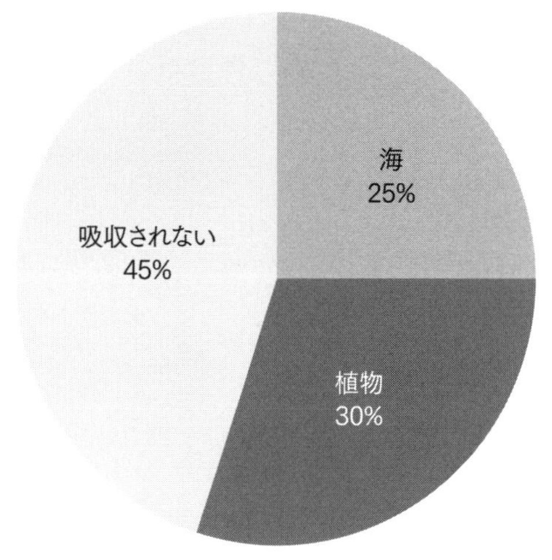

数百万年前から、大気中の二酸化炭素の濃度は周期的なリズムで変動してきた。二酸化炭素濃度が上昇すると、植物と海が吸収する二酸化炭素の量も増えるし、濃度が下がるとその逆のことが起きる。このリズムが変わったのは、200年前に工業化時代が始まってからだ。

人間は今、毎年約340億トンの炭素を生み出しており、その数字はここ数十年で急激に上昇している。生み出した炭素の3分の1以上が大気中に放出され、現在の濃度は412ppmであるが、数世代前までは300ppmだった。過去60年間で、二酸化炭素はそれまでに記録された自然増加の100倍のペースで増えている。有史以前は自然の要因によって一定の間隔で増減していた。しかし、人間が作り出した二酸化炭素の量は自然由来の量に比べて桁違いに多い。

人間由来の炭素の多くは、植物や海洋が吸収する。しかし、すべてではない。

炭素の約25%は通常、大気を経由して海に吸収される。海は従来、重要な炭素吸収源だったが、それも限界に近づいていることを示す証拠がある。

そして現在、発生した二酸化炭素の30%は植物と土壌が吸収している。大気中の二酸化炭素の量が変化すると、植物の繁殖力や成長速度が変化する。ますます繁殖し、成長が速まる植物もあるだろう。研究者たちは、草地は当初想定していたよりも多くの二酸化炭素を吸収する可能性があると判断している。しかし、先々、二酸化炭素が増える分もすべて地球の自然体系が取り込むことを示す信頼できる証拠はない。

排出される炭素のうち45%は吸収先が不明のままであり、この吸収先不明の炭素の存在、つまり炭素ギャップが大気組成の変化や気候変動につながる。

温室効果ガスを回収し、貯蔵する、地球の能力を高めるための研究が進んでいる。技術者たちが、植物や微生物、それに海が貯蔵できる炭素の量を増やすための技術開発に挑んでいるのだ。また、大気から直接炭素を回収して貯蔵する技術の研究も進んでいる。炭素隔離は、排出された二酸化炭素を回収し、地中に埋める新たな方法で、炭素が貯留でき、ゆるやかな炭素循環を再現できるというものだ。しかし、これまでのところ、こうした技術には費用がかかり、炭素ギャップに対する適切な取り組みというにはかなり効率が悪い。

365

“私たち人間がこの取り組みを始めてから30年が経ちました。環境と社会を破壊する行為の勢いは、いまだに衰えません。今、私たちは発想の転換を呼びかけるという難しい挑戦に取り組んでいます。それは、人類が自らの生命を支える仕組みを自ら脅かすのをやめようと呼びかけることです。

また、市民社会と草の根運動を活発にし、変革の契機とすることも必要です。私は政府に対し、責任ある市民という重要な集団を形成するうえで、こうした社会運動が果たす役割を認識するよう求めています。市民は、社会を点検し、均衡を維持する役割を担います。その意味で市民社会は、自分たちの権利を主張するだけでなく、その責任も引き受けなければならないのです……。

さらに、産業界と国際機関は、経済的な妥当性や公平性、それに生態系の健全性を確保することが、必ずや利益よりも大きな価値を持つことを認識しなければなりません。極端な世界的不平等や世界中に広がっている消費パターンが、環境と平和的共存を犠牲にして続いているのです。選ぶのは私たちです……。

最後に私が子どもの頃の話をしたいと思います。当時私は母のために家のそばの小川に水を汲みにいっていました。川の水はそのまますくって飲めるほどきれいでした。褐色森林土に流れる澄んだ川には、黒くて元気なオタマジャクシがうねうねと泳いでいました。これが、私が父や母から受け継いだ世界です。

50年以上たった今、小川はすっかり干上がり、女性たちは長い距離を歩き続けてようやく水を手に入れます。その水も、清潔とは言い切れません。子どもたちはすでに失われたものを知る由もありません。オタマジャクシの故郷を取り戻し、美しさと驚きに満ちた世界を子どもたちの手に返すことが、私たちに課せられた使命なのです。”

—ワンガリ・マータイ（ケニアの環境活動家、ノーベル平和賞受賞者）

エネルギー生産と炭素

エネルギー生産によるCO_2排出量は、地球全体の排出量の73.2%を占めている。2019年、人間は16万テラワット時（TWh）を超えるエネルギーを消費した。この消費量は1950年に全世界で使用した電力の8倍に相当する。人口は3倍にしか増えていないにもかかわらず、エネルギー由来の排出量は、同じ期間に700%以上も増加している。

これだけ多くのエネルギーを生産するに当たり、15ギガトンを超えるCO_2が排出されている。2019年時点で、低炭素またはゼロカーボンのエネルギー源から供給されているエネルギーは、全体の15.7%にすぎない。残りは化石燃料由来のエネルギーだ。石炭、石油、天然ガスから生成するエネルギーは単位当たりの炭素排出量がとりわけ多い。中でも石炭は、他のどのエネルギー源よりも単位当たりの温室効果ガスを多く排出する。過去10年間の石炭使用量の伸びは、再生可能エネルギー源の伸びを上回っている。2050年までにネットゼロにするには、2050年までにエネルギー部門から化石燃料をほぼ、あるいは完全に排除しなければならない。

020

エネルギー源別の世界の一次エネルギー消費（2019年時点）

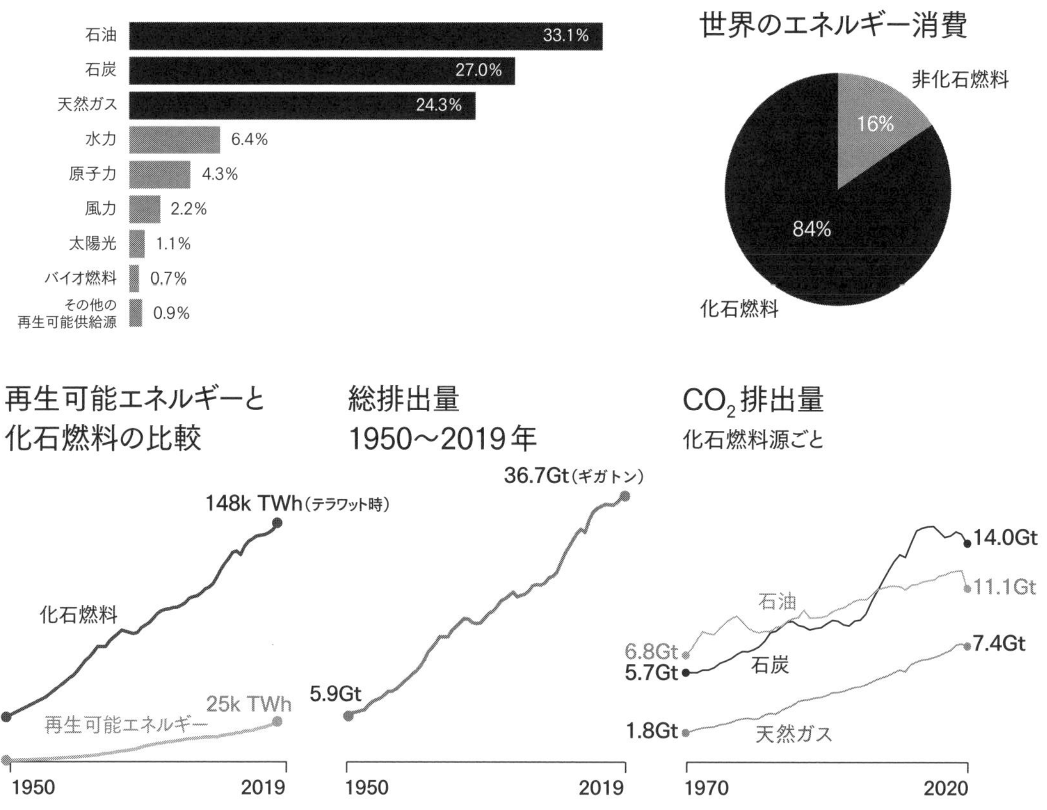

電気製品のエネルギーコスト

今から100年前、私たちは建物に電源コンセントを設置するようになった。コンセントにプラグを差し込んで利用する電気製品がその建物全体のエネルギー消費の50%を超えることもある。これらの電気製品、およびそれらが消費するエネルギーを「プラグ負荷」と呼ぶ。プラグ負荷を合計すると、かなりの電力消費量の原因となり、またそれに伴う炭素排出の原因にもなる。

インターネットに接続する機器が増えるにつれ、プラグ負荷は増し続ける。エネルギー効率が向上している機器もあるが、電源を入れたままにする必要がある、あるいはたびたび待機状態にしなくてはならない機器もあるため、各機器のエネルギー消費は増加する傾向にある。

待機時消費電力とは一般に、電気製品や機器が電源を切っている間や主たる機能を果たしていない間に使用する電力と定義する。バンパイア（吸血鬼）電源、ファントム（おばけ）電源と呼ぶこともある。

待機時消費電力は、以前に比べれば減少している。例えば、今世紀初頭の米国では、ビデオカセットレコーダー（VCR）は、実際に録画や再生をしているときよりも、待機中に（真夜中に時刻を表示しているだけでも！）多くの電力を消費していた。ニュージーランドでは、電子レンジの多くが、調理中よりも時計を表示したりキー操作をしたりする待機中のほうが電力を多く消費していた。

多くのメーカーがこれを設計上の課題として受け止め、対応した結果、過去20年の間に、個々の製品における待機電力の低減はかなり進んだ。例えば、携帯電話の充電器の待機電力は、2000年には2ワットを超えていたが、現在では0.3ワット未満にまで減った。

2000年には7億4000万台だった携帯電話の加入数が、2020年には83億台にまで増えたことを考えると、この削減だけでも炭素の観点からは重要なことだ。

362

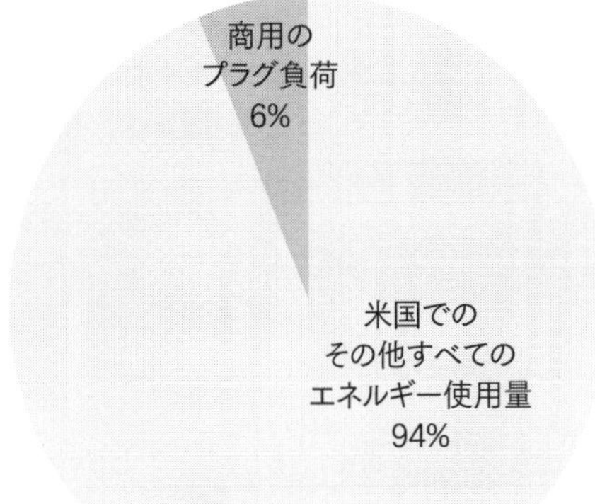

太陽光電池のシェアリング

バングラデシュでは、600万世帯が太陽光発電システムを設置しているが、5000万世帯以上が安定した電力供給を受けられない状態にある。しかし、革新的な「ソーラーシェアリング」モデルのおかげで、太陽光発電を導入している人々がその電力を近隣の人々と共有し、他からは電気を買えない人々に必要な分だけクリーンな電気を提供することができる。

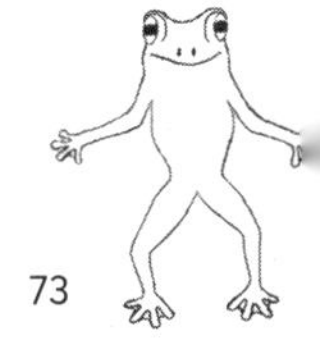

最もグリーンなビルは、すでに建設済みのビルだ。—カール・エレファンテ（建築家、サステナビリティーの専門家）

建設部門の炭素赤字

2060年までに、世界の建物の床面積合計が倍増すると予測されている。主に発展途上国で、人口増加に対応するためだが、建設部門では今後40年にわたり毎月、ニューヨーク市の面積と同等の床面積が増えていくと考えられている。

2050年までに建物および建築のカーボンニュートラルを目指すという国連の目標を達成するためには、建設部門の直接的、間接的排出に関わるすべての産業で技術革新を起こす必要がある。しかし、建物気候トラッカー（BCT）を見れば、この目標達成に向けた進歩は2016年から2019年にかけて実質的に「減速している」ことが分かる。

建築・建設部門のCO_2排出量は世界の年間排出量の38%を占めている。74%がエネルギー使用に関連するもので、残りの26%は建物の建築に使われる材料と建設段階で排出される炭素に由来する。

エンボディドカーボン

エンボディドカーボン（内包される炭素）とは、建築資材の製造や現場への輸送、組み立てや解体といった建設段階で発生する二酸化炭素のことである。

建築資材が排出するエンボディドカーボンのほとんどはセメントと鉄鋼で、また世界のセメント需要の50%、鉄鋼需要の30%は建築・建設部門から発生している。

米国の歴史的建造物のためのナショナルトラストによると、最新のエネルギー効率対策を導入した新しい建造物が、その建設に伴って排出された炭素を相殺するには、10年から80年かかるという。したがって、既存の建物の効率を上げることが排出量を減らすための鍵を握る。

021

製造および建設に伴う排出量

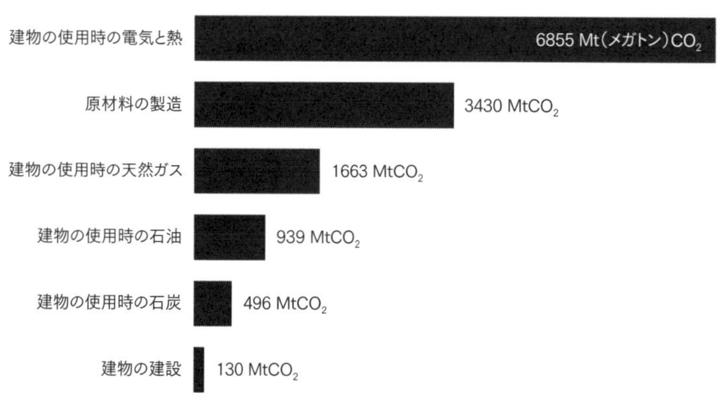

セメントとCO_2
世界のセメント産業では、年間2.8ギガトンの二酸化炭素を排出している。中国と米国以外のどの国よりも排出が多く、人間に起因して毎年発生する炭素排出量の約4〜8%に相当する。

エネルギー関連の排出量

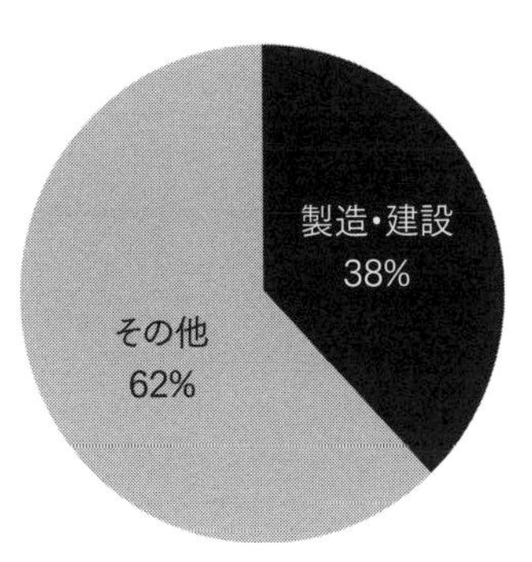

建物気候トラッカー（数字はBCTの指標）

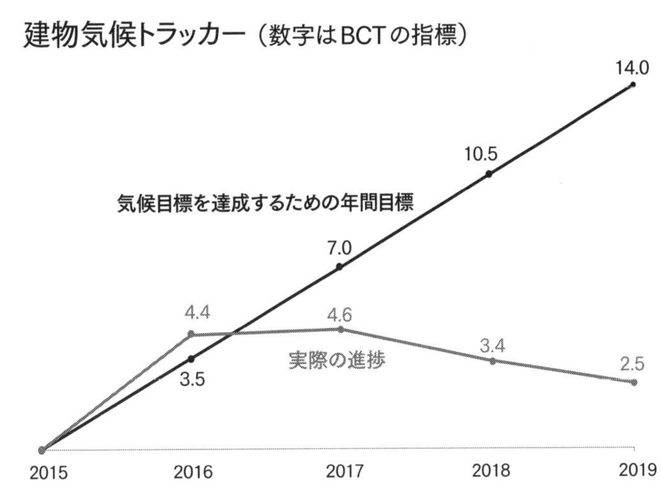

> 家は、建てられる地球があってこそ、役に立つものだ。
>
> —ヘンリー・デービッド・ソロー（米国の作家、思想家、詩人）

家のエネルギー効率を高める工事をしてからというもの、ずっとあの調子なんだよ

農業と食肉生産が気候変動にもたらす影響

地球で暮らす大多数の人々の食料は、工業型農業から供給され、世界に張り巡らせた輸送網を通じて届けられる。地球上の炭素排出量のかなりの割合(20%以上)が、食料生産、特に肉や乳製品の生産に直接起因する。

食料生産は、年間13.6ギガトンもの温室効果ガスを排出する。その理由は、食肉生産に関連する以下の3つの主な要因によると考えられている。

- 炭素を吸収する役割を担う森林や動植物の生息地を破壊し、放牧地を作っている。
- 炭素を発生させる化学肥料を使った植物の栽培を行っている。
- 牛や羊の消化の過程で、バクテリアがえさを分解する際の副産物として、大量のメタンを発生させる。

食料生産による総排出量のうち、約61%が肉や乳製品製造のために飼育されている家畜に起因する。全体として、家畜は世界的にもメタン排出の最大要因の1つとなっている。メタンは温室効果ガスとしては比較的短命であるが、大気中に存在する間はCO_2の80倍を超えるほどの地球温暖化効果を持つ。

チーズバーガーわずか1個で、日本の一般的な自動車を30キロ以上走らせたのと同じくらい気候へ影響を及ぼす。

牛肉が問題だ

農業に由来する温室効果ガスの最大の排出源は牛肉だ。牛肉を約450グラム生産するごとに約13キロのCO_2が発生する。

食肉産業や酪農産業が1年間に排出するメタンは0.115ギガトンで、これは地球温暖化をもたらす炭素換算で3.5ギガトン、あるいはEUによる1年間のCO_2排出量に相当する。メタンもオゾンやスモッグの発生に大きく影響を及ぼし、大気の質を悪化させる。

チーズバーガーのカーボンフットプリント

ニュースサイト、シックスディグリーズによると、チーズバーガー1個のカーボンフットプリントは、CO_2換算で4キロ。そのうち0.5キロはディーゼルからの排出、0.9キロは電力からの排出、2.6キロは牛のメタンガスからの排出だという。

ガソリン約1リットルから2.3キロのCO_2が排出されるため、チーズバーガー1個の排出量はガソリン約1.7リットルの約半分からの排出量と同じだ。

 022

都市部のヒートアイランド現象

都市部には、日中は熱を閉じ込めて夜間にその熱を放出する性質を持つアスファルトやコンクリートなどの材料が使われている。都市の配置そのものも、熱が溜まるか拡散するかに影響している。

都市では、排出ガスや太陽光が、すでに暖まった空気と相互作用すると、ヒートアイランド現象が起こる。その結果、空気がさらに滞留し、汚染物質がますます多く閉じ込められる。そして、熱で空気中の汚染物質が分解されると、地表オゾンが発生する。このオゾンがさらに汚染物質を閉じ込め、温室効果を加速させ、空気の質を悪化させながら地球の気温をさらに上昇させるのだ。

その結果、人々は屋内に閉じこもり、エアコンをつけるようになって悪循環に陥る。エアコンは多くのエネルギーを消費し、発電所からの排出を増やすだけでなく、代替フロン（HFC）を発生させる。これは二酸化炭素の1000倍以上の悪影響を環境に及ぼす物質だ。

つまり、都市部での大気汚染が熱を閉じ込め、冷房の需要を高めることで、さらに大気汚染と地球温暖化が悪化し、その結果、熱を閉じ込める温室効果ガスがさらに排出されるのだ。これらすべてによって、都市部がますます暑くなる一方で、空気の質がさらに悪化していくという連続的なサイクルが生まれる。

都市部の気温上昇が大気汚染に複合的な影響を及ぼすという事実は、気候変動を理解し、排出削減の緊急性を認識するうえで、1.5℃という数値がかなり重要である理由の1つだ。人間に起因する大気汚染がひどくなればなるほど、気温はますます上昇し、取り返しのつかないダメージを受ける生態系が増える。

🌐 **359**

都市部の熱

都市は、工場や交通機関による大気汚染や、コンクリートやアスファルトなどの素材によって、熱を閉じ込めている。

また、私たちが涼をとるためのエアコンがさらに熱を放出し、代替フロンまで発生させる。

これらを解決するには、木を増やす、屋根や道路を色の薄いものにする、より効率の良い機械設備を導入するなどの方法がある。こうした策を取り入れて、誰もが公平に問題解決の恩恵を受けなくてはいけない。

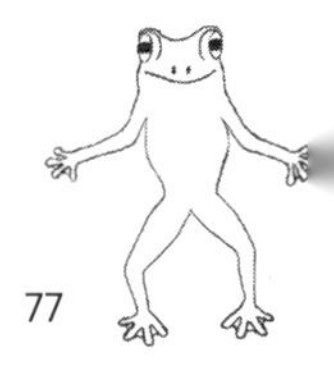

プラスチックのライフサイクル

2020年には、世界で3億6700万トンのプラスチックが製造された。食品パッケージ、コンピューターの筐体、衣類、水のボトルに至るまで、プラスチックは毎日使われている。世界のプラスチック生産量は、2000年以降、50%を上回るほど増加している。

1キロのプラスチックが生産されてから廃棄されるまでに約6キロのCO_2が発生する。これは、2020年に生産されたすべてのプラスチックが、その存続期間に22億トンのCO_2を排出することを意味する。

プラスチックは、始めから終わりまで、炭素を排出し続ける。石油などの原材料から作られ、廃棄されると焼却処分されることが多い。

採掘

ほとんどのプラスチックは、石油、天然ガス、石炭などの化石燃料から作られている。この再生不可能な資源は、地中から採掘されると温室効果ガスを排出する。2018年には、米国のプラスチック産業や石油化学産業で使う石油と天然ガスの生産だけで、二酸化炭素換算で7200万トンを超える量を排出した。

製造と使用

プラスチックに使われる原材料は、精製されてペレット状に加工されるが、その過程で温室効果ガスを多く排出する。その後、プラスチックペレットは最終製品に加工される。

製造したプラスチックの最大50%は1回しか使用されない。つまり、1回使っただけで破棄されるのだ。製造される全プラスチックの約半分は、すぐにごみ箱行きになることを前提に作られているというわけだ。

ライフサイクルの終わり

プラスチック製品は使用後、捨てられるか、リサイクルされるかのどちらかだ。1950年以降に世界でごみとして捨てられたプラスチックのうち、リサイクルされたものはわずか9%で、残りの79%以上が埋め立てられるか、焼却されるか、自然環境へと戻されたと推定されている。

毎年少なくとも約1400万トンのプラスチックが海に流れ込む。海表面を浮遊するものから深海の堆積物に混ざるものまで、海洋ごみの80%をプラスチックが占めているという。

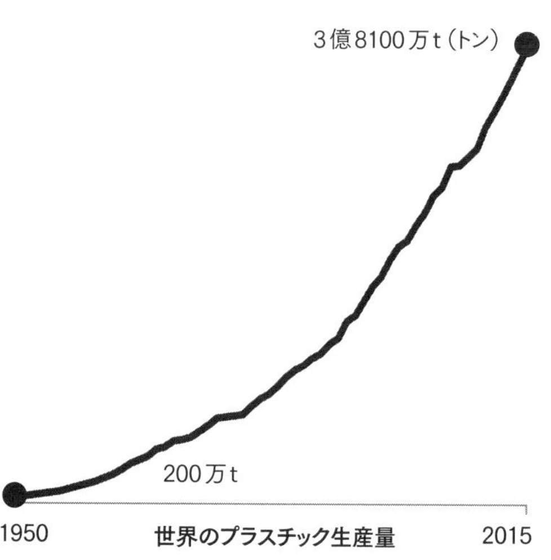

世界のプラスチック生産量

プラスチックのリサイクルは、ほとんど成功していない。

プラスチックの真のコスト

　プラスチックは廃棄やリサイクルが難しいが、温室効果ガスの排出の影響は大部分がライフサイクルの終わる時点ではなく、始まる時点で発生している。プラスチック関連の排出量の91％は製造工程そのもので発生しているのだ。

　プラスチック全体のおよそ半分が、天然ガスに含まれるエタンという化学物質を原料としている。エタンを採掘するにはフラッキング*のためのドリルを設置しなくてはならず、広大な森林を伐採することになる。採掘のために、米国だけでも約7万8000平方キロの森林を切り拓き、推定1.7ギガトンの二酸化炭素を排出し、二酸化炭素換算値で年間650万トン分の吸収源となる森林が消滅した。そして採掘作業が始まると、大量の二酸化炭素やメタンが排出される。

　エタンは採掘後、エタンクラッカーという装置に運び、そこで精製し、エチレンを生産する。このプロセスでは世界中で年間2億6000万トンを超える二酸化炭素を排出する。これは世界の総排出量の約0.8％に相当する。エタンクラッカーからは、他に、発がん性物質などの汚染物質も発生する。

　その後、このエチレン分子を化学的に重合させ長い鎖状（ポリマー）とし、ペレット状のポリエチレン（PET）樹脂とする。このペレットは、最終的に使用する製造施設に販売、輸送され、プラスチック製品となる。ポリエチレンの生産によって、全世界で年間5億トンもの二酸化炭素が排出されているとの推定がある。ポリ塩化ビニル（塩ビ/PVC）、ポリスチレン、高密度ポリエチレンなど、すべてのプラスチックからの温室効果ガスの総排出量は推定8億6000万トンに上る。

346

＊泥質岩の層から天然ガスや石油を抽出する技法。

グローバル・ウィットネス*1の報告によると、シェル・オイルの炭素回収プロジェクトは過去5年間で、回収した炭素量よりも排出した炭素量のほうが多かったという。

ダストボウル:世界中の農家が得た教訓

1930年代に発生したダストボウル*2は、環境にも経済にも社会にも壊滅的な影響をもたらした。しかし、これがきっかけで以下の3つの重要な考え方について理解が深まった。

・土壌や資源を保全する取り組みの強化
・農地管理活動に加えて、農業政策策定への政府の関与の強化
・大気や気候の活動、およびそれらの事象が社会や人の移動に及ぼす影響に関する研究活動の強化

この特別な災害は、1930年代のほぼすべての期間にわたり、北米の大平原地帯に影響をもたらした。被災地は米国の10の州とカナダの3つの州に及ぶ。また、この災害によって、気候災害に対処するための新たな方法が分かっただけでなく、250万の人々がなぜ別の土地に移住して仕事を見つけ、飢餓から逃れることができたのかについても明らかになった。

当時は数年にわたって降雨が異常に少なく、まれに見るほどの強風がたびたび吹いたために土壌が浸食され、大規模な砂塵嵐が連続的に発生した。そして、1934年5月に大平原で発生した砂塵嵐は、1日でシカゴに600万トンもの砂埃を降らせ、その後、ワシントンからボストンまでの東海岸の主要都市に移動した。

現在、専門家は、このとき荒廃した状態になった要因には、自然由来のものも人間の活動に由来するものもあるとの見解で一致している。特に、小作農家による土壌や資源の管理状態が不十分であったことが、強風や降雨量減少の影響を悪化させた。

砂塵嵐と干ばつが1930年代半ばまで長く続いたため、この地域の多くの作物は不作となり、農家の人々は食べるものがほとんどなくなり、何千人もが家を差し押さえられて失った。とりわけ被害が大きかった郡では、人口の20%がその地域を去った。多くは隣接する郡や州に移住したが、中には3000キロ以上離れたカリフォルニア州まで行った人たちもいる。

> 我々は
> 過去を振り返ることによってではなく、
> 未来に対する責任によって賢くなるのだ。
> —ジョージ・バーナード・ショー(アイルランドの文学者)

移住したのは農家の人々だけではなかった。農業経済局が1930年代に南西部の州からカリフォルニアに移住した11万6000世帯を調べたところ、移住前から農業に従事していたのはわずか43%であった。

ダストボウルという自然災害と、それに続く数百万人の移住は、後々まで残る遺産となった。まず、土地や土壌の管理行政への政府の関与が拡大した。農学者や大気科学者たちは、土壌や水質の保全、輪作、適切な風除けなどを、すべての農家が実践し管理することで、土地を保護して好環境を作り、継続的に生産活動ができるようにしなければならない、という教訓を得た。

337

＊1　天然資源に関連する環境破壊や人権侵害等を防止することを目的に活動する国際NGO。
＊2　1931年から1939年にかけて米国中西部のグレートプレーンズで発生した砂塵嵐。

気候変動が広げる不平等や格差

富と炭素排出量には直接的な相関があるが、その結果として起きる気候変動の影響には逆向きの相関がある。

富裕層は、1990年から2015年にかけて、とりわけ多くの炭素を排出した。一方で、その影響を最も受けやすいのは世界の貧困層だ。その理由としては以下のような要因が挙げられる。

- 貧困層は農業に従事する割合が多く、気候変動の影響を特に受けやすい。
- 貧困層は世帯の貯蓄がごく少ないため、自然災害が発生すると食料や水、健康面に影響が及びやすい。
- 貧困地域では、排水、下水、洪水対策など、市民が利用するインフラがあまり整備されていないことが多い。
- 貧困層の住民が住む大規模な都市の多くは、海抜ゼロメートル地帯または海抜ゼロメートルに近い場所にある。
- 貧困地域の医療資源は比較的限られていることが多い。

357

炭素不平等

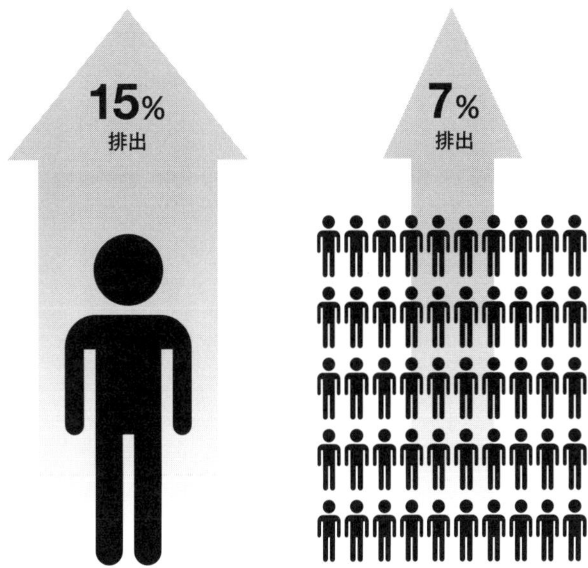

特に裕福な上位1%の人々が排出する温室効果ガスの量が全世界の排出量の15%を占めているのに対し、人口の約50%に及ぶ極めて貧しい人々が排出する量が占める割合は7%だ。つまり、ごく一部の人々が2倍以上も排出しているのだ。

地球上の道路を舗装する

ファゾム・インフォメーション・デザインは、自社で舗装した道路をもとに、国々の地勢を示す一連の地図を製作した。地図上に描かれた道路はどれも、過去200年の間に建設されたものだ。現在では道路がその場所を特徴づけている。

375

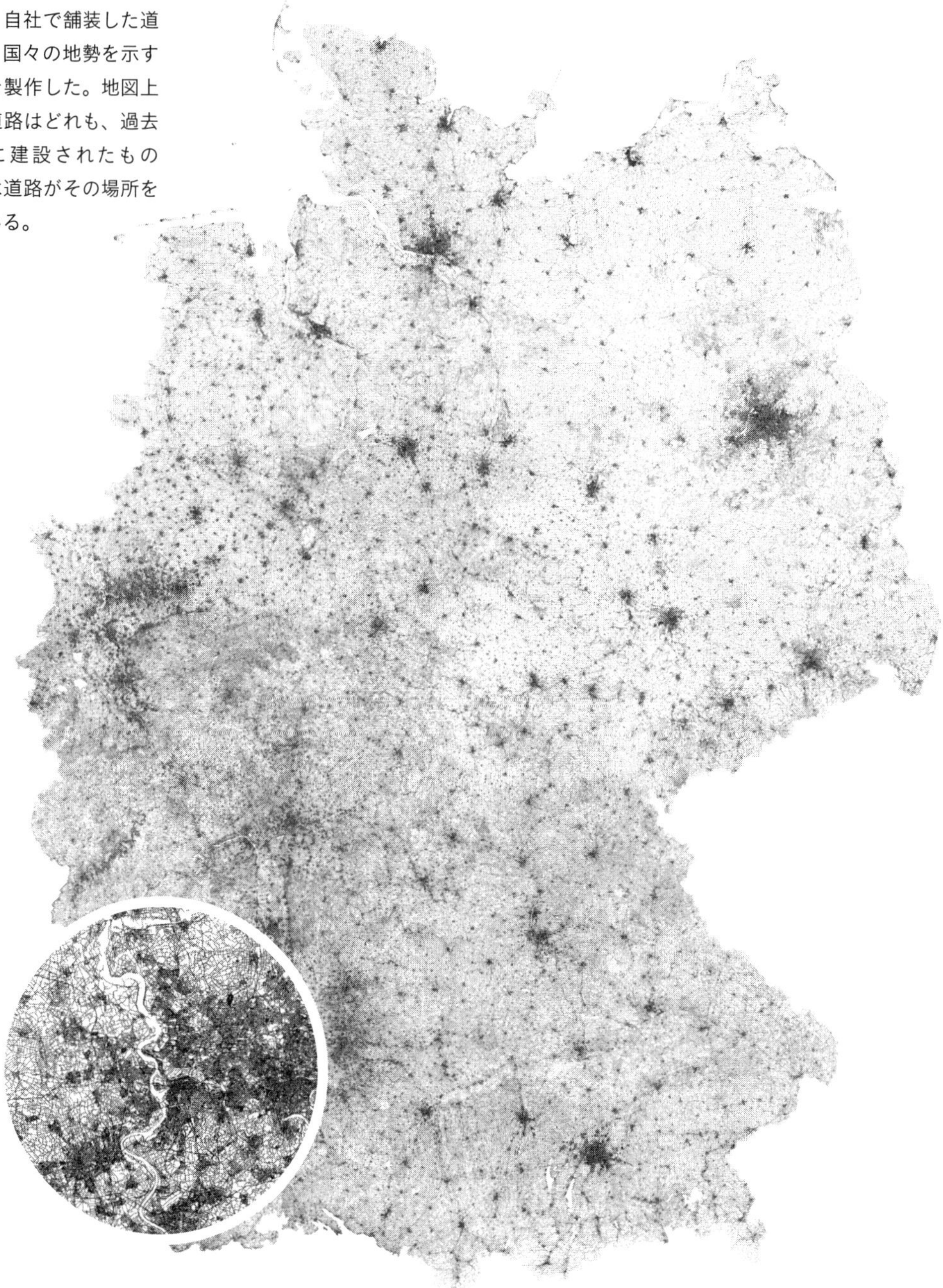

国際海上輸送によるCO_2排出

グローバル化した経済において、バルク貨物やコンテナ貨物の運搬には、海上輸送が欠かせない。原油、鉄鉱石、ボーキサイト、石炭などの重要な原材料は、専用のバルク貨物船で輸送する。自動車、トラック、重機などは、特殊な海上輸送で運ぶ。ディーゼル、ガソリン、液化天然ガスなどの精製燃料は、専用船で市場まで運ぶ。また、世界の工業製品の多くは、大型のコンテナ船で輸送される。

国際海上輸送部門は2018年に1ギガトン余りのCO_2（世界排出量の2.51%）を排出し、2012年の水準から10%近く増加した。国際海事機関（IMO）は、海上輸送に伴う排出量は、事業活動がこれまでと変わらない場合、2050年までに最大で50%増加すると予測している。

商用バルク貨物の海上輸送は、トンキロ当たりで見ると、温室効果ガスの排出が極めて少ない輸送形態の1つだ。しかし、国際輸送は距離が長いため、このメリットは相殺される。

商業船舶からの排出の大部分は、残渣燃料油（残渣油、6号燃料油、重油、バンカー燃料とも呼ぶ）の使用によるものである。バンカー燃料は、原油精製の際に副産物として生成される低価格燃料だ。低コストでエネルギー密度が高いため、コスト削減を目指す船会社には最適だが、他の化石燃料に比べて多くの温室効果ガスを発生させる。IMOは、海上輸送における脱炭素化戦略の候補を広範囲にわたって選別している。その戦略は、以下のようないくつかのカテゴリーに分類される。

- **省電力技術：**エンジンの改良、ポンプやファンといった補助装置の改良、蒸気プラントの段階的な技術革新、廃熱の再利用、プロペラの設計と保守の改善、船体の保守（水の抗力を減らすため）、船舶の軽量化など。
- **再生可能エネルギーの使用：**風力発電（凧や帆を利用する）や太陽光発電パネルの導入。
- **代替燃料：**水素、アンモニア、合成メタン、バイオメタン、メタノール、エタノール。
- **運用の改善：**操作速度を下げることによる抗力の低減。

船舶に積み込むCO_2回収装置の開発が始まっている。これは、燃焼ガスからCO_2を分離して精製し、回収したCO_2を圧縮、液化して船内に貯留するシステムで、貯留されたCO_2は次の港で陸揚げし、地中貯留する。

🌐 373

輸送モード	CO_2/t・km*	貨物の種類
バルク海上輸送	4.5	農業や林業、鉱物、石炭のばら荷
石油タンカー	5.0	原油
化学薬品タンカー	10.1	化学製品
コンテナ海上輸送	12.1	ほとんどの種類の非バルク貨物
液化天然ガスタンカー	16.3	天然ガス
鉄道	22.7	各種
車(陸上)	119.7	各種
米国航空貨物輸送機(平均)	963.5	各種

＊CO_2/t・km＝トンキロ当たりのCO_2排出量

燃料タイプ	エネルギー密度(gj/m³)	燃焼による温室効果ガス排出量(kg-CO_2e/gj)
バイオエタノール※	23.4	2.5
液化天然ガス	25.3	54.5
ガソリン	34.2	69.6
ディーゼル	38.6	70.4
残渣燃料油	39.7	74.2

※バイオエタノールは、燃焼時にCO_2を排出する。この燃料は地下に埋蔵されているものを汲み上げるわけではないため、ライフサイクルは短く、実質の排出とは見なされない。よって、バイオエタノールの燃料による排出量は非常に少ない。エネルギー密度が低く、単位エネルギー当たりのコストが相対的に高いため、国際海上輸送に使われるバイオ燃料はごくわずか（エネルギー使用で0.1%）である。

気候変動ドミノ:尿素の例

ここ何年も、尿素はディーゼルトラックや自動車、トラクターなどに使う燃料に添加されてきた。尿素は自然界にも存在するが（尿から抽出）、大量生産される尿素は、無機物を原料として人工的に合成する。これは、肥料を製造する際によく行われる。

2010年以降、尿素はディーゼルトラックのエンジンの燃焼によって発生する窒素酸化物の排出を抑制する役割を果たしていて、世界で年間約2億2000万トン生産されている。

サプライチェーン*の問題と需要の増加によって不足が生じ、尿素の供給体制がいかに脆弱であるかが浮き彫りになっている。

- 2021年8月、ハリケーン「アイダ」によって米国テキサス州ガルフコーストは壊滅的な被害を受け、主要製油所の操業が停止し、肥料不足の一因となった。また、熱波と干ばつによって農作物の収穫量が減少し、世界の脆弱な地域で食料不安が広がっている。
- 天然ガス価格の高騰で、まず尿素の生産が落ち込み、さらに中国の電力配給制限で工場生産への影響が大きくなった。その結果、世界最大の生産国である中国が尿素の輸出を中止した。
- 新型コロナウイルス感染症の感染拡大が始まって以来、中国は尿素の輸出を減らしている。
- インドの家族経営の農家には、畑で使える肥料がほとんどない。これらの畑の中には、天候の影響ですでに作物の収穫量が落ち込んでいるところもあった。
- 尿素をベースとした肥料は供給量が限られているため、価格が高騰するようになった。すでに2011年以来の高水準にあるため、さらに価格が上昇すれば食料不安に追い打ちをかけることになるだろう。
- 化石燃料、特に石炭と天然ガスのコストが上昇しているため、尿素をベースとする製品の生産工程で化石燃料を使用すると、その製品のコストも押し上げる。
- 韓国やオーストラリアの一部のトラック運転手は、温室効果ガスを削減するために必要な尿素がないとトラックが動かないことに気づいた。
- インドの農家の人々や、韓国などのトラック運転手への影響があると、その家族の生活や食料の確保に直接的な影響を及ぼす。

376

> 自然を忘れてはなりません。
> 今日では、自然破壊に由来する排出が地球全体の排出量に占める割合は、
> 世界中のすべての自動車やトラックによる量よりも多いからです。
> すべての家に太陽光パネルを設置し、
> すべての車を電気自動車にすることはできますが、
> スマトラ島が火災に見舞われる限り、私たちは目標を達成したことにはならないのです。
> アマゾンの大森林が伐採され、焼き払われる限り、
> 部族や先住民の人々が守ってきた土地への侵入が許される限り、
> 湿地や泥炭が破壊される限り、
> 私たちの気候目標は手の届かないところにあるのです……。
>
> —ハリソン・フォード（米国の俳優）

*原材料の調達から販売までの流れ。

調理に使う炭素ベースの燃料の影響

世界人口の約10%が電気のない生活を送っており、26億人が安全な調理用燃料を持たずに暮らしている。そのため、これらの家庭では、暖房や照明だけでなく、調理にも炭素をベースとした固形燃料（木材、農作物廃棄物、木炭、石炭、糞便、灯油など）を使っている。これらを燃料とする調理用コンロは、使う人にとって健康上と安全上のリスクがあるだけでなく、さまざまな温室効果ガスを排出する。

調理用コンロから出るCO_2は、世界のCO_2排出量の2.3%を占めると推定されている。インドと中国で最も多く使われており、その分気候への影響も大きい。

606

大気を汚染しない
クリーンな燃料
12%

大気を汚染する燃料
88%

低所得国での調理用燃料の内訳

すべての事柄が地球を繰り返し犠牲にする。―マヤ・アンジェロウ（米国の詩人、歌手、女優、活動家）

寿命の短い気候汚染物質

大気汚染は、毎年670万人を超える人たちの早期死亡を招いている。その大きな原因は、短寿命気候汚染物質（SLCP）だ。

こうした温室効果ガスや大気汚染物質は、大気の質を低下させるだけでなく、短い期間のうちに気候を温暖化させる作用があると言われている。SLCPには、代替フロン（HFC）、黒色炭素、メタン、地表のオゾンなどが含まれる。すす（黒色炭素）は空気中で目に見えるが、その他のものは目に見えない。

SLCPはわずかな時間しか大気中にとどまらない。その期間は数週間（すすの場合）から20年（メタンや代替フロンの場合）だ。しかし、いったん大気中に放出されると大気の質を低下させ、気温を上昇させるという顕著な影響を及ぼす。

SLCPはすぐに作用するため、直ちに削減すれば、短期間の気候変動を抑えることができる。数々の研究によれば、SLCPを直ちに削減すると、2050年までに気候変動の幅を4℃ほど抑え、予測されている北極の温暖化を50%抑制できると推定されている。

さらには、海面上昇の速度を約24〜50%遅らせることができるとの見解もある。これに加えてオゾンを減らせば、毎年5000万トンを上回る農作物の損失を防げる可能性がある。

363

> 私はこれまで、地球環境問題の上位に来るのは、
> 生物多様性の損失、生態系の崩壊、気候変動だと
> 思っていた。過去30年間の優れた科学的実績によって、
> これらの問題に対処できると考えてきた。
> だが間違っていた。何より優先すべき環境問題は、
> 利己主義、貪欲、無関心だ。これらに対処するためには
> 精神的、あるいは文化的な変革が欠かせないが、
> 我々科学者にはどうしたらよいのか分からない。
>
> ―ガス・スペス（米国の環境弁護士、世界資源研究所設立者）

煙の予兆：オーストラリアからの警告

オーストラリア大陸では年に1度、火災の季節がやってくる。しかし、2008年、政府はこの季節に変化が起きると警告した。オーストラリアの「ガーナウト・レビュー」は次のような予測を立てた。「近年の状況から考えると、火災シーズンは早く始まって、やや遅く終わるだろう。概して激しさを増すと見られる。この影響は年月の経過と共に増大していき、2020年までには直接目で見て分かるようになるだろう」

この予測は的中した。2019年は、オーストラリアが1910年に記録を取り始めて以来最も暑く、最も乾燥した年となった。2019年の火災シーズンは、通常より早く9月に始まり、終わりは遅れ、2020年の3月まで続いた。この間に史上最悪の自然災害も発生し、世界中に衝撃を与えた。メガファイアが制御不能のまま燃え続け、黒い霰、「ファイアーネイド（炎の竜巻）」、雨は降らせずに雷を発生させるパイロクムルス雲（火の雲）などの気象現象を引き起こし、火災がさらに拡大した。3400戸の住宅に加えて多くの建物も焼失した。大規模な避難により数千人の命が救われたが、犠牲者も出ている。33人が死亡し、うち9人は消防士（オーストラリア人6人、米国人3人）だった。

この火災で、世界遺産地域や国立公園、これまで火災に遭わなかった太古の熱帯雨林など、オーストラリアの森林の21%が焼き尽くされた。オーストラリアの野生生物は、こうして生息地が大幅に失われたため、取り返しのつかない打撃を受けた。

この森林火災が焼き尽くした範囲には、およそ30億頭の動物が生息していた。例えば、6万1000頭のコアラ、100万頭のウォンバット、500万頭のカンガルーやワラビー、500万匹のコウモリ、3900万頭のフクロネズミとフクロモモンガ、5000万頭の野生のラットとマウス、1億4300万頭のその他の野生哺乳類、24億6000万匹の爬虫類、10万頭の牛や羊などである。

煙を吸引した人の処置に要した医療費だけでも、オーストラリア政府には19億5000万豪ドル（14億米ドル）の歳出があったと推定されている。

2019年から2020年には、オーストラリアだけでなく北極圏、アマゾン地帯、カナダ、グリーンランド、インドネシア、ロシア、米国など、世界各地で火災が発生した。国連環境計画（UNEP）のニクラス・ヘイゲルバーグは、「このまま地球の気温が上がり続けると、今後はメガファイアが日常的に発生するかもしれない」と警鐘を鳴らしている。

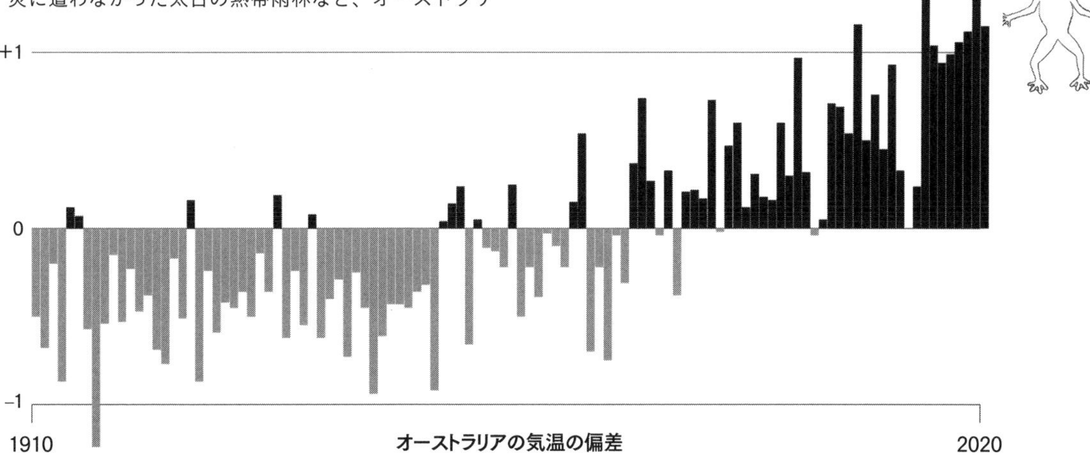

オーストラリアの気温の偏差

人工知能を活用する会社オープン・エーアイは、人間の書いた文章を学習する最新の言語モデルのトレーニングに1287メガワット時（MWh）を消費した。これは、2020年に米国の平均的な家庭120世帯が使用した量にほぼ等しい。

コンピューターと炭素

コンピューターは騒音も排気ガスも出さないが、必ず電気を使う。そして、発電の際には炭素が発生することが多い。

以下の表では、デジタル活動と機器の消費電力について、小規模なものと大規模なものを比較している。

340

コンピューター利用における小規模な電力消費

活動	消費電力（Wh）	1時間点灯できるLED電球の個数に換算した電力量（個）	CO_2排出量（g/kWh）
スマートフォンを1時間充電する	3.68	0.67	約1.4
ノートパソコンを1時間使用する	45	8.18	約17.4
Netflixのストリーミング配信を1時間視聴する（2019年の全視聴デバイス平均）	77	14	約29.7
Xbox Xで「フォートナイト」を1時間プレイする	148	26.91	約57.2
PlayStation 5で「フォートナイト」を1時間プレイする	216	39.3	約69.4
デスクトップコンピューターを1時間使用する	330	60	約127

コンピューター利用における大規模な電力消費（2020年）

組織名	消費電力（TWh）	ニュージーランド全体の消費電力量との比較（%）	CO_2排出量（t/kWh）
ビットコインネットワーク	66.91	170	約2580万
グーグル・グローバルネットワーク	15.139	39	約584万

＊単位：Wh（ワット時）、g/kWh（グラム/キロワット時）、TWh（テラワット時）、t/kWh（トン/キロワット時）

紙のリサイクル

2022年には、4億1600万トンの紙が生産される。この数字は、ネット販売での包装需要により、今後も増加することが予想される。また、包装材としてのプラスチック離れが進み、それに代わる紙の需要が増加している。

リサイクルする紙は、以下3種類のスクラップ材のいずれかに加工される。製紙工場から回収されるミルブローク材、印刷所や倉庫から出るプレコンシューマ材、家庭で発生するポストコンシューマ材だ。これらをリサイクル処理するためには、まずインクを取り除かなければならない。その技術を発明したのはドイツの弁護士ユストゥス・クラプロスで、1700年代後半のことだ。

紙に関する事実

- 紙パルプの40%は木材（木材セルロース）でできている。
- 世界で伐採された木の35%は、これまで紙の生産に使われてきた。
- 新聞紙1トンをリサイクルすると、約1トンの木材を節約できる。
- コピー用紙1トンをリサイクルすると、約2トンの木材を節約できる。

紙と炭素の関係

紙の繊維には炭素が含まれていて、それが分解されるときに、大気中にメタンを放出する。紙をリサイクルすれば、炭素をより長く閉じ込めておくことができる。新品の紙は、繊維が短くなってリサイクルできなくなるまでに5〜6回はリサイクル可能だ。EUでは、紙ごみの70%以上がリサイクルされている。米国では約68%、インドでは約30%だ。

リサイクル紙に関する事実

- リサイクルで発生する大気汚染は、新品の紙を製造する場合に比べて74%軽減する。
- リサイクル紙の製造に必要なエネルギーは40%少ない。
- 埋立地の紙ごみを減らせる。
- 水質汚濁を35%削減できる。

372

ビットコインの取引で消費される電力は、ニュージーランドの消費電力よりもはるかに多く、世界中でグーグルが使う電力の4倍もの電力が使用されている。

どのくらいの植林が必要？

- 米国で、オンライン売買の排出分を相殺するためには、**15億本**の植林が必要。
- メールのスパムに関連する排出量を相殺するためには、**16億本**の植林が必要。
- 2019年に米国民が使ったデータ消費に起因する排出量を相殺するためには、**2億3100万本**の植林が必要。
- 年間約2兆回のグーグル検索に起因する排出量を相殺するためには、**1600万本**の植林が必要。

342

現在、土壌には大気中の3倍を超える炭素が含まれている。
それが農作業など人間の活動によって50%以上減少していると推定されている。

ガス式のリーフブロワーによる気候コスト

米国では約16万〜20万平方キロの土地が芝生で覆われている。そのうち40%が住宅地だ。オーストラリア、カナダ、英国でも芝生は一般的だが、芝生を育てて維持することに米国人ほどこだわる国民もいない。

芝生の維持には気候変動という犠牲を伴うが、とりわけ悪い影響をもたらすのが、ガソリンエンジンを動力とするリーフブロワー（落ち葉払い機）の類だ。カリフォルニア州大気資源局の報告によると、ガス式のリーフブロワーは、汚染源としては自動車よりも強大だという。

ニューヨーク州環境保全局によると、発生する排気ガスには、スモッグの原因となる炭化水素や一酸化二窒素の他、一酸化炭素や粒子状物質が含まれており、これらはすべて人間の健康に害を及ぼす。一酸化二窒素は温室効果ガスとして、二酸化炭素の300倍も影響力が強いという。

米国では、100以上の都市や町がガソリンエンジンを動力とするリーフブロワーの使用を禁止または制限している。ガス式から電気式のものに切り替えている人も多い。それでも完璧ではないが（少なくとも電気を使うので、その電力を作る発電所がなおも必要）、その影響ははるかに小さい。

リーフブロワーを1時間使用する

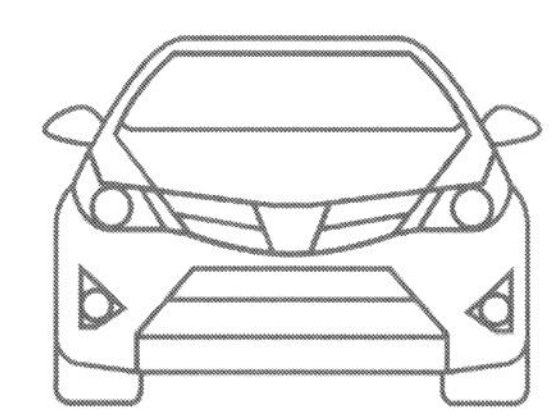

トヨタのカムリを1770.278キロ走らせる

2011年の調査結果によると、ガス式のリーフブロワーは1時間使用するごとに、フォードのピックアップトラック、F150 SVTラプターの299倍の発がん性炭化水素を排出する。

一般消費者向けのリーフブロワーの大半が2ストロークエンジンを使用している。このエンジンには個別の潤滑システムがないため、ガソリンとオイルを混ぜなければならない。このエンジンでは、燃料の約30%は完全に燃焼されず、有毒な汚染物質として排出される。

多くの園芸専門家は、リーフブロワーや熊手を使わず、落ち葉をそのままにしておくことを勧めている。落ち葉は分解されて土壌が豊かになるし、鳥などの野生動物に食べられてしまう花粉媒介者や昆虫にとっては冬期の隠れ場所になる。

034

ヒーターで屋外を暖める

プロパンガスを使うパティオヒーター（屋外用ガスストーブ）と、高速で走るトラックは同量の排出ガスを出すが、パティオヒーターにはトラックのように排気ガスをろ過したり低減したりする仕組みがない。

> ほぼ毎晩、時にはランチタイムにも1台のパティオヒーターを稼働させると、年間4トンの二酸化炭素が発生すると見積もられている。これは、平均的な世帯が排出する二酸化炭素の約3分の2に相当する。平均的なレストランの屋外ダイニングスペースでは6台から12台のプロパンガスのパティオヒーターを使っているので、これらを合計すると、環境にどのくらい影響があるか見当がつくだろう。

新型コロナウイルス感染症の世界的流行に対応して、屋外を利用するという解決方法を取るために、プロパンガス式のパティオヒーターの需要は増え、2020年には3倍以上に拡大した。世界全体で2020年に取引されたのは3億6540万台で、2026年には5億3560万台に拡大すると予測されている。

2019年に世界中で取引されたヒーターのほぼ57%がプロパンガス式のパティオヒーターで、次いで電気式が36%だった。平均すると、ガスまたはプロパンガス式のパティオヒーターは年間3400キロの二酸化炭素を排出し、電気式ヒーターは二酸化炭素換算で500キロを排出する。

2019年時点で、パティオヒーターの販売台数は北米が最も多く（49%）、次いで欧州（34%）、アジア太平洋が3番手（15%）となっている。これらの地域は、今後も市場を支配するだろう。

欧州の一部の国では、すでにパティオヒーターの規制が始まっている。フランスでは、新型コロナウイルス感染症の感染拡大を受けて、全国的な禁止は延期されていたが、2022年に発動する。また、リヨンなどいくつかの都市では、すでに屋外ヒーターに対して自治体独自の指令が出されている。全国規模の調査では、フランスのパティオヒーターは、年間50万トンの二酸化炭素を排出しているとの概算が得られた。

360

「パティオヒーター」に対するグーグルでの検索数

2017年から2022年にかけての検索数の推移

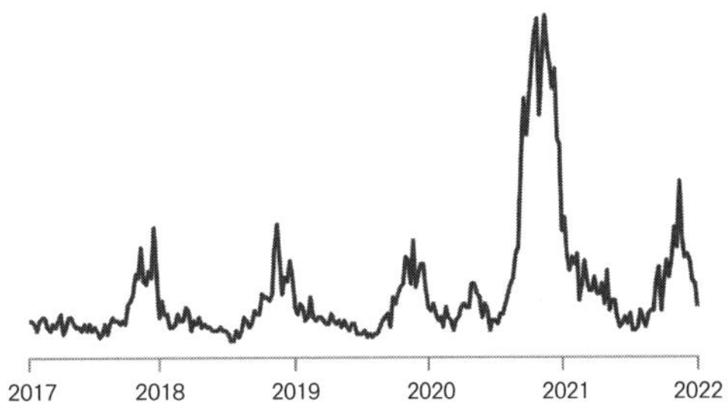

パティオヒーター
パラソルヒーターやマッシュルームヒーターとも呼ばれる。放射熱機器であり、屋外空間に置いたヒーターの周辺部に熱放射を発する。天然ガスやプロパンガスを燃料とするものがほとんどだが、電気式のパティオヒーターもある。

3
いくつかのシナリオ

行動したら（または行動しなかったら）どうなるだろうか？

IPCCが描く 5つのシナリオ

未来予測がこれほど急務とされたことはない。気候科学者や経済学者が多数協力して、精密なコンピューターモデルを構築して考察し、これから1世代、2世代後の地球がどうなるか、予測に努めている。

IPCC（気候変動に関する政府間パネル）では、世界中の科学者がボランティアで集まり、気候変動に関する最新の科学的知見（過去、現在、さらには将来のリスクや可能性）を精査し、コンセンサスを形成している。

IPCCは数年おきに報告書を発行しており、2050年以降の世界に予想される5つの結果を示している。それぞれの結果に至るシナリオは、温室効果ガス排出、土地利用、大気汚染物質に対する気候の応答を測る複雑な計算に基づいている。

経済成長、人口、温室効果ガス排出によって今後たどり得る道筋（経路）は、地球の平均気温の上昇を招くだろう。

これらの共有社会経済経路（SSP）に基づいて名づけられた各シナリオには、1から5までの番号が付けられている。1、2、3と番号が進むにつれ、シナリオの結末は次第に否定的なものになっていく。

5つの考え得るシナリオ：

温暖化はどのシナリオでも起きるが、以下の点はシナリオによって大きく異なる。

・天候の苛烈さ
・海面上昇
・熱波
・雪や氷の消失
・前に進むための行動や方針

5つのシナリオにより、年月がたつにつれて問題が複雑化すること、そして現在のやり方が変われば、これまでよりも大きな影響を及ぼす可能性があることが分かる。

これまでのIPCCによる推定は楽観的過ぎることが判明したため、IPCCの最新の報告書では、地球の表面温度の上昇幅が1.5℃を超えると予測される時期は10年ほど前倒しになりそうだと述べている。それでも、報告書の発表以降に収集されたデータを見れば、温暖化の拡大が、かなり大胆に見積もった内容よりもさらに短い期間で進行するのは明らかだ。

033

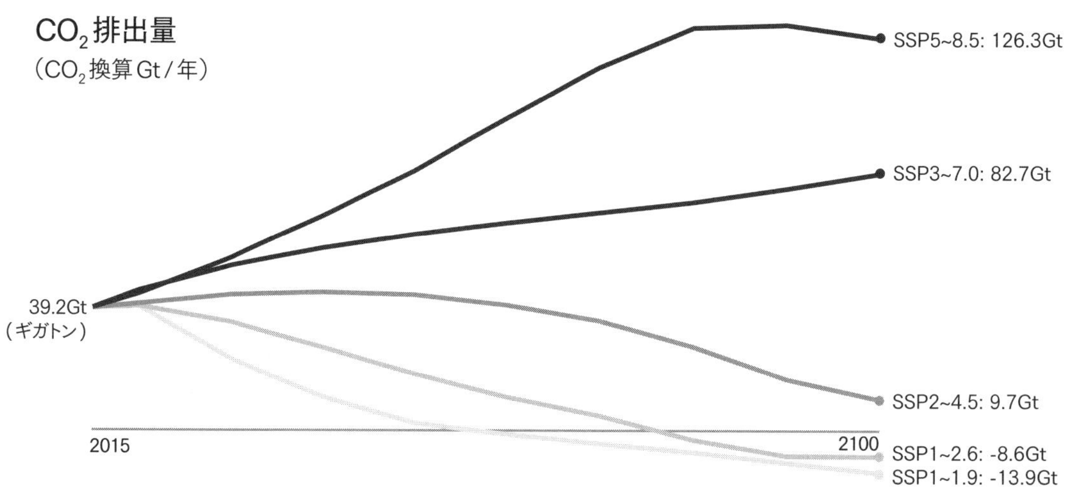

SSP：共通社会経済経路

シナリオ	気温の変化（℃）	詳細
①排出量が非常に少ない場合（SSP1～1.9）	1.4	2050年頃に世界規模でCO_2排出量をネットゼロにする。これは、産業革命以前の気温から（最大でも）1.5℃の上昇に抑え、2100年までに上昇幅を1.4℃程度に安定させる、というパリ協定で掲げた目標に合致する。持続可能な慣習を迅速に導入し、経済成長と投資の方向性の転換を図る。他のシナリオと比較すると、気候変動によって受ける影響はかなり少なく、スピードもゆっくりだ。
②排出量が少ない場合（SSP1～2.6）	1.8	世界全体のCO_2排出量は大幅に削減されるが、2050年までにネットゼロにするには不十分。2100年末には、気温は1.8℃ほど高まった状態にとどまる。
③排出量が中程度の場合（SSP2～4.5）	2.7	持続可能な慣習に向けた進歩は遅々として進まず、これまでの動向と変わらない。CO_2排出量は現在と同程度にとどまる。今世紀末までにネットゼロは達成できない。気温は2100年までに2.7℃上昇する。
④排出量が多い場合（SSP3～7.0）	3.6	排出量と気温は絶え間なく上昇し、伸び率が現在の約2倍となる。各国は競争関係に転じ、保障を強化し、食料供給の確保への意識を高める。2100年までに平均気温が3.6℃上昇する。
⑤排出量が非常に多い場合（SSP5～8.5）	4.4	2050年にはCO_2排出量が2倍になる。エネルギー消費が増え、化石燃料開発が活発化して経済成長の原動力となるのだが……。2100年までに平均的な地球の気温は4.4℃上昇する。

IPCCのシナリオ

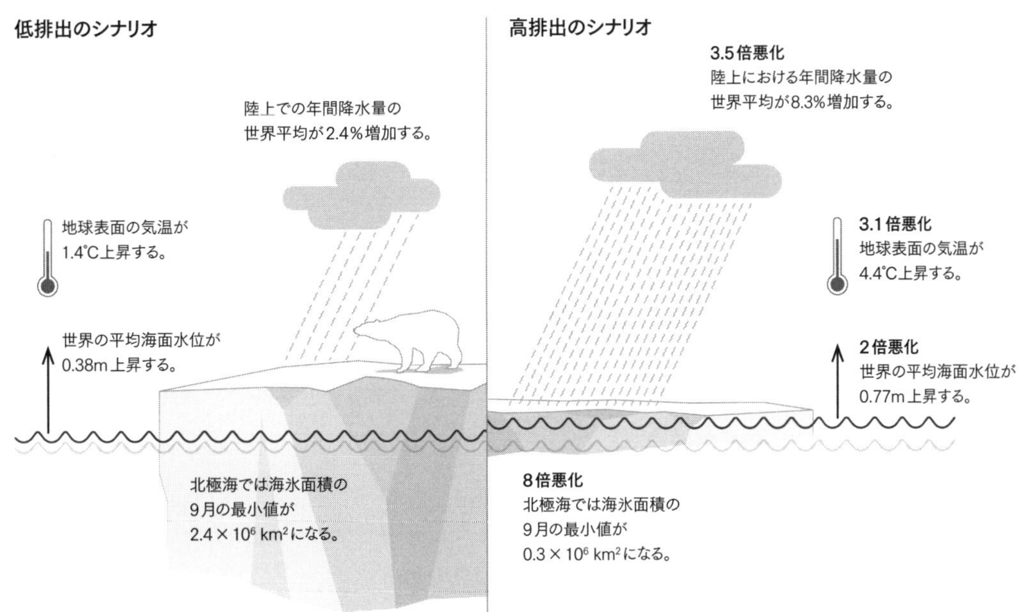

5つのシナリオを理解しよう

協調して行動した場合の結果を可視化することは、前進するための一歩として不可欠だ。IPCCのシナリオは、今後の展望を明確に示している。

報告書では、排出量を制限し、気温上昇を1.5℃に抑えるための科学的な理解、技術的な能力、財政的な手段が全世界にあることを示すと同時に、大胆な行動と政治的意思が肝要であることも明確にしている。

子どもへの影響

気候に起因する疾病の90%は5歳以下の子どもたちに降りかかる。

気温が0.5℃上がると、かなりの違いが見られる

懸念事項	シナリオ1	シナリオ2	違い
気温上昇：産業革命前と比較した表面温度の世界平均の上昇	1.5℃	2℃	0.5℃高い
激しい熱波：世界中で少なくとも5年に1度、激しい熱波に見舞われる人たち	14%	37%	2.6倍悪化
海面上昇：2100年までに世界中で1年間に、海面上昇により危険にさらされる人たち	6900万人	7900万人	1000万人増
海氷の量：夏に北極海から氷が消える頻度	少なくとも100年に1度	少なくとも10年に1度	10倍悪化
生物多様性の喪失（脊椎動物）：地理的な生息範囲の少なくとも半分を失う脊椎動物	4%	8%	2倍悪化
生物多様性の喪失（植物）：地理的な生息範囲の少なくとも半分を失う植物	8%	16%	2倍悪化
生物多様性の損失（昆虫）：地理的な生息範囲の少なくとも半分を失う昆虫	6%	18%	3倍悪化
生態系の変化：世界中で生態系の変化による影響を受ける陸地部分	7%	13%	1.9倍悪化
サンゴ礁の消失：現在と比較した場合の、サンゴ礁を構成するサンゴの消失	70～90%	99%	1.2倍悪化
農作物の減少：世界中で農作物の収穫量減少に見舞われる人たち	3500万人	3億6200万人	10.3倍悪化

シナリオ1

地球温暖化を産業革命以前と比べて1.5℃の気温上昇に抑えるというパリ協定の目標を達成する唯一のシナリオ。

このシナリオでは、異常気象は現在より頻繁に起きるようにはなるが、地球規模で気候変動から最悪の影響を受けることは避けられる。健康へのリスクや気候の変化はなおも生じるが、他のシナリオに比べると大幅に少ないだろう。しかし、地球温暖化を1.5℃の気温上昇に抑えるには、エネルギー、土地、インフラ、輸送、産業システムをはじめとしたさまざまな側面で、かつてないほどの転換が必要になる。

シナリオ2

排出量が少ない場合のシナリオでは、世界の気温上昇幅は2030年以降すぐに1.5℃を超えるものの、2100年までに産業革命以前の水準から2℃より十分低く保つというパリ協定の目標は何とか達成できる。

世界全体のCO_2およびその他の温室効果ガスの排出量は、シナリオ1と同程度に大幅に減らせるが、そのスピードは遅く、ネットゼロを達成できるのは2050年を過ぎてからになる。また、シナリオ1と同様、森林再生や炭素回収などの方法で大気中の二酸化炭素を除去しなければならない。

気温が0.5℃上がっても、それほど違いはないように思えるかもしれない。しかし、IPCCの報告書から、0.5℃上がるごとに、人間や自然のシステムにもたらされる悪影響がかなり強まることは、はっきりしている。

例えば、熱波、火災、洪水、干ばつなど、極端な高温による異常気象は激しさを増し、頻発し、時には同時発生するようになるだろう。こうしたことが、海面上昇や海洋酸性化と相まって、人間や他の生物種が居住地や生息環境を失うばかりか、農作物収穫量や漁獲高が減少して食料が手に入りにくくなるという事態にもつながる。IPCCの推定によると、このシナリオでは、

降水量は、高緯度地域や湿潤な熱帯地域では増加するが、乾燥地帯では減少する。

地球温暖化を1.5℃の気温上昇に抑えるには、エネルギー、土地、インフラ、輸送、産業システムをはじめとしたさまざまな側面で、かつてないほどの転換が必要になる。

気候関連の危険要因から悪影響を受ける人たちが、シナリオ1の場合と比べると最大で数億人増えるという。

シナリオ3

政治的、および経済的な力関係により、短期的に迅速かつ大幅な対策を講じるのは困難だと想定した場合のシナリオ。

CO_2の累積排出量は、上昇する地表温度とほぼ線形的な相関関係にあるため、1.5℃という制限値には、2030年代前半、つまり本書を刊行して10年もたたないうちに到達してしまうだろう。

このシナリオでは温室効果ガス排出量が減少しないうちに2050年を迎え、結果として今世紀末には気温が2.7℃程度上昇すると予測できる。

産業革命前と比べて気温上昇幅が2.5℃以上高かったのは、直近でも300万年以上前だと推定されている。

温暖化には地域差がある。平均的な気温上昇は、海洋よりも陸上で大きく、北半球の高緯度地域では南半球よりも大幅だ。北極は南極に比べて温暖化に敏感で、産業革命以降、他の地域の2倍の速さで温暖化が進行している。

降水量が増加する。地球温暖化による気温上昇が1.5℃を超えるシナリオならどれでも、降水量が、特に陸上で増えると予測される。世界の平均表面温度が1℃上昇するごとに、平均降水量（地球全体での平均も年間平均もどちらも）は1〜3%増加すると予測される。

降水量全体は増加するが、緯度により地域差が生じる。降水量は、高緯度地域や湿潤な熱帯地域では増加するが、地中海、アフリカ南部、オーストラリアの一部、南米などの亜熱帯地域を含む乾燥地帯では減少する。

北極海の海氷が溶ける。どのシナリオでも、気温が1.5℃以上上昇すれば、今世紀末までに、北極海の海氷が9月には実質的にほとんど姿を消すようになる可能

性が高まるとしている。気温が2℃上昇すると、それは可能性があるというよりは、ほぼ確実だ。

地球の表面温度が上昇すると、氷河や氷床の質量が大幅に失われ、世界平均海面水位（GMSL）の上昇につながる。この動きは、最後の3つのシナリオにおいて、21世紀を通じてさらに加速すると予測されている。また、これら3つのシナリオでは、排出量が増加して海洋が吸収する炭素が増えるため、海洋の酸性度は高まる。自然界に存在するシステムの中には、もはや元には戻れない変化を受けるものもある。地球温暖化が続けば、以下のような現象を恒久的に引き起こす可能性が高い。

・海面上昇
・氷床の溶解
・永久凍土からの炭素放出

シナリオ4

このシナリオは、地球規模の気候変動が深刻化するにつれて、国際的な協調体制が崩れ始めることを想定している。国々はこの問題に対処するために力を合わせるのではなく、自国内に目を向け、エネルギーと食料の安定供給体制を中心とした国益を重視するようになる。

短期的な緊急事態への対応として化石燃料への依存度が高まり、温室効果ガス排出量はどんどん増加する。2100年には、CO_2排出量は現在のほぼ2倍となり、年間80ギガトンを超えるだろう。大気汚染対策は遅れ、CO_2以外の排出量も着々と増え続けるため、温暖化はさらに深刻化する。

気温が急激に上昇する。各国が気候変動に関する取り決めを守れなくなるため、21世紀中に気温は2℃上昇しそうであり、1.5℃という閾値を10年もたたないうちに超える可能性がある。

降水量が増え、干ばつが拡大する。温暖化による気温上昇幅が2℃を超えるシナリオ(シナリオ4と5)では、世界の平均降水量が1995〜2014年の場合と比較して2.6%増加する。

海洋が変化する。今世紀末までに地球の海面温度は2.2℃上昇する。海水温の上昇は、最大の海流系である大西洋深層循環（AMOC）に影響する可能性もある。AMOCが停止すると、モンスーンが変化し、欧州や北米で降水量が減少するなど、広範囲に影響が及ぶだろう。AMOCが、それきり二度と流れなくなる可能性もある。

海水温が上昇すると、主に熱膨張によって世界平均海面水位（GMSL）の上昇につながる。気温上昇幅が2℃を超えるシナリオでは、南極大陸の氷床が崩壊する可能性が高まる。このため、2100年頃にはGMSLが少なくとも1メートルにも及び、2メートルを超えるとの予測も出ている。

大西洋深層循環（AMOC）が停止すると、モンスーンが変化し、欧州や北米で降水量が減少するなど、広範囲に影響が及ぶだろう。AMOCが、それきり二度と流れなくなる可能性もある。

シナリオ5

このシナリオでは、悪化する気候の危機的状態を目の前にしてさえ、化石燃料の開発とエネルギー使用がこれまで以上に盛んになる事態を想定している。これは、温室効果ガスの排出量の大幅な増加につながる。2050年までに年間CO_2排出量は倍増し、さらに今世紀末には120ギガトンを超える。

再生可能エネルギーに関する技術が向上し、あわせてそれらの受け入れが進めば、このシナリオが実現する見込みはなくなる。しかし、炭素循環フィードバックが大気中の濃度に影響し、地球の応答サイクルが生まれて、このシナリオに至る可能性はある。また、地球の表面温度上昇幅が10年以内に1.5℃を超えると予測され、短い期間に温暖化が推定を上回るという事実に照らし合わせると、あまり起こりそうもないシナリオも度外視してはならないだろう。

このシナリオでは、短期間で、つまりおおよそ2027年頃までに1.5℃上昇する可能性が非常に高いとしている。2℃の上昇は数十年以内に起こり得るし、今世紀末には4.4℃というこれまでは想像もしてみなかったほど大幅に上昇する可能性もある。人類はこのような気候条件の下で生活したことはない。

海面が１メートル近く上昇すると、沿岸地域や島嶼、現状でも洪水に見舞われやすい地域に暮らす10億人近くの人々の生活に影響をもたらす可能性がある。

他のシナリオとは異なり、このシナリオでは、強力な大気汚染防止策を前提としており、メタンを除く「オゾン前駆体」が中長期的に減少すると予測する。一方で、メタンの上昇は2070年まで続くと推定している。

一方では、他のシナリオと同様に、温暖化が深刻さを増すと、地域ごとに温暖化傾向の差が広がると予測している。例えば、1995～2014年の気温範囲と比較した場合、アマゾン川流域や一部の熱帯地方の陸上では、8℃上昇し、他の熱帯陸域では6℃上昇する可能性がある。

降水量は大幅に増える。温暖化が強まれば、降水量の多いところと少ないところの差がいっそう広がると予測される。氷床が消失し、海面や気温が上昇する。グリーンランドや南極にある世界最大級の氷床が失われると、氷河の消失と同時に海面上昇の要因となる。また、氷床はできるまでに時間がかかるが、溶けるのは速く、氷床がなくなると二度と戻らない可能性が高い。

海が熱をますます吸収して暖まると、海水が膨張する。海面が1メートル近く上昇すると、沿岸地域や島嶼、現状でも洪水に見舞われがちな地域に暮らす10億人近くの人々の生活に影響を与える可能性がある。

039

私たちは何も手放していない。自分たちの問題を誰か他の人の問題にしただけだ。

—サイモン・シネック（米国の作家）

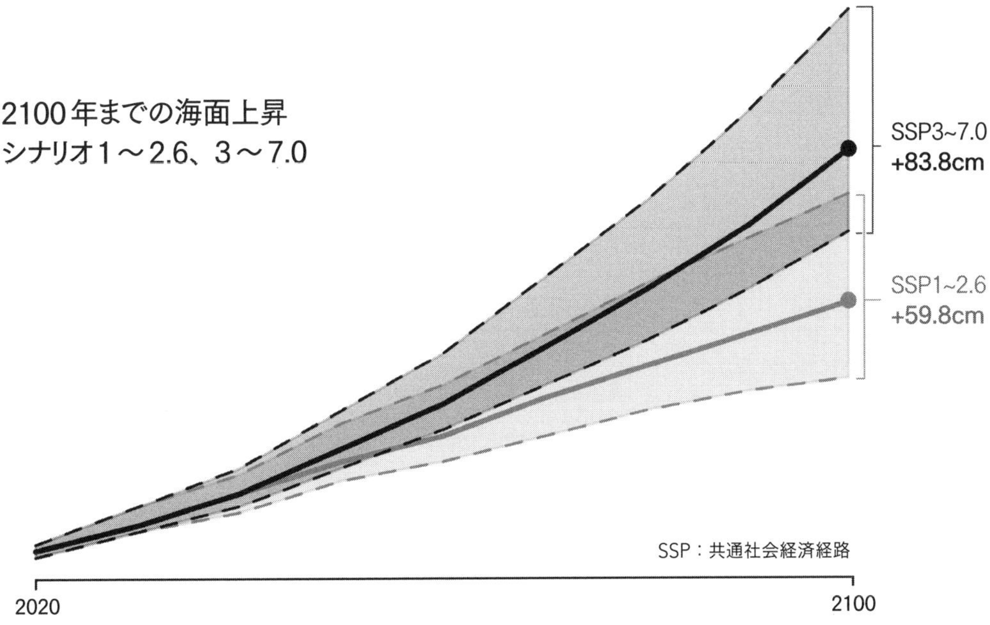

10年、50年、100年、1000年に1度の異常気象

確率はどれくらいか？

気候に関するリスクを説明する方法の1つは、ある事象がどれくらいの頻度で発生するか予測することだ。例えば、ダムの最高水位線は、貯水池が平均して10年に1度、達しそうな高さに設定されているかもしれない。

気候変動はこうした推定を根本的に覆した。気温が4℃上昇するシナリオでは、現在では10年に1度起きるレベルの熱波が、10年に9度起きる可能性が高い。

1970年から2019年までの50年間には、気候や天候や水に関連する災害が平均して1日に1件発生している。干ばつ、暴風雨、洪水、異常気温などの災害は、人命や経済的損失に関わる災害の上位10位に入っている。世界気象学会の事務局長によると、気候変動によって災害はますます頻発し、しかも激しさを増しているという。

10年に1度の異常気象

IPCCでは、歴史的に10年に1度起きる可能性のある異常気象を以下の3種類に分けて考察している。

1. 陸地での気温が極端に高くなる
2. 陸地での1日の降水量が多くなる
3. 乾燥地域での農業や生態系が干ばつの影響を受ける

4つの排出量シナリオ（それぞれ1℃、1.5℃、2℃、4℃の上昇を想定）では、これらの現象は10年のうちに頻繁に起こるようになると考えられる。

50年に1度の異常気象

IPCCは、陸地での異常な高温現象が、歴史的に50年に1度の頻度で起きていたことも検証している。そして、これまでは50年に1度起きていた極端な熱波でも、低排出量から中程度の排出量を想定したシナリオでは、10年に1度起きる異常気象になりつつあると予測する。これらの現象の影響度は、4℃上昇を想定した排出シナリオで、気温の上昇幅が5.3℃にまで達する可能性があるほどだ。

10年に1度の熱波の頻度が高まってきている

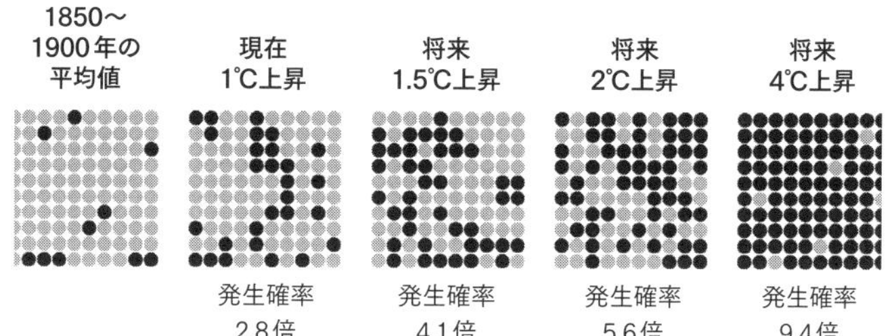

高排出シナリオでは、熱波がほぼ毎年発生し得る。4℃上昇を想定した地球温暖化シナリオでは、熱波による影響を受けて、気温が最高で5.1℃まで上がる可能性もあるとしている。

10年に1度の降水量の頻度が高まってきている

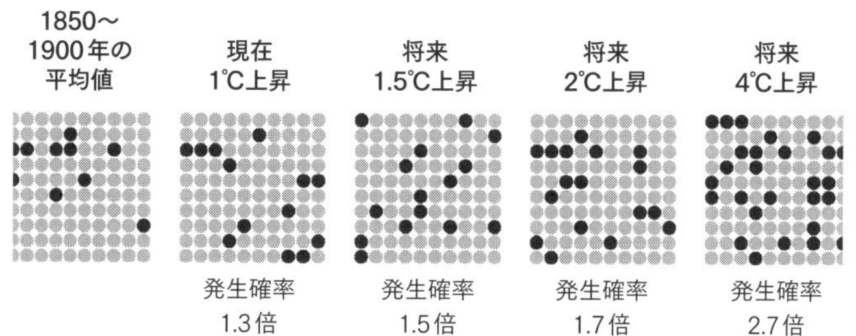

4℃の気温上昇を想定した排出シナリオでは、降水量は最大で30.2%ほど増える可能性があるとしている。

困難なことは
容易なうちに計画し、
壮大なことは小さなうちに実行すべし。
軍が陥る最悪の災難は躊躇から生じる。

—孫子（古代中国の春秋時代の兵法家）

10年に1度の干ばつの頻度が高まってきている

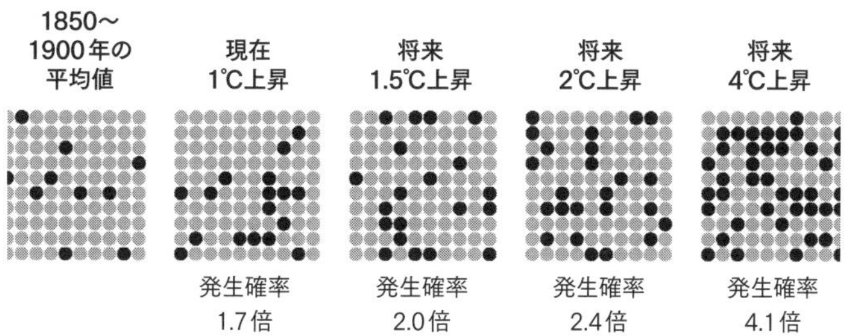

4℃の気温上昇を想定した排出シナリオでは、土壌水分の標準偏差1つ分、干ばつが激しくなる可能性がある。2℃の上昇を想定した排出シナリオでさえも、干ばつや熱波などの複数の異常気象が同時に起こりやすくなり、森林火災、食料不安、水質など、他の気候関連の緊急事態のリスクを増大させる可能性がある。

50年に1度の熱波の頻度が高まってきている

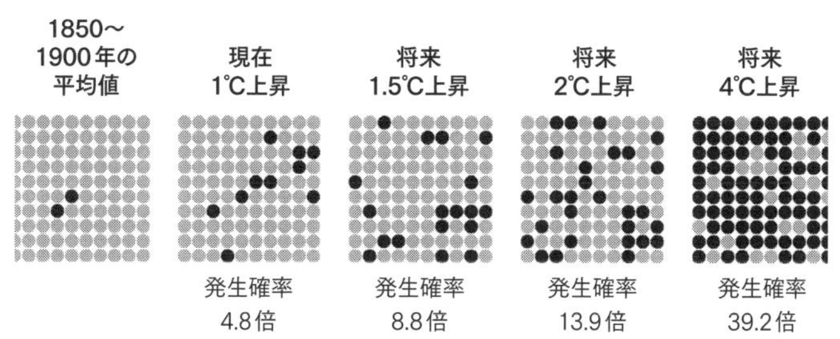

100年に1度、1000年に1度の異常気象

オーストラリアでは、「100年に1度」とされるような大雨が近年何度も発生し、大規模な洪水が起きている。また、2021年の夏に中国で発生した大雨は、1000年に1度と言われるほどの大洪水を引き起こした。3日間で降った雨量は617ミリに及び、これは年平均とほぼ同量だった。この他、ドイツ（2021年）や、ハリケーン「フローレンス」（2018年）、「ハービー」（2017年）、熱帯低気圧「イメルダ」（2019年）に見舞われた米国でも1000年に1度レベルの洪水が起きている。

🌐 680

ノルウェーで電気自動車が普及

2021年にノルウェーで販売された新車のうち、従来型のガソリンまたはディーゼルエンジン搭載車はわずか8%だった。

大西洋の海流の変化

大西洋の逆転

海は大きな湖のようなものだと思われがちだ。しかし、実際には海は巨大な川がいくつも交差してできていると考えるのが正しい。大西洋には川、すなわち海流として、大西洋深層循環（AMOC）と呼ばれるものが流れている。シナリオ4と5では、この流れは途絶えてしまうだろうと見込まれている。

AMOCの一部であるメキシコ湾流は、毎秒、アマゾン川の100倍を上回る水を運んでいる。

メキシコ湾流は、カリブ海の暖かい海水を運び、北米大陸の東海岸沿いを北向きに進んで、大西洋に流れ込み、ここで分岐する。

一方はグリーンランドとイギリス諸島に向かい、もう一方はアフリカ西海岸に沿って南転する。栄養豊富な暖かい海水は海面を北上し、冷たい海水は北南米の東海岸を南下する。

アイルランドは、カナダのホッキョクグマの生息地と同じ緯度に位置している。メキシコ湾流という暖かい海流がなければ、アイルランドははるかに寒冷な国になっていただろう。

数千年にわたり、こうした海流の仕組みが安定していたからこそ、西ヨーロッパと北米東岸は温暖な気候を保ち続けていた。しかし今、状況は変わりつつある。

今日は減速、明日は崩壊？

科学者たちは近年、過去2000年間のメキシコ湾流の流速をモデル化した。その結果、過去160年の間に大西洋深層循環が15%減速していることが分かった。この減速から気候の乱れが始まりつつある。

観測された流速低下のほとんどは、過去50年間に起きたもので、二酸化炭素排出の増加と氷河の融解による海水温の上昇に関連している。科学者たちの予測では、AMOCは今後100年の間に45%まで減速する可能性がある。AMOCの乱れは不可逆的なものであり、世界中の気候に大きな混乱をもたらすと懸念されている。

海面上昇

メキシコ湾流が停滞すると赤道付近の海水は暖まり、海水面は上昇する。温まった海水は、大西洋を渡って欧州に向かうのではなく、北米の東海岸沿いに滞留する。

2009年から15カ月の間で、AMOCの循環が30%低下したために、ニューヨークからニューファンドランドまでの海面は、約10センチ上昇した。メイン湾では、過去10年間で海水温が大幅に上昇し、この変化により、同地域での

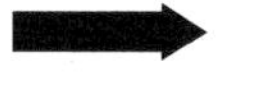

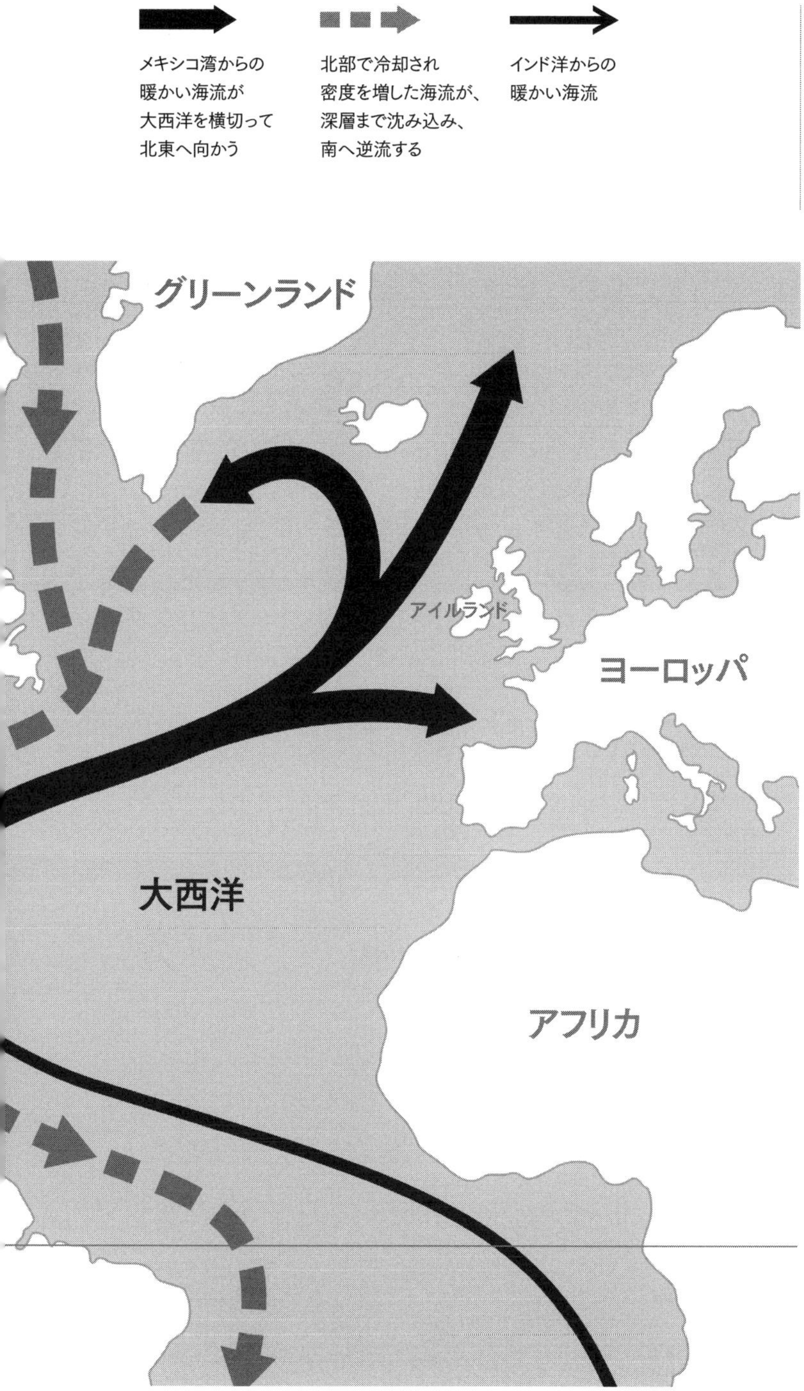
メキシコ湾からの
暖かい海流が
大西洋を横切って
北東へ向かう
北部で冷却され
密度を増した海流が、
深層まで沈み込み、
南へ逆流する
インド洋からの
暖かい海流
グリーンランド
アイルランド
ヨーロッパ
大西洋
アフリカ

タラの漁獲高は40%も減少した。同時に、赤道付近の海面温度が上昇しており、そのためにハリケーンの発生頻度や強度が高まっている。

AMOCが崩壊した場合、著しい海面上昇が起こり、北米の東海岸全体でその影響を受ける。何百万もの人々が避難を余儀なくされ、商業目的で捕獲する種からウミガメやマナティのような絶滅危惧種に至るまで、海洋生物にとって重要な生息地が壊滅状態になるだろう。

氷河の溶解

南極大陸を除いて世界最大の氷床、グリーンランド氷床の氷河が溶解し、大西洋の中ほどで気温が下がる「コールド・ブロブ（冷たい塊）」と科学者たちが呼ぶ現象が起きている。このコールド・ブロブは、メキシコ湾流の減速による現象でもあり、減速の原因でもあると説明されている。

大西洋のコールド・ブロブは、天候にも影響をもたらしている。科学者たちの見解によれば、冬の厳しい寒さ、夏の熱波や干ばつは、コールド・ブロブが引き起こす海面水温と湿度の変化に起因するという。

地質学的な記録によると、過去にAMOCの突然の変化が原因で、アフリカ北部で深刻な干ばつが発生し、大西洋周辺の沿岸地域は1000年にわたり氷河期の気温に逆戻りしたことが分かっている。

683

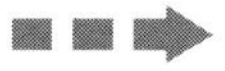

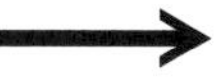

最もひどい被害を受けるのは誰か?

気候の温暖化が進む度合いが加速すればするほど、干ばつ、洪水、熱波、海面上昇、海洋酸性化などの異常気象が人々の生活や住居にもたらす影響は増大する。影響の程度は、主に各国の適応計画や緩和計画の実施能力によって決まる。

国の対応能力は、その国の経済的豊かさの程度に大きく依存する。気候変動はすべての人に影響をもたらすが、誰よりも影響を受けるのは、気候変動への関与が最も低く、またその影響を緩和する経済的余裕がない人たちである可能性が高い。

GDP(国内総生産)がとりわけ高い北半球のほとんどの国(15カ国中13カ国)は、南半球の国々と比較すると、1人当たりの温室効果ガス排出量もかなり多い。

例えば、バングラデシュと米国を比較してみよう。

	人口	世帯収入(2018年)	1人当たりの炭素排出量
バングラデシュ	1億6000万人	1698ドル(約20万円)	0.5
米国	3億2700万人	6万3062ドル(約850万円)	15.2

バングラデシュの人口は米国の半分だが、1人当たりの炭素排出量は米国の4%に満たず、1人当たりの所得は米国の3%未満にとどまっている。

バングラデシュは海抜高度が低いため、海面上昇の影響を殊に受ける。推定によると、2050年までに1800万人のバングラデシュ人が住む場所を失う。これまで農作に使っていた土地はすでに海面上昇によって奪われつつあり、土壌の塩分濃度が上昇して農作物や飲料水に害が及んでいる。その上、熱帯低気圧がやってきたり河岸が浸食されたりして、家屋が繰り返し壊されているのだ。

まだ家に住んでいられる世帯も、建物の修復や被害防止のための出費が増えている。温暖化による気温上昇が1.5℃に抑えられたとしても、海面上昇の影響は2100年以降も続くと予測されており、バングラデシュの人々は今後も割に合わない被害を受け続けることになる。

IPCCは、以下に該当する人々は「1.5℃以上の地球気温上昇によって不利な影響を受けるリスクが不当に高い」としている。

- 経済的に恵まれない人々や社会的に弱い立場にある人々
- 先住民族の人々
- 農業や沿岸部の恩恵を受けて暮らしている地域社会の人々

また、不当に高いリスクにさらされている地域は以下の通り。

- 北極の生態系
- 乾燥地帯
- 小島嶼(とうしょ)開発途上国
- 後発開発途上国

女性もまた気候変動の影響を特に受けやすいと国連は指摘している。貧困層13億人のうち70%は女性だが、女性は育児や農業に関する責任を担っていることが多いため、食料難や水不足の影響が特に深刻だ。

681

海の酸性化

これまで、海のpHは基本的に8.2前後だったが、CO_2排出量が増えたためにpHが低下している。pHは対数スケールであるため、pHが1小さくなるごとに、海は10倍酸性が強くなる。下のグラフに示すように、将来のシナリオによって、海の酸性化に対する影響度が大きく変わる可能性がある。最初の2つのシナリオでは、長期的には現在のレベルに若干戻るが、他の3つのシナリオでは、低下傾向が続くだろう。

> 環境の声を取り入れない民主主義は
> 破綻する。
> 共存のために環境は必要なのだから。
> ―アデニケ・オラドス（ナイジェリアの気候活動家）

海ではどのように酸性化が進んでいるのか？

人間が排出するCO_2の約3分の1は、海が吸収している。このCO_2と水が反応して炭酸となり、炭酸が海水の酸性度を変化させる。CO_2が増えると、酸性度は高くなる。

海の酸性化が進むとどうなるのか

海の酸性化が進むと、まずサンゴや貝の成育が悪くなる。CO_2排出に起因して生成される炭酸と、骨格や貝殻を形成するために欠かせない炭酸塩を得ようとするサンゴや貝が競合するからだ。

サンゴや貝は海の生態系になくてはならない存在であり、それがダメージを受けると、サンゴや貝に依存している生物にも影響する。また、それ以外の海洋生物も、呼吸、石灰化、光合成、生殖などの機能がpHのわずかな変化にも反応し、影響を受ける可能性がある。

679

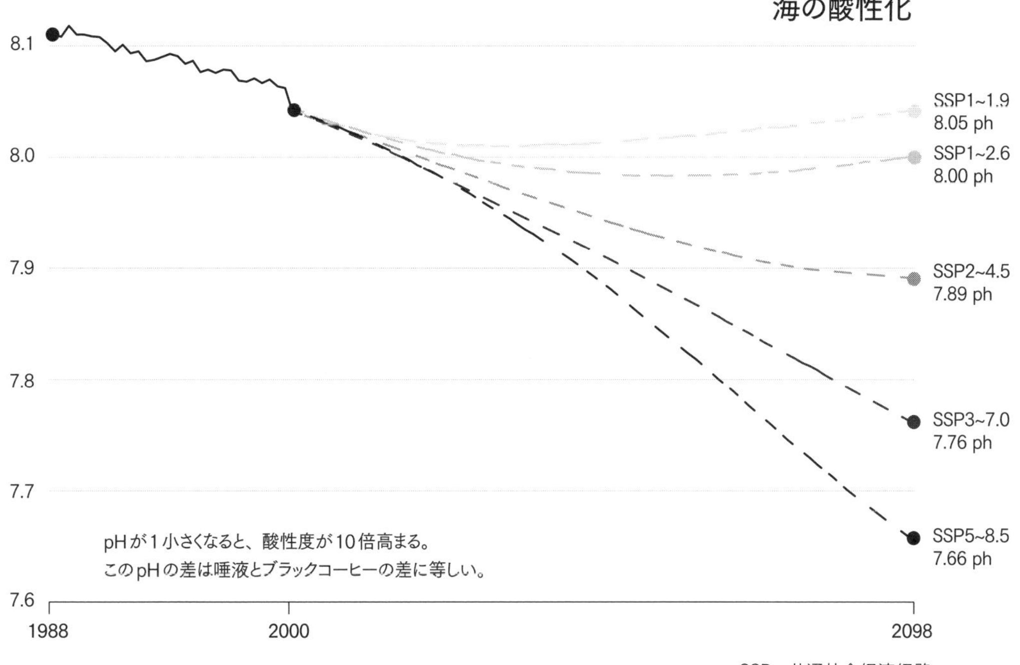

4

影響

私たちを取り巻くすべてのものに
影響をもたらす

沿岸都市への脅威

地球に生きるすべての人のうち、40%以上は海岸から60マイル（約97キロ）以内の場所で暮らしている。例えば、世界最大規模の10都市のうち8都市に住む人たちが、それに当てはまる。気候変動による影響がますます目につくようになり、深刻化しているというのに、そういった沿岸都市の多くでは人口が増加の一途をたどっている。人口密集地域では気候変動と地理的変化とが一体となり、沿岸都市に暮らす人たちは気候変動の影響を誰よりも早く、そして強く受けるのだ。

強力なハリケーンが発生し、降水量は増加し、冬は短く暖かくなるため、洪水の発生する確率が高まり、その影響が深刻化する。洪水が発生すると地下水源への塩水の侵入が加速し、そのために飲料水や農業用水の汚染が進み、塩類化に鋭敏な生態資源や水圏生態系への脅威にもなっている。

海上輸送は国際貿易の手段の80%を占め、その年間収益は世界で14兆ドル（約1800兆円）と推計されている。海面上昇は港にとっても脅威となり、重要なインフラを弱体化させる。

海洋の酸性化や海水温の上昇、サンゴの白化は漁業被害をもたらし、汚染された水の排水は有害な藻類ブルームを発生させて大量の魚を死滅させ、沿岸海域をデッドゾーンに変える。観光業など、沿岸都市にとって重要性の高い産業も危険にさらされている。

601

海面上昇にとりわけ弱く、気候変動の影響を受けやすい地域がある。ここに示したのは大きな困難に直面している都市の一部だ。

TOKYO
東京

MUMBAI
ムンバイ

NEW YORK CITY
ニューヨーク

SHANGHAI
上海

LOS ANGELES
ロサンゼルス

CALCUTTA
コルカタ

BUENOS AIRES
ブエノスアイレス

LAGOS
ラゴス

BANGKOK
バンコク

VENICE
ベネチア

BASRA
バスラ

JAKARTA
ジャカルタ

ROTTERDAM
ロッテルダム

HO CHI MINH
ホーチミン

人口増加

気候変動をもたらす要因の1つが人口増加だ。1900年に15億だった世界の人口は、現在ではその5倍を超えている。

一方で、出生率(1人の女性が妊娠可能年齢に産む子どもの数)は1950年代以降、ほとんどの国で減少してきた。一定の人口を維持するには1人の女性が2.1人の子どもを産む必要があるが、今世紀末にはその数値を下回りそうだ。

世界人口は2100年頃に109億人に達し、その後は横ばいとなると見られている。人口が増えるのは、主にサハラ砂漠以南のアフリカになるだろう(推定値は26億人から38億人まで幅がある)。

もう1つ見逃せない重要な動向が、世界的な高齢者人口の増加だ。年齢中央値(それより上の年齢層と下の年齢層の人口が同じになる境目の年齢)は2020年に31歳だったが、2050年には38歳に上昇するだろう。この間に、70歳以上の割合が6%から17%へと急増する。人類は、これほどのスピードとスケールで進む変化を、いまだ経験したことがない。

これらの数字が気候変動にどう影響するかを判断するのは難しい。人口が増えれば、食料を確保するのに実に多くの資源が必要となるだろう。ところが、世界の人口増加のほとんどは、現時点で気候変動の発生要因にさほど関与していない国で起きると考えられている。

581

世界の出生率(女性1人当たりの出産数)

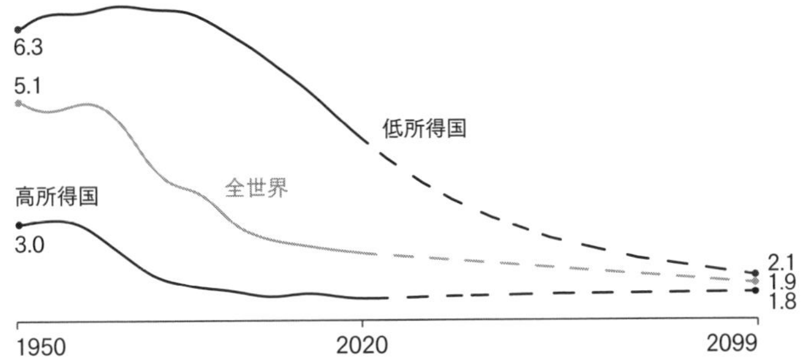

世界人口の増加予測

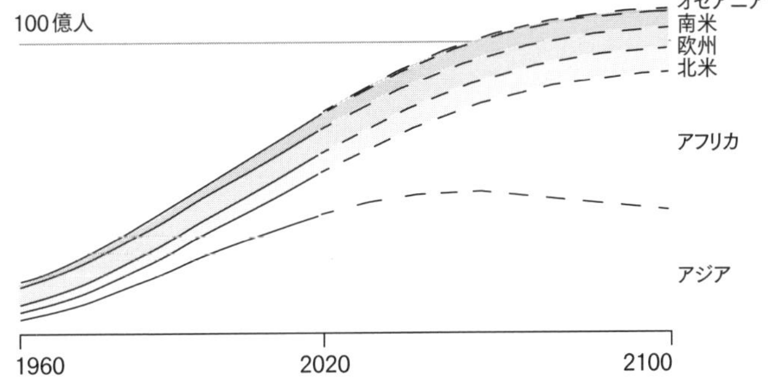

> 私にとって、本当に難解なのは人間の心だ。心は行動を誘発する。つまり、私たちが何を真実だと思い、何に価値を認めるかによって世界を見る姿勢が決まり、その姿勢から今度は世界に対する働きかけ方が決まる。人類が宇宙の中心にいて、万物がその周りを回っていると考えている限りは、人類が生み出す危険には気づけないだろう。そこに気づくには、自分たちの生命や健康が自然の豊かさに依存していると認識しなければならない。
>
> —デービッド・スズキ(カナダの生物学者、環境活動家)

住めなくなった土地から移住する人々

気候変動の影響で、多くの地域がますます住みにくくなっている。降水量が少な過ぎる、あるいは多過ぎる、熱波や干ばつが長期化する、海面が上昇するなど、気候にまつわるストレス要因のせいで、人々は住む家や生計の手段を捨てざるを得なくなっているのだ。

気候変動を理由とした国内外への移住はすでに発生している。国内避難民監視センター（IDMC）の統計によれば、毎年平均2270万人が気候関連の災害（地震や火山噴火といった地球物理的現象も含まれている）による移住を強いられているのだ。オーストラリアのシンクタンク、経済平和研究所（IEP）の報告によれば、気候変動や紛争によって移住を強いられる人は、2050年までに10億人を超える可能性がある。

環境を原因とする移住者の大部分は田舎から、つまり、気候に影響されやすい農業や漁業で生計を立てる地方からやってくる。栽培条件や栽培期に大きな変動があると、農作物の収穫量が減り、農家はその収入に頼れなくなる。同様に、海面や水質の変化といった要因は、直接的に水産資源の枯渇を引き起こす。

海面上昇の影響を受ける沿岸の人口密集地域でも、都市部から逃げ出す気候移民が生じている。都市化とスプロール現象*が進むと熱波の発生も多くなり、日中に上がった気温は夜になっても下がらない。雨はますます激しく降り、そのために洪水も増える。これらの要因のすべてが、沿岸部の都市からの移民をさらに増加させているのだ。2020年9月から2021年2月までの6カ月間で、1000万人を超える人たちが気象災害に見舞われて移住した。そのうち60%ほどがアジアに暮らす人たちだった。

富裕国の多くはすでに気候移民に対して国境を閉じており、移民を受け入れる意向や余地のある地域はどんどん少なくなっている。

068

2020年に気象関連の理由で移住した人

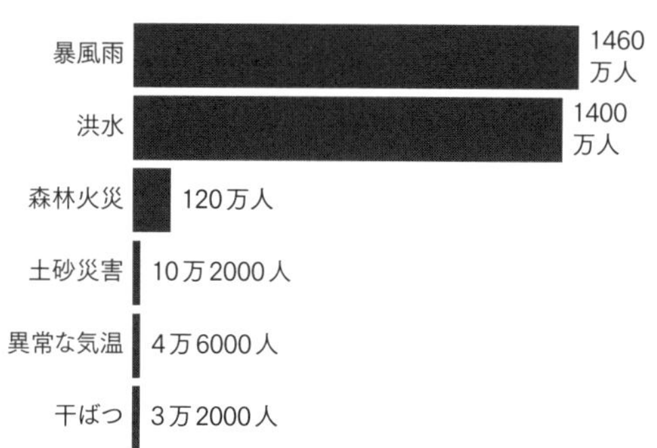

2019年に災害による新規の移住者が多かった5カ国

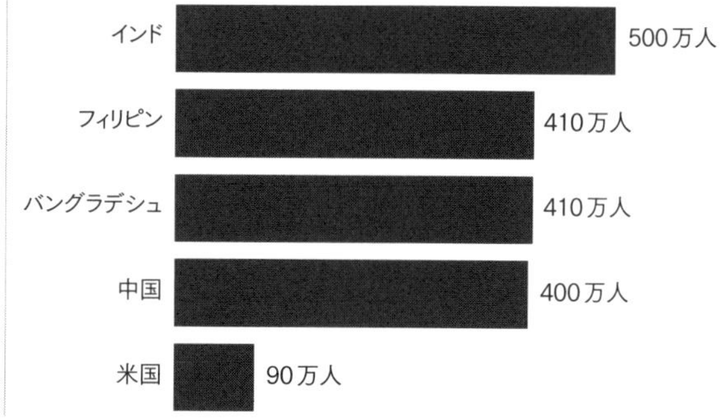

＊都市計画がないまま都市周辺に住宅などが無秩序に拡大すること。

気候変動が先住民族にもたらす影響

> 誰もが同じ空気を吸い、誰もが同じ水を飲む。私たちは1つの惑星に住んでいる。私たちは地球を守らなければならない。そうしなければ強い風が吹いて森が破壊されるだろう。そうなったときようやくあなたがたは、我々が今抱いている恐れを知るだろう。
>
> —ラオーニ・メトゥティレ（ブラジル・アマゾン、カヤポ族の長老）

先住民族は温室効果ガスをほとんど排出していないにもかかわらず、誰よりも早く気候変動の影響の渦中に置かれている。世界中で起きている気候変動は、彼らの健康と生計に脅威を与えているのだ。

90カ国以上で暮らす推定3億7000万人の先住民族が、居住地に関わりなく、理不尽な危機に直面している。その理由は次のようなことだ。

- 古くからの伝統を守り、自然界と深くつながっている
- 食料を得たり生計を立てたりするうえで、野生動物や天然資源に大きく依存している
- 政治的に排斥された状態が長く続いている
- 社会経済的貧困という状況下で暮らしている可能性が高い
- 病気にかかる可能性が高い
- 高度な医療を受けにくい

先住民族の身近にある空気や食料や水は、気温上昇とさまざまな排出量の増加から影響を受けている。先住民族がきれいな空気や水、食料の調達をしにくくなっているのは、次の現象と直接的に関わっている。

- 海面の上昇
- 地表水の汚染
- 積雪量の減少
- 森林火災の増加
- 干ばつの拡大
- 寄生虫の体内侵入や感染症の増加

先住民族にとって、先祖伝来の土地は健康や幸福の根幹をなすものだ。気候変動の直接の影響であれ、気候変動の影響を緩和するための政府による施策の結果であれ、先祖伝来の土地に何らかの変化が起これば、先住民族の健康や幸福にも望ましくない変化が起こる。伝統食や自然由来の生薬に影響が出るだけではなく、伝統儀式が営めなくなることさえある。

北極圏のツンドラでも、アマゾンの盆地でも、アフリカのサバンナでも、太平洋の島々や沿岸地域でも、気候変動が原因で長く受け継いできた土地からの移住や退去を強いられることは、その土地に代々住み続けてきた先住民族に心的外傷（トラウマ）を与えかねない経験となる。先住民族の地域社会は、環境面のみならず文化面でも気候変動の影響を受けているのだ。

595

海の近くで

世界のGDPの3分の2ほどは、沿岸地域や海洋における人間の活動によって生み出される。ところが、海洋資源の多くが排水や汚染や乱獲によって危機に瀕しており、また、海の近くの都市やインフラも海面上昇や暴風雨による高潮に脅かされている。

人種平等、社会的公平、気候変動

採取経済と工業化は、歴史的に植民地支配や奴隷制度と長く結び付いてきた。気候変動の影響について語るならば、それが階級や人種や身分制度とも関連していることを認めなければならない。土地を収奪したことも、森林を安く売却したことも、工業労働を階層化したこともすべて、今日直面する気候関連の問題を招く要因となったのだ。

現在の米国では、有害廃棄物処分場の近くに住む人の56%が有色人種だ。全人口比率から予測できる人数の2倍近い数字である。2014年の調査によれば、非白人の米国人は白人と比べて38%も高い濃度の二酸化窒素にさらされていた。

データが示すところによると、米国の富裕層の上位10%が排出する温室効果ガスは、平均的な米国人の4倍を上回っている。ところが、気候変動や汚染から受ける影響は、貧困層のほうがはるかに大きい。

世界的に見ても、古くからの工業国や植民地保有国が長い年月にわたり大量の炭素を環境に排出してきたのに対して、貧困国は気候変動による影響をはるかに多く受けがちだ。

気象災害が発生すると、通常は最貧困層が誰よりも影響を受けやすいのに、再建にかかる資源が均等に割り当てられることはほとんどない。

各国が新しい技術や回復力のあるインフラに投資するようになると、気候正義連盟（Climate Justice Alliance)などの団体は、影響と投資が（またしても）公正や公平を考慮して分配されていないと抗議する。そして、工業化と供給不足に基づく採取経済から脱し、公平さと豊かさを土台とする再生型経済へ移行するように求める。彼らが提案する価値観のフィルターは以下の通りだ。

- 経済の管理を地域社会に移管する
- 富と仕事場を民主化する
- 生態系の回復を進める
- 人種の平等や社会的公平を推進する
- 生産と消費の大部分を見直す
- 文化と伝統を復活させる

584

> 最悪の食料、最悪の健康管理、
> 最悪の医療しか受けられなかった。
> やがて自由を手にしたものの、与えられた土地は、
> 石油化学工業などに囲まれてしまった。
> そんな人たちに私は思いを寄せる。
>
> —エリザベス・ヤンピエール（プエルトリコの弁護士、環境活動家）

故郷を追われる人たち

気候変動によって、史上最大の人口移動の波が生まれようとしている。農業の生産性や水資源や社会の不安定性が気候変動の影響を受け、2050年までに2億人以上が気候難民になったり国内移住したりする可能性があると推定されている。

気候変動を引き起こす温室効果ガスのほとんどは、グローバル・ノースの先進国が大気中に排出しているにもかかわらず、広範囲にわたる農作物の不作や、繰り返される洪水や干ばつや飢饉などの影響を誰よりも受けるのは、グローバル・サウスの発展途上国の人たちだ。そうした地域社会は、将来的にも極めて多大な影響を受ける可能性が高い。気候帯によっては、2100年までに、人が屋外に2時間以上立っていられないほど暑くなり得るとの予測もある。

海面が上昇すれば、多くの島々の地域社会が危険にさらされるだろう。太平洋やインド洋にある小さな島々の11〜15%は、海抜高度が5メートルに満たない。海面が50センチ上昇するだけで、海抜高度の低い島に暮らす120万人が移住を強いられる。2メートル上昇すれば2150万人が移住することになるだろう。

気候変動によって社会が混乱し、政治が不安定になる可能性もあり、それがさらに移住を推し進める。中東の「肥沃な三日月地帯」と呼ばれる地域は、2007年から2010年の間に前例のない干ばつに襲われ、それが都市部への大移動と失業率の上昇を引き起こした。これが「アラブの春」の一因となり、シリア内戦など多くの紛争がそれに続くこととなった。

602

気候変動が原因で移住した人口

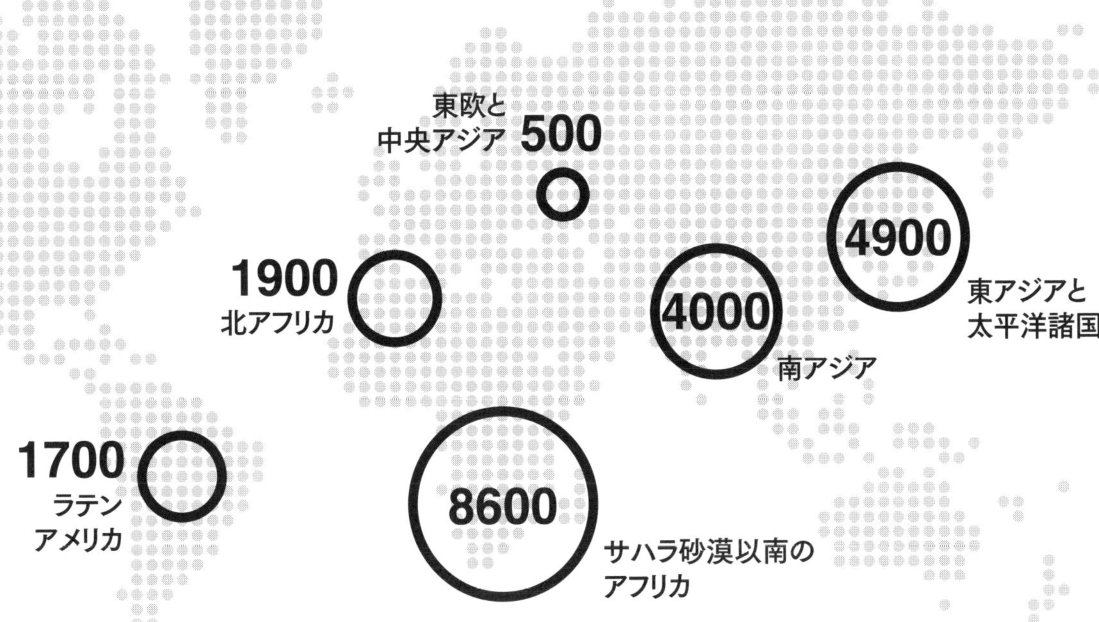

川の水は年間約40兆リットルも流れており、200億トンもの土砂を海に運んでいる。

新型コロナウイルス感染症による ロックダウンと気候

活動縮小がもたらした影響

2020年、新型コロナウイルス感染症（COVID-19）が世界中に広まった。各国はロックダウンを行い、世界中の人々が活動を控えた。各種データを調べると、その活動縮小が環境にもたらした影響が明らかになる。

大気の質の改善

2020年の都市部の大気は、この数十年間で最もきれいになった。インドや中国のように、普段は工業生産活動ゆえに大気汚染が深刻な国でも青空が見られた。

中国のロックダウンによる二酸化窒素（NO_2）の排出状況の変化

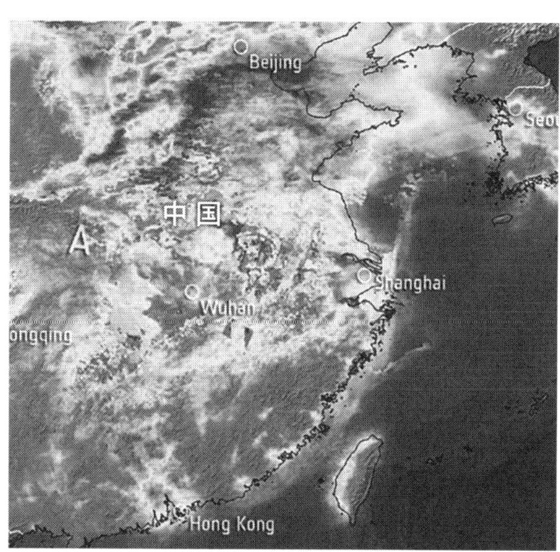

2019年12月下旬のNO_2

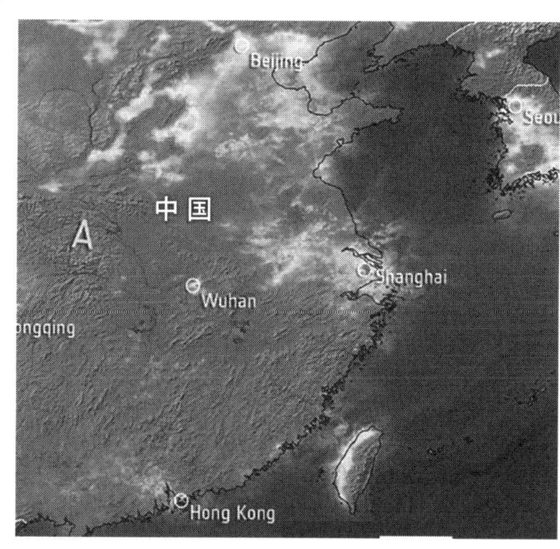

2020年2月上旬のNO_2

2020年のデータから分かること

- 中国全土で二酸化窒素（NO_2）が12%減少した。
- インドの6大都市全体でNO_2が31.5%減少した。
- 日中の地表温度が1℃下がった。
- 夜間には気温が2℃下がった。
- 輸送やエネルギー生産によって生じる有害浮遊粒子が東南アジア全体で40%減少した。

中国や欧州、北米ではパンデミックの最初の年に排出量が減り、空気が浄化された。その一方で、スウェーデンのように、それほど劇的な改善は見られなかった国々もある。それはもともと、有害な二酸化硫黄（SO_2）や窒素酸化物（NO_X）、一酸化炭素（CO）、オゾン（O_3）などの微小粒子状物質（PM2.5）を空気中にさほど多く含んでいなかったからだ。

一般的には、走行する自動車が減り、工業生産の多くが停止すれば、環境への有害物質の排出は抑えられる。その結果、ニューヨーク、サンフランシスコ、ミラノ、ベネチア、バルセロナといった世界中の都市で、大気の質が改善する様子が見られた。

河川

インドでは2020年の3月から9月までロックダウンが行われ、国中で大規模産業が操業停止を強いられた。その間、河川の水は質も量も著しく改善した。

- （汚水が流れ込んでいる）ガンジス川の水質が12%改善した。
- ムンバイ地方の河川では、廃棄物による汚染流入が50%減少した。
- インド中央部や南部を流れるクリシュナ川、カービリ川、カルナータカ川では、数十年前の水質にまで回復した。
- 中国の水質指標によれば、測定を行った国内のすべての川で改善が見られた。
- ベネチアでは運河の汚れた水がきれいになり、数年ぶりに魚の泳ぐ姿が見られた。
- ロンドンのテムズ川中心部は船ばかりだったが、それに代わってカモメや鵜（う）やアザラシが見られるようになった。

海洋

海洋は地球表面の3分の2以上を占めている。ロックダウン中は出航する船も少なくなった。クルーズ業が完全に休止し、洗面台、シャワー、調理場、洗濯室などから出る1日97万リットルの雑排水や1日11万リットルの汚水が海に放出されなくなった。

イタリア沿岸警備隊によれば、海中の生態系が再び活性化したという。水質の改善によってウナギなどの魚やサンゴが繁殖し、クジラやイルカの姿も見られるようになっている。

2020年には、タイ、フィリピン、ブラジル、フロリダ州、ガラパゴス諸島、インドで多数のカメが産卵した。人間が活動しなくなったおかげで、人気（ひとけ）のない浜辺で産卵できるようになったのだ。

食習慣

ロックダウン中には、食料購入の習慣、リサイクルや廃棄の方法も変わった。英国の慈善団体WRAPは次のような結果を得たという。

- 63%の人は、食料品を買いに行く回数が減った。
- 41%の人は、リストを作ったり冷蔵庫や戸棚の中を確認したりするなどして、事前に買い物の計画を立てるようになった。
- 40%の人が、調理法を工夫するようになった。
- 35%の人が、「賞味期限」を確認し、それに合わせて何を調理するか決めるようになった。
- 30%の人が、残り物もすべて食べるようになった。
- 10人中7人が、ロックダウン後も上記の行動のうち最低でも1つを続けている。

食品廃棄量の自己申告量

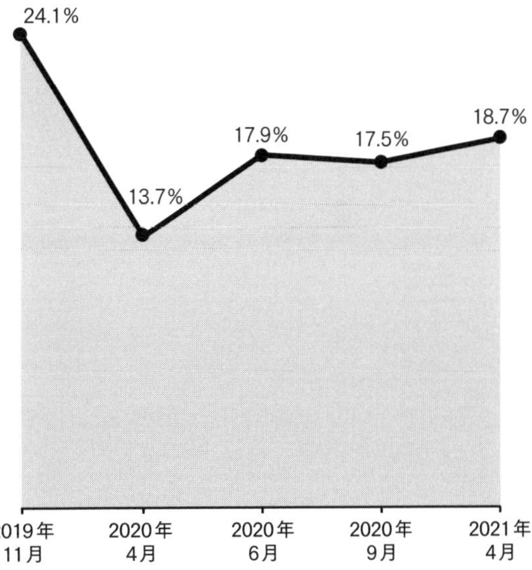

食品廃棄の自己申告量はロックダウン中に約50%減った。その後もパンデミック前よりも低い水準を保っている。

586

食料の生産と供給

気温が上昇すると、食用作物が生存の限界まで追い詰められる可能性がある。

CO_2濃度は降雨のパターンを変え、さらに、極端な異常気象と相まって植物の成長に影響をもたらす。このように、作物の受粉や収穫、栄養価はすでに変わりつつある。

気温が高くなると、植物は通常より早く花を咲かせることがある。そうすると植物と昆虫などの花粉媒介者との同時性がずれ、受粉や実り具合に影響する。米国では、花粉媒介者に依存する100以上の主要作物に悪影響が及んでいる。世界中の国々でも、多くの作物に影響が出かねない状況だ。

気温が高過ぎたり低過ぎたりして植物が育たないということは、生育限界温度を超えているということだ。米国では、農務省が豆類、小麦、米、モロコシ（ソルガム)、トウモロコシ、大豆などの重要な食用作物について、生育限界温度をまとめている。トウモロコシ、小麦、米、大豆は世界のカロリー消費の4分の3を占め、米国は世界のトウモロコシと大豆の3分の1ほどを生産している。

世界的な食用作物の生育限界温度は次の通り。

- 豆類　32℃
- 小麦　34℃
- 米、モロコシ、トウモロコシ　35℃
- 大豆　39℃

CO_2濃度が上昇すると植物の成長が変化し、栄養価にも影響が出る。食用作物の研究者は、大気中のCO_2濃度が上昇すると一部の穀物や豆類で亜鉛と鉄が減少し、栄養価が低下するという結果を得た。

598

この瞬間から、絶望は終わり、戦術が始まる。

＊このロゴマークは、地球温暖化の低減や環境保護を訴える市民社会運動Extinction Rebelionのもの。

国民総生産（GNP）には大気汚染、たばこの広告、交通事故の犠牲者を乗せる救急車も含まれている。ドアの特殊錠や、その鍵を壊して侵入した者を収監する刑務所も勘定に入っている。セコイアの森の破壊や、無計画で無秩序な都市機能の拡大が招く美しい自然の喪失もまた同じだ。

ナパーム弾や核弾頭も、警察が市街地の暴動を鎮圧するために使う装甲車も入っている。ホイットマンが乱射したライフル銃[*1]やスペックが振り回したナイフ[*2]も、暴力を賛美して子どもたちにおもちゃを売りつけようとするテレビ番組も含まれている。

それなのに国民総生産は、子どもたちの健康や質の高い教育、遊ぶ楽しさは考慮していない。詩の美しさや夫婦の絆、知的な公開討論や公務員の清廉さも含まれていない。

国民総生産は、知性や勇気を測るものでもなければ、知恵や知識を測るものでもなく、同情心や国家への献身を測るものでもない。国民総生産はあらゆるものを手短に評価しながらも、人生を豊かにするものは一切考慮していない。

＊1　1966年に米国のテキサス大学で、チャールズ・ホイットマンという男がライフル銃を乱射し、多数の死傷者を出すという事件が発生した。

＊2　1966年に米国のシカゴで、8人の女性看護師がリチャード・スペックという男に刺殺されるという事件が発生した。

農業における害虫と病気

現在、世界中の農場で作物の10〜15%が害虫や病気の被害に遭っている。

気候と害虫

昆虫の生理機能は気温変化に敏感だ。10℃高くなると代謝率がほぼ倍になる。急激な気温上昇は、昆虫の摂餌量や運動量を増やし、成長も加速させる。

「サイエンス」誌に発表された最新の研究では、2℃の気温上昇で作物が昆虫から多大な被害を受ける仕組みを明らかにしている。そのシナリオによると、欧州と北米で小麦とトウモロコシが深刻な不作となる可能性があり、西欧では作付けした小麦の75%ほどが害虫の被害を受けるという。

気温上昇によって、害虫の個体数には以下のような変化が起こる。

- 年間の世代数が増加する
- 分布域が拡大する
- 植物の病気を昆虫が広める
- 冬を生き延びる可能性が高まる
- 植物の生育と昆虫の同時性がずれる

気候と作物の病気

食用作物に影響をもたらす菌類は、一般的に気温が20〜30℃になると活動が盛んになる。気候変動によって地球の気温が上昇すれば、菌類病も変化して、赤道付近の地域と同様になると推測できる。

アイルランド島でジャガイモ飢饉が起きたのは、その地域で栽培されていたジャガイモが胴枯れ病と呼ばれる菌類病に感染したからだ。そういった病気が赤道から離れた地域に再び現れて、地域の食料事情に打撃をもたらす可能性が高まっている。

596

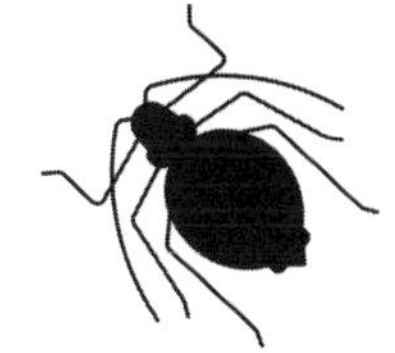

食料不安

地球に暮らす20億人以上の人たちが食料不安、すなわち「安全で栄養豊富な食料の不足」に脅かされている。大気中のCO_2濃度が高くなると気温が上昇し、洪水が発生し、地面や土壌が劣化する。結果として作物の栄養価や収穫量が下がり、家畜の生産性も低下する。

戦略国際問題研究所（CSIS）の報告によれば、平均気温が1℃上昇すると作物の収穫量が10％減少するという相関関係がある。熱波が起きれば作物は完全に駄目になるだろう。天候に関連する影響は、不適切な土壌管理や森林伐採、家畜の過剰飼育によってさらに増大し、食料体系への脅威が総じて高まる。

今後、食料不足は深刻さを増し、さらなる飢餓や栄養不良を招くだろう。土壌が痩せて作物や家畜を育てられなくなった土地からの集団移住も増えるはずだ。

世界の食料供給の安定性は、気象災害の発生頻度と強度が高まるにつれて低下すると考えられている。こうした状況に陥る可能性は、低所得国で最も高くなり（58%）、高所得国では最も低くとどまる（11%）と予測されている。とはいえ、食料不安は世界のどの国でも払拭できない問題であることに変わりはない。

「平均気温が1℃上昇すると作物の収穫量が10%減少する」という相関関係がある。

067

土地や土壌の劣化

土地や土壌が劣化すると、生命を維持するための物理的・化学的・生物的特質が失われる。現在では、産業革命や工場畜産が始まる前の状態と比較して、地球上の土地の75%以上が消耗されているのだ。その数値は2050年までに90%に達するだろうと、科学者たちは考えている。

世界中で毎年、欧州連合の面積（418万平方キロ）の半分に相当する土地が、生産性や回復力の低下に見舞われている。アジアとアフリカでは、最も激しくこの現象が起きている。

土地の劣化は、風や雨が岩や土を破壊して運び去る「浸食」に起因する。浸食自体は自然に起きる現象だ。しかし、異常気象ゆえに事態は悪化する。

沿岸地域の海面上昇によって海に近い土地が削られ、残された土地は塩分や汚染物質をたっぷりと含み、使えなくなる可能性がある。

土地を劣化させるその他の事象

- 農作業
- 放牧
- 森林伐採
- 都市化拡大

現在では32億人が、土地の劣化による影響をある程度経験している。土地の劣化は食料供給減少の原因であり、移民の増加を招く可能性もある。

069

土壌の喪失

足元の茶色い土の中には、地球上の生物多様性の少なくとも4分の1が保持されている。土は水の浄化にも欠かせない。小さじ1杯分の土壌の中には、数十億もの微生物がすんでいる。また、地球の土壌には大気中の3倍もの炭素が含まれていると推定されている。

土壌の重要性

地球上の食料供給の95%は土壌に依存しており、ほとんどの生物にとって土壌は生死を分ける存在だ。2℃ほど温暖化が進むと、土壌からは2300億トンを上回るCO_2が漏れ出てきて、地球は突然、取り返しのつかない気候変動に見舞われるだろう。

問題点

以下の原因によって、サッカー場およそ30面分の土壌が1分間に浸食されたり劣化したりしている。

- 農薬
- 森林伐採
- 過放牧

579

農薬の使用

第二次世界大戦が終わると、巨大な化学会社は食品業界に目をつけて市場の拡大を図った。それから50年間で米国では農薬の使用量が10倍に増え、その一方で作物の損失もほぼ2倍になった。農薬を使えば、世界中で数百万平方キロの土壌を健全な状態に保つ生物に悪影響が出るのだ。例えば、農薬をまいた土壌中のミミズは、成長しても通常の重さの半分にしかならず、通常のミミズのようには繁殖できない。

風力発電

陸上の風力タービンの建設に要するエネルギーを相殺するためには、そのタービンで6カ月間発電しなくてはならない。だが、その期間を過ぎてしまえば、寿命を迎えるまでの24年間は炭素をまったく使わずに発電できる。

巨大な太陽エネルギー

インドにあるバドラ・ソーラーパークは世界最大の太陽光発電所だ。出力は2245メガワットで、多くの石炭火力発電所や原子力発電所の発電能力よりも大きい。砂漠の中に設置されていて、太陽電池パネルは水を使わずに稼働するロボットによってきれいに保たれている。

主要作物の収穫量の減少

国際連合食糧農業機関（FAO）によれば、2020年には8億1100万人もの人たちが飢餓に苦しんだ。これは全人口の10%に迫る人数だ。

世界の平均気温が上がれば、干ばつや洪水が頻発し、食料の供給量が減少するだろう。また、自然災害が激化し、害虫や病気が勢いを増すと、作物の収穫量はさらに少なくなる。

気候変動が食料の収穫量にもたらす影響については、さまざまな予測がある。世界で最も重要な作物とされるトウモロコシは、減少幅が最大で24%になると予測されている。2番目に重要とされる小麦は、1.5℃温暖化すると14%、2℃温暖化すると37%減少する可能性がある。大豆の収穫量は、2℃の温暖化で10〜12%落ち込むかもしれない。

現在の世界では、特定の地域が干ばつに見舞われたり不作に陥ったりしても、その影響を受けていない他の地域から供給を受けて対処できる。例えば、トウモロコシについては、総輸出量の87%を占める米国、ブラジル、アルゼンチン、ウクライナという4大輸出国がある。これら4カ国は地理的に離れているので、歴史上同時期に不作になることはなかった。それが今では、これらすべての地域に対して、2℃の温暖化で8〜18%、4℃の温暖化で19〜47%ほど収穫量が落ち込むと予測されている。2℃の温暖化で4つの地域が同時に収穫量を減らす確率は7%だ。4℃の温暖化であれば、その確率は86%に上昇する。

🌐 **600**

> 私たちは「持続可能性」よりも豊かさを実践してきた。
> 私にとっての持続可能性とは、
> ライフラインである天然資源が最終的に枯渇してしまうまで、
> あるいは産業界がついに満足するまでの間は、
> それを維持しようとすることだ。
> 豊かさを追求することは、孫の世代が私たちの世代ほど
> 頑張らなくてもいいようにすることだ。
> この庭を孫たちに残してやりさえすれば、
> 必要なものはすべて得られるのは間違いない。
>
> —ジョー・マーティン（カナダの先住民族。カヌーづくりの名人）

**チーズバーガー1個分のカーボンフットプリントは、
ファラフェルのピタサンドイッチ9個分あるいはフィッシュ＆チップス6人前のカーボンフットプリントと同じだ。**

食料価格の高騰

食料価格は需要と供給の変化によって決まる。需要はおおむね一定だが、供給は大きく変わり得る。干ばつや洪水が起きると作物の生産量が減り、食料の供給力が下がって価格の上昇につながる。販売や包装にかかる費用も変わってくる。

価格高騰
地球店

RECEIPT: 6631
DATE: 30062022
CASHIER: GRETTA JAMES

品名	生育	価格
トウモロコシ	↓12%	↑90%
米	↓23%	↑89%
小麦	↓13%	↑75%
その他の穀物	↓08%	↑83%

小計
税

合計

現金
気候変動 ** まだ間に合う **

ありがとうございます
地球を救いましょう

2030年までに、主要作物10品目のうち9品目の生育が停滞もしくは低下するようになる。気候変動が少なくとも一因となって、作物の平均価格が大きく上昇するだろう。

貿易も大きな要因だ。例えば英国は食料の約40%を輸入している（バナナ、紅茶、コーヒー、バター、ラム肉など）。ほとんどの国が同様に食料供給を貿易に頼っている。米国もカナダやメキシコなどから食料を輸入している。国家間の海運に必要な石油やコンテナの費用も、食料にかかる費用を決める要素だ。

食料価格の高騰は、気候変動に伴ってさらに拡大する。2021年の平均食料価格は、この50年ほどの間で最も高かった。例えばコーヒー豆の価格は、ブラジルでの干ばつや洪水、冷害によって30%上がった。その結果として、消費者はコーヒー価格の上昇を目の当たりにした。

消費者はパンやパスタの値上がりをすでに経験している。ロシア、米国、カナダといったデュラム小麦の最大の供給国で干ばつが発生し、生産量が減ったためだ。果物、野菜、特にトマトの価格も、フロリダ州やカリフォルニア州における気候変動関連の問題を受けて上昇した。

世界はこれまで何度か食料価格の高騰に見舞われている。1973年には、世界的な石油危機と干ばつが原因で食料価格が上がった。2008年には、オーストラリアと米国における原油価格の上昇と干ばつの影響を受けて、食料価格が暴騰した。これらの国ではトウモロコシを食用ではなく燃料用として栽培する政策を取っていたため、家畜の飼料価格まで押し上げられた。2021年には1973年と同じように食料価格が高騰したが、このときは異常気象が大きな要因を占めていた。

食料価格の上昇は収入にかかわらず人々に影響を与えるが､影響の受け方には違いがある｡低所得世帯では､食料の値上がりが「食料が手に入るかどうか」という危機に直結し、飢えにつながる。高所得世帯では、価格が変動することで食生活が不健康になったり、肥満が増加したりする。

599

温暖化の経済への影響

気候変動が現在、予測されている通りに進むとすれば、世界全体の経済価値は今世紀の半ばまでに10％以上も下落しそうだ。パリ協定と2050年CO_2排出ネットゼロという目標が達成できなければ、経済面での重大な影響が広範囲に及ぶだろう。その結果、次のようなことが考えられる。

・人々の健康や生産性が損なわれる
・インフラや財産が損害を受ける
・農業、林業、水産業、観光業に影響が出る
・発電の信頼性が下がり、エネルギー需要が高まる
・水供給にストレスがかかる
・貿易やサプライチェーンが崩壊する

過去20年間の異常気象による犠牲者は50万人、経済損失は3兆5000億ドル（約450兆円）に上ると推定されている。経済学者を対象とする2017年の調査によれば、気候変動に起因する将来的な損害は「世界の年間GDPの2～10％もしくはそれを上回る」見込みだ。

その一方で、気候変動はビジネスチャンスや将来的な経済へのプラス効果ももたらす可能性がある。カーボン・ディスクロージャー・プロジェクト（CDP）の報告によれば、**「世界の大企業500社のうち225社は、気候変動が2兆1000万ドル（約270兆円）以上のビジネスチャンスを生み出すはずだと考えている」**という。プラス効果としては、次のようなことが考えられる。

・再生可能エネルギーや回復力（レジリエンス）のあるグリーンビルディング（環境配慮型の建築物）、エネルギー効率向上による解決策
・ハイブリッド車や電気自動車の製造、公共交通機関の電化
・グリーンインフラストラクチャー*の構築
・レジリエンスのある沿岸インフラストラクチャー
・炭素の回収と隔離、回収したCO_2の利用
・植物由来の食品の増大と農業の強化
・北極の海氷の溶解に伴う新たな海運会社の開業と貿易、石油やガスの採掘
・マラリアやデング熱などの病気による医薬品の需要増加
・世界中の紛争をきっかけとする民間警備会社や軍需産業の収益増加
・バイオテクノロジー企業による新たな高温耐性作物の開発
・異常気象発生によって求められる人工衛星の増加やレーダー技術開発

604

気温上昇に伴う経済損失（GDPの減少）

地域	+0～2.0℃ パリ協定の目標	+2.0℃	+2.6℃	+3.2℃ 厳しい状況
		――達成が見込まれる範囲――		
北米	-3.1%	-6.9%	-7.4%	-9.5%
南米	-4.1%	-10.8%	-13.0%	-17.0%
欧州	-2.8%	-7.7%	-8.0%	-10.5%
中東とアフリカ	-4.7%	-14.0%	-21.5%	-27.6%
アジア	-5.5%	-14.9%	-20.4%	-26.5%
オセアニア	-4.3%	-11.2%	-12.3%	-16.3%

＊自然環境に備わっている性質を取り入れて整備したインフラ。

CO_2が作物の栄養にもたらす影響

すべての植物は栄養素の含まれ方が固有に決まっており、含まれる元素の集合体を「イオノーム」と呼ぶ。植物は土から栄養素を取り込むが、炭素を多く含む糖やその他の炭水化物の生成は、大気中のCO_2濃度に依存している。

大気中のCO_2が増えると植物の中で作られる炭水化物や果糖（フルクトース）の量は増えるが、それと同時にイオノームにおける栄養素は少なくなる。これが原因で、植物に含まれる亜鉛や鉄などの微量栄養素が大きく減少する可能性がある。

作物のうち60%の種(しゅ)は、青酸配糖体*分子を生成して昆虫の攻撃を防いでいる。CO_2濃度が高くなればこれらの分子の生成も増え、やがてシアン化物に分解される。例えば、キャッサバは重要な作物の1つだが、その青酸配糖体濃度はすでに高まっているという。

何よりも深刻な問題は、米や小麦などの主食だろう。米や小麦は世界中で20億人を超える人たちが食している。その中に含まれる炭水化物が増えると、ビタミンなど他の栄養素が減る危険がある。中国、日本、オーストラリアで実施された研究から、CO_2濃度の高い環境で生育した米ではタンパク質、鉄、亜鉛が大幅に減少していることが明らかになった。

569

洪水の増加

世界中で洪水の発生数が大きく増えている。1998年以降に大規模な洪水が発生した国には、アンゴラ、オーストラリア、ブラジル、ベルギー、ベナン、カナダ、中国、コンゴ共和国、ドイツ、インド、インドネシア、イタリア、モザンビーク、ナミビア、ニュージーランド、フィリピン、ルワンダ、トルコ、米国などがある。

米国の沿岸地域の多くでは、高潮による洪水が50年前に比べて3〜9倍も多くなっている。海面上昇だけが原因ではないが、大災害の一部には関与している。

３種類の洪水

- **河川洪水**　降水量が多過ぎたり、上流で予想以上の雪解けが生じたりすると、水が川にあふれて堤防を越える。
- **沿岸部の洪水**　異常気象によって水が内陸部に入り込み、高潮によって沿岸部に浸水し、土壌に海水が混じる。
- **鉄砲水**　都市部か地方部かに関わりなく、短時間に激しい雨が降ると予期せぬ洪水が発生する。

洪水の発生原因

気温が高くなるほど大気中の水分量が増える。その結果、次のような理由で洪水が起こりやすくなる。

- 特定の地域で総降水量が増加する
- 短時間に集中的な降雨がある
- 雪解けのペースが速くなる
- 巨大化した暴風域が陸地に近づく

566

1880年から2020年にかけての海面上昇

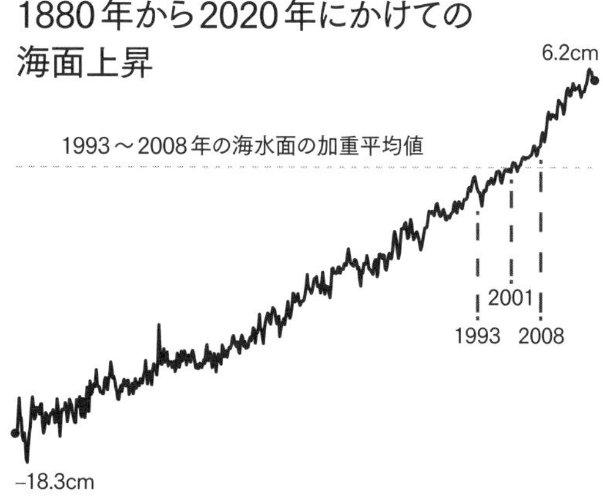

*配糖体とは、糖と糖以外の物質が結合した化合物。青酸配糖体は、酵素分解によって青酸ガス（シアン化水素）を排出する配糖体。

洪水による汚染とがれき

ノアの箱舟の時代から、人々は大洪水の記録を残し続けてきた。今ではテレビでその影響を目の当たりにするのにも慣れてしまった。だが、洪水は予期せぬがれきや汚染物質を運んでくることがある。例えば、

- 人間や動物の排泄物
- 家庭ごみや産業廃棄物、農薬などの化学物質
- 医療廃棄物
- クロム、水銀、ヒ素などの発がん性物質
- 破損した電線
- 金属やガラスなどの鋭利な破片
- 濁った水に潜んでいる小さなヘビやネズミ

洪水の中のがれき

洪水で運ばれるがれきには、家具、建築材料、自動車、樹木、岩石などがあり、地元の廃棄物処理場に多大な負荷をかけるとともに、ネズミや微生物を繁殖させる温床にもなっている。例えば、2021年7月にベルギー東部で発生した洪水では、9万トンものがれきが積み上げられて、8キロにわたって道路を封鎖した。

洪水と人間の健康

洪水は人間の健康にも影響を与える。

- 破傷風などの皮膚感染症
- コレラ、大腸菌、サルモネラ菌などへの感染による胃腸疾患、水が媒介する肝炎などの病気
- 蚊が媒介するマラリアなどの病気
- がれきを片付ける際のけが
- 清掃中のほこりやカビの吸い込み

野生動物や家畜にもたらす影響

洪水は野生動物や家畜にも影響をもたらす。

- 農場や牧場を破壊する
- 生息地を水没させて動物の命を奪う
- 陸上や海中の動植物を汚染された洪水の水にさらす
- 地域の生物多様性を低下させる
- 生態系に回復不能な損傷をもたらす
- 魚のすみかや代替地を破壊する

環境への影響

洪水で濁った水が流れ出ると、藻が異常繁殖し、水質が悪化する。人々は洪水で壊れた製品を捨てて新しい製品を買い、金属材料やプラスチック材料などの廃棄物によるカーボンフットプリントの増大に拍車をかける。洪水は間接的にも環境汚染に関与するのだ。

588

洪水の利点（人間が住んでいない場合に限る）

人の手が加わっていない環境ならば、洪水も自然の営みの1つであり、以下のような利点がある。

- 土砂を堆積させて大地に栄養素を供給し、土壌を豊かにする
- 地下水を補充する
- 土壌中の栄養素を水中生物の生息場所へ移動する
- 種の拡散に寄与する

晴天の洪水

米国南東部の大西洋岸と、メキシコ湾岸にある都市では、以前から「晴天の洪水」が見られる。潮流が平均海面より60センチほど高くなると、空に雲がない日でも街路が浸水し、雨水管があふれてしまうのだ。

アリゾナ州マリコパ郡では毎日およそ3億リットルの水をゴルフ場に使用している。

水ストレス

現在、23億人以上が、水ストレスを抱える国々で暮らしている。水ストレスとは、水の供給減と需要増が合わさって生じる不均衡状態のことだ。2050年までに世界の人口の半数以上（約50億人）が水ストレスを経験する、と推定されている。

水ストレスの程度はその地域での再生可能な自然水源に応じて決まり、求められる環境流量を評価して算出する。環境流量とは、例えば、上水道や農業用水や工業用水のことであり、どれも健全な生態系を維持するのになくてはならないものだ。

水需要の増加

世界でとりわけ水ストレスが深刻な17カ国のうち、12カ国が中東と北アフリカにある。ここには世界人口の4分の1が暮らしている。これらの国々での総取水量は、平均して毎年、利用可能な給水量の80%を超えている。

人口増加や気温上昇により、水の需要が世界中で高まり続けている。製造業における水需要も、2000年から2050年の間に倍増すると予測されている。

給水量の減少

給水量は次の原因によって減少する。

- **干ばつ**　大気が暖かくなるほど水が蒸発して土壌が乾燥、干ばつが頻発し、深刻化する。2000年以降、干ばつの発生回数は29%増えた。
- **雪塊の減少**　気温が高くなるほど降雪量が減り、降雨量が増える。すると積雪が減り、河川を流れる水は増えず、飲料水源も補充されない。1915年以降、米国西部の雪塊は21%減少した。米国のシエラネバダ山脈では、2100年までに雪塊の30〜64%ほどが減るだろうと推定されている。

汚染水

地球上で3人に1人が安全な飲料水を手に入れられない。汚染水の原因は次のようにさまざまだ。

- 激しい降雨によって地表面が流出し、湖沼や河川に汚染物質が流れ込む。汚染物質は人間や魚類や野生動物に害を与える。
- 肥料が流出して藻の繁殖が進む。すると水中の酸素濃度が低下するほか、藻の処理費用がかさんだり水が処理不能になったりする。
- 水温が上がるほど水に溶けている酸素の量が減り、水圏生態系の生存可能性が低下、水の有用性や魚類資源が減少する。
- 海面上昇によって帯水層（真水を生む岩石層）に塩水が混入し、水を利用可能にするための淡水化に費用とエネルギーがかかる。

降水量の変動

海洋温度が変わると、大気循環のパターンや気象パターン、降雨地域も変化する。降雨予報の不確実性の高まりと降雨激化が相まって洪水が起こりやすくなり、流出水による汚染の可能性が大きくなる。

587

水ストレスを抱えている国

各国を比較できるように、ストレス指標は小さい集水域のリスク評価を拡張して正規化した。

順位	国名	ストレス指標	順位	国名	ストレス指標
1	バーレーン	5.00	17	マケドニア	4.70
1	クウェート	5.00	18	アゼルバイジャン	4.69
1	カタール	5.00	19	モロッコ	4.68
1	サンマリノ	5.00	20	カザフスタン	4.66
1	シンガポール	5.00	21	イラク	4.66
1	アラブ首長国連邦	5.00	22	アルメニア	4.60
1	パレスチナ	5.00	23	パキスタン	4.48
8	イスラエル	5.00	24	チリ	4.45
9	サウジアラビア	4.99	25	シリア	4.44
10	オマーン	4.97	26	トルクメニスタン	4.30
11	レバノン	4.97	27	トルコ	4.27
12	キルギス	4.93	28	ギリシャ	4.23
13	イラン	4.91	29	ウズベキスタン	4.19
14	ヨルダン	4.86	30	アルジェリア	4.17
15	リビア	4.77	31	アフガニスタン	4.12
16	イエメン	4.74	32	スペイン	4.07

我々は土壌や土地、食料、樹木、水、鳥類のために戦っている。
命のために戦っているのだ。

—グレゴリオ・ミラバル（ベネズエラの先住民族のリーダー）

砂嵐

世界はますます暑くなり、乾燥化している。砂漠化や強風による災害の増加、熱波などと相まって、砂塵嵐（砂嵐）も徐々にありふれた事象となっている。

「シロッコ」や「ハブーブ」とも呼ばれる砂嵐は、予測不能で破壊的なものになり得る。砂嵐が発生すると、乾いた地面から舞い上がった砂やちり、がれきが壁のようになって移動し、その幅は数キロ、高さは数百メートルに及ぶこともある。

これまで砂嵐が特に多く見られたのは中東や北アフリカだ。今では米国でも発生数が増えており、1990年代以降に倍増した。

世界中で増えている砂嵐と気候変動とのつながりは、ますます強まっている。米国海洋大気庁（NOAA）は、気候変動に起因する海洋温度の上昇を、米国南西部における砂嵐の増加に関連付けた。太平洋の海水温が上昇すると、その地域で風量が増し、土壌を乾燥させる速度を速める。

嵐が去ると数時間から数日間は空気中にちりが漂い、他の地域に運ばれていく可能性がある。このちりも人間の健康に悪影響を及ぼす。例えば、土壌中の菌類に起因する「渓谷熱」が発生しやすくなり、その結果、呼吸困難を訴えて病院の集中治療室に運ばれる患者が増えている。

世界の国々の77%は砂嵐の直接的な影響を受けている。そして、23%の国が砂嵐の発生源と考えられている。これらの国は、砂嵐を発生させるほど乾燥がひどいということだ。

075

> 今後2年間に起きる変化を
> 過大評価し、
> 今後10年間に起きる変化を
> 過小評価するのは
> 人類の常だ。
> 行動を起こさなくてよいと
> 安心していては
> いけない。
>
> —ビル・ゲイツ（米国の実業家、慈善活動家、作家）

乾いた芝生

米国の世帯では平均して毎日1450リットルの水を使う。米国南西部のような乾燥しきった地域では、水使用量の60%を芝生にまいている。水の使用量は全米で1日340億リットルに上る。これはオリンピック規格の水泳プール（容量250万リットル）1万3600面分に相当する。

高温の干ばつ

干ばつと熱波は互いを増幅させることがある。熱波がカスケード効果を生み、深刻な干ばつを引き起こすのだ。その逆もたびたび生じる。

干ばつと熱波が合わさって生じる影響

- 植物、人間、動物にとっての水不足
- 農業生産への大打撃やそれに伴う食料不足
- 大気汚染の拡大
- 森林火災の頻発、激化、拡大

長期間にわたって降水量が不足し続けると、干ばつが発生する。干ばつの影響は熱波によって強まる。熱波とは、その地域の通常の気温をはるかに超える暑さが数日から数週間続くことだ。干ばつと熱波が結び付いて「高温の干ばつ」になると、それぞれの異常気象が単独で発生するよりも被害が深刻化する。

干ばつで土壌の水分量が減り、蒸発量も減る。すると地面を冷やす効果が低下するので、熱波の影響が増す。熱波で水の需要が増え、干ばつの影響はさらに顕著になる。

気候変動によって、高温の干ばつはありふれた現象になってきた。現在の干ばつは、170年前の同様の干ばつのときよりも4℃ほど気温が高い。

高温の干ばつは米国南西部とカナダの一部、欧州、北アフリカなど世界中で発生している。

076

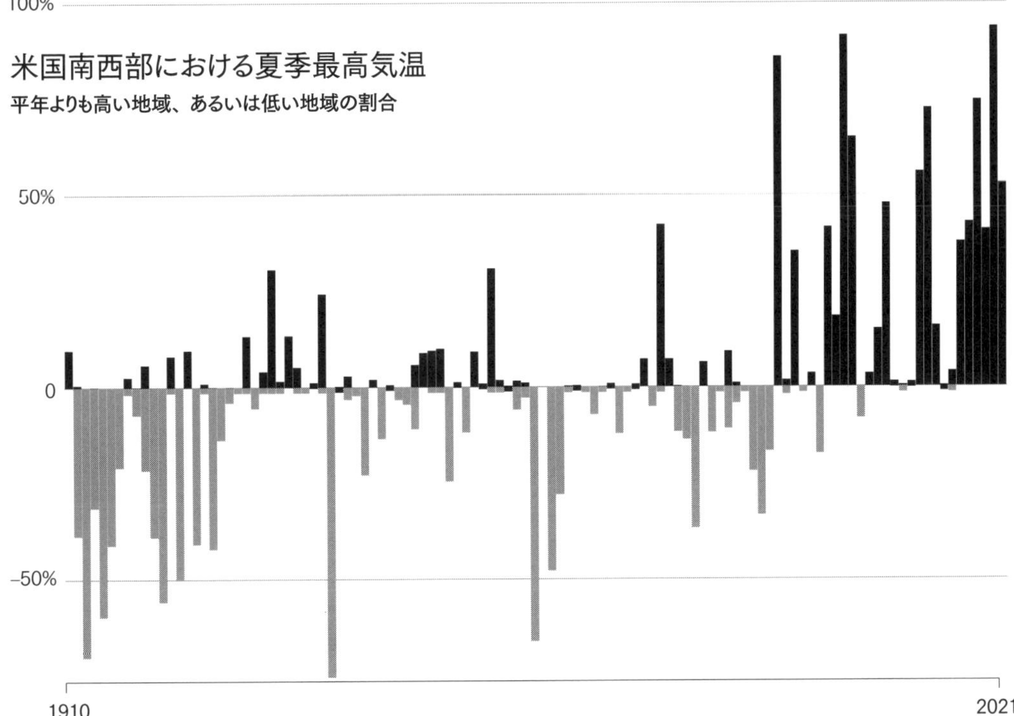

砂漠化

砂漠化とは、それまで生育していた植物が育たなくなり、豊かな土地が不毛の土地になる現象だ。この変化は不可逆だと考えられている。

土壌の乾燥が進むにつれて熱波は強くなり、土壌はさらに乾燥する。地面を覆う草木がどんどん少なくなると、大気中に放出される二酸化炭素の量が増え、地球温暖化へとつながっていく。

> 多くの場合はカスケード効果が生じる。
> したがって歴史的に豊かだった土地が
> ひたすら砂漠化への道を歩み始める。

砂漠化が進むと生物多様性も失われる。野生の動植物は生態系の激しい変化に素早く対応できず、外来種の侵入を許してしまう。

土壌が乾燥するということは、砂嵐の発生回数も増える。その影響は、人間の健康、屋外の水源、交通機関、エネルギー関連のインフラを脅かす。砂嵐によって雨はいっそう降りにくくなり、地域の乾燥化はさらに進行する。

干ばつと熱波が重なると、森林火災が発生しやすくなる。乾燥して暖かいほど火の回りが速く、燃え方も激しくなる。土壌が劣化していると、保持している水分や栄養素が減っているため、火の拡大を食い止められない。

砂漠化は世界中で起こっており、5億人が影響を受けている。現在、その影響は米国南西部や北アフリカ、中国北部、ロシア、南米のブラジル北東部にまで及ぶ。ブラジル北東部は世界で最も人口の多い乾燥地帯の1つであるが、砂漠化の進行によって、この地域に暮らす5300万人が危険にさらされている。

地球上の乾燥地帯（乾燥地域、半乾燥地域、乾燥半湿潤地域）に住む人の数は、2050年までに43%増えて40億人になると予測されている。2100年までには、乾燥地帯は地球上の陸地の50%以上を占めるようになるだろう。オーストラリアや北アフリカ、米国西部、南米北東部では、2100年までに人間が住めない地域も出てくる。

066

> 理解してくれる人や
> 悲しんでくれる人との親交は
> 本当に慰められるものだ。
>
> —マーガレット・クライン・サラモン博士
> （米国の気候活動家）

湿地や沼地の減少

沿岸の湿地には、沿岸近辺に暮らす世界で24億人の生活を支える大切な自然環境がある。海面が上昇すると、これらの湿地に海が侵入する。

湿地とは何か？

湿地の中でも塩性沼沢、藻場、マングローブなどは、極めて炭素の豊富な生態系を有している。ちなみに、米国海洋大気庁では湿地を次の5種類に大別している。

- 海
- 河口
- 川
- 湖
- 沼

湿地はなぜ重要なのか？

- 湿地は、世界各地で利用される真水のほぼすべての源である。
- 不純物をろ過して除外し、海洋に水を送り出す。
- 天然のスポンジの役割を果たし、洪水の水を吸収し、人間、財産、インフラ、農業への被害を防ぐ。
- 泥炭地*は森林の2倍もの炭素を蓄えられる。
- 米国における絶滅危惧種の3分の1以上が湿地に生息しており、他にも多くの種が拠り所としている。

*湿原の植物が枯死して部分的に分解の進んだ泥炭の堆積した場所。

湿地と沼地が「溺れかけて」いる

沿岸の湿地は海面上昇を受けて沈みつつある。1900年以降に失われた湿地は全体の64%にまで迫っており、35%は1970～2015年に消えている。カリフォルニア州南部ではすでに塩性湿地の4分の3がなくなっており、2100年までにはカリフォルニア州とオレゴン州からすべての塩性湿地が姿を消すだろう。

湿地がなくなったらどうなるのか？

- 沿岸地域では暴風雨による被害が大きくなる
- 高潮によって低地の市街地が浸水する「晴天の洪水」が頻発する。
- 水質が低下し、供給量が減少する
- 炭素が放出されて大気中の温室効果ガスが増加の一途をたどる
- 湿地を生息域とする動物が絶滅する

世界の湿地の13～18%がラムサール条約登録湿地（国際的に重要な湿地のリスト）に記載され、保護地域となっている。

080

2021年、欧州で初めて電気自動車の販売数がディーゼル車の販売数を上回った。

異常豪雨

世界中で豪雨が頻繁に観測され、降雨日数も増えている。1日の降水量が50ミリを超える暴風雨は、20世紀の間に米国で20%増加し、同じような傾向が地球上の至るところで見られる。

豪雨のもたらすもの

貯水池や排水路、街路を設計する際、技術者は過去のデータをもとに、その地域で最大の降雨量にも耐えられるよう考慮している。そのため、かつてないほどの激しい豪雨に見舞われれば、地域のインフラは壊滅状態になるだろう。

何世紀も前に干上がった太古の湖底の上に築かれた街は、異常な降雨に見舞われると、建築物もインフラもたちまち水に浸かって沈んでしまう。

容赦のない豪雨が常態化しつつある

- 2015年12月、インドのチェンナイで24時間に494ミリという降水量が記録された。通常の雨季1カ月分を超える量の雨が1日で降ったのだ。
- 2021年7月、中国河南省を異常豪雨が襲う。鉄砲水が発生して302人が犠牲となり、被害総額は177億ドル（約2兆3000億円）に上った。5日間の総降水量は720ミリに達し、現地の1年間の平均降水量を上回った。
- ドイツ西部とベルギー東部も、2021年7月に異常な豪雨に見舞われた。すでに水分をたっぷり吸い込んでいた地面は洪水や土砂災害を起こし、200人以上の命を奪った。

574

世界の年間降水量の増加（単位：インチ、1インチ＝25.4ミリ）

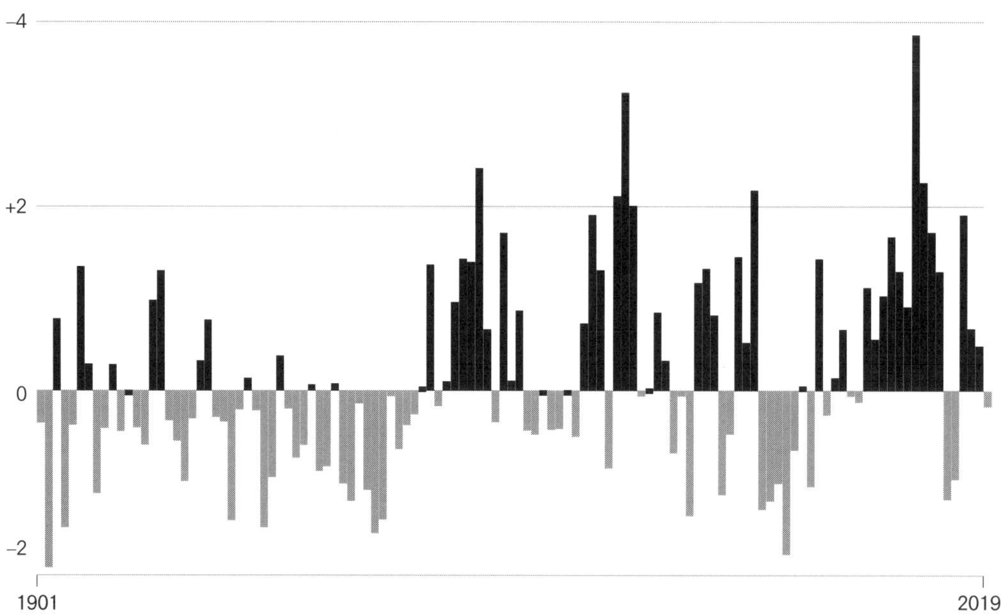

森林火災

> 6月30日、私の居場所は文字通り、煙のように消えた。私たちはずっとここで暮らしている、と私は祖母から聞かされていた。祖母はまた、彼女の祖母からそう聞かされていた。でも私は、生態系が変わるのを目の当たりにしている。水が減っているのも、樹木が干ばつや高温の不安に耐えているのも見てきた。天候についてこれ以上語ることなんてできない。
>
> **パトリック・ミッシェル**（先住民族団体カナカ・バー・インディアン・バンド代表。カナダのリットン在住。2021年に太平洋岸北西部を襲った記録的熱波により森林火災が発生し、リットンは1日で焼失した）

ブリティッシュコロンビア州のミッシェルの家を灰にしてしまった猛烈な火事も、今では珍しいものではなくなりつつある。世界的に気温が上昇することで、乾燥、高温、強風の条件がそろいやすくなり、手に負えない山火事や森林火災が発生して、気候変動はさらに加速する。こうした火災は、地球上で最も効果的な炭素吸収源である森林、泥炭地、草原などを燃やし、巨大な排出源へと変えてしまう。

2020年にカリフォルニア州で発生した森林火災の場合、排出されたCO_2は9100万トンを上回った。これは同州の発電部門の年間CO_2排出量の平均値より3000万トンも多い。同時期にオーストラリアやアマゾンやシベリアで広がった火災で排出された量は1ギガトンを超えた。

こうしたサイクルが勢いを増し、「メガファイア」と呼ばれる壊滅的な森林火災につながることもある。メガファイアの特徴は次のようなものだ。

- 炎が60メートルほどの高さにまで達する
- 火災雲、乾雷、火災旋風などの独特な気象現象が発生する
- 町全体が焼け落ちる
- 地域経済が崩壊する
- その地域の植物や動物の生物多様性が低下する
- 全方位数十万キロにわたって大気を汚染する

世界中の排出量を大きく減らさなければ、森林火災の発生条件が整う「火災危険度の高い日」が、今世紀半ばまでに世界で35%増えるかもしれない。とりわけ被害を受けやすいのは、アフリカ南部、オーストラリア南東部、地中海沿岸部、米国西部だ。

583

生物多様性とは何か

目に見えなくても、微小な生物は重要だ。

地球上の全生物の約25%が土壌の中にいる。カップ1杯分の土壌にすむ微生物の数は、地球上にいる人間の数と同じくらいだ。そして人間の体には、通常38兆個の細菌がいる。

生物多様性とは、地球に生息するあらゆる形態の生物の多様性を指す。写真や動物園でよく目にする「かわいらしい」哺乳類だけではなく、すべての生物だ。例えば、次のようなものを含む。

・動物
・植物
・細菌
・ウイルス
・菌類

生物多様性が失われる影響

地球上の生物は数十億年かけて進化し、多くは他の種と相互に依存して、生態系を構成するようになった。

生物多様性が低下すると、生態系内の精妙な釣り合いが崩れる。まるでドミノ倒しのように、1つの種の絶滅が別の種の個体数の減少を招きかねないのだ。2009年以降、サンゴ礁の14%が姿を消し、海の生物多様性が急激に弱体化した。

生物多様性が低下すると、
生態系内の精妙な釣り合いが崩れる。

生物多様性の低下は、人類に対してもいっそう直接的に危険をもたらす。例えば…

・きれいな水が手に入りにくくなる
・魚類の個体数が減少して食料不足になる
・森林がもたらす酸素や薬草や食料などの資源が減る
・天然資源やエコツーリズムに頼っている地域社会では生計手段が失われる
・受粉を担う昆虫などの生物が減少して結実しにくくなり、作物の多様性や安全性が損なわれる

生物多様性の喪失と気候変動

気候変動の影響に適応するため、生物の種は生息地を移したり、ライフサイクルを変えたり、新たな身体的特徴を獲得したりせざるを得なくなる。適応できなければ種は絶滅する。絶滅危惧種の約20%が気候変動によって危険にさらされている。

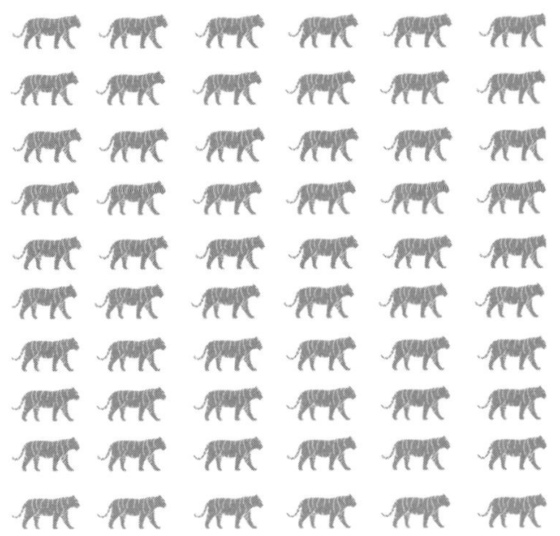

このトラの絵は、1つで野生のトラ60頭を表している。野生の大人のトラはわずか3200〜3600頭しか残っていない。

気候変動はどのように生物多様性を喪失させるか

海洋の温暖化と酸性化

サンゴは気温上昇に弱い。海洋が酸性化すると、上層にすむ甲殻類やサンゴは、甲羅や硬いサンゴ骨格を作りにくくなる可能性がある。

地球の気温上昇

気温上昇によって生態系にすむ種が変わると、長い時間をかけてその生態系は変容する。1990年代以降の蒸発量の増加に伴って、植生地の59%が顕著に褐色化し、成長速度が低下したことが明らかになっている。

天候の悪化

火災や暴風雨の頻度や強度が増したり、干ばつが長期化したりすると、生物多様性も影響を受ける。オーストラリアで2019〜20年に生じた森林火災では、気候変動の影響で火の勢いが増し、森林と周囲の動植物生息地が9万7000平方キロほど消滅した。結果として、この地域の絶滅危惧種の数は火災前より14%増加した。

他の気候変動の要因も、生物多様性の喪失を促進する

- 農業への土地利用の転換が、世界的な生物多様性喪失の70%の原因だ。

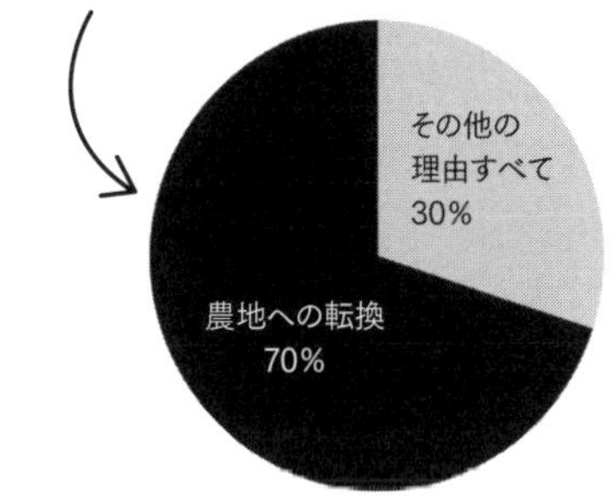

- 単一栽培を行ったり、農薬を使用したりすると、作物や（花粉媒介者も含めた）昆虫の多様性が損なわれ、絶滅につながる。
- 森林を伐採したために、木にすむ動物種が居場所を失い、移動もできず、結果的に絶滅を迎えれば、生物多様性の喪失に直結する可能性がある。
- 都市化や道路建設を行うと、生息場所の消失や断片化が主な原因となって生物多様性が失われる。保護地域周辺に位置する市街地の面積の合計は、2000年時点で世界全体で45万平方キロ、2000年から2030年までの間にはそれが3倍以上に増加すると予測されている。
- 砂漠が拡大すると生物多様性が失われ、生物多様性が失われると砂漠が拡大する。

 074

森林への影響

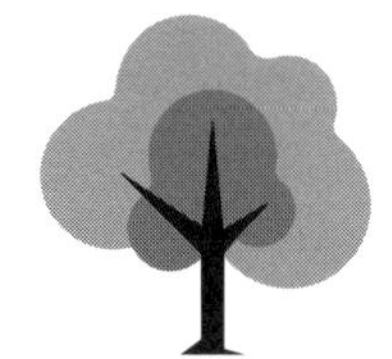

1本の木には**230万**もの
生物がすんでいる……

地表の3分の1近くを占める森林は、野生の動植物や人間に次のような幅広い恩恵をもたらしている。

- 水と空気を浄化する
- 木や土壌に炭素を蓄えることで気候を調整する
- 隠れ場所や身を守るすみかとなる
- 薬効成分を提供する
- 生物多様性を守る
- 森林内や周辺に住む人々の生計手段となる
- 材木や紙などの製品になる
- 心の健康を支える場所となる
- 将来世代に向けて木の種（たね）を提供する

1本の木には、230万もの生物がすんでいる。微生物、昆虫、鳥類、哺乳類などがそれである。世界人口の約20%（16億人）が森林の恵みで生計を立てており、一方で、世界の陸地における生物多様性の80%は森林で見られる。

人間や自然に起因する気候変動のせいで地球が温暖化し、枯れる木が増えている。異常な熱波によって干ばつが長引くのも珍しくなく、その激しさも増している。結果として森林は害虫や病気の影響を受けやすくなり、死んでいく木が増えるのだ。

高温乾燥状態で枯れ木が増えると、森林は火災に対してますます脆弱になり、制御が難しくなる。森林の地下深くの土壌にまで火が達すると、土壌中の種まで死んでしまう場合が多く、森林への打撃が長期化する。

森林火災が起きると、二酸化炭素の吸収源が排出源に姿を変え、気候変動の問題が深刻化する。2010年から2020年までの間に、カリフォルニア州だけで1億6200万本以上の木が姿を消した。気候変動に関連するストレスが主たる原因だ。

077

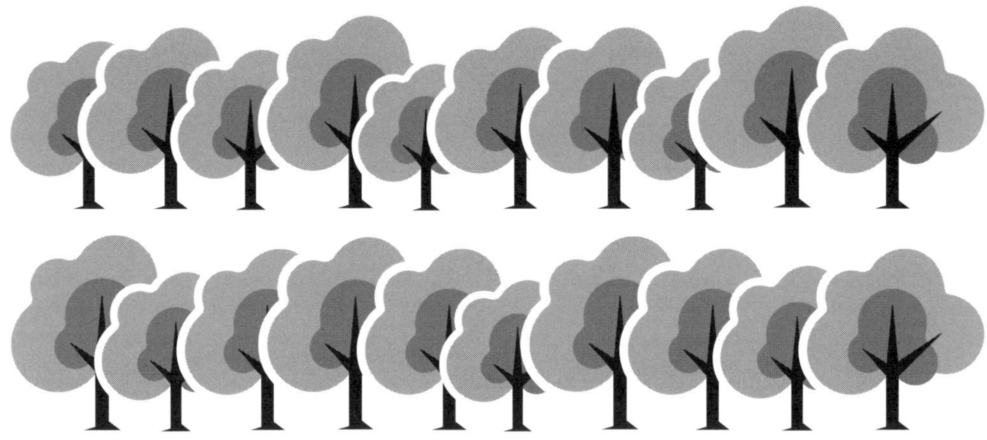

……世界の人口の20%（**16億人**）ほどが森林に支えられている。

地表オゾン

北半球の地表オゾンは、10年間で毎年5%ずつ増加してきた。

オゾンとは3つの酸素原子でできている気体分子だ。自然に発生するが、人間活動に由来する場合もある。オゾンは大気圏の中で2つの層に存在する。

- **成層圏オゾン**は大気上層で自然に発生するもので、生物にとって欠かせない。このオゾンは、太陽光に含まれる有害な紫外線の一部から人間を守る保護層となる。
- **対流圏（地表）オゾン**は人間活動に由来するもので、有害な大気汚染物質であり、スモッグに含まれる代表的な成分だ。

地表オゾンは、汚染された空気に太陽光が作用して発生する。窒素酸化物が揮発性有機化合物と結び付くときに地表オゾンができる。これは自動車、産業用発電所、製油所、化学工場からの排出物によって生成される。

暖かい季節に濃度が高くなる傾向があるが、冬でも高濃度を保ったままのこともある。オゾンは空気中に存在しているので、風に乗って遠くまで運ばれる。結果として農村地帯であっても高いオゾン濃度の影響を受けやすい。

地表オゾン濃度が70ppb（10億分率）を超えると、人間の健康を害しかねない。特にぜんそくなどの呼吸器疾患を持つ人は、悪影響を受ける危険性が高い。

オゾンにさらされやすくなると、繊細な植物にも悪影響が及ぶ可能性がある。オゾンは植物が二酸化炭素を取り込む際に葉の開口部から入り込み、組織を酸化させて植物を損傷させるのだ。

570

オゾンの増加が光合成を妨げる

食物連鎖の起点となる光合成は、地球上の生命にとって不可欠のものである。人間や動物は、光合成の際に植物が放出する酸素を吸って生きているからだ。

ところが大気汚染が植物を損傷させ、光合成の速度が落ちている。工場や自動車の排気ガス、気化したガソリン、化学溶剤が汚染の原因だ。汚染物質は窒素酸化物（NOxと表記される）や揮発性有機化合物（VOCs）という形態を取る。

NOxやVOCsは太陽光を受けて化学反応を起こし、地表オゾンが発生する。

NOx + VOCs + **太陽光** → **地表オゾン**

多くの植物が地表オゾンを吸収する。オゾンが植物の組織に取り込まれると、光合成のプロセスが鈍化し、成長が阻害される。そうすると、病気や昆虫や厳しい天気の日による被害をさらに受けやすくなる。

光合成が活発でなくなるということは、二酸化炭素から作り出される酸素の量が減るということでもある。これは人間の呼吸に関わる問題だ。

大気汚染が進み、光合成が鈍化するとどうなるかは簡単に想像できる。動物界で消費できる植物由来の物質が少なくなり、二酸化炭素から酸素への変換量が減るだろう。そして、大気汚染が進んで温室効果ガスが増えるという悪循環を繰り返す。

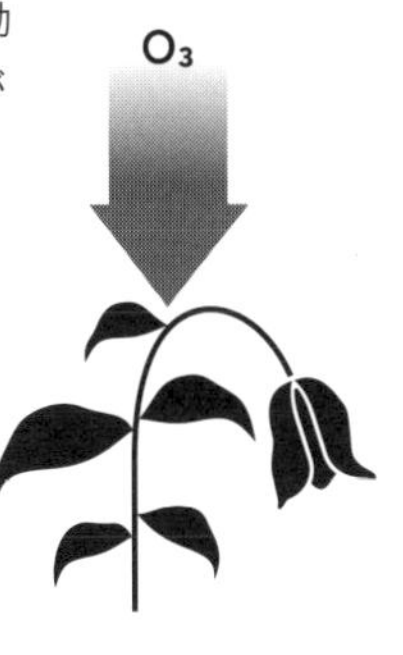

こうしたことから、地表オゾンが植物にもたらす影響は、他の大気汚染物質をすべて合わせた場合よりもさらに深刻だと言われている。

364

泥炭地への影響

湿地の一種である泥炭地は、地上で最も大きな天然の炭素貯蔵庫である。国連環境計画の調査によれば、世界中の泥炭地が蓄えている二酸化炭素の量は、世界中の森林に蓄えられている量の2倍を超えている。

この湿地は地球の陸地表面の3%を占め、毎年3億トンを上回る二酸化炭素を吸収して貯蔵している。この量は、地球上の他の形態の植生をすべて合わせた量を上回る。世界規模で考えれば、泥炭地は550ギガトン以上の炭素（土壌炭素の42%）を、300万平方キロを超える広さに蓄えていることになる。

泥炭地はほとんどの国に存在するが、最大級のものはロシア、カナダ、インドネシア、そしてアラスカ州に広がっている。ただし、地球上の泥炭地が調べ尽くされているわけではない。

泥炭地が発達するのは、常に水に浸かっている状態で植生が広がりにくいときだ。「泥炭」は枯れた植物が積み重なった土壌であり、何千年もかかって形成され、数メートルの厚さになることもある。赤道から遠く離れた場所にできる泥炭地は、通常は樹木のない見晴らしの良い湿原となり、赤道近くにできる泥炭地は熱帯林の下の沼沢地となる。

泥炭地が破壊されると、貯蔵していた炭素を排出する。その量は、世界中で人間が排出するCO_2の5%に当たる。永久凍土となっている最北の泥炭地が溶け出すと、最大で、人間が排出するCO_2をすべて合わせた量の4倍ものCO_2を放出する可能性がある。さらに、赤道に近いインドネシアでは、泥炭火災で1日に1600万トンほどのCO_2が放出された。これは、米国全体の1日の排出量よりも多い。

気温上昇や干ばつが原因で、さらに大きな被害が出るかもしれない。泥炭地が干上がると、年間1.9ギガトンのCO_2が放出されることになる。

084

世界の泥炭地の分布

世界の泥炭地の81.9%は4カ国に集中している

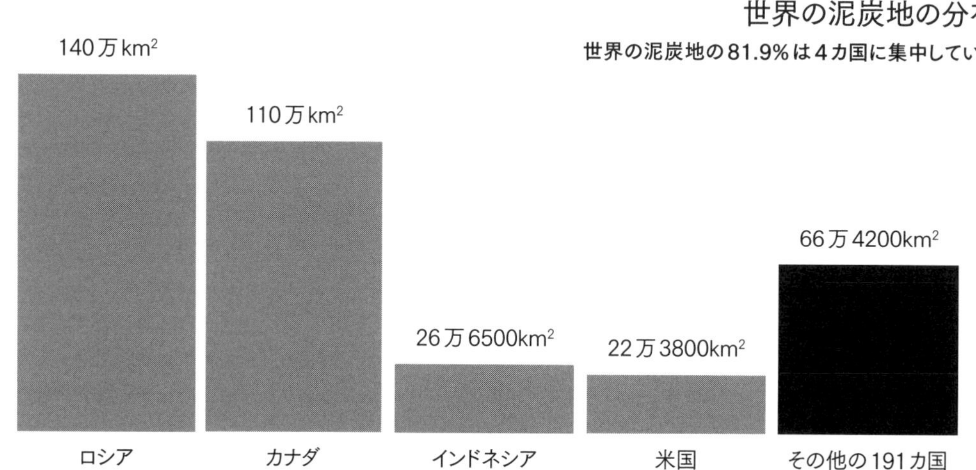

いつなのか、ではない。
今が肝心だ。
誰なのか、ではない。
私たちが鍵を握っている。
いくらかかるのか、ではない。
事態は今まさに
逼迫しているのだ。

―パトリック・オディエ
（スイスのロンバー・オディエ銀行
取締役会会長）

炭素と海洋

海は呼吸している。目には見えないものの、海洋の表面は大気と相互に作用して、CO_2を吸ったり吐いたりしているのだ。

人間の活動から排出される二酸化炭素のおよそ4分の1は海洋に吸収される。長きにわたって海洋は緩衝材としての役割を果たしてきた。空気中の炭素濃度が高ければ吸収し、低ければ放出する。産業革命以前の記録では、流量は実質わずかにプラスの値であり、海洋から大気へ放出されるCO_2のほうが多いことを示していた。しかし、今日の海洋ではそうなっていない。

海は呼吸している

海洋と大気は常に交換し合っており、海洋は、人間の活動によって大気中に送り込まれる二酸化炭素の一部も常に吸収している。このプロセスは今後も続く。だが、やがて気温上昇の影響で海洋水の循環速度が遅くなり、炭素吸収力は低下するだろう。

海洋水は循環している。暖かい水は上昇し、冷やされて下降するのだ。海面にある水は二酸化炭素を吸収し、それから海底へと沈んでいき、まだ海面に出ていない水の流れと入れ替わる。ところが、気温が上昇すると、この循環に変化が生じる。

まず、海面近くの水が吸収できるCO_2の量が減る。大気中のCO_2が増えると、従来なら海洋が吸収するCO_2が増えるはずだが、水温上昇によって吸収力は低下する。

次に、海面温度が上昇すると、風や水流の力が働いても、海水は次第に混ざりにくくなる。つまり、階層ができるのだ。結果として、炭酸塩が豊富な下層の水はそのまま下層にとどまる。水が混ざらず、上層から下層へと循環しなければ、炭酸塩の蓄積量は増加する。

深い場所から湧き上がる水には、海底の石灰岩や海洋生物の死骸に由来する炭酸塩がたいてい豊富に含まれている。従来なら、こうした炭酸塩が水流に乗って海面へと運ばれ、海洋が吸収できる炭素の量も増えるとともに、海洋生物が進化を遂げて生き延び得る環境が生まれた。しかし、温度がどんどん上昇すれば、海洋水の階層化は進み、炭素を吸収するのがますます難しくなるだろう。

循環速度が低下すると、海面の水がCO_2を吸収する働きが鈍化、あるいは停止するかもしれない。飽和濃度が最大になると、大気中にとどまるCO_2が増え、その結果として気温上昇が加速し、地球はさらに温暖化することになる。

676

1ビットコインを採掘（マイニング）するには191トンの炭素を放出する必要がある。これは同じ価値の金を採掘する場合の約13倍だ

サンゴ礁の白化と消失

サンゴ礁が存在するのは海底全体の1%に満たないが、そのサンゴ礁が海洋生物の多様性の25%以上を支えている。ところが、その生態系が世界的な気候変動の脅威にさらされている。

サンゴ礁は5億年前、あるいはそれより前に初めて地球上に現れ、今日では世界中の5億以上の人たちを直接的に支えている。その大多数は発展途上国に暮らす人たちだ。

魚類や軟体動物、甲殻類といった海洋生物のうち、数千の種がサンゴ礁をすみかとしている。サンゴ礁には年間2兆7000億ドル（約350兆円）もの価値があるとされるが、サンゴ礁に依存する水産業が受けている恩恵は、そのごく一部にすぎない。

> サンゴ礁が存在するのは海底全体の1%に満たないが、そのサンゴ礁が海洋生物の多様性の25%以上を支えている。

人間に起因する気候変動は、海水温度の上昇や海洋の酸性化、そして暴風雨の頻発や激化を招く。これらの影響はどれもサンゴ礁に脅威をもたらす。

大気中の過剰な二酸化炭素の3分の1は世界中の海洋に吸収され、全体のpH値を下げたり石灰化を阻害したりする。海水温度が上昇すれば、それが原因となってサンゴが大量に白化し、サンゴ礁内で感染症が広まる。

温度が上昇するとサンゴポリプはストレスを受け、ポリプの組織にすみついている「褐虫藻」という藻類を失う。褐虫藻はサンゴに色を着けるとともに、餌にもなる。その褐虫藻がいなくなると、サンゴは色が抜けて「白化」する。白化してもサンゴは死なないが、ストレスが高まる。病気になったり嵐によって壊れたりしやすくなり、死に至りやすくなる。

乱獲や海洋汚染、陸地からの汚染、沿岸部の開発によって、世界のサンゴ礁はすでにストレスを受けている。人間に起因する気候変動がこれに加わり、海水の温度が上昇し、酸性化が進んだせいで、世界中のサンゴ礁は壊滅への道をたどっているのだ。サンゴ礁で生きる海洋生物の多様性を支えてきた造礁サンゴの3分の1は、今や絶滅の危機にある。

592

> サンゴ礁を守れば、
> 海の生態系を守れる
>
> —林家興（台湾の海洋生物学者）

化石燃料からの脱却

世界脱化石燃料ダイベストメント宣言データベースによれば、約1500の金融機関（総資産額は39兆2000億ドル＝約5000兆円）が化石燃料からの撤退を公式に宣言している。

海岸浸食

海岸線は常に変化している。海洋と陸地の相互作用によって海岸がある程度浸食されるのは、自然の摂理である。

最後の氷河時代が終わってから海面は120メートル上昇し、現在の海岸線になった。気候変動を受けて海面上昇が加速すると、世界中の海岸線にもたらす影響も大きくなる。ハリケーンや暴風域の勢力が強まると激しい高潮が押し寄せ、沿岸地域を浸水させて形を変えてしまう。海岸浸食はすでに、生物多様性に影響をもたらしている。

世界の氷結しない海岸線の31%を占めているのは砂浜だ。砂浜は特に海岸線後退の危機にさらされており、その多くで年に50センチの浸食が進んでいる。浸食が年間5メートルを超える砂浜は4%、10メートルを超える砂浜も2%ある。世界で最も脆弱な砂浜の半数は、気候変動の影響で今世紀末までに消失するだろう。海岸浸食が進めば、内陸地域への浸水頻度も高まる。

高潮が頻発すると沿岸の地域社会にも影響が出るため、内陸部への移住を選ばざるを得なくなるはずだ。地域社会が裕福であれば、状況に適応し、回復力のある計画を立て、浸水緩和技術を導入できるかもしれない。だが、最も深刻な影響を受けるのは、沿岸地域で生計を立てている人たちだ。現在、海抜高度10メートルに満たない場所に6億人が暮らしており、海岸線から100キロ以内の場所に世界人口の40%が住んでいる。

世界で最も脆弱な砂浜の半数は、
気候変動の影響で
今世紀末までに消失するだろう。

078

> 海は気候変動による最悪の影響から私たちを守ってきた。
> 産業革命が始まって以来、人類が放出してきた
> 余分な熱の90%以上を吸収することによって。
> そして、世界の輸送から毎年放出されているのと
> ほぼ同量の炭素を吸収することによって。
>
> —ピーター・デ・メノカル(ウッズホール海洋研究所〈WHOI〉総裁兼所長)

永久凍土が溶け出す

北極圏近くの凍った土地を永久凍土という。地面の温度が2年以上0℃を下回っていると、永久凍土ができる。北半球の陸地の約15%は凍った土の塊だ。永久凍土は、ロシア、カナダ、アラスカ州、アイスランド、ヒマラヤ山脈、スカンジナビアに見られる。

永久凍土の中には、植物や動物が、死んで分解が始まり、やがて腐敗してしまうまでのさまざまな状態で、大量に閉じ込められている。これらの凍った物体の中には、窒素や炭素、二酸化炭素、メタンが含まれている。

永久凍土には約1500ギガトンの炭素が含まれている。この量は、産業革命以降に人類が放出した炭素の総量の4倍に相当する。

気候変動によって地球の気温が上昇すると、永久凍土が溶ける。すると、暖かくなった土壌の中で微生物が活動するようになり、炭素を取り込んで、CO_2とメタンを排出し始める。土壌の中で凍りついていたCO_2やメタンの気泡も、土壌が軟らかくなると外に出てくる。

北極地方は、地球全体の平均よりも2〜3倍速く温暖化しており、すでに産業革命以前の気温より2℃高い。この急激な気温上昇は、2050年までに2倍になると予測されている。

異常高温に関連する森林火災は、増加と激化の一途をたどっている。永久凍土が溶けて温室効果ガスを排出し、北極圏が温暖化するというサイクルは、森林火災の発生を受けてさらに勢いを増す。火災が起きると炭素の豊富な地面は焼き尽くされ、CO_2がさらに大量に放出されるからだ。

永久凍土が溶けると、長い間閉じ込められていた温室効果ガスが放出され、世界的な気候変動が強まり、地球全体の気候系に影響が及ぶ。

486

極地の温暖化は速い
北極地方は地球全体の平均よりも2〜3倍速く温暖化している。

永久凍土には約1500ギガトンの炭素が含まれている。この量は、産業革命以降に人類が放出した炭素の総量の4倍に相当する。

氷河の縮小

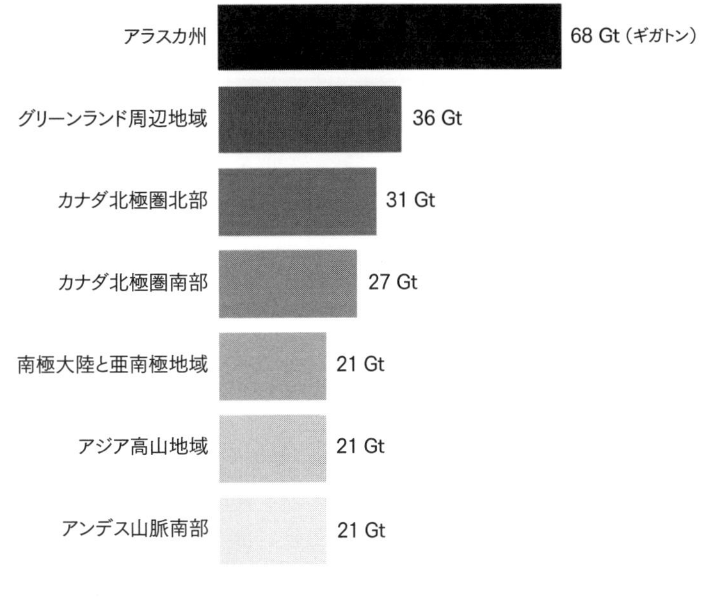

世界に22万ある氷河のうち大多数が縮小、あるいは消失しかけている。過去20年間における世界の海面上昇の少なくとも21%は、氷河が溶けたのが原因だ。

氷河は陸地の10%を覆っているにすぎないが、地球にある真水の70%を保持している。2000年から2019年までの間に、世界の氷河では毎年およそ2670億トンの氷が失われた。こうして氷河から溶け出した水のほとんどは、最終的に海に流れ込む。

世界の氷河から溶け出した水の83%は、7つの氷河地帯が占めている。4分の1はアラスカ州からのものだ。そこには氷河が密集しており、急激な温暖化と降雪量の減少に見舞われている。

氷河の氷は何千年も前に作られた。今ある氷河は、かつては各大陸を部分的に覆っていて、最後の氷河時代のあともそのまま残されたものだ。現在、その多くは北極地方や高い山の頂上付近にある。

氷河は、数千年も前から凍りついている氷の上に新しく降る雪を積み重ねて、毎年大きくなる。寒い気象条件で起こるこのプロセスが、暖かい気象条件で溶け出す氷河の減少分を埋め合わせるのだ。しかし降雪量が減り、気温が上昇すると、氷河の量的バランスが崩れる。

米国西部、南米、インド、中国では、夏に氷河から流出する水が、数億の人間や流域の生態系への1年分の給水となる。氷河が縮小したり消失したりすると、この地域に住む人々や生物は危険にさらされる。

> 氷河は、数千年も前から凍りついている氷の上に新しく降る雪を積み重ねて、毎年大きくなる。

何千年もの間、太陽放射の90%はきらきらした雪や氷に当たって、宇宙空間に跳ね返されてきた。ところが雪や氷が溶けるにつれ、増水した海洋や暗い色をしたむき出しの地面が太陽放射をどんどん吸収し、大気中に熱を放出している。その結果、気温が上昇するのだ。このサイクルが繰り返され、溶け出す氷はますます増える。

1910年に米国のグレイシャー国立公園ができたときには150の氷河があった。現在では30にも満たない氷河が残っているだけで、その多くが3分の2以下の大きさにまで縮小してしまった。公園内の氷河は2050年までに、すべてではないにしてもほとんどが消失すると見られている。

1912年以来、キリマンジャロでは雪の80%がなくなった。ヒマラヤ山脈の東部と中央部では、2035年までに氷河のほとんどが消え去るだろう。

593

北極の海氷の溶解

北極の海氷には、極地域の寒さを保つことで地球の気候を穏やかにする働きがある。海氷のきらきらした表面は、太陽光の80%を宇宙へと跳ね返す防護壁の役目を果たしているのだ。ところが、北極の海氷は目下、10年間に13%の割合で減少しつつある。

この防護壁がなくなり、海水の蒸発が進めば、水蒸気が雨や湿気、雪となって大気中にさらに送り込まれることになる。異常気象の激化はその結果だ。

研究者たちは、北極圏で冬の海氷が1平方メートル失われるたびに蒸発量が70キロ増えることを突き止めた。これが、西欧で「東から来る野獣」と呼ばれる特異な気象現象の一因である。2018年2月、欧州は歴史的な降雪に見舞われ、各地で交通は混乱し、イタリアのローマではかつてないほどの積雪を記録した。北極から南下してくる水蒸気は、ノルウェー、ロシア、スバールバル諸島の間にあるバレンツ海特有の、氷のない暖かい海面からもたらされる地球化学的な痕跡を運んできたのだ。

572

海洋熱波

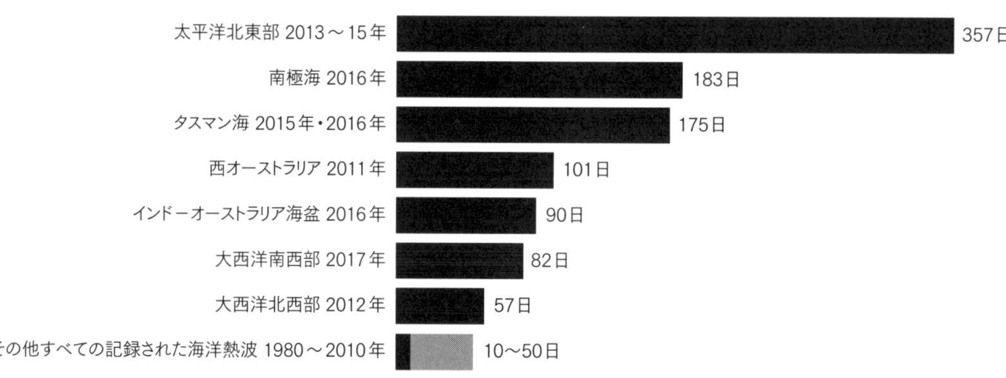

陸上の熱波は見つけやすいが、切り抜けるのは容易ではない。そればかりでなく、海洋でも熱波が発生することがあり、同様に危険な影響をもたらし得る。

海洋熱波（MHW）は海水温を異常に高める現象で、気づかれにくい。海洋熱波として認められるには、毎年同じ時期に同じ地域で30年間観測した温度記録から、発生確率が10%にも満たないほど高い海水温が5日以上継続して発生しなければならない。

海洋熱波は海中の植物相や動物相を変える可能性があり、そうなると海域の生物多様性が損なわれるかもしれない。海洋熱波の影響で暖かくなり、藻類の成長が促進され、繁殖につながることも多い。藻類の中には、海洋生物の成長や神経機能、再生能力に有害な影響をもたらす毒素を作り出すものもあるのだ。

海洋は地球各地で暖まり続けており、過去40年間で3万回以上も海洋熱波が発生している。海洋熱波は局所的な現象であり、数日間しか続かない。だが、その短い期間にとてつもなく大きな被害を引き起こし、回復に長い時間がかかったり、時には回復不能になったりする可能性がある。最近では、海洋熱波が長期化しつつある。

573

ハリケーン、台風、サイクロン

大気中の炭素濃度が高くなると、地球の気温も上昇する。そうすると水の蒸発量が増え、大気の水分も増える。1℃暖まるごとに大気の湿度は7%上昇する。これはクラウジウス・クラペイロンの式で書き表される。

海洋から水が蒸発すると、熱は水から空気へと移動する。ハリケーンや台風は、暖かい海洋を通り過ぎるときに水蒸気と熱をたっぷりと吸い取る。その結果として風が強まり、降水量が増え、洪水も多発する。ハリケーンが降らせる雨を比べてみると、今は産業革命以前よりも4〜9%増えている。

2017年8月に発生したハリケーン「ハービー」による降水量は、地球温暖化の影響で15〜38%も多かった。これはクラウジウス・クラペイロンの式が示す値である7%の2倍以上だ。気温が3〜4℃上昇すると、ハリケーンによる降水量は33%も増加し、風速も94km/h強くなると予測されている。

東南アジアを襲う台風は、1975年以降で勢力を15%ほど強めている。カテゴリー4と5の台風は約3倍に増えた。

世界の気温が2〜3℃上昇するだけでも、暴風雨は激しくなる。2011年にオーストラリアを襲ったサイクロン「ヤシ」のような暴風雨は、今後35%多くの雨を降らせるようになるだろう。2004年にマダガスカルに上陸したサイクロン「ガフィロ」が今起きたとしたら、降雨量は40%増える可能性がある。

567

> 気候変動のせいで
> ハリケーンの勢力はいっそう強くなり、
> 上陸したあとも勢力が弱まりにくくなる。
> ハリケーンが陸上に長くとどまれば、
> その地域で発生する被害も大きくなる。

1杯のコーヒー

ユネスコ水教育研究所によれば、コーヒー1杯をいれるまでにおよそ150リットルの水が必要である。それに対して紅茶1杯なら約34リットルだ。

気象と関係する世界の災害件数

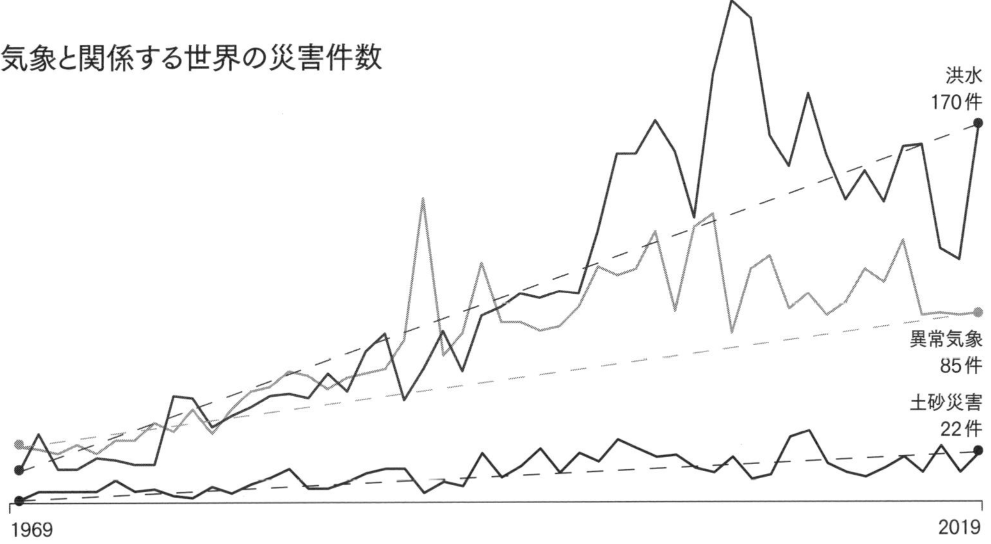

エネルギー生産と健康被害

化石燃料の燃焼に起因する大気汚染は、2018年には世界で870万人の死因となった。同年に死亡した人の5人に1人だ。

化石燃料の燃焼によって排出される二酸化炭素の25%(およそ9.1ギガトン)は発電と熱利用に由来すると推定されている。発電や熱利用の目的で石炭や天然ガスや石油を燃焼させることは、地球全体の温室効果ガスの最大の排出源だ。

化石燃料を燃やして広がった大気汚染と、心臓病や呼吸器疾患、さらには失明といった症例との関係を裏付ける文書もある。2018年に行われた研究によって、世界中の死者の約20%は、化石燃料の燃焼による大気汚染に由来した病気が死因であることが判明した。

🌐 605

大気汚染を原因とする世界の死者数(割合)

慢性閉塞性肺疾患(COPD)	40%
下気道感染症(肺炎など)	30%
脳卒中	26%
虚血性心疾患	20%
糖尿病	20%
新生児死亡	20%
肺がん	19%

世界の人口の約90%は、
危険なレベルまで汚染された大気を吸っている。

さまざまな健康被害

2021年に世界保健機関(WHO)は気候変動を「人類が直面する最大の健康への脅威」と称した。今日では多くの人々が、大気汚染、異常気象、食料不安、病気、精神衛生上のストレス要因などの結果として、体調不良に悩まされている。これらの環境問題によって命を落とす人は、毎年1260万人に上ると推定されている。世界の死者のおよそ4人に1人は環境問題が死因であるということだ。

大気中の二酸化炭素濃度が高まると、大気汚染や気温上昇や海面上昇が生じるとともに、けがや死亡に直結する洪水や森林火災、熱波、干ばつなどの異常気象の回数も増える。さらに、抑うつや不安など心の健康も脅かしかねない。

生態系が変化すれば農業生産も減少し、多くの人々を栄養不良の危険にさらす。マラリアやぜんそくをはじめとして、気候変動は人間の健康問題の多くを直接的にも間接的にも悪化させている。

🌐 062

息苦しい世界

2050年までに、大気汚染は環境に関する世界の死亡原因の筆頭にくるだろう。

高温と健康

この10年間で、異常な気温が原因で死亡した人の数は、世界中で16万6000人を上回る。気温が上昇すればすべての人に影響が及ぶが、特に影響を受けやすいのは、高齢者や乳幼児、妊婦、屋外で作業する肉体労働者、アスリート、貧困層の人たちなどだ。

過去15年間に、世界で1億2500万人が熱波にさらされてきた。昼も夜も高温続きの期間が長引くと、肉体へのストレスも高まる。発熱は、環境からの外部熱と身体機能から生ずる内部熱とが組み合わさった結果だが、急激な気温上昇はこうした温度調整能力に影響を与え、多くの健康問題を引き起こす。

異常高温が原因で入院したり死亡したりするのは、高温にさらされた当日の場合もあれば、数日後の場合もある。また、心疾患、呼吸器疾患、腎疾患、糖尿病関連疾患などの慢性疾患は、異常高温によって悪化することがある。

🌐 063

異常高温がもたらす健康被害

間接的な影響

事故

水死
労働災害
傷害と中毒

感染

食中毒と水系感染症
海生藻類ブルーム

インフラの崩壊

電力
水道
交通
生産

公共医療サービス

救急車の出動件数と到着所要時間の増加
入院件数の増加
医薬品の在庫量への影響

直接的な影響

熱中症

脱水症状
熱けいれん
熱射病

入院

脳卒中
呼吸器疾患
糖尿病
腎臓病
心の健康不良

死亡数の増加

呼吸器疾患や循環器疾患
その他の慢性疾患（心の健康不良、腎臓病）

森林火災の長期的な影響：煙害

世界のどこかで森林火災が空をオレンジ色に染める場面を目にするのは、特に珍しいことでもなくなった。しかし、今になってようやく分かってきたのは、森林火災の煙にさらされると、その影響が長引くこと、特に子どもたち（胎児も含む）に影響が大きいことだ。

森林火災の煙に含まれているもの

- 二酸化炭素
- 一酸化炭素
- 窒素酸化物
- 揮発性有機化合物（ホルムアルデヒドやベンゼンなど）

森林火災の煙に含まれる化合物の中で人間の健康に最も有害なのは、PM2.5と呼ばれる微小粒子状物質だ。この粒子にさらされると、目が充血してかゆくなったり、喉が痛んだり、息切れしたりするなどの、直接的な影響が及ぶ。肺の奥まで吸い込むと、長期にわたって影響が出るかもしれない。

この粒子は、30個並べても人間の髪の毛の太さくらいにしかならない。そのため、体内に取り込まないようにするのも難しい。

森林火災の煙に含まれる化合物の中で
人間の健康に最も有害なのは、
PM2.5と呼ばれる微小粒子状物質だ。

研究によって明らかになったのは、PM2.5にさらされると子どもたちの肺の発達が阻害され、ぜんそくなどの慢性肺疾患を発症したり悪化させたりする可能性があるということだ。動物実験では、微小粒子が血流を通して脳の組織に達する可能性さえあることが明らかになった。妊娠中の母親が煙にさらされると、子どもの出生体重や、さらには成人してからの健康状態にまで悪影響を及ぼすとの研究結果もある。

085

古くて新しい病原体

永久凍土が突然溶け出すと、ジャコウウシやカリブー、それに巣作りする鳥を死に至らしめた病原体が復活するかもしれない、と科学者は危惧する。休眠状態にあった病原体が気温上昇によって復活し、放出され、それがカナダでのジャコウウシの大量死やシベリアでのトナカイの大量死と関係していることが明らかになっている。

> 自然が失われた未来に
> 自分がもう若くないことをうれしく思う。
>
> —アルド・レオポルド
> （米国の森林局森林官、野生生物生態学者、環境倫理学者）

食料や水が原因の下痢

世界で毎日2000人以上の子どもが下痢で命を落としており、年間では80万人以上が死んでいる。下痢は、子どもの死亡原因としては世界で2位、5歳未満の乳幼児の栄養不良の原因としては1位にランクされている。

下痢性疾患の特徴

- 高齢者および5歳未満の乳幼児では命に関わる可能性が特に高い
- 脱水症状を介して死に直結する
- 栄養不良の原因となったり、他の病気に対する抵抗力や回復力を弱めたりして、間接的に死に至らしめる

下痢性疾患と気候変動

下痢性疾患のほとんどは、食料や水源の汚染と関係している。気候変動によって患者数が増えていることは、研究結果から明らかだ。主な要因は3つある。

1. 気温上昇

気温が高くなると食料が腐りやすくなり、下痢性疾患を引き起こす病原体がより速く増殖し、より長く生存するようになる。気温が1℃上がるだけで、下痢による小児科への来院数は3.8%増加する。

2. 降雨日数の増加

激しい雨が降ると、細菌やウイルスで汚染された水が下水設備の整っていない地域から上水道へと流れ込む。すると下痢性疾患のリスクが増大する。例えば、中程度から強度のエルニーニョ現象が起きれば、子どもの下痢は4%増加する。

3. 干ばつの増加

干ばつが起きると、人々はあまり衛生的でない水源を利用せざるを得なくなる。そうすると、汚染された水を飲んだり、洗濯や散水や調理に使ったりする可能性が高くなる。ペルーで実施された研究によれば、乾季には下痢が1.4%増加したという。

589

水上輸送による排出

2015年、世界の貨物船9万隻から排出された汚染による死者は6万人に及ぶと推定された。

世界最大のコンテナ船たった1隻で、乗用車5000万台分の汚染を排出する。

世界最大級の15隻の船を合わせると、地球上にある7億6000万台の乗用車が引き起こす汚染の合計に相当する量を排出する。

排出される窒素酸化物や硫黄酸化物は、がんやぜんそくの原因として知られている。

海上輸送に使われる粗悪な燃料は、トラックや乗用車に使われるディーゼル燃料の2000倍もの硫黄を含んでいる。

グローバル観光の影響

低価格の車や航空旅行の利用がしやすくすくなったことによって、世界中で旅行者の数が激増した。観光旅行では、移動だけでなく宿泊や食事や買い物でもエネルギーを消費する。

観光旅行によるカーボンフットプリントは、人間の活動に由来する世界の炭素排出の8%を占める。その約半分は移動によるものだ。国内旅行の移動手段は主に自動車で、2番目は飛行機だ。海外旅行では、地域内の移動でも地域間の移動でも主に飛行機を使う。

1950年には空路で到着する旅行者は2500万人だった。2018年には飛行機を利用する旅行者が14億人になった。68年間で56倍に増えている。

2030年には温室効果ガスが25%増えると予想されている。旅行に起因する交通関連のCO_2排出量は2ギガトンになる見込みだ。

072

交通関連のCO_2排出量の予測（トン）

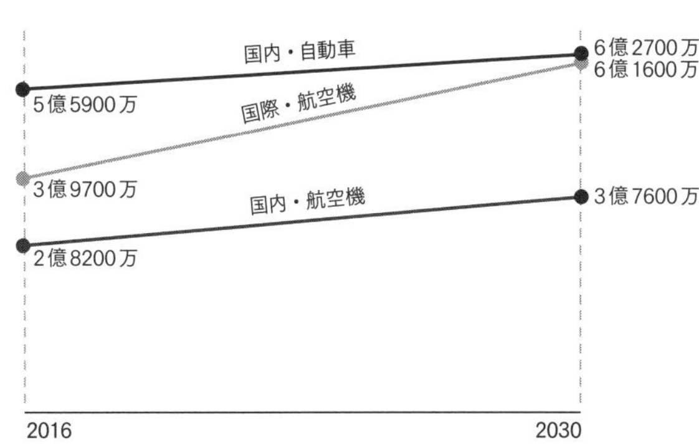

海面上昇の費用

海面上昇は経済にさまざまな悪影響をもたらす。特に影響が大きいのは沿岸部の都市だ。ちなみに、世界人口の44%は海岸から150キロ以内に住んでいる。

海面上昇が経済に及ぼし得る影響

- 洪水による被害が、2100年までに世界中で年間14兆ドル（約1800兆円）になる。
- 沿岸部の浸水による年間の直接的損失が、（対策がとられなければ）2100年までに世界のGDPの0.3〜9.3%に達する。
- 港、発電所、送電線、製油所、下水処理場、通信ケーブル、幹線道路といった施設は、どれも海岸線の近くに造られてきた。重要なインフラを今後20年にわたって海面上昇に耐えられるようにする費用は、米国だけで4000億ドル（約52兆円）を超える。

世界の人口の44%は海岸から150キロ以内に住んでいる。

603

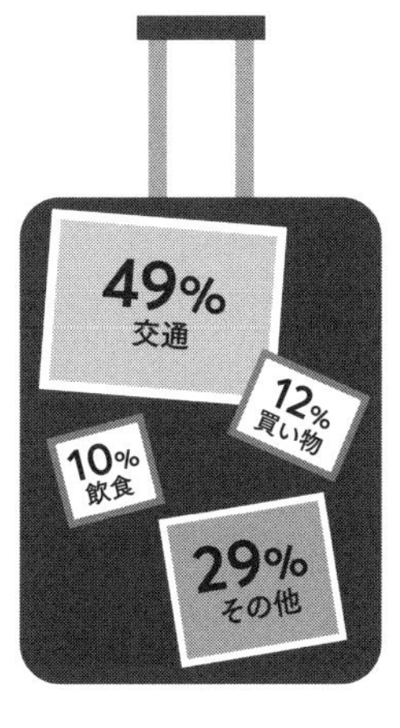

グローバル観光による炭素の排出量

国際貿易の影響

CO_2の輸入国と輸出国（トン）

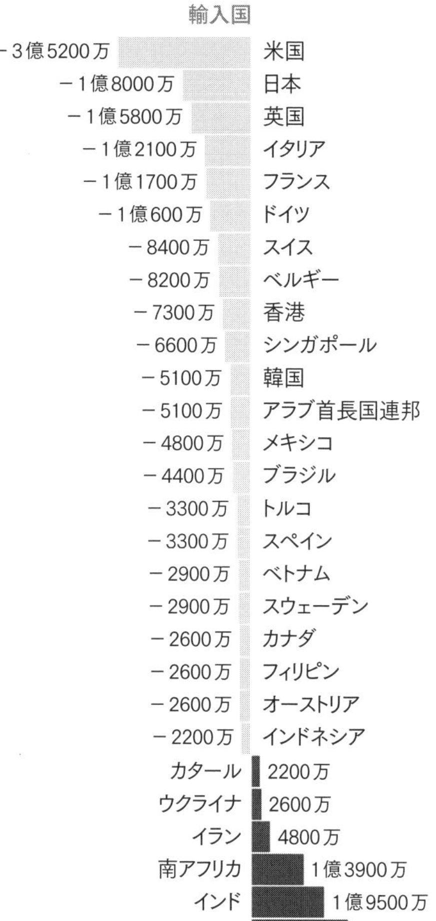

スーパーマーケットでコスタリカ産のバナナをカゴに入れてから、中国製のスマートフォンで家に電話する。そんなことが可能なのも国際貿易のおかげだ。ただし、生産国と消費国との間で商品やサービスが移動すれば、炭素排出量もそれとともに移動する。

人間が活動に伴って排出したCO_2の約25%は、輸入や輸出によって国から国へと「流れて」いく。当然のことながら、この流れはすべての製品や国に均等に分散しているわけではない。

国境を越えて移動する炭素の半分程度は、鉄鋼、セメント、化学製品といった原料の流通に乗っている。残りの半分は、自動車、衣類、産業機械・機器などの完成品や半完成品とともに移動する。ちなみに、バナナは世界的な炭素の移動にはさほど関与していない。

2014年に米国はCO_2を352メガトン輸入し、中国はCO_2を1369メガトン輸出した。富裕国は国境を越えて炭素を輸入しており、燃焼という汚れ仕事を他の国々に押しつけているのだ。この流れを追跡すれば、各国政府が適切に炭素排出の責任を負ったり排出を削減したりすることがもっと容易にできるようになるだろう。

578

民間宇宙旅行による影響

民間宇宙旅行による炭素排出への影響は、今のところ比較的小さいとはいえ、潜在的な成長力は大きい。

2020年には民間宇宙旅行に絡む打ち上げが114回行われた。この数字は2030年までに年間360回、将来的には年間1000回にまで増えると予測されている。ヴァージン・ギャラクティックのCEOは、宇宙港ごとの年間飛行回数を400回以上にしたいと考えている。

宇宙旅行は化石燃料を燃やすため、カーボンフットプリントが大きい。ロケットエンジンから出てくるすすは炭素の微粒子で、とても軽いため、何年間も大気の上層に漂い続けるだろう。そして、成層圏（地表から10キロ以上の上空）や中間圏（50キロ上空）を汚染する。すすが紫外線を吸収するということは、成層圏が暖まる可能性がある。

高性能なケロシン燃料を使うロケットからは、温室効果ガスの他にも、酸化塩素や酸化アルミニウムが排出される。これらはオゾン層を破壊する。ヴァージン・ギャラクティックの船団に所属する宇宙船「VSSユニティー」は、固体炭素燃料、末端水酸基ポリブタジエン（HTPB）、一酸化二窒素からなる混合燃料を使う。スペースXの再使用可能なロケットである「ファルコン」シリーズは、液体ケロシンと液体酸素を使って宇宙船「クルードラゴン」を軌道まで打ち上げる。スペースXの「ファルコンヘビー」ロケットがほんの数分間で排出する二酸化炭素を一般的なガソリン自動車が排出するには、200年では済まないだろう。

082

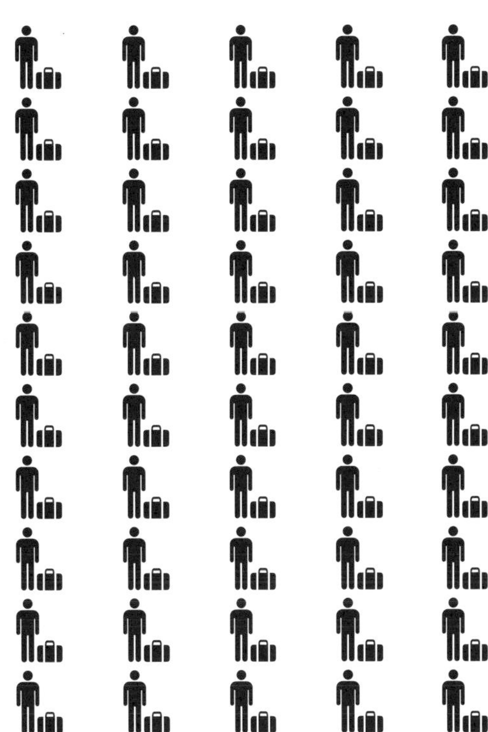

民間宇宙飛行の乗客1人当たりのCO_2排出量は、航空機の長距離飛行で乗客1人当たりが排出する排出量（1～3トン）の50～100倍になるだろう。

エコ不安症

気候変動によって心の健康も影響を受けている。エコ不安は診断可能な病気として認められているわけではないが、確実に増えている。最近の調査によると、何らかの形のエコ不安を経験している人は成人の70%、未成年の85%近くに達している。

英国心理療法協議会のサラ・ニブロックは、「エコ不安」は気候変動の脅威に対する「完全に正常で健全な反応」だと話す。要するにエコ不安は、注意を払ったり行動を起こしたりせよ、という感情的な信号なのだ。さらに言うと、ストレスに対する反応であり、それぞれの人間が反応するように設計された生存メカニズムなのだ。

最善の対応とは

米国精神医学会（APA）やイエール大学気候関連イニシアチブ、それに世界中の心理学者らによるガイダンスを取りまとめれば、エコ不安に対処するアクションプランを策定することができる。

次に挙げる段階的な対処法は、エコ不安に直面する個人の安心感や主体性を高め、待ち受ける困難に対して不可欠な回復力を築く助けとなるだろう。

1. 不安に思ってもいいと認める

エコ不安を感じるのはまったく正常なことだ。他の人たちも同じように感じている。この事実を認識することで、あなた自身を慰め、思いやり、理解していけばよい。

2. 声を上げることで「沈黙のスパイラル」を打ち破る

大部分の人たちがエコ不安を感じている一方で、米国の成人の64%以上は、気候変動についてまったく、あるいはめったに誰かと意見を交わそうとしない。「沈黙のスパイラル」が存在するのだ。率直に話し合えば、エコ不安に対する感覚が正常化されて、うまく対処できるようになる。

気候変動のことを話題にしにくいなら「アクティブリスニング」を検討してほしい。「気候変動に関するニュースで気になったことはありますか」といった質問は、会話の糸口としてアクティブリスニングと一緒に使うと効果的だ。

3. セルフケアを実践する

心理学者は、ストレスの悪影響に対処する3つの健全な方法を勧めている。

・睡眠を改善する
・もっと運動する
・健康な食生活を送る

睡眠が不足していると、日中のストレス対応力に大きな影響をもたらす可能性がある。よって、まずは睡眠を改善するのが望ましい。米国の成人の3分の1以上は普段から十分な睡眠が取れていないというから、エコ不安を抱える人たちも十分に眠れていないのかもしれない。

運動は睡眠を改善し、ストレスの解消にも直結する。日々の散歩程度でもいい。実際、適度な運動に取り組めば、ストレスが半減することも明らかになっている。

そして、栄養とバラエティに富んだ食生活は、エコ不安に対処するためのエネルギーを体にみなぎらせてくれる。

4. 支援ネットワークを強化する

自分の気持ちを話し合ったり、セルフケアをうまく行ったりするには、確かな人間関係を築くことが前提になる。家族や友人、隣人などの身近な人たち、あるいはネット上やバーチャル空間の人たちとの間に、信頼できる強固な社会的ネットワークを築こう。

5. 行動を起こし、気候変動問題に前向きに取り組む

最後に、自発的な行動が心の健康のためになることを覚えておこう。本書を読む（そして分かち合う）以外にも、自分の力でできることはたくさんある。その行動は、短期的には地域の気候変動に備えるために、長期的には地球規模での気候変動の影響を抑えるために役立つだろう。自分のペースで進めればいい。心地よく感じられる程度に、長く続けられると思える程度に努力しよう。

必要なときは専門家に助けを求めること

あなたやあなたの大切な人が、エコ不安によって日常生活や仕事、安全な生活に大きな支障をきたしていると感じたら、どうか専門家の手を借りてほしい。

252

力を合わせて

インドのオディシャ州の農村で教師をしていたアントルジャミ・サフーは、1973年以来、1万本の木を植えてきた。また教え子たちを指導して、さらに2万本の木を植えた。サフーは言う。「力を合わせれば素晴らしい成果が上げられる」

> 考え方や見方を変える必要がある。
> 地球が人類のためだけの環境ではないと理解すべきだ。
> 地球は人類の外側にあるのではない。
> 心を落ち着けて呼吸を整え、
> 肉体に意識を集中させれば、
> あなた自身が地球なのだと認識できる。
> あなたの意識が地球の意識であることも。
> 辺りを見回してみよう。あなたが見ているのは、
> あなたの周りの環境ではない。あなた自身だ。
>
> —ティク・ナット・ハン（ベトナムの禅僧、平和運動家）

5
解決策

望む未来を創るには

ドローダウン・ランキング

世界中から集まった専門家で構成されたチームが、ポール・ホーケンの指揮下、気候変動という難題に対して考え得る何百もの解決策をランク付けした。そのうち地球規模での効果がとりわけ高い49の解決策を以下に記す。さらに詳しい情報については、drawdown.orgを参照のこと。シナリオの数値は、現在から2100年までに削減されるCO_2の累積量を示している。単位はギガトン（Gt）。

シナリオ1は2100年までに気温が2℃上昇する場合。**シナリオ2**は2100年までに気温が1.5℃上昇する場合。解決策は各国の事情、経済、生態系、社会、政治の状況に応じて異なる可能性がある。

245

	解決策	部門	シナリオ1	シナリオ2
1	食品廃棄の削減	食品、農業、土地利用	90.70	101.71
2	健康と教育	健康、教育	85.42	85.42
3	プラントベース中心の食事	食品、農業、土地利用	65.01	91.72
4	冷媒の管理	産業／建築	57.75	57.75
5	熱帯雨林の再生	陸上の吸収源	54.45	85.14
6	陸上風力タービン	電気	47.21	147.72
7	代替冷媒	産業／建築	43.53	50.53
8	大規模太陽光発電	電気	42.32	119.13
9	クリーンな改良型調理用コンロ	建築	31.34	72.65
10	分散型太陽光発電	電気	27.98	68.64
11	林間放牧	陸上の吸収源	26.58	42.31
12	泥炭地の保護と再湿潤化	食品、農業、土地利用	26.03	41.93
13	（劣化した土地への）植林	陸上の吸収源	22.24	35.94
14	温帯林の再生	陸上の吸収源	19.42	27.85
15	集光型太陽光発電	電気	18.60	23.96
16	断熱	電気／建築	16.97	19.01
17	管理放牧	陸上の吸収源	16.42	26.01
18	LED照明	電気	16.07	17.53
19	多年生作物	陸上の吸収源	15.45	31.26
20	樹木の間作	陸上の吸収源	15.03	24.40
21	再生型一年生作物	食品、農業、土地利用	14.52	22.27
22	環境保全型農業	食品、農業、土地利用	13.40	9.43
23	耕作放棄地の再生	陸上の吸収源	12.48	20.32
24	電気自動車	輸送	11.87	15.68

	解決策	部門	シナリオ1	シナリオ2
25	多層のアグロフォレストリー*1	陸上の吸収源	11.30	20.40
26	洋上風力タービン	電気	10.44	11.42
27	高性能ガラス	電気／建築	10.04	12.63
28	メタン消化装置*2	電気／産業	9.83	6.18
29	稲作の改善	食品、農業、土地利用	9.44	13.82
30	先住民による森林所有	食品、農業、土地利用	8.69	12.93
31	竹の栽培	陸上の吸収源	8.27	21.31
32	代替セメント	産業	7.98	16.1
33	ハイブリッドカー	輸送	7.89	4.63
34	カープール	輸送	7.70	4.17
35	公共交通	輸送	7.53	23.40
36	スマートサーモスタット	電気／建築	6.99	7.40
37	ビルディングオートメーションシステム*3	電気／建築	6.47	10.48
38	地域暖房	電気／建築	6.28	9.85
39	低燃費航空輸送	輸送	6.27	9.18
40	地熱発電	電気	6.19	9.85
41	森林保護	食品、農業、土地利用	5.52	8.75
42	リサイクル	産業	5.50	6.02
43	調理用バイオガス	建築	4.65	9.70
44	低燃費トラック	輸送	4.61	9.71
45	低燃費海上輸送	輸送	4.40	6.30
46	高効率ヒートポンプ	電気／建築	4.16	9.29
47	持続的なバイオマス生産	陸上の吸収源	4.00	7.04
48	太陽熱温水	電気／建築	3.59	14.29
49	草原の保護	食品、農業、土地利用	3.35	4.25

梱包材としての羊毛

欧州では年間で20万トンを上回る羊毛が廃棄されている。この手つかずの資源は環境に優しく、保護力に優れた梱包材となる。これを利用すれば、気泡緩衝材の世界的需要の120%をまかなえる。

＊1　自然の森に近い環境で農業を行いながら森を再生すること。
＊2　動物の排泄物からバイオガスを回収する装置。
＊3　建物の設備、器具などを一括で管理、運用するシステム

グリーンウォッシュとリサイクルの現場

多くの都市や組織が、それぞれのリサイクルプログラムの有効性をめざましく向上させてきた。しかし消費者が環境問題に関心を持っていることをマーケティング担当者が認識するようになるにつれて、自社の持続可能性努力の影響をゆがめて伝える企業も現れる。環境にやさしい活動やリサイクル宣言が、どれも偽りなく事実を示しているとは限らない。

プラスチックのようなリサイクルの難しい製品の製造で利益を得ている業界は、リサイクルの有効性について一般の人たちを誤解させることが少なくない。経済の一大部門にあって、拡大を続けるリサイクル業界自体もこの傾向に拍車をかけている。

自社が供給する製品やサービスが環境に及ぼす影響力の大幅削減に成功した組織もある。その一方で、環境への責任を担うふりをしながら、その裏で有害な行為を実践する企業は、“グリーンウォッシュ”をしていると言える。

リサイクル

2018年、米国環境保護庁（EPA）はリサイクルされた都市廃棄物の総量が6300万トンを上回ったと報告した。リサイクル率は1960年以来上昇しており、紙と段ボールでは1990年には28%だったのに対して2018年には68%、ガラスでは1990年の20%に対して2018年には25%になっている。

2018年には600億個のコーヒーカプセルが生産された。毎分、3万9000個のカプセルが作られている。

そのうちの**2万9000個**が最終的には埋め立てられている。

リサイクルやリユースの業界は68万1000人分を超える雇用を生み出し、378億ドルを上回る賃金を支払っている。米国で業界最大手の企業、ウェイスト・マネジメントでは、年間の総利益が150億ドルを超えている。リサイクル業界の主な担い手は、株式公開会社だ。

廃棄物の原料別リサイクル率

プラスチックのリサイクルは順調とはほど遠い。

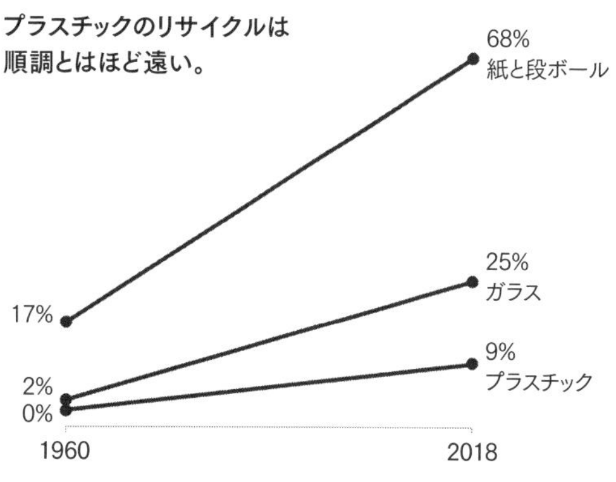

グリーンウォッシュ

ここで、さも環境に配慮しているかのように見せながら、実質的には負の影響を及ぼしている企業活動の具体例を紹介する。家庭やオフィスで利用するコーヒーや紅茶の使い捨てカプセルを例にして、その動向を見てみよう。

かつてオフィスでは、コーヒーポットを共有し、生分解性のフィルターを使ってコーヒーをいれていた。それが、ごく小さな使い捨てのプラスチック製カプセルを使う方式に変わると、その影響は大きかった。持続可能性の重視を標榜するコーヒー会社であるヘイローの試算によると、2018年には600億個のプラスチック製コーヒーカプセルが生産され、毎分3万9000個作られるカプセルのうち、2万9000個が最終的には埋め立てられているとのことだった。

コーヒーカプセルを製造する企業の中には自発的にリサイクル事業を立ち上げたところもあるが、それが大きな効果を上げている証拠はない。さらに言えば、そうした事業は、そもそもそんな製品が存在すべきなのかという根本的な疑問をまったく無視している。

プラスチックのリサイクルは環境にやさしい活動として促進されているが、実際には違う。どれだけリサイクルボックスに入れられようと、実際にリサイクルされるプラスチックは10%に満たないのだ。

指定された収集場所でリサイクルのために回収されたプラスチックはどうなるのだろうか？　推定で31%が最終的に埋め立てられ、大部分は焼却処分される。

プラスチックにはさまざまな種類があり、分別が煩わしかったり、そもそも分類できなかったりする。たとえ完璧に分類したとしても、ほとんどのプラスチックはリサイクルが難しい。リサイクルできるものでも、何度かリサイクルした後は劣化し、結局廃棄しなくてはならない。

混合プラスチックをリサイクルボックスに入れると「コンタミネーション（混入）」になり、たいがいはボックスの中身が丸ごと焼却処分される。こうした焼却施設は、「廃棄物発電所」と呼ばれることが多く、持続可能なごみ処理の選択肢として導入が進められている。しかし実際は、ビニール袋やプラスチックボトルとして短い一生を終えた化石燃料を燃やしているにすぎない。

地方自治体のごみ焼却施設はプラスチックをごみとして受け入れることに積極的で、こうしたごみを「フィードストック（供給原料）」と呼ぶ。安く熱を発生させる手段だ。こうした施設で生み出された電気は、持続可能なエネルギー、つまり“グリーン”エネルギーだと誤って認識されている場合が多い。実際には、地方自治体のごみ焼却施設からは大量の温室効果ガスが発生しており、その量は石炭火力発電所を上回っている。

米国環境保護庁が実施した調査によると、CO_2の発生量は、ごみ焼却で発電すると1キロワット時当たり1.36トンであるのに対して、石炭火力による発電の場合は、1キロワット時当たり1.02トンだった。

2019年には、プラスチックの生産と焼却で、18万9500メガワットの石炭火力発電所と同量の温室効果ガスが排出された。

089

産業別の労働人口

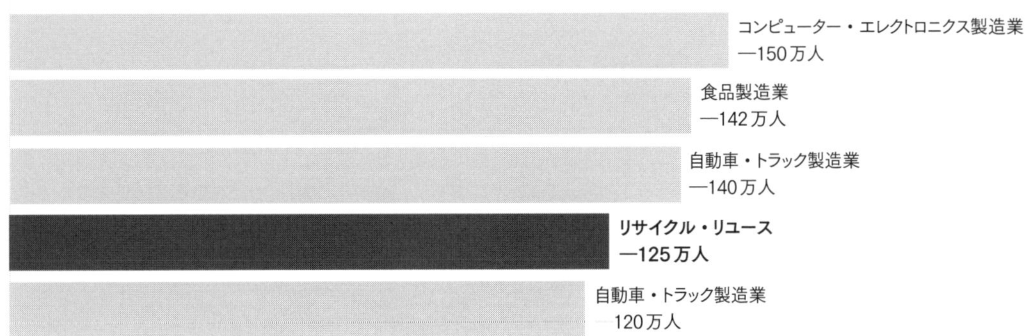

リサイクル業界は米国で100万人以上を雇用している。

バイオプラスチック

プラスチックは生産されるときも（炭素が排出されるため）、廃棄されるときも（埋め立て、あるいは焼却）、環境に悪影響を及ぼす。

プラスチックは従来、化石燃料に由来する長鎖高分子からできている。高分子の鎖は簡単には切れない。つまりプラスチックには非生分解性があるのだ。

もっとも、長鎖高分子はプラスチック以外でも自然界のあらゆる場所に存在している。例えば、多糖類（でんぷんやセルロース）、タンパク質（グルテンやゼラチン）、脂質（油脂）などだ。プラスチックは、こうした高分子からも作れるのだ。

これらの高分子を使って作ったバイオプラスチックには、生分解性もある。分解のタイミングと方法はそれぞれ異なり、分解に酵素を必要とするものもあれば、高温でなくてはならないものもある。水中で分解するバイオプラスチックもある。

バイオプラスチックはどうして従来のプラスチックよりも持続可能性が高いのだろうか？　以下はその理由だ。

・再生可能な原材料が使われている。
・多くが生分解性を持つ。
・毒性が低い。

しかし、バイオプラスチックの生産量増加によって不都合も生じる。バイオマスを大規模に生産すれば、土地と水源を巡って食料生産と競合し、さらに、化石燃料由来の化学肥料が必要になる場合もあるからだ。

256

ファストファッションと炭素

1890年頃、リーバイ・ストラウスは501シリーズのジーンズの販売を開始した。これは現在でも販売されている。

しかし、ほとんどのファッションはそうはいかない。流行はめまぐるしく変化し、作り手側は競って新しいアイデアを持ち込み、市場が求めるものに追いつこうとしている。2000年から2014年にかけて、世界中の消費者が購入した衣類の数は1人当たり60%増えたが、買った衣類を手元に置いておく期間は半減している。たった7、8回しか着ない衣類もある。

ファッション業界はますます多くの商品を製造し、消費者は買っては捨てるというサイクルを繰り返している。

衣類のリサイクルは難しい。マッキンゼー・アンド・カンパニーによると、「毎年、衣服を5着生産すると、3着は埋め立てられるか焼却される羽目になる」という。

ファッション業界は何百トンもの生地や衣類の廃棄物をチリなどの国に輸出するだけでなく、ポリエステルへの依存度を高めている。そのポリエステルを作るのに化石燃料が必要となる。

世界の衣類生産は2000年以来、倍以上の伸びを見せている。ファストファッションブランドの中には、従来の秋冬ファッションと春夏ファッションの2回ではなくて、毎週コレクションを発表しているところもあるのだ。

こうした生産と廃棄のサイクルは、地球全体で排出される温室効果ガスの4%を占めている。これはフランス、ドイツ、英国の経済を合わせたくらいの規模だ。温室効果ガスは、製造の他、輸送や欠陥品の焼却でも排出される。

101

炭素への課金と配当

各国が政策決定において足並みをそろえるのは難しく、気候に関することならなおさらだ。ある国が炭素税を導入すれば、その国では国民に金銭的な負担を強いることになり、国内産業の競争力は炭素税を課さない国と比べて弱くなる。国内産業が炭素税という追加的なコストを負うことになれば、そうした税とは無縁の国外企業との競争に敗れる可能性が高くなる。

炭素税が導入されれば、企業はイノベーションを起こすか自国を離れるかのどちらかになるだろう。イノベーションのコストが高過ぎると思えば、生産拠点を国外に移すかもしれない。かつて労働者保護法が施行されたとき、実際に国外への移転が起きた業界もあった。

こうした可能性があるため、各国は炭素税の導入をためらっている。自国の産業を炭素税のない国に流出させる「炭素リーケージ」と呼ばれる現象を避けたいのだ。

炭素国境調整

代替案として考えられているのが炭素国境調整だ。このアプローチでは多国間の合意なしに低炭素化を図り、なおかつ炭素リーケージを解決することを目指している。炭素国境調整を導入すると、炭素税を課す国は、炭素税を課さない国で製造した製品の輸入に際して関税をかけられる。その結果、国内と国外の製品が同等の炭素課金を受けることになり、その産業が世界規模で低炭素化の方向に進む原動力となる。この課金には、「この国で製品を売りたければ、生産地にかかわらず、カーボンフットプリントを削減せよ」というメッセージが込められている。

カーボンプライシング

歴史的に、石炭などの化石燃料はコストが比較的低いという理由で使われ、健康や環境のコストは無視されてきた。

カーボンプライシングは、健康や環境のためのコストを内部化しており、そのため市場原理が働き、何を消費して何を燃やすのかに関して人々が賢く選択できるようになる。

炭素課金や炭素税、「キャップ・アンド・トレード」、カーボンオフセットといった仕組みによって、これまでになく迅速で革新的な脱炭素への転換に拍車をかける経済的誘因が生み出されやすくなっている。そういった仕組みは、炭素排出に金銭的な負担を課す一方で、産業が炭素集約型から脱却しても産業として機能し続けられるようにしているのだ。

炭素配当

炭素課金や税として徴収されたお金はどうなるのだろうか？　その1つの案は､全世帯に配当金として直接、小切手を配布するというものだ。気候リーダーシップ評議会*の炭素配当計画は、2023年の税率を燃焼によるCO_2排出量1トンにつき44ドルとし、全家庭に毎年配当金（推定2000ドル）を支払うことを提案している。さらに、2035年までに税率を1トン当たり79ドルまで上げ、それに伴い家庭への配当も増やすという。

炭素課金による純利益は、「炭素配当」として四半期ごとに均等に個人に還元される。一般的な人ならエネルギーコストが増加して支払ったのと同じ分だけ取り戻せるだろう。炭素を浪費すれば支払う額も増えるため、慎重な消費者が利益を得る。未来資源研究所の分析により、この単純なアプローチで米国からの排出を12年間で27%削減できる。

キャップ・アンド・トレード

「キャップ・アンド・トレード」は、炭素税の代わりとなる仕組みだ。行政側が排出量の上限を定め、各企業に排出枠を割り当てる。企業は、許可された排出枠を超えた場合には罰金を支払わなくてはならない。また、余った排出枠は他の企業と取引することもできる。排出枠が炭素の価値そのものを反映しているため、同じ製品をより安く生産する方法が見つかれば、企業は即座にそちらに切り替えるだろうという理屈だ。排出枠の総量は毎年減少していき、排出を続けるほどペナルティは厳しくなる。導入事例としては、カリフォルニア州や欧州連合が有名だ。

🌐 239

＊米国の超党派の非営利団体。

大量輸送

大量輸送を行えば、都市部のエネルギー効率は郊外や農業地域よりも向上する。

協調して取り組めば、エネルギーを節約しながら、移動させる人数を増やすことができるのだ。米国労働統計局によれば、平均的な米国人は生活費の16%近くを移動費用に充てているという。

ルクセンブルクは2020年3月にすべての公共交通を無料にした。米国の一部の州でもそれに倣い、大量輸送交通機関を無料化して新規利用者を獲得しようとしている。

246

ロサンゼルスの4分の1
ロサンゼルス全域の14%は駐車場で、さらに10%は自動車道になっている。

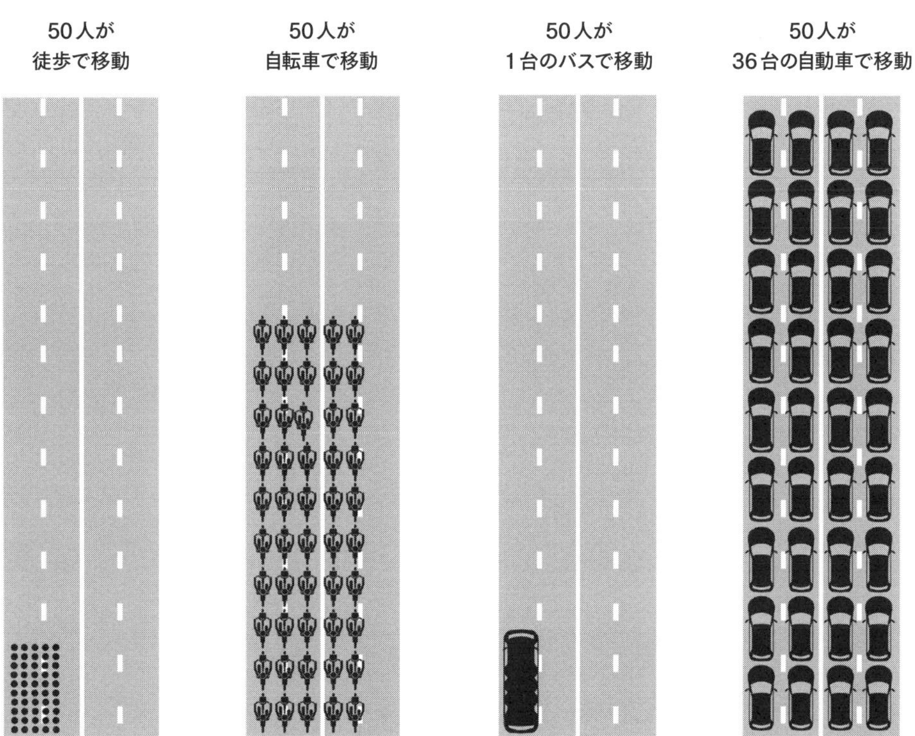

```
G O G I V E R Y T I R U C E S N I Q D R A W D O W N Y V T N
X E S W I J J Y G R E N E Y C F R L N F G A F L O S O R E A
H U U E Q U I V A L E N T T C O U J F N N N L B I O M A S S
U Y V A G R E E N Y O I E C F R U O I U B M I B I O F U E L
O W H T N E D K O I S G I F V S R H U K T E F L F S J Q E F
S B Y H S Z E E T R D R S V T E S L W T E S E L D C Y X M E
N F D E Z Y L A E U T E A I S A O H E E M U N I I L C P E D
O F R R T C R V B C T X C T W C Y N A G I O O F O E N O R I
I Y O C I G I U E T U E A N O D E T N A S H I D R A E C T X
S G G H I D T L E H R T E T R C L I V R S N T N E N I A X O
O Z E M O N E E H W I E O O O A M G K O I E A A T F C B E I
R V N I E U H A A O R R E P I R E N N T O E I L S V I F A D
E Z B V D S T S N G P L O R A O U O V S N R D D A O F P N G
Z Z E V I E T D J T E R T W E Z I C R G H G A G P G F O D O
K N O W L E D G E C H S D N Y T E I X N A O R L G K E R F S
B P C F O X G T T T U R G E I T A N E U T R A L L D H C B X
R O A L D E M R N D D I O S A C I R E M A S E G A K N I S T
X U P U E O I A N L N N N P S D E S E R T I F I C A T I O N
G S T O B C O I E E Y A N P O X T E Z I P H G C I T Y C H I
E A U R L C S I E Q R P G G W G C K C Z G F T R E R T O D R
O C R I A B Y R W T G A S E S G E S F F H B X I R A I E F P
T T E N N O I T U L O V E R S U O N E G I D N I W D R C O T
H I C A P N Y B W S S C Y C L E R D I P L A N D D I U O S O
E V L T G S Q D N B J D E R A R F N I C L O C K I N C S S O
R I I E R E P O R T I N G C C P I A C T I V I S T G E Y I F
M S M D G G T G X G J S E Q U E S T R A T I O N Z U S S L N
A M A X R A L L O D A Y X N O I T A T S E R O F E D Y T M D
L V T E G T S E R O F S H N O I T A Z I L I T U E N P E E O
E H E I L O S S C H A N G E C U E P O H G L O B A L A M C O
Y C G R E W O P P O T E N T I A L S N O I S S I M E M B I F
```

777のリストにある単語を見つけよう

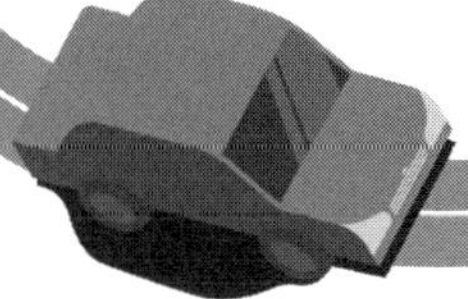

eバイクの普及

電動自転車が初登場したのは1890年代（！）だった。現代の電動アシスト自転車は、1993年にヤマハ発動機が発売したのが最初。

最新のeバイクは交通機関の炭素集約度を下げる優れた移動手段だ。製造や輸送で発生する分を含めてもなお、eバイクのカーボンフットプリントはどんな電気自動車やトラックと比べてもはるかに少ない。

炭素を削減するだけではない。自転車には既存のインフラをより効果的に利用できるというメリットがある。
・現代の道路によく適応する。
・道路走行時、占有スペースは自動車よりもはるかに小さくて済む。
・排気管もなく、騒音公害も起こさない。
・（たとえ最高級のeバイクであっても）自動車の何分の一という価格で購入できる。

同じ炭素排出量を許容すれば、eバイクは自動車の96倍も遠くまで行くことができる。

COVID-19を巡るパンデミックが世界中のライフスタイルを変えたため、電動自転車の人気は2020年から2021年にかけて大幅に高まった。この期間の売り上げは240％増加している。

米国では、自動車で移動する場合の半分以上は、移動距離が16キロメートルに満たない。1日に自動車で64キロメートル移動すれば7000キログラムのCO_2を排出するが、eバイクなら同じ距離でもCO_2排出量は300キログラムになる。つまり約96％減るのだ。

234

電気自動車

電気自動車（EV）はバッテリー駆動で、化石燃料をエネルギーにする内燃機関（ICE）の代わりに電気モーターで走る。電気自動車は排気管から排気ガスを出さないため、ゼロエミッション車に分類される。これに対してハイブリッド電気自動車は、内燃機関と電気モーターの両方を備えている。

電気自動車は大型のバッテリーパックを公共の充電ステーションや、家庭のガレージの壁にあるコンセントにつないで充電する。電気自動車は非常に効率的でもある。電気エネルギーの77%を駆動力に変換できるのだ。一方、内燃機関が駆動力に変換できるのはエネルギーの12〜30%にとどまる。

世界中の道路には1200万台を超える乗用電気自動車と100万台の商用電気自動車（トラック）が走っている。2015年以来、世界の新車市場の中で、乗用電気自動車のシェアは毎年50%ほど増加している。2020年に新車として販売された乗用電気自動車は310万台だった。これは前年比67%増だ。

電気自動車の導入には手堅い見通しが立てられている。

- 2025年までに、世界中の電気自動車年間販売台数は1500万台に達する
- 世界的に電気自動車へ移行する傾向が強まり、2038年までに、内燃機関自動車の販売台数はピークを迎える
- 2040年までに、世界中の新車の70%は電気自動車になる

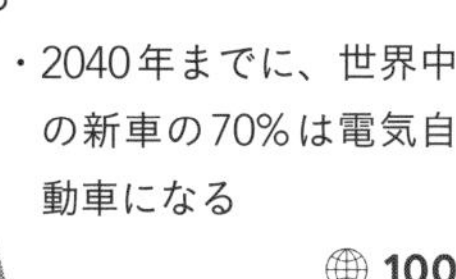

🌐 100

人口10万人当たりのEV充電ポートの数が多い米国の州

州	10万人当たりの充電ポート数
バーモント	125.8
ワシントンD.C.	88.1
カリフォルニア	82.0
ハワイ	52.5
コロラド	52.2

人口10万人当たりのEV充電ポートの増加率が高い米国の州

州	2021年第1四半期の充電ポート増加率
オクラホマ	52.3%
ノースダコタ	16.7%
ミシガン	10.8%
ペンシルベニア	10.5%
マサチューセッツ	9.7%

電気自動車

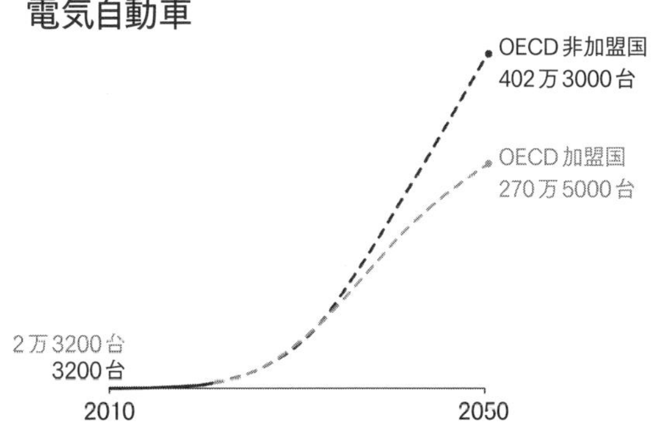

交通（通勤を含む）は、米国の温室効果ガス排出要因のうち、２番目に大きい。

なぜ環状交差点は排出量削減に役立つのか

環状交差点（円形交差点やロータリーと呼ばれることもある）はドーナツ状の交差点で、自動車は中央の島の周りを一方向に走行する。この交差点には、信号機が設置されていない。

環状交差点は衝突や渋滞を軽減するように設計されている。さらに燃料の消費を抑え、炭素の排出削減にも寄与している。

信号機や一時停止標識ではなく、環状交差点が設置されれば、一酸化炭素は15〜45%、一酸化二窒素は21〜44%、二酸化炭素は23〜34%、そして炭化水素は最大で40%ほど排出が抑えられる。総じて、燃料消費が23〜34%削減できると推定される。

米国道路安全保険協会は2005年の調査に基づき、米国の交差点の10%を信号式から環状交差点に変換していれば、2018年には自動車の渋滞による時間の損失が9億8100万時間以上短縮し、燃料の消費量は24億7600万リットル軽減しただろうと推測している。

インディアナ州カーメル市の元技術者、マイク・マクブライドは、バージニア州での調査を基に、インディアナ州で自らの住む人口約10万人の街に環状交差点が1カ所あれば、年間7万5708リットルのガソリンの節約になると見積もっている。

英国、スウィンドンにある「魔法の環状交差点」

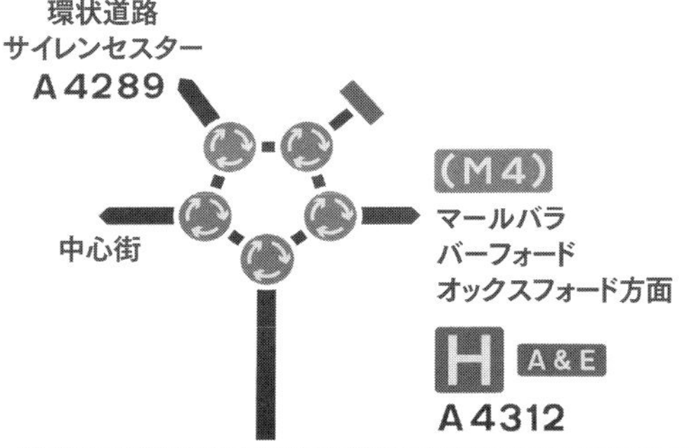

自動車にとってのメリットに加え、環状交差点は電気を必要としないため、信号機で管理する交差点よりも持続可能性が高い。

だが、極めて重要なデメリットが2つある。従来よりも広い土地が必要になることと、ドライバーたちが当初は方式の変更に反対することだ。

それでもドライバーはこのタイプの交差点に慣れるにつれ、協力的にもなる。ある調査によれば、ワシントン州にある2カ所の環状交差点の場合、建設前には支持率が34%だったが、人々が新しい道路の特徴になじむ機会を設けてからは70%に上がったという。

230

＊日本ではEV・HEV・PHEVを総称して「電動車」と呼ばれることがある。ただしこれは日本特有の言い回しである。

低燃費車

交通は、世界中のエネルギーから排出されるCO_2のうち24%に関与している。そのうちのおおよそ45%が自動車、バイク、バスといった乗用車からの排出だ。現在手に入る自動車には何千という種類がある。その中から、米国エネルギー効率経済協議会（ACEEE）は2021年に、ライフサイクルを通じて環境への影響がとりわけ少ない12のモデルをランク付けした。

リストは次の点を考慮している。

- 自動車の製造に使われる原料
- 自動車の製造と使用に関連した排出量
- 使用できなくなった場合のリサイクルや廃棄による影響

ACEEEは特に排気管からの排出、燃費、車体の大きさ、バッテリーの大きさと構造に注目した。汚染物質があれば減点となる。これらすべての情報をACEEEが考案した公式に当てはめると、各自動車の「環境ダメージ指数」（EDX）がはじき出される。

下記のリストの中に、「グリーンスコア」として100（つまりEDX0）を獲得した自動車はない。リストに挙げられた自動車はどれも電気自動車で、EV、HEV、PHEVの3種類がある*。

- EVは電気自動車で、バッテリーの動力のみで走る。内燃機関を持たないが、1回の充電でHEVよりも遠くまで移動できる。
- HEVはハイブリッド電気自動車で、内燃機関と、電気モーター内のエネルギーを蓄えたバッテリーとで走る。このバッテリーは、ブレーキをかけたときに運動エネルギーを電力として蓄え、内燃機関が使う燃料の総量を抑える「回生ブレーキ」によって充電される。
- PHEVはプラグインハイブリッド電気自動車で、内燃機関とバッテリー駆動の電気モーターとを備えている。この車種は一度に最大約60キロ走行できるエネルギーを蓄えられるバッテリーの収容も可能で、内燃機関の燃料消費を最大で60%抑えられる。

🌐 226

とりわけ効率の良い自動車12選 2021年度版

米国エネルギー効率経済協議会による

1.	ヒョンデ アイオニック5（EV）	グリーンスコア 70
2.	ミニ クーパーSE ハードトップ（EV）	70
3.	トヨタ プリウスPHV（PHEV）	68
4.	BMW i3s（EV）	68
5.	日産 リーフ（EV）	68
6.	ホンダ クラリティ（PHEV）	66
7.	ヒョンデ コナ・エレクトリック（EV）	66
8.	キア ソウル・エレクトリック（EV）	65
9.	テスラ モデル3 スタンダードレンジ プラス（EV）	64
10.	トヨタ RAV4 PHV（PHEV）	64
11.	トヨタ カローラハイブリッド（HEV）	64
12.	ホンダ インサイト（HEV）	63

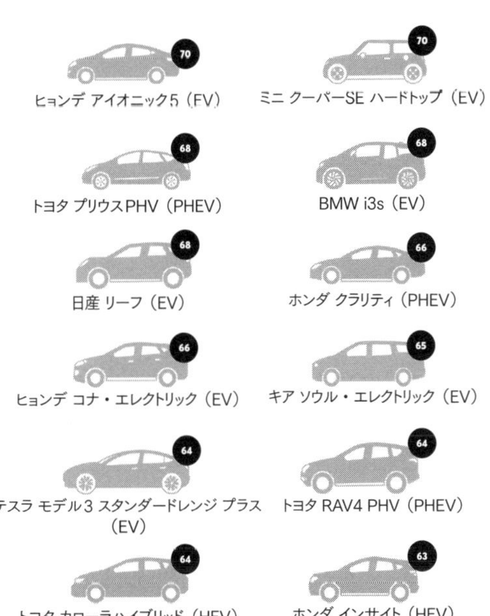

エネルギーコストの変化

再生可能エネルギーを導入する際のコストには、長年、政府から補助金が支給されてきた。技術やエンジニアリングが発達するにつれて、再生可能エネルギーにかかるコストは大きく低減している。

地域社会で新しいエネルギー源を導入しようとする場合に、風力や太陽光が選ばれることがますます増えている。現在では、風力や太陽光ならば石炭や天然ガスよりも安く電気を生産することができる場合も少なくない。水力発電もいまだに安全かつ安価な選択肢の1つではあるが、発電所の建設に適した場所が見つかる余地はほとんどない。

風力や太陽光による発電コストは、技術の進歩と経済の規模に支えられて過去10年間にわたって低下した。現在（2021年）、補助金を受けていない場合のメガワット時（MWh）当たりの発電コストはそれぞれ次のようになっている。

- **風力**：26ドル（約3300円）／MWh
- **太陽光**：28ドル（約3600円）／MWh
- **高効率天然ガス**（天然ガスコンバインドサイクル）：45ドル（約5900円）／MWh
- **石炭**：65ドル（約8500円）／MWh

ここでメガワット時当たりの総額は、発電の種類ごとの均等化発電原価（LCOE）から算出している。LCOEは発電施設の耐用年数内にかかるコストを発電量で割ったものだ。

こうした発電事業は数十年にわたって継続する。風力や太陽光発電は時折メンテナンスしなくてはならない。一方で、天然ガスや石炭による火力発電は毎日投入する燃料の費用が時期によって変わるため、コストも変動する。

237

MWh（メガワット時）当たりの価格（ドル）

急速に溶ける巨大氷河

南極大陸のスウェイツ氷河はグレートブリテン島ほどの大きさがある。1990年代に、その縁から毎年100億トンの氷が溶け出した。2020年には年間の溶解速度は8倍になっていた。水温の上昇した海水が東側の棚氷の下を流れているためで、目下、氷河全体が分裂する危機にあり、氷河が完全に崩壊してしまう可能性もある。この氷河が溶ければ、それだけで世界中の海水面が約65センチ上昇してしまう。

再生可能エネルギーのエネルギー回収

炭素由来の燃料が安いのは、誰もが負担している環境コストを考慮に入れず、適正価格より低い値がつけられているからだ。とはいえ、化石燃料が安価なのはつまり、石炭や天然ガスを燃料とする火力発電所を建設すると、短期間で元金が回収できるということだ。発電所の建設や維持にかかる費用は、そこで生み出された電気を売れば直ちに取り戻せる。

再生可能エネルギーの設備を建設するに当たって、投資家にとって大事なのはどのくらいの期間で出資額を回収できるかだ。さらに再生可能エネルギーの場合は、金銭的な回収に加えて、エネルギーの回収にも考えるだけの価値がある。一方、化石燃料に依存する発電所は決してエネルギーを回収することはない。稼働初日から炭素を排出し、時間とともに悪化していくからだ。

再生可能エネルギーは無料ではない。ソーラーパネルを組み立てたり、タービンを設置したりしなければならないからだ。また、水力発電ダムのような再生可能エネルギーのインフラを建設するためには、エネルギー（しかも多くの場合は再生可能エネルギーではない）が欠かせない。さらに、再生可能エネルギーのインフラが老朽化して使用できなくなった場合、その解体にもまたエネルギーが不可欠だ。

下の表は、発電所の建設に要したエネルギーがネガティブ（炭素を排出している状態）からポジティブ（炭素の排出を抑制している状態）に転じるまでの期間を、25年間の耐用年数に基づいて示している。

232

25年間（300カ月）におけるエネルギー回収期間

作家のジェームズ・D・ニュートンは、発明家で起業家のトーマス・エジソン、自動車製造業者のヘンリー・フォード、タイヤ製造業者のハーベイ・ファイアストーンの会話をこう描いている……

「我々は小作人のように家の周りの柵を切り倒して燃料にしているが、自然界の尽きぬエネルギー源、すなわち太陽、風、潮汐を利用するべきだ」とフォードが言った。

ファイアストーンは石油や石炭、それに木材も永遠にもつわけではないと指摘した。

エジソンは答えた。「私は太陽とそのエネルギーに賭けよう。素晴らしいエネルギー源ではないか！　我々が手をこまねいていて、何もしないうちに石油や石炭が尽きてしまった、なんてことがなければよいのだが。私にあと数年、時間が残っていれば！」

風力エネルギー

風は何千年も前からエネルギーの源となっている。

紀元前5000年：エジプトのナイル川で風力を受けて進む舟が航行していた。

紀元前200年：中国では揚水ポンプを風力で稼働させていた。ペルシャと中東では風力を利用して穀物を挽いていた。

1000年：中東で食料生産に風力ポンプや風車を利用していた。

1200年：オランダで湖や沼地を干拓するために大型の風車が開発された。

1700年：米国で開拓者が穀物を挽いたり、揚水したり、製材所で木材を切ったりするために風車を利用していた。

1800年：米国西部の入植者や牧場主が数千基もの風力ポンプを設置した。

1800年代後期から1900年代初期：小型の風力発電機（風力タービン）が広く普及した。

新しい時代のエネルギー生産

現在では、大型の風力タービンで(洋上でも陸上でも)発電をしている。現代の洋上風力タービンは1基で6メガワットを上回る。これは数千世帯に十分な電力を供給できる規模だ。

陸上の風力発電所の風力タービンは1基につき平均1～5メガワットである。

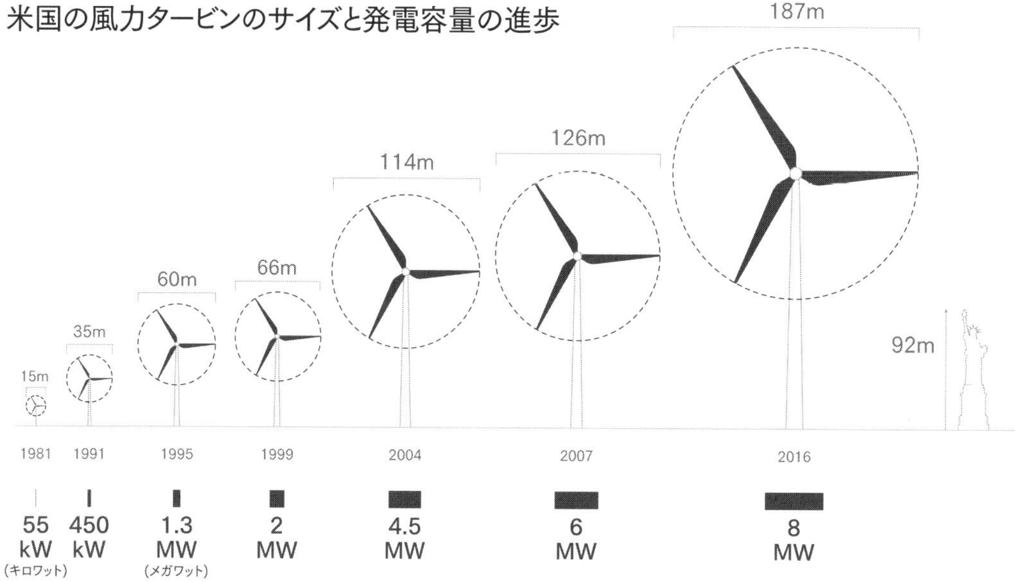

風力は、地球上の大規模な再生可能エネルギー源の1つで、コストが低いのが特徴だ。米国内では最大級の再生可能エネルギー源でもあり、2021年には水力発電を追い抜いている。

> 最初はゴムの木を守るために戦っているつもりだった。
> やがてアマゾンの熱帯雨林を守るために戦っていると思うようになった。
> 今、私は人類のために戦っている。
> ―シコ・メンデス（ブラジルのゴム樹液採取者で環境保護活動家）

風力タービンの仕組み

風力タービンは通常の発電とは逆の電気モーターだ。電気エネルギーを使ってモーターを回すのではなく、風の力でモーターの軸を回転させて電気エネルギーを発生させる。風が吹くと、タービンに取り付けられた巨大なプロペラ状のブレードが毎分13～20回転する。

最も実用的なサイズの風力タービンで発電するには、大体時速15キロ以上の風速が必要だ。技術とエンジニアリングが進歩するにつれて風力タービンの効率は劇的に向上し、そのサイズもまた大きくなっている。

風力の未来

風力は、地球上の大規模な再生可能エネルギー源の1つで、コストが低いのが特徴だ。米国内では最大級の再生可能エネルギー源でもあり、2021年には水力発電を追い抜いている。

米国では、風力で発電した電気のシェアは、1990年には1%未満だったが、2020年には全電力の約8.4%を占めるようになった。この年、米国内で（農業用などの小規模設備を除く）風力発電で生産された電気は、33万7000メガワットだった。

現在、世界最大の風力発電国は中国だ。また、2019年には127の国が合計でおよそ1兆4200億キロワット時の電気を風力発電で生産している。これは米国で年間に必要な全電力の3分の1をまかなえる量だ。目下、世界中の風力発電は年間約8%の割合で増加している。

092

米国のエネルギー割合変化

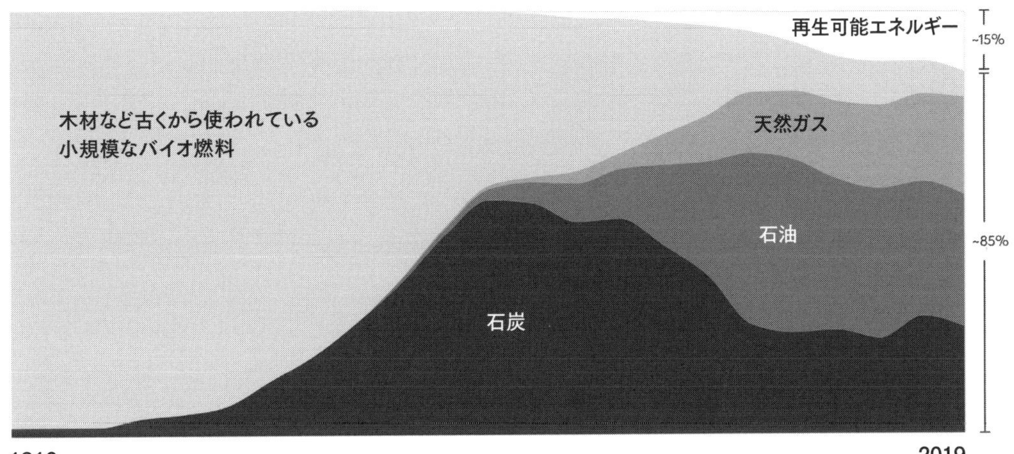

太陽エネルギー

太陽光がわずか90分間地表を照らすだけで、地球上の1年分の電力をまかなうエネルギーは十分に得られる。しかし、直射日光を継続的に捉えられるソーラーパネルの製造や設置は難しく、太陽光発電の技術は太陽のエネルギーをフル活用できる規模にまで拡大できていない。

太陽光発電（PV）で生産された電気は世界の発電量の3.1%を占めている。太陽光は最も安価な再生可能エネルギー源であり、太陽光発電は現在、水力発電、洋上風力発電に次いで世界第3位の再生可能エネルギー技術である。2020年に太陽光発電の発電量がとりわけ多かったのは、中国、米国、インドだ。

太陽光発電の仕組み

ソーラーパネルは太陽光を電気エネルギーに変換する。太陽光は直接あるいは鏡に反射してパネルに当たり、発生した電気は直接送電することも、バッテリーや蓄熱設備に蓄えることもできる。

ほとんどのソーラーパネルはシリコンで作られている。光の粒子がシリコンの原子に衝突し、電子が解き放たれると、電流が生じる。

制限と条件

平均的な米国の家庭は1年間におよそ1万1000キロワット時の電気を使用する*。1日に換算すると30キロワット時だ。一般的な60セルのソーラーパネルの大きさは2メートル×1メートルほどで、1.7平方メートルの面積で270～300ワットの容量になる。

日照のピークを5時間と想定すると、1枚のパネルで1日に約1.3キロワット時が発電できる。平均的な家庭に必要な30キロワット時を満たすには、60セルのパネルが24枚もあれば十分だ。この場合、屋根上や土地

＊日本の家庭（4人家族）では1年間におよそ4800キロワット時

3月中旬の緯度ごとの太陽エネルギー（kW［キロワット］）

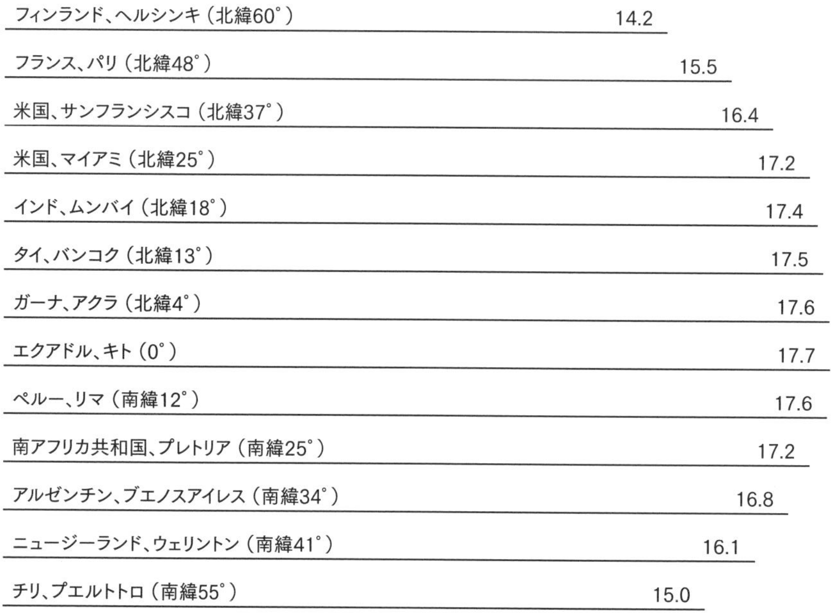

都市	kW
フィンランド、ヘルシンキ（北緯60°）	14.2
フランス、パリ（北緯48°）	15.5
米国、サンフランシスコ（北緯37°）	16.4
米国、マイアミ（北緯25°）	17.2
インド、ムンバイ（北緯18°）	17.4
タイ、バンコク（北緯13°）	17.5
ガーナ、アクラ（北緯4°）	17.6
エクアドル、キト（0°）	17.7
ペルー、リマ（南緯12°）	17.6
南アフリカ共和国、プレトリア（南緯25°）	17.2
アルゼンチン、ブエノスアイレス（南緯34°）	16.8
ニュージーランド、ウェリントン（南緯41°）	16.1
チリ、プエルトトロ（南緯55°）	15.0

正午に1m²当たりが吸収するキロワット数で測定

におおよそ40平方メートルの面積が必要になる。

2020年、米国の発電設備ではおおよそ40億メガワットの電気を生産した。このうち約60%が化石燃料の燃焼で、20%が原子力発電所、20%が主に風力や水力による再生可能エネルギーに由来している。太陽エネルギーからの供給は合計でわずか2.3%だった。

現在のパネルの技術を採用した場合、米国で必要となる電力をすべて太陽光でまかなうには、おおよそ12万4000平方キロ（モハーベ砂漠と同じくらいの面積）の土地をソーラーパネルで埋め尽くさなくてはならない。

また、送電も考慮すべき問題だ。最も日照の多い地域に集中してソーラーファームを設置したとすると、発電場所から電気の需要が大きい場所まで送電するのにエネルギーを要する。例えば、オーストラリアのノーザンテリトリーに20ギガワットの太陽光発電設備を建設し、シンガポールに電気を供給する計画が認可された。だが、海底ケーブルで目的地まで送電することで、電気が15%ほど消費されるのだ。

電気は供給するために無駄が出ることがある。長距離の送電には、無駄を最小限にとどめるためのインフラとエンジニアリングが欠かせない。

太陽光の利用可能性と角度

太陽エネルギーは日照がある間しか発電できない。緯度、気候、太陽の位置、天候のパターンも、受けられる太陽放射量に影響する。例えば、冬は太陽高度が低くなる。コロラド州中部やモハーベ砂漠などの日射量の多い地域では、1枚のパネルで1年間に400キロワット時の発電が可能だ。それとは対照的に、ミシガン州では同じパネルでも280キロワット時しか発電できない。欧州のさらに北緯の高い地域では発電量はもっと減り、例えば英国南部では、年間175キロワット時しか発電できない。

> 日照のピークを5時間と想定すると、1枚のパネルで1日に約1.3キロワット時が発電できる。平均的な家庭に必要な30キロワット時を満たすには、60セルのパネルが24枚もあれば十分だ。

ソーラー技術の進歩

2021年現在、ソーラーパネルの効率は11〜24%とまちまちだ。つまり効率の良い場合でも、利用可能なエネルギーの4分の1までしか電気に変換できない。

一方、研究所レベルでは、50%の太陽エネルギー変換効率を達成している。そのため、今後10年間で、さらに高効率な太陽光発電が商用利用可能になると予測できる。実現すれば、地域社会に電力を供給するのに必要な土地の総面積は、少なくて済むようになるだろう。

091

ALIA-250航空機

ALIA-250航空機は完全な電動航空機だ。垂直に離陸し、1回の充電で約400キロを飛行することが可能で、1時間で再充電できる。

カーボンニュートラル・タトゥー

米国中を太陽光発電でまかなうにはどのくらいの土地が必要か？

ソーラーファームがおよそ1メガワット発電するには、約1万6000平方メートルの土地が必要だ。そのため、米国が太陽エネルギーだけに頼るとしたら約3万2000平方キロ（モハーベ砂漠の4分の1程度）が必要になる。これは米国が既に石炭火力によって電気を生産し、取得するために利用しているのとほぼ同じ面積だ。米国で他の発電方式のために使っている土地の面積とはどのように比較したらよいだろうか？　石炭火力発電に使われる面積に加え、約10万5000平方キロが石油や天然ガス会社に貸し出され、さらに8万9000平方キロがトウモロコシ由来のエタノール生産に使われている。

1平方メートル当たりに換算すると、太陽光発電は、水力発電や風力発電と比べると有利で、同じワット数を発電するのに、水力や風力のタービンが必要とする面積のわずか10%で足りる。

地球全体に太陽光発電だけで電力を供給するには合計で約54万6000平方キロの土地が必要となる。これはフランスの国土面積に匹敵する。

088

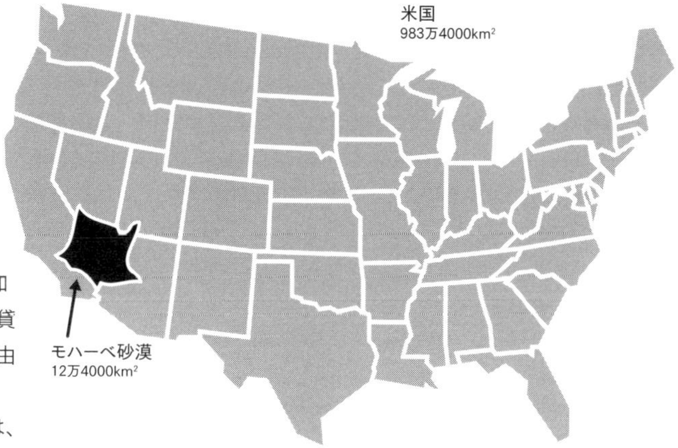

3万2000km²の土地にソーラーパネルを設置すれば、米国に1日中供給できるだけの電気を5時間で生み出せる。

発電に必要な土地

土地の利用目的	1エーカー（約4000m²）当たりの発電量（GWh） 75年間	25年間	年間1GWhの発電に必要な面積（エーカー）※1	土地の再利用法※2
太陽光	25.00	8.33	3（常時）	パネルの撤去、または他事業との併用
原子力	16.66	16.66	0.06（1回につき）	（放射能のため）非常にコストがかかる
石炭	11.11	11.11	0.09（1回につき）	コストがかかる（再利用分は15%に満たない）
風力	2.90	0.96	26（常時）	タービンの撤去、または他事業との併用
水力	2.50	0.83	30（常時）	ダムから排水して復旧
バイオマス	0.40	0.13	188（常時）	再植林

※1　1GWhは100万KWhに等しい。
※2　土地は同時に他の目的で使用することもできるため、再利用は必須ではない。

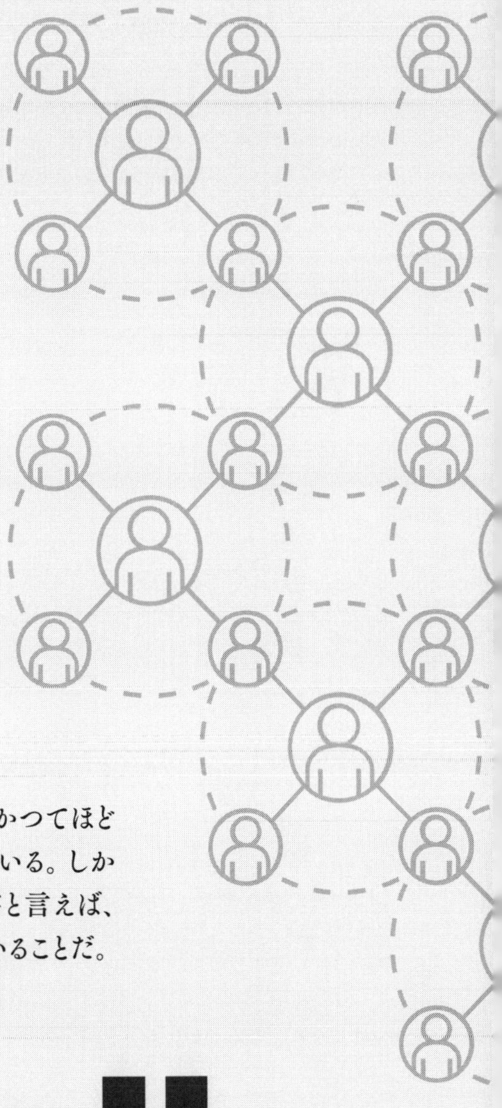

“1人ひとりに可能な、何より重要なポイントは、個人でできる行動をなるべく避けることだ。皆で仲間になって、政治や経済の体制が実際に動くくらい、大規模な行動を起こせるようにするのだ。

電球を1個LEDに取り換えたり食事を1回植物性のものに変えたりして1回でおしまい、ではもはや済まない。いろいろなことをやるべきだし、道徳的に正しいからだとか、節約になるからだとか、健康にいいからだとか、あらゆる理由をつけてやらなければならない……ただし、そうやって何となく義務を果たしたような気になっては駄目だ。

我々が個人個人に求めているのは、政治を動かすほどの影響力を持つ市民になることだ。

この国で我々は市民として行動し政治参加することがかつてほど得意ではなくなってしまい、あちこちで代償を支払っている。しかしおそらく何よりも明らかで、極めて長期にわたる損害と言えば、目下、我々が地球の物理的なシステムに対してなしていることだ。

私はそう考えている。

ムーブメントとは、歴史を見れば分かるように、我々が不公正で強固な力に立ち向かうための手段の1つなのだ。”

—ビル・マッキベン（米国の環境ジャーナリストで非営利団体350.orgのリーダー）

太陽光発電を巡る技術の進歩

業界のイノベーション、発電設備の数の拡大、工場の大規模化、パネルの効率向上、これらすべてが太陽光発電のコスト削減に寄与してきた。
さらに、新たな技術によってペロブスカイト型太陽電池や両面受光型パネルといった著しい進歩も見込まれている。

太陽電池パネルを搭載した衛星

地球は絶えず17万3000テラワットもの太陽エネルギーを浴びている。1960年代に製造された人工衛星バンガード1号は、太陽電池パネルを搭載し、太陽エネルギーを動力源として現在でも地球を周回し続ける最古の人工衛星だ。

太陽光発電の1W(ワット)当たりのコスト

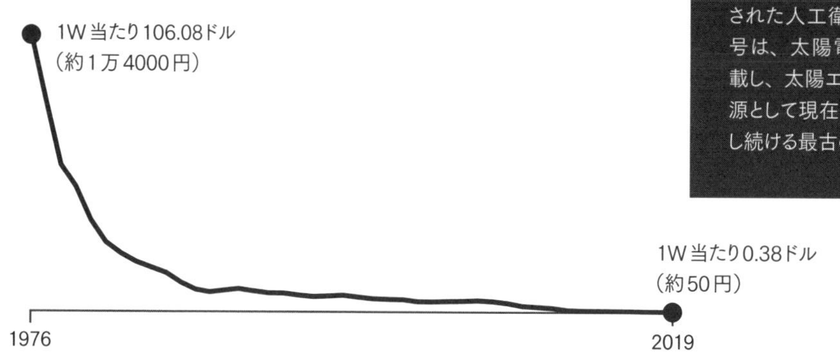

ペロブスカイト型

太陽電池は、パネルで受けた太陽光を、半導体を通して電気に変換している。現在、太陽電池の大半は、半導体の素材にシリコンを使用しているが、ペロブスカイトは新たな半導体の素材として、シリコン同様に採用されている。

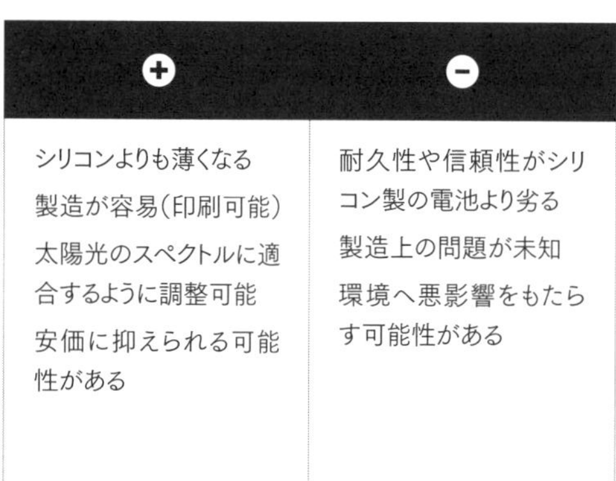

+	−
シリコンよりも薄くなる 製造が容易(印刷可能) 太陽光のスペクトルに適合するように調整可能 安価に抑えられる可能性がある	耐久性や信頼性がシリコン製の電池より劣る 製造上の問題が未知 環境へ悪影響をもたらす可能性がある

両面受光型パネル

設置場所によっては、反射した太陽光が利用できる。パネルの両面にセルを配置して太陽光を受けるので、発電量が10%以上増す。

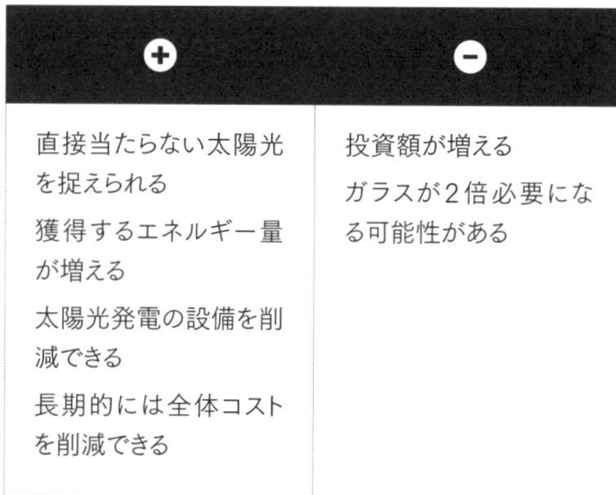

+	−
直接当たらない太陽光を捉えられる 獲得するエネルギー量が増える 太陽光発電の設備を削減できる 長期的には全体コストを削減できる	投資額が増える ガラスが2倍必要になる可能性がある

太陽光発電の利用拡大

ソーラーパネルの価格が下がり、効率が向上したため、水上ファーム、ビルの壁面、自動車の車体など、設置可能な場所が増えている。

水上ソーラーファーム

世界中のソーラーファームの大部分は、堅固な土地の上にあるが、現在、水上に浮かべたプラットフォームにソーラーパネルを設置する開発実験が行われている。成功すれば、都市のような設置場所が限られた地域や、ダムや大きな湖の近隣地域での運用が可能になるだろう。

水上ソーラーファームはまだ初期の段階にある。2020年に世界中で設置された水上ファームからの出力は合計3ギガワットで（世界全体での総出力は140ギガワット）、生産した電気の陸上への送電方法、プラットフォームの設置技術の向上、生物の付着による汚染回避などの問題点がまだ残っている。

建物一体型太陽光発電

ソーラーファームは一般的に、都市や居住地から離れた場所に、大規模かつ効率的に建設される。しかし、パネルの価格が下がるにつれて、建物一体型太陽光発電（BIPV）設備が市場に出回るようになった。建物一体型の設備では、屋根の上ではなく、窓に、あるいは建物の正面の一部に太陽光発電パネルが設置される。

車載用太陽光発電パネル

目下、太陽電池を自動車に直接搭載する試験が行われている。現在の太陽光発電パネルの効率では、比較的表面積の狭い車体に載せても、自動車が必要とする電力からすれば大して足しにならない。検証用の試作車には、小型のパネルでエアコンを動かすトヨタのプリウスから、かつての東海チャレンジャー*や最近のステラといった完全な「ソーラーカー」まで、さまざまなものがある。

その他にも、太陽光発電道路として路面に直接パネルを埋め込んだ設備や、透明で印刷も可能なために窓としても使えるソーラーパネルなど、イノベーションが進んでいる。

🌐 217

> 地球温暖化との戦いにおいて私たちに有利な要因も多くあるが、その中に時間は入っていない。地球温暖化の正確な状況や残された時間について無駄な議論はせず、上昇し続ける気温や海水面、地球温暖化が果てしなくもたらすありとあらゆる困難といった重要な事実に対処しなくてはならない。熱心で信頼できる科学者たちが世界中で、もう時間はない、危機は深刻だと警告を発している。今何よりも問うべきは、私たちの政府に、この問題に立ち向かうだけの力があるかどうかだ。
>
> ―ジョン・マケイン上院議員（米国の政治家）

＊日本の東海大学のチームが設計、製作に当たったソーラーカー。

水力発電

水力は現在、再生可能エネルギー源として世界最大であり、全電力の16%（風力発電のおよそ3倍、太陽光発電の6倍）を供給している。この再生可能エネルギー源から発電する方法は、ダムに貯水した水や川の流れを利用し、水力発電所で電気を発生させるというものだ。

再生可能エネルギー源の中でも、水力はとりわけ利用しやすく、信頼性があり、安価だ。また、古くから用いている方法の1つでもある。人類は中国の漢王朝の時代（紀元前202年〜紀元9年）から、水を利用して仕事をこなしてきた。

現在、世界の水力発電では東アジアと太平洋地域がリードしており、ブラジルと米国がそれに続いている。

過去10年間で、世界の水力発電電力量は3分の2ほど増加した。現在およそ1000基のダムが建設中で、その多くがアジアにある。国際エネルギー機関の予測では、水力発電は2040年までにさらに50%増えるという。

世界最大の水力発電所は中国の三峡ダムだ。2万2500メガワットの発電能力を誇っており、これは原子力発電所およそ22基、もしくは米国のフーバー・ダム11基分に匹敵する。2番目に大きいのがブラジルとパラグアイの共同施設であるイタイプ・ダムだ。

水の流れをどうやって電気エネルギーに変換するのか

商用水力発電は19世紀初頭の英国で開発され、以来世界中で使われるようになった。水力発電は動く水の力を利用して電気エネルギーを発生させる。落ちていく水がタービンのブレードを回転させ、タービンが発電機を回す。回転するタービンの力学的エネルギーが電気エネルギーに変換されるのだ。タービンに当てる水の落差を大きくすれば大きくするほど、水の流量を増やせば増やすほど、発電量も多くなる。

水力発電が環境にもたらす影響

貯水用のダムを建設して発電すると、長期にわたって環境に影響を及ぼすことになる。ダムは水を貯め、再生可能エネルギーを供給し、洪水を防ぐ。しかしダムを建設すれば、二酸化炭素やメタンなどの温室効果ガスも排出する。有機物が好気分解、あるいは嫌気分解した結果、自然水系や人工貯水池内で温室効果ガスが発生するからだ。

ダムは湿地や海洋といった炭素吸収源を破壊し、生態系の栄養を奪い、生物の生息地を破壊して、貧困に苦しむ地域社会を退去させるといった問題を引き起こすことも少なくない。

095

> 未来を予測する最良の方法は、
> 自分で未来を創ることだ。
>
> —アラン・ケイ（米国の科学者、教育者）

世界のダムの大きさランキング（2019年現在）

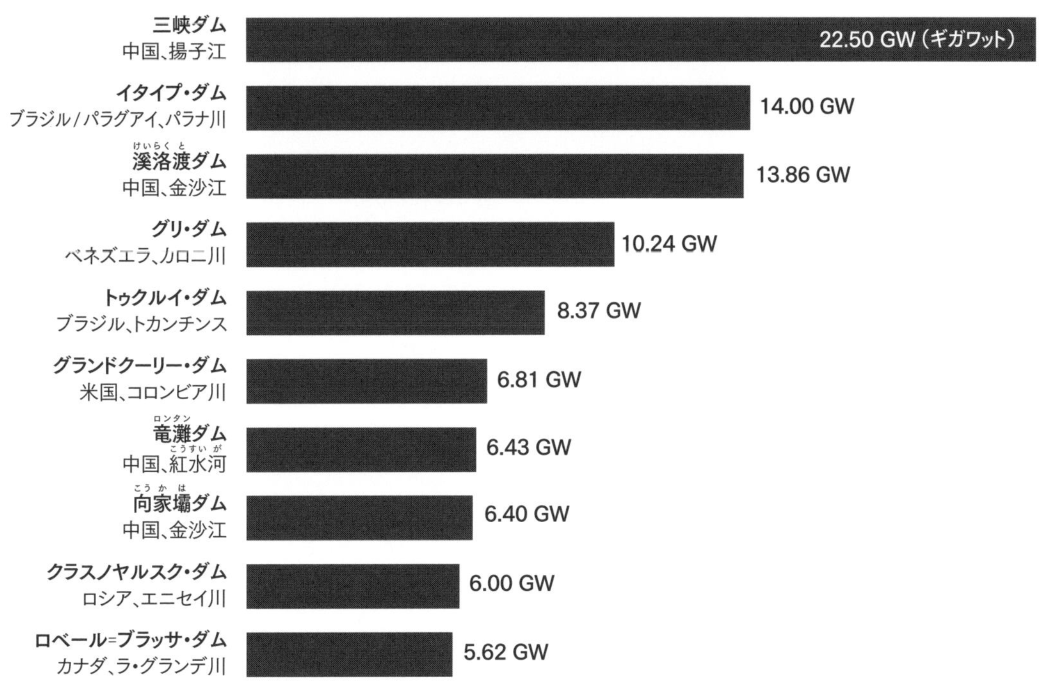

新設発電所の発電量（地域別）

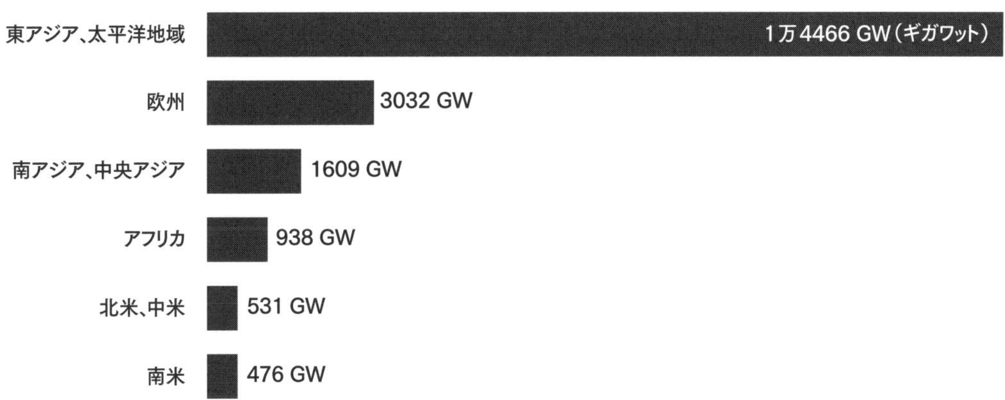

潮力発電機は1日に最長で22時間発電できる。

海洋潮汐を利用して発電する

海洋潮汐は再生可能で絶えることのないエネルギー源だ。潮汐は自転する地球に月と太陽の引力が働いて発生する。

潮汐現象によって、海岸付近では干潮時と満潮時の間で最大12メートルも水位が変わる。こうして海面が上下する運動エネルギーを利用して水中に設置したタービンのブレードを回転させ、排出ゼロで電気エネルギーを生み出せるのだ。

潮力発電は、世界の発電量のうち、
まだほんの一部を担っているにすぎない。

潮力発電の歴史

人々は何世紀もの間、潮汐のエネルギーを利用してきた。潮力水車は河川や水路に見られる水車と同様の仕組みだ。潮が満ちると貯水池に水が流れ込む。潮が引くときに池を満たしていた水が流れ出て水車を回す。

考古学研究によって、北アイルランドのネンドラム修道院跡で、紀元619年の潮力水車の遺構が見つかっている。中世まで潮力水車は一般的なものだったのだ。

1700年代にはロンドンだけで76基の潮力水車が使用されていた。大西洋の両岸で、750基の潮力水車が稼働していたこともあった。そのうち約300基が北米、200基がイギリス諸島、100基がフランスに設置されていた。

世界の発電設備の新規導入量（2019年）

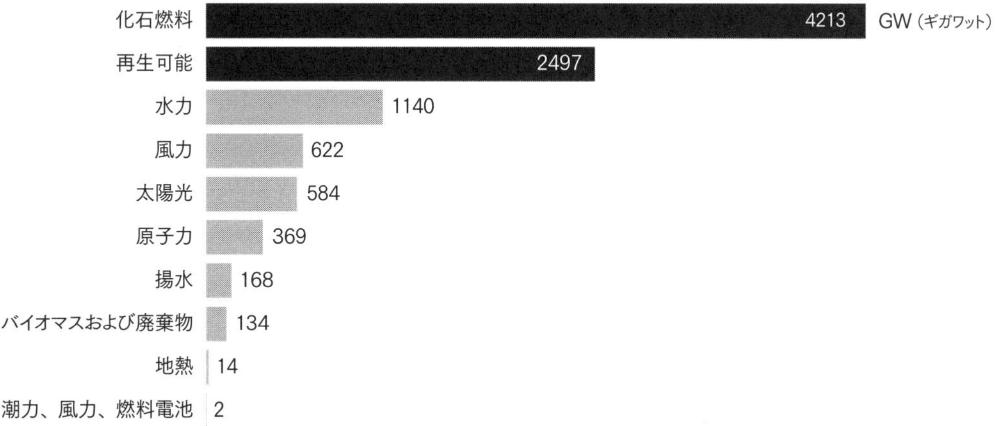

現代の潮力発電機の仕組み

潮力発電機の内部では、潮が引くときに水中にある潮力タービンのプロペラ状のブレードが回転する。ブレードは潮力の強さに応じて毎分12〜18回転する。タービンがギアボックスに動力をもたらし、発電機が回転すると電気が発生する。

潮力を効率的に捉えるには、タービンを2つの陸地に挟まれた狭い海峡に設置すればよい。潮が満ちると海峡の片側の水位が上がり、その海水は海峡を通って反対側に流れ込む。そして、潮が引いて海峡の水位が下がると、海水が海峡を逆向きに流れるからだ。

今日の潮力発電

韓国の始華湖（シファホ）潮力発電所は、潮力発電所としては世界最大の規模を誇る。毎時254メガワットを発電し、4万世帯以上に給電可能だ。これに次ぐ規模で現在稼働中なのが、フランスのランス潮力発電所で、その発電量は240メガワットだ。

潮力発電は世界の発電量のうち、まだほんの一部を担っているにすぎない。しかし潮力そのものは世界中に広く存在し、途絶えることはない。

098

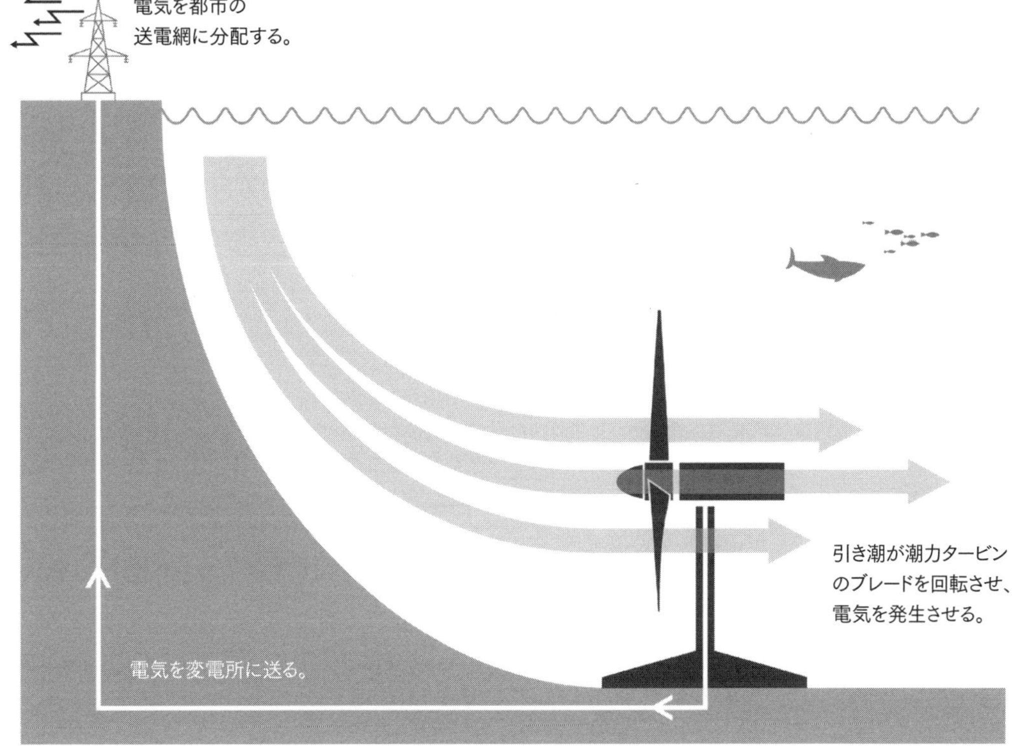

核分裂による原子力エネルギー

核分裂によって放出される原子力は、世界中の電気のおよそ10%を発電しており、低炭素のエネルギー源としては水力に次ぐ規模である。原子力発電所では燃料を燃やさないため、温室効果ガスを排出しない。世界中で約450基の原子炉が稼働している。

原子力の利用状況は国ごとに異なる。例えばフランスでは、国内のエネルギーのうち原子力による発電の割合は70%近くに及ぶ。オーストラリアの場合、その数値は0だ。

核分裂の仕組み

原子から核エネルギーを生み出す物理的プロセスには2つの種類がある。核分裂と核融合だ。核分裂は大きい原子を2個以上の小さな原子に分裂させる。これに対して核融合は2個（あるいはそれ以上）の軽い原子同士を融合させ、より重い第3の元素を作る。一般的に知られ、原子力と呼ばれるのは核分裂反応だ。

核分裂ではウラン原子を分裂させて熱を発生させ、それを熱源として水を蒸気に変える。その蒸気を受けてタービンが回転し、発電機が電気を生み出す。送電系統用の規模の電気を生産するには最も効率的な方法の1つだ。

核分裂炉の種類

核分裂による原子力発電所は、原子が分裂するときに出る熱で蒸気を発生させて発電するという点ではすべて同じだ。しかし、蒸気の扱い方には2通りの異なる方法がある。

加圧水型原子炉（PWR）では水に圧力をかけるので、水は熱を保つが沸騰しない。原子炉から出る水と蒸気に変える水とは別々のパイプを通り、混ざらない。

沸騰水型原子炉（BWR）では核分裂で出た熱によって水が沸騰し、蒸気が発生して発電機を回す。どちらの原子炉も、蒸気を水に戻して再び発電に利用できる。

原子炉は安全なのか？

原子力事故が起こることは稀だが、チョルノービリ、スリーマイル島、福島*などのように、これまでに起きた事故は壊滅的な結果を招いている。しかし、エネルギー生産に起因する死亡者数に限っては、原子力は安全なものの1つと評価され、風力や水力といった再生可能エネルギーにやや劣るくらいである。

建設と燃料

化石燃料を使う発電所とは違い、原子炉は稼働中に大気汚染物質や二酸化炭素を発生させない。とはいえ、ウラン鉱石を採掘し、精製して核燃料を作るプロセスでは、大量のエネルギーを必要とする。このエネルギーでは炭素を排出する。

また、原子力発電所の建物自体や各設備も大量の金属やコンクリートなくしては建設できない。つまり、材料の製造プロセスで大量のエネルギーを要するのだ。コンクリートは地球上の炭素排出の主要因であるゆえに、結果として原子力発電所も大規模な炭素排出源である。

放射性廃棄物

原子力に関連して環境面で大きな懸念となっているのが、ウラン尾鉱、使用済み核燃料、プルトニウム、その他の放射性廃棄物が出ることだ。発生した放射性同位体の半減期は極めて長く、100万年を超えるものもある。放射性廃棄物の制御と管理は大きな問題をはらんでいる。

放射性廃棄物の処理方法として、現在行われているのが貯蔵だ。放射能を遮断する鋼鉄の筒に収めたり、安定した深い地下層に収めたりする方法がある。しかし、放射性廃棄物を貯蔵するという処理方法は、漏洩による環境災害を引き起こす恐れがあり、論議を呼んでいる。こうした技術はいまだ開発途上だ。

核分裂を利用した原子力発電の未来

原子力発電所の行く末はまだ分からない。世界で約450基の原子炉の老朽化が進んでいる。原子力発電所の平均耐用年数は35年であり、2025年までには先進国の全原子力発電所のうち4分の1を運転停止しなければならない。

2011年に起きた、東日本大震災による福島第一原子力発電所のメルトダウン以来、多くの国では原子力計画の段階的な中止を考えるようになり、ドイツでは2022年までにすべての原子力発電所の稼働停止を予定している。

米国では95基の原子炉が稼働中だが、過去20年間で新規に稼働を開始したのはわずか1基だ。

しかし、他の国々では100基以上の原子炉の建設を計画中で、さらに300基以上が提案されている。その先陣を切るのは中国、インド、ロシアだ。国際原子力機関は、原子力発電は2019年の392ギガワットから2050年には715ギガワットへと倍増すると予測している。

093

エネルギー生産に起因する死亡者数

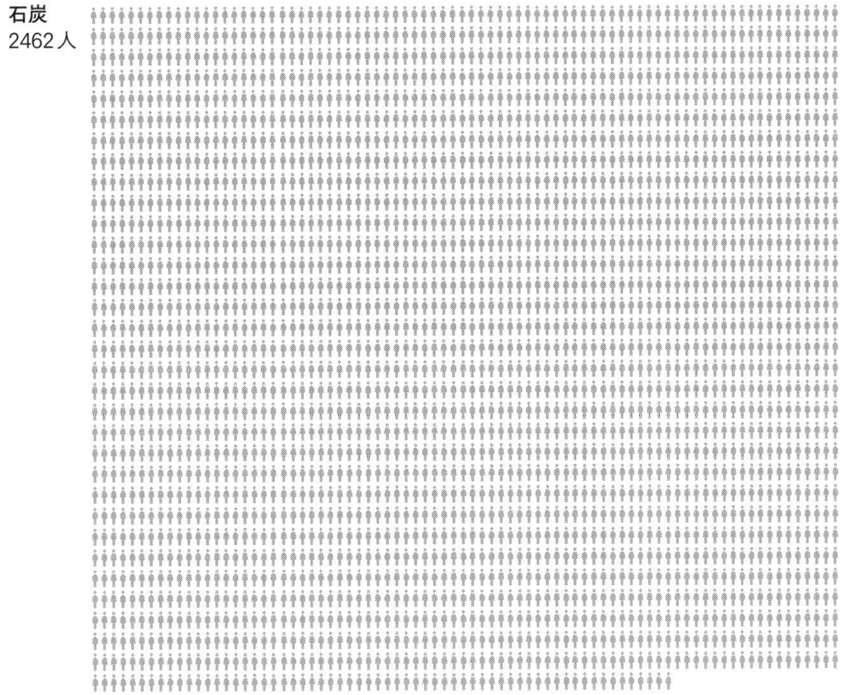

死亡者数は100TWh（テラワット時）当たりの事故と大気汚染による死亡者に基づく。

＊2011年3月に東日本大震災に伴って起こった福島第一原子力発電所の事故では、電源が喪失され、1・3・4号機が水素爆発を起こした。大量の放射性物質の放出により、政府は原発から半径20キロ圏内を「警戒区域」、20キロ以遠の放射線量の高い地域を「計画的避難地区」として指定し、自主避難を含め約16万人の住民が避難をした。事故はチェルノービリ事故と並ぶレベル7という最も深刻な事故と位置付けられた。現在も住民や経済への影響は続き、膨大なコストのかかる事故原発の廃炉の目処はまだ立っていない。（監修者）

核融合による原子力エネルギー

原子からエネルギーを得るには、核分裂と核融合の2通りの物理プロセスがある。核分裂は、世界中の原子力発電所で採用されている発電方法だ。一方、核融合は、太陽などの恒星で起きている現象で、恒星のエネルギー源となっている。しかし、今のところ、そのエネルギーを地球上で利用できるように制御したり管理したりするのは非常に難しい。

太陽をヒントに

1920年代にいち早く、核融合を利用して世界にエネルギーを供給できると提唱したのは、英国の物理学者、アーサー・スタンレー・エディントンだ。核融合は全宇宙で最も豊富な元素である水素を使い、熱や光という形でエネルギーを生み出す。その廃棄物はヘリウムとトリチウムだ。

核融合はクリーン、安全、強力、効率的であり、おおよそ40億年もの間、太陽で絶えず起きてきた。地球上には核融合の主要な燃料である重水素とリチウムが存在する。これらは海水に豊富に含まれ、3000万年分はある。もし核融合を効率良く利用することができれば、クリーンで廃棄物の出ないエネルギーを無尽蔵に作り出せるだろう。

核融合の仕組み

核分裂では、原子を分裂させることでエネルギーを生み出すが、核融合の場合には、2つの原子を融合させて第3の重い元素を作り出す。このプロセスを利用して、原子の質量の一部を巨大なエネルギー出力に変換するのだ。

核融合の問題点

地球の重力は太陽の重力と同じではないため、核融合炉では別の方法で反応を起こす必要がある。実用的な核融合炉では、太陽で核融合が起きる場合に比べて10倍以上の熱が必要になる。

地球上で核融合反応を起こすには、太陽核の高熱と高圧を再現しなくてはならない。原子を融合させるのに欠かせない高熱と内圧を十分に封じ込め、正味エネルギーを得られるようになるまで、長期にわたって核融合反応を制御し、維持し続ける必要がある。核融合反応が進行している高熱かつ高密度のプラズマを閉じ込めておける素材は存在しない。そのため、MRI装置で使用するものよりもはるかに強力な磁気を利用する。トカマクと呼ばれるドーナツ状の特殊な装置の中に、その強い磁気によってプラズマを閉じ込めるのだ。しかし、残念ながらまだトカマクは最大の発電量を得るために効率的とは言い切れず、磁場を閉じ込める形状をさらに進歩させる研究が、原子物理学において大きな関心の的となっている。

進む核融合の研究と進歩

核融合やプラズマ物理学の研究は50を上回る国々で進んでいる。核融合実験は少なからず成功を重ねているが、正味エネルギーを取得できた例はない。

フランス南部では35カ国が共同でITER計画に取り組んでいる（ITER（イーター）はラテン語で「道」）。これは、世界最大のトカマクを建造し、核融合には炭素を排出しない大規模エネルギー源としての実現可能性があることを証明するというプロジェクトだ。

> あと10年で核融合エネルギーは実用化される。
> 過去60年間、そう言われ続けた。
>
> —ある物理学者

ITERは核融合炉を稼働するのに必要なエネルギー出力を超える初の核融合装置になる可能性を秘めており、これまでに反応の持続性に関して多くの記録を残している。

中国は、ITERよりわずかに大きい、半径およそ7メートルの中国核融合工学試験炉（CFETR）を建造する予定だ。2020年の時点でCFETRは設計と技術試作の段階にあり、今後10年ほどで建設が始まる。CFETRは200メガワットの核融合エネルギー出力での試運転を予定しており、段階的に、最低でも2000メガワットの核融合エネルギー、実質出力700メガワットへの引き上げを見込んでいる。

以前には見られなかったことだが、2021年になると、投資家たちに核融合エネルギーの可能性が受け入れられ始めた。一部の企業とその企業への投資額を以下に示す。

094

核融合への資金

名称	資金（単位：米ドル）	取り組み	所在地
アバランチ・エナジー	3300万（約43億円）	手のひらサイズの原子炉	米国、ワシントン州シアトル
コモンウェルス・フュージョン・システムズ	25億（約3300億円）	トカマク	米国、マサチューセッツ州ケンブリッジ
新奥能源研究院	株式公開会社	逆転磁場配位型	中国、河北省廊坊（ランファン）市
ファースト・ライト・フュージョン	2500万（約33億円）	慣性閉じ込め方式	英国、ヤーントン
ジェネラル・フュージョン	3億2200万（約420億円）	液体ライナー圧縮装置	カナダ、ブリティッシュコロンビア州バーナビー
HB11	480万（約6億2000万円）	ホウ素レーザー核融合	オーストラリア、ニューサウスウェールズ州シドニー
ヘリオン・エナジー	27億（約3500億円）	逆転磁場配位型	米国、ワシントン州レドモンド
ロッキード・マーティン・スカンクワークス	株式公開会社	小型（トラックサイズ）原子炉	米国、カリフォルニア州
TAEテクノロジー	9000万（約110億円）	逆転磁場配位型	米国、カリフォルニア州フットヒルランチ
トカマク・エナジー	1000万（約13億円）	球状トカマク	英国、アビンドン
ザップ・エナジー	5000万（約65億円）	Zピンチ	米国、ワシントン州シアトル

炭素はどこにでもある

私たちの家庭には、炭素から作られたものがたくさんある。ここにその例を挙げておこう。

アスファルト	電気毛布	リップスティック	ソフトコンタクトレンズ
頭痛薬	眼鏡	パジャマ	ソーラーパネル
包帯	肥料	枕の詰め物	テント
携帯電話	食品防腐剤	シャンプー	歯磨き粉
消臭剤	ハンドローション	シェービングクリーム	おもちゃ
洗剤	人工心臓弁	靴・サンダル	ビタミンカプセル

地熱エネルギー

地球の核は熱い。その熱を取り出して利用できる技術がある。

水や蒸気によって地表に運ばれる地熱のエネルギーは、暖房や冷房、あるいはクリーンで再生可能な電気の生産に使うことができるのだ。

世界的に見ると、アイスランド、エルサルバドル、ニュージーランド、ケニア、フィリピンといった国々では使用する電力のうち相当量を地熱エネルギーから得ている。アイスランドでは電力の25%以上が地熱発電によるもので、暖房のほとんども地熱でまかなっている。

一方、地熱発電で世界のトップに立つのは米国で、3.5ギガワット、つまり350万世帯に供給可能な量を上回る発電容量を誇る。米国に加え、インドネシア、フィリピン、トルコ、ニュージーランドが地熱発電国のトップ5だ。

地熱発電の仕組み

地熱発電所では、地熱貯留層から取り出した蒸気を利用して電気を生産する。現在、熱水による流体を電気に変換するには次の3種類の技術が使われている。

・ドライスチーム方式
・フラッシュ方式
・バイナリー方式

地熱エネルギーのメリットとデメリット

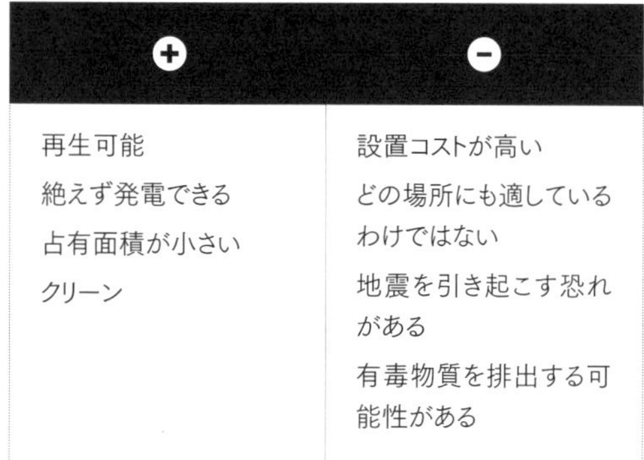

+	−
再生可能	設置コストが高い
絶えず発電できる	どの場所にも適しているわけではない
占有面積が小さい	地震を引き起こす恐れがある
クリーン	有毒物質を排出する可能性がある

世界最大の地熱発電設備は米国、サンフランシスコの北にある。350基の井戸から上がる蒸気で稼働する22の発電所を擁し、おおよそ900メガワット、つまり72万5000世帯以上に供給できる電力を生み出している。

地熱発電所は経済性が良く、1メガワット当たり、約4000〜3万2000平方メートルしか使用しない。これに対し、原子力発電所は2万〜4万平方メートル、石炭火力発電所は7万7000平方メートル（炭鉱自体は含まない）が必要になる。

地熱発電が環境にもたらす影響

ほとんどの地熱発電設備は、排出を最小限に抑える「クローズドループ」方式の地熱発電システムを採用している。汲み上げた水を暖房や発電に使った後、ポンプで直接、地熱貯留層に戻しているのだ。

「オープンループ」方式の場合は、蒸気と熱排水を環境中に放出するため、水や大気の質に影響を及ぼす可能性がある。地下の貯留槽から汲み上げられた熱水が高濃度で硫黄、塩分、その他の鉱物を含んでいることも少なくない。オープンループ方式の地熱システムは、独特の“腐った卵”のにおいのする気体、硫化水素を排出する。

排出された硫化水素は二酸化硫黄(SO_2)に変化する。この気体に由来する小さな酸性の微粒子は、心臓や肺の病気を引き起こす可能性がある。SO_2は酸性雨の原因にもなり、作物に被害をもたらすだけでなく湖や川も酸性化する。

この副作用は決して無視できないが、米国での地熱発電所からのSO_2排出量は、石炭火力発電所（つまり最大のSO_2排出源）と比べて1メガワット時当たりで、おおよそ30分の1だ。

地熱発電所は地中の貯留層から水と蒸気を取り去るため、貯留層の上の土地が時とともに徐々に沈み、地表を不安定にすることがある。ほとんどの地熱発電所ではこのリスクを下げるため、注入井を通して使用後の水を地中に再注入している。

地熱発電の新規導入量（2020年）

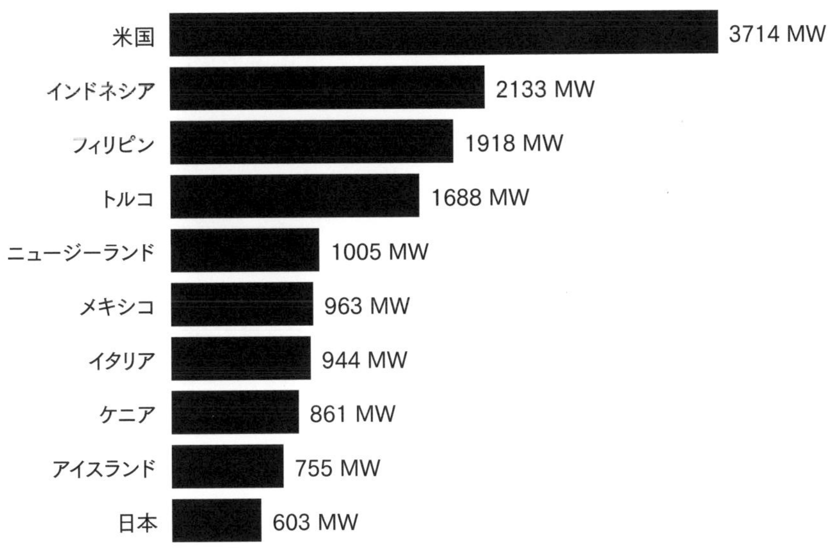

地震の増加も地熱発電のリスクの1つだ。地熱発電所は、極めて不安定になりがちな断層帯や地質的な“危険地帯”の近くに設置されることが珍しくない。地中深くまで掘削し、水と蒸気を取り去ると、ときに地震のような小規模な地殻変動が引き起こされる場合がある。

強化地熱システム（EGS）

十分な熱がありながら自然な浸出がない場所で、EGS技術の実験が行われている。流体を地表下に高圧で注入し、既存の裂け目を再び開いて浸出性を確保するのだ。この方法で、流体が岩盤の裂け目を通って循環し、熱を地表まで運び、その熱で発電することができる。

097

> 取り組む価値のある問題というのは、
> 実際に解決したり解決を手助けしたりできるもの、
> 実際に何らかの寄与ができるもののことだ……
> どんな問題でも、実際に何か手を打てるのであれば、
> 小さすぎるとか、取るに足りないなどとは言えない。
>
> リチャード・ファインマン（米国の物理学者）

水素としてのエネルギー貯蔵

太陽光発電や風力発電は、今では石炭火力より安価になりつつある。しかし石炭とは異なり、エネルギーを長く貯蔵できないため、ほとんどがその場で利用される。つまり、再生可能エネルギーはエネルギー需要の変化に適応しにくい。

幸い、再生可能エネルギーの貯蔵には水素という選択肢がある。つまりエネルギーは、炭素を排出しない水素に長期間貯蔵し、必要に応じて利用できるのだ。水素に貯蔵すれば、厳冬期に最も多く必要となるエネルギーの需要変化に応じて、その都度直ちに利用できるエネルギーを供給することも可能だ。

水素への貯蔵量は、新たなインフラを建設しなくても増やすことができる。水素をパイプラインに貯蔵して、パイプ内に圧力をかければ貯蔵量が増えるからだ。

水素を再生可能エネルギーへの移行の鍵だとする見方も広がっている。水素には再生可能エネルギーと共生的な関係があるからだ。再生可能エネルギーは水素を作るのに利用でき、水素は生産したエネルギーの貯蔵に利用できるというわけだ。

238

4枚羽根のプロペラは幸せの印だよ

バイオマスとごみから得られるエネルギー

ごみを燃やすと電力が得られる。この方法は廃棄物発電と呼ばれる。また、こうした廃棄物を都市廃棄物（MSW）という。

2019年に米国では3100万トンの都市廃棄物を焼却して発電を行い、約130億キロワット時の電気を生産した。これは、100万を上回る世帯に丸1年間給電できるくらいの量だ。

発電方法はいたって単純だ。ごみを焼却炉で燃やし、熱を発生させる。この熱で水を沸騰させ、その蒸気を利用して発電機を動かすのだ。

とりわけよく使われる燃料は、次に挙げるような、バイオマスか生物由来（植物や動物）のものだ。

・紙や段ボール
・廃棄食料
・刈り取った草
・葉
・木材
・革製品

さらに、石油から作られたプラスチックや他の合成素材といった非バイオマスの可燃物を処理できるように作られた焼却炉もある。

バイオマスエネルギー

人類は昔から暖房や調理のために木を燃やしてきた。今日ではその方法も改善され、植物や動物に由来する多くの素材が使われる。埋立地から出るガスを燃焼させてエネルギーを生産できる焼却炉もある。

エネルギーを取り出すために使われるバイオマスは炭素由来で、たいていは水素、酸素、窒素、その他少量の原子を含んでいる。バイオマス中の炭素はCO_2を隔離固定している植物に由来しており、これを燃やせばCO_2が再び大気中に排出される。

バイオマスをエネルギーに変換する技術

- **直接燃焼**　バイオマスを燃やして熱を発生させる。最も普及している方法。
- **熱化学的変換**　バイオマスを熱分解、およびガス化して固体、気体、液体の燃料を生産する。直接燃焼よりも複雑で、加圧した密封容器内のバイオマスを高温で熱する必要がある。
- **化学的変換**　この方式はエステル交換と呼ばれ、植物油、動物性脂肪、油脂を脂肪酸メチルエステルに変換し、バイオディーゼルの生産に利用する。
- **生物化学的変換**　エタノール、バイオガス、またはバイオメタンを生成できる。この方法は下水処理施設や酪農業・畜産業での嫌気性消化を利用する。場合によっては、廃棄物の埋立地でもこの変換が起き得る。この最終製品は、ひとたび生産できれば、従来の燃料の直接的な代用品となる。

バイオマスエネルギーはカーボンニュートラルか？

バイオマスは二酸化炭素を大気中に排出するが、そこに含まれる炭素は速い循環の中で吸収されたばかりものだ。一方で化石燃料などのエネルギー源は、何百万年もの間貯蔵してきた炭素を排出する。

> バイオマスをどう処理するにしても、気候変動の問題に対する有益な方法であるためには、投資が必要だ。燃料になったバイオマスに代わる植物を新たに育てなくてはならないからだ。

例えば原生林は効率良く炭素を貯蔵するが、再生するには数十年では足りないこともある。熱帯雨林は一度切り倒すと、再生はさらに困難を極める。それに、洪水、浸食、その他の環境悪化要因に伴う重大な問題も考えられる。さらにプラスチックの焼却はカーボンニュートラルではあり得ない。燃やしているプラスチックこそが化石燃料から作られているのだから。

096

カーボンニュートラル燃料：アンモニア*

カーボンニュートラル燃料は実質的に（追加の）温室効果ガスを排出せず、カーボンフットプリントもない。二酸化炭素を有益な燃料に変換すれば、地中から新たに炭素を掘り出さなくとも炭素循環は続く。

カーボンニュートラル燃料は大きく2つの種類に分けられる。

- **合成燃料**：二酸化炭素に化学的に水素を合成する
- **バイオ燃料**：植物の光合成など、自然のCO_2吸収プロセスを利用して作る

合成燃料を作るのに使われる二酸化炭素を得るには、大気中から直接回収する、発電所から（工業炉での燃焼を経て）排出されるガスを再利用する、海水に含まれる炭酸を利用するといった方法がある。一般的な合成燃料の例としては水素、アンモニア、メタンなどがある。

アンモニア分子は1つの窒素原子と3つの水素原子がピラミッドのような三角錐型に結合した形をしている。無色の気体で、鼻を突くような特徴のあるにおいがする。自然界では、アンモニアは標準的な窒素の代謝産物であり、特に水生生物は直接的に排出する。

アンモニアは世界中の食料や肥料の45%の前駆体として働き、地球の栄養需要に多大な貢献をしている。

アンモニアは直接的にも間接的にも、多くの医薬品や洗浄剤の原料として使われる。例えば窓やガラスのクリーナー、万能洗剤、オーブンクリーナー、便器クリーナーなどもそうだ。水の浄化、および、プラスチック、爆薬、織物、殺虫剤、染料の生産に使う冷媒ガスの役目も果たす。

体積当たりでは、液体水素よりも70%ほど多く、圧縮水素ガスの3倍ほどエネルギーを有する。重量当たりでは、現在のリチウム電池の20倍を超えるエネルギーを有している。

アンモニアの生産

従来の方法でアンモニアを生産すると、多量の二酸化炭素が発生する。しかし、生産プロセスの中で化石燃料エネルギーを風力や太陽光といった再生可能エネルギーに置き換えると、その排出量は削減できる。また、二酸化炭素回収貯蔵技術を使い、排出したCO_2のほとんどを分離し隔離する方法もある。

重量当たりでは、現在のリチウム電池の20倍を超えるエネルギーを有している。

*アンモニアは燃焼時にはCO_2を出さないが、現在もっぱら化石燃料（主にガス）から生産されており、生産時にCO_2を排出する。その意味でカーボンニュートラルではない。CO_2を排出しないように地中に貯留する技術や、再生可能エネルギーでアンモニアを製造する方法は開発途上であり、「カーボンニュートラル燃料」と呼ぶのは時期尚早である。（監修者）

> 指導者たちには自らの行動への責任をどこまでも取ってもらわなければなりません。
> 私たちは気候不正義について口をつぐんでいてはなりません。
> 1人ひとりの行動が重要です。行動すれば必ず何かが変わります。
> 声を上げればきっと道は開けます。未来のために信念を持ち続けましょう。
> ―バネッサ・ナカテ（ウガンダの環境活動家）

液体アンモニアは室温の大型タンクで貯蔵でき、その安全性はプロパンガスより優れ、ガソリン並みだ。年間のアンモニア生産量は2億トンを上回り、パイプラインやタンカーやトラックで世界各地に運ばれている。

再生可能燃料としてアンモニアを使用する場合、高温での燃焼プロセスに特有の不都合がないわけではない。それは現代のディーゼルエンジンと同様だ。その不都合の最たるものが、窒素に富んだ酸化環境では窒素酸化物（NOx）を形成する可能性があることだ。排出プロセスで追加的な対策として、一酸化二窒素のレベルを削減する必要がある。

109

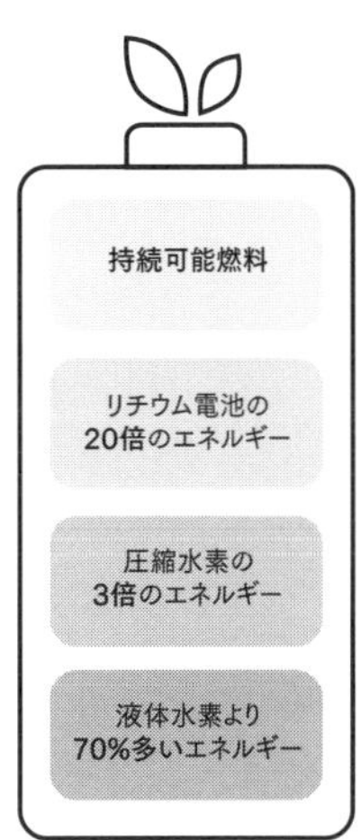

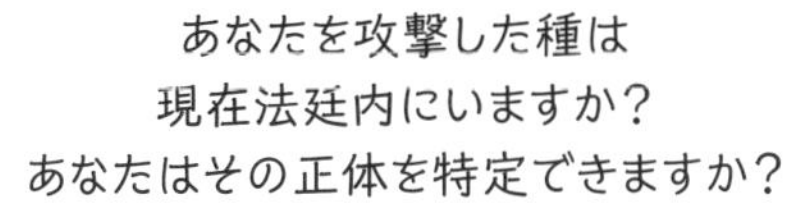

燃料としてのアンモニア*

アンモニアを燃料として使う方法には、以下の3通りがある。

- 炭素排出ネットゼロの内燃機関で直接燃焼させる。
- アルカリ型燃料電池内で直接電気に変換する。
- 熱分解して水素を生成し、非アルカリ型燃料電池で使用する。

＊日本では石炭火力発電所にアンモニアを混焼する方針に基づき、技術開発などが進められている。気候変動の最大の要因である石炭火力については他の先進国が技術開発ではなくフェーズアウト（全廃）を決めていることと対比すると、日本は独自の路線を歩んでいる。アンモニア混焼はコストが高く、技術が普及するのは2030年以降であるため、石炭火力の延命につながり十分な対策効果が得られない可能性もある。（監修者）

カーボンニュートラル燃料：水素*1

燃料は必要なときに必要な場所でエネルギーを放つのに使う。調理のためでも、ガソリンタンクをいっぱいにするためでもいい。炭素由来の燃料は（石炭や石油、天然ガスという形で）遅い循環の中で炭素を蓄え、燃やされると二酸化炭素を排出する。

これに対して、カーボンニュートラル燃料は実質的に（追加の）温室効果ガスを排出せず、カーボンフットプリントもない。貯蔵した炭素を解放するのではなく、別の方法でエネルギーを解き放つ。

カーボンニュートラル燃料は大きく2つの種類に分けられる。

- 二酸化炭素に化学的に水素を合成して作る合成燃料
- 植物の光合成など、自然のCO_2吸収プロセスを利用して作るバイオ燃料

いずれの場合でも、二酸化炭素は回収されたものがやがて解き放たれるのであって、実質的に炭素を生成して量が変わったわけではない。エネルギーは貯蔵されたものが、必要に応じて使われる。

合成燃料を作るのに使う二酸化炭素を得るには、大気中から直接回収する、発電所から（工業炉での燃焼を経て）排出されるガスを再利用する、海水に含まれる炭酸から取り出すのいずれかによる。一般的な合成燃料の例としては、水素、アンモニア、メタンなどがある*2。

水素

水素は宇宙に最も豊富に存在する元素で、すべての元素のうち、おおよそ90%（原子数比）が水素だ。地球上では水素が単独で存在することはまれで、水素を取り出すためには何かに処理を施す必要がある。

燃料としての水素

水素は、温室効果ガスの排出がほぼゼロであり得る国内のさまざまな資源から製造できる。一度製造されれば、燃料電池の中で電気を発生させ、水蒸気と暖かい空気だけを排出する。

水素を安全かつ効率的に燃焼させるのは難しくはない。効率的な生成、貯蔵、輸送のほうが問題だ。

水素の生成

地球上で水素を製造するには、他の物質、つまり水、植物、あるいは化石燃料から、水素原子を分離させなければならない。この分離の仕方によって、水素の持続可能性が左右される。

現在、水素はほとんどの場合、化石燃料であるガスを原料に、メタンと高温の蒸気を触媒反応させるという、著しく環境を汚染する方法で作られる。水蒸気改質と呼ばれるこのプロセスは、水素に加えて一酸化炭素や少量の二酸化炭素を生成し、石油の精製や化学肥

> 生きるための振る舞いは変わる。自己と世界の関係は相互的なので、
> まずは知識を得るか、救われてから行動を起こすか、という問題ではない。
> 私たちが地球を癒やそうとするから、地球が私たちを癒やしてくれる。
>
> —ロビン・ウォール・キマラー（米国先住民、ポタワトミ族の環境保護活動家、作家）

今日、四者が絡む環境的惨事が起きた現場からお伝えします。クジラのブライアンがイルカだらけのマグロ網に絡まって打ち上げられたところ、産卵中のウミガメが下敷きとなり、そこに燃費の悪いSUV車が衝突したのです。

BIZARRO.COM

料の生産に使われている。

水素は水の電気分解でも製造でき、その場合、副産物として残すのは酸素のみだ。電気分解は電流を用いて水を電解槽の中で水素と酸素に分離する。太陽光や風力などの再生可能エネルギーがその電気を生み出すなら、結果として製造される水素は汚染物質とは無縁で、「グリーン水素」と呼ばれる。

燃料電池自動車

液体水素、あるいは高圧縮水素は、燃料電池自動車（FCEV）の動力源になる。この自動車は従来の内燃機関自動車よりも2〜3倍効率が良く、排気管から排出するのは水蒸気だけだ。

LEDを使ってエネルギーを節約する

LED照明は白熱灯よりも使用エネルギーが75%少なく、25倍長持ちする。2035年までにLEDによる年間エネルギー節約量は1000基の発電所の年間エネルギー出力量と同等になると見られている。

燃料の貯蔵

水素ガス1キロが持つエネルギーは、ガソリン2.8キロが持つエネルギーとおおよそ等しい。水素は体積エネルギー密度が低いため、圧縮ガスや液体として車内に貯蔵し、従来の自動車と同じ走行距離を実現している。しかし、水素を経済的に貯蔵するには、高圧か低温か化学的プロセスが必要となるため、簡単ではない。

110

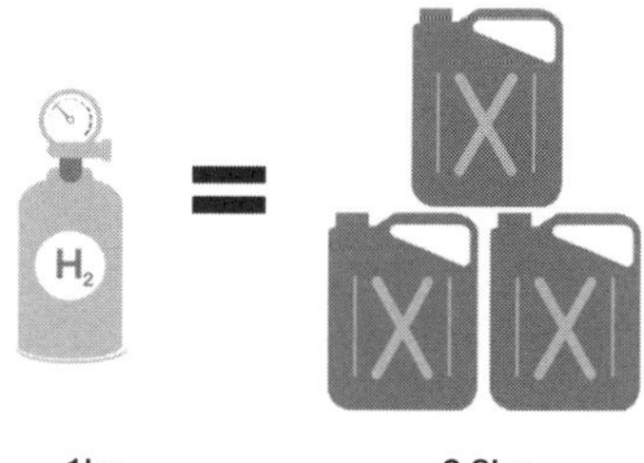

＊1　水素はアンモニアと同様、現在もっぱら化石燃料（主にガス）から生産されており、生産時にCO_2を排出する。その意味でカーボンニュートラルではない。CO_2を排出しないように地中に貯留する技術や、再生可能エネルギーで水素を製造する方法は開発途上であり、「カーボンニュートラル燃料」と呼ぶのは時期尚早である。（監修者）

＊2　合成燃料を生産するためにエネルギーを使用する。また、製造技術もまだ確立されておらず、日本では2040年までの商用化が目指されているところであり、利用可能になるのは相当先になりそうだ。（監修者）

化石燃料から再生可能エネルギーへ 新たな雇用機会の創出

1859年、米国ペンシルベニア州タイタスビルで石油が掘り当てられた。

石油が埋蔵されているかどうか分からない場所で石油を探すことを「ワイルドキャッティング」という。ワイルドキャッティングをした人は、運が良ければ、一夜にして大金持ちだ。

ひとたび石油を掘り当てれば、石油採掘は困難で汚れまみれになるものの、仕事としては安定している。採掘に挑んだ人たちはたいてい、巨額の利益を得て、現場で働く人々に気前よく報酬を出す。

石油採取経済は稼ぎのいい仕事を無数に生み出してきたし、地域社会や文化全体が石油汲み上げや石炭採掘という仕事を中心に形成されてきた。

再生可能エネルギーは効率的でクリーンだが、石油や石炭と同じように経済や文化を動かす力はない。太陽の照りつける場所や風の吹きつける場所を見つけたからといって、決して一夜にして大金持ちにはなれない。さらに、太陽光や風力による発電所を設置して維持する仕事は、健康や回復力（レジリエンス）という点では確かに優れているが、その一方で文化面での著しい変化を要する。炭鉱で働いていた人たちが必ずしも新たな業界で学び直したいと考えるとは限らない。

化石燃料産業に失業への不安があるのは、安定していた産業が突然変化するからだ。その一方で、再生可能エネルギーへの移行を早めれば、エネルギー生産や貯蔵技術の導入や維持、エネルギー効率向上、送電網の改良といった分野で雇用機会が生まれる。

> 米国の化石燃料産業の全拠点の25%は、
> 再生可能エネルギーの生産にも
> 理想的な場所だ。

米国では、多くの地域社会が化石燃料採掘を中心に形成されており、高学歴ではない人たちに、高給の仕事を提供し、税収や下流部門の仕事も生み出している。とはいえ、米国の化石燃料産業の全拠点の25%は、再生可能エネルギーの生産にも理想的な場所だ。再生可能エネルギー中心の未来へと確実に滞りなく移行しやすくするために、そうした地域の人々を金銭的に援助し、訓練することが提案されている。また、この計画の経済的コストは、他の社会保障制度よりも少なくなると予想される。

2020年、米国労働統計局は炭鉱労働者の数を約4万3000人と算出した（2010年の8万4000人から減少）。一方で同年、送電網に接続された新規発電設備の90%は事実上、再生可能なエネルギーによるものだった。

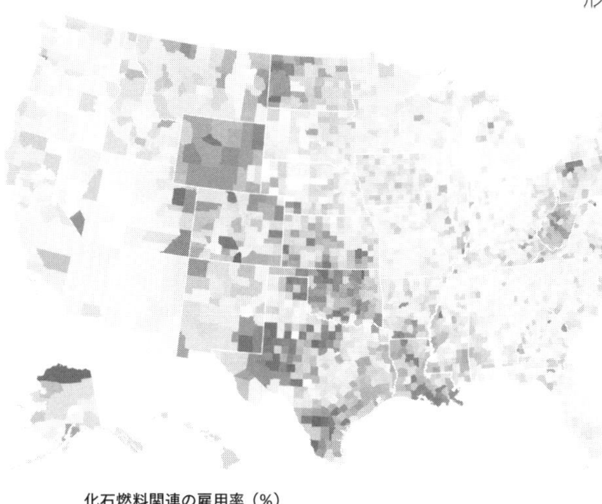

070

太陽エネルギー
太陽光（PV）、
集光型太陽熱
太陽熱冷暖房

バイオエネルギー
バイオマス、バイオ燃料、
バイオガス

水力
大規模、小規模

風力

地熱

→ 5万人分の仕事

世界合計
1100万人分の仕事

象徴的なビルも再生可能エネルギーへ

エンパイアステートビル（や同じ不動産グループのビル）は現在、完全に風力で給電されている。こうしたビル群の電力をクリーン電気に切り替えると、20万トンのCO_2を削減できる。

これは、ニューヨーク市内のタクシーが1年間走るのをやめたときに削減できるのと同じ量だ。

クリーンエネルギーに必要な鉱物に関する課題

化石燃料から脱して再生可能エネルギーに移行するときには、地球に電力を供給するために必要な鉱物も変わってくる。

鉱物は次の用途で必要となる。

- 電気自動車（EV）
- エネルギー貯蔵
- 太陽光発電パネル
- 風力発電所

電気自動車は内燃機関自動車の6倍の鉱物を使用する。さらに陸上風力発電所は天然ガス火力発電所の9倍の鉱物を使用する。

新技術における電池には、リチウム、コバルト、ニッケル、マンガン、黒鉛が必要だし、EVのモーターや風力タービンに使われる永久磁石にはレアアースが欠かせない。さらに、銅やアルミニウムは電力網にはなくてはならない。

こうした鉱物の需要が著しく増加する兆しが見えている。リチウムの需要は今後20年間で90%増えると見込まれている。ニッケルとコバルトは60〜70%、銅とレアアースは40%以上増えるだろう。リチウムだけを見ても、リチウムイオン電池の市場規模は、2017年に過去最高の300億ドル（約3兆9000億円）に達し、2025年までには1000億ドル（約13兆円）になると予測されている。

今のところ、これらの鉱物の生産量を2040年までに倍増することが見込まれているが、2050年までにネットゼロを実現するには、現在の生産量の6倍が必要だ。現在の供給量と将来の投資計画や生産計画を踏まえると、再生可能エネルギーシステムへの移行は、スケジュールと財政の両面の見通しで危機に直面している。

＊着想から実現するまでの所要時間。

問題点や弱点として次のようなものが挙げられる。

- 鉱物資源の地理的な集中
- 鉱山の所有権と管理の集中
- サプライチェーンの複雑さ
- プロジェクト開発や鉱山での増産のリードタイム*の長さ
- 採掘に要するエネルギーや費用、採掘による排出量の増加を誘発する鉱石の品質低下
- 持続可能かつ生産責任の所在が明らかな鉱石調達の需要増加
- 鉱山の操業に対する気候面でのリスク（水ストレス、熱ストレス、洪水）の増加

例えば、これらの問題点や弱点の多くは、世界最大のコバルト生産国であるコンゴ民主共和国にも当てはまる。テスラの自動車の中には、約4.5キロのコバルト（携帯電話に含まれるコバルトの400倍）を必要とする電池を搭載しているものもある。コンゴのコバルト鉱山での人権と環境の問題は、まさに今、新たな再生可能エネルギー経済での同国の戦略的位置だけはなく、国民をも脅かしている。

フォードは目下、米国内で多額の費用をかけて、リン酸鉄リチウムをコバルトの代用品とする施設とプロ

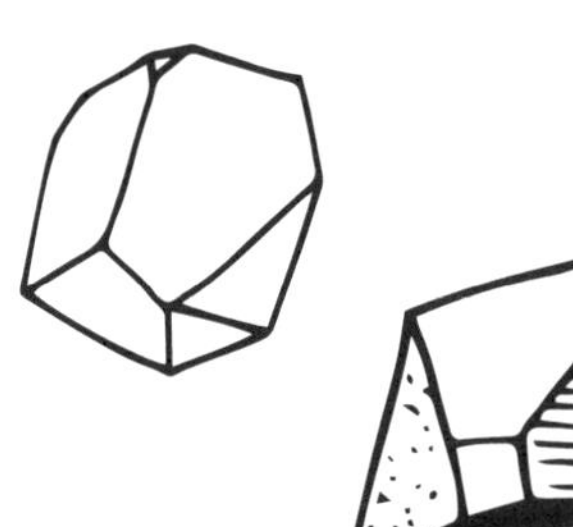

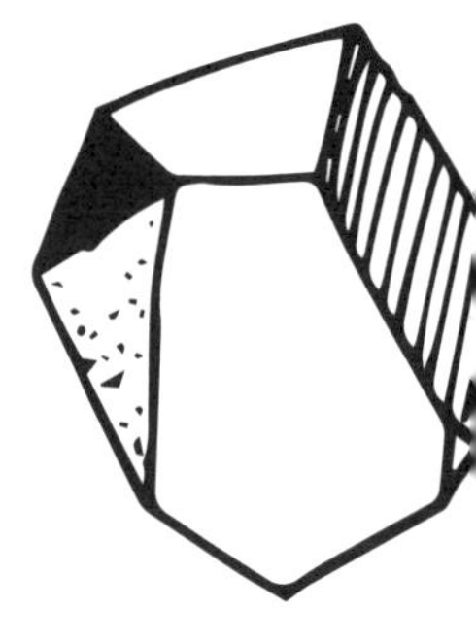

セスの開発を進めている。そして、コンゴ民主共和国は自国の問題を管理すべく取り組んでいる。

米国西部全域では、先住民族の部族が新たな再生可能エネルギーシステムに伴う困難に直面している。重要鉱物の採掘は、多くの場合、人や環境には有害だ。部族の人たちには古くからその土地での狩猟や漁業や食料調達の権利があるにもかかわらず、米国で長く運用されてきた鉱業法は、部族社会やその土地に不利に働いてきた。

鉱山を巡り、米国の先住民が直面している問題には次のようなものがある。

- 太陽光発電による送電網の将来的な使用に向けてアンチモンを生産するための鉱山での露天掘り
- 一般的な送電網に利用する銅の露天掘りと地下採掘
- EVに搭載する電池に利用するためのリチウム採掘計画

我々には再生可能エネルギーがもたらす素晴らしい可能性がある。戦略として活用できる金属からであろうと、川から得るものであろうとだ。この素晴らしい資源を世界が自由に使えるように、だがまずはコンゴ人に、ひいてはアフリカ人に利益をもたらすようにするにはどうすべきだろうか?

—フェリックス・チセケディ(コンゴ民主共和国大統領)

これらの活動がネズパース族、トホノオーダム族、パスクア・ヤクイ族、ホピ族、フォートマクダーミット・パイユート族とショショーニ族、ワラパイ族、サンカルロス・アパッチ族の土地を脅かしている。

264

すっかり狂ったこの世界では、「成功」の味をドルやフランやルピーや円で測る。価値を感じ取れるものはすべて消費したい、宝石1粒も金属1オンスも石油1滴も海を泳ぐマグロ1尾も茂みに潜むサイ1頭も余すところなく手に入れたい、という私たちの願いはとどまるところを知らない。私たちは欲望が支配する世界に生きているのだ。

私たちは人間や地球よりも資本が重要視されるがままにしてきた……未来を台無しにする企業に投資する意味はない。創造物の管理人として仕えるからには名ばかりではいられない。行動を起こす必要がある。おまけに、この悲惨な状況には緊急性が求められている。

—デズモンド・ツツ大主教(南アフリカの神学者。反アパルトヘイト・人権活動家)

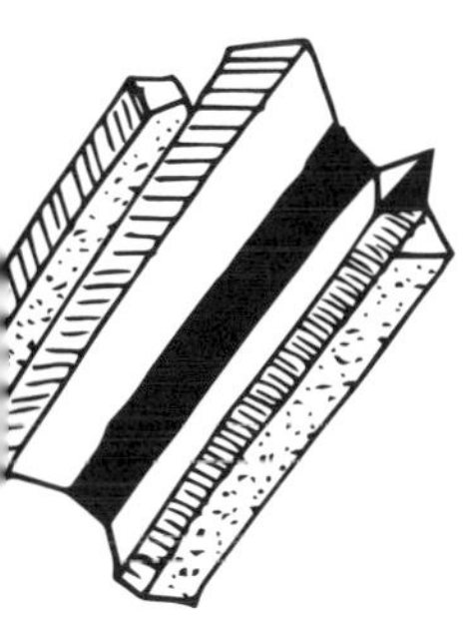

石炭から太陽光へ

ケンタッキー州のかつての炭鉱跡に、マーティキ太陽光発電所が建設中だ。3万3000世帯に電気を供給する予定で、元炭鉱労働者たちの手で建築作業が進んでいる。

肉に関する驚くべき事実

1人前のサイズ
英国栄養士協会が提案する1人前の肉のサイズは約85グラム。トランプ1組の大きさだ。

土地の利用
畜産物の生産プロセスでは牧草地や飼料の栽培が必要だ。農地として利用する土地のほぼ80%が、畜産のために使われている。

肉を食べなければ…
地球に暮らすすべての人がベジタリアンになれば、2050年までに1兆6000億ドル(約210兆円)相当のCO_2と健康被害を減らすことができるだろう。全員がヴィーガンになれば、この数字は1兆8000億ドル（約230兆円）近くまで跳ね上がる。

牛肉のための水
食用として肉牛を育てるには、1キロ当たり1万5415リットルの水、すなわち野菜を育てるのに必要な平均量の48倍近くを要する。

実際の消費量
2020年、平均的な米国人は1日におよそ340グラム（トランプ4組分）の肉を食べた。

安価な肉
米国の食肉産業は年間380億ドル（約5兆円）の政府補助金を得ている（それに比べて青果産業は年間1700万ドル＝約22億円しか受け取っていない）。このおかげで、マクドナルドはチーズバーガーを2ドルで販売できるのだ。全世界での食肉産業への補助金は5000億ドル(約65兆円)を超えていて、1兆ドル（約130兆円）以上に増加するとの予測もある。

243

> 世界を以前よりも少しでも良くしてほしい。
> 必要なものだけをいただき、生命や環境を傷つけぬようにし、償うのだ。
> —ポール・ホーケン（米国の環境活動家、作家）

食品ロス

毎年、10億トンを上回るほどの食品ロスが出る。食品は、生産、貯蔵、加工、流通というフードバリューチェーン*の早い段階から無駄になることがある。食品は一度食べられる状態になっても、実際に食べられなければ、その場合も無駄になると言ってよい。

国際連合食糧農業機関（FAO）の見積りでは、**製造された食品全体の3分の1が食品ロスにつながっている**という。またFAOでは、毎年4.4ギガトンのCO_2、つまり人間由来の温室効果ガス（GHG）排出のおよそ6%が、食品ロスの発生に起因するとの概算も出している。食品ロスを1つの国と考えれば、世界第3位の排出国になる計算だ。

食品が無駄になれば必ず、その食品を作るのに費やしたエネルギーも無駄になる。食品が埋立地で分解されると、有害なメタンの発生を増やす一因にもなる。

温室効果ガス排出の原因

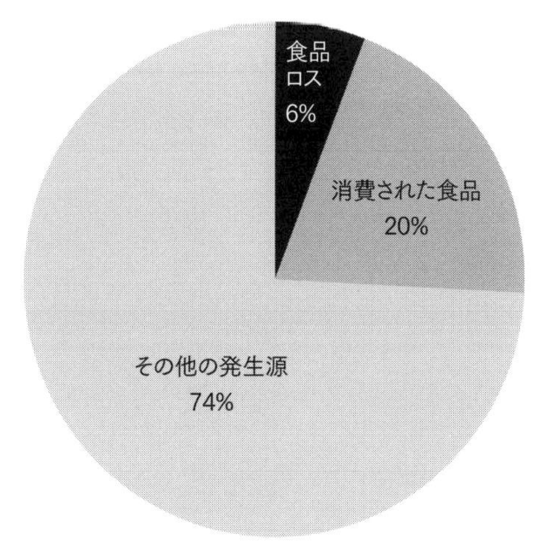

＊食品の生産から消費までの工程で発生する付加価値のつながり。

食品ロスの影響を減らすためにできる6つのステップは次の通りだ。

1. 前もってカーボンフットプリントの少ない食品を買う計画を立てておき、無駄を減らす心づもりをする。戸棚や冷蔵庫をチェックしてすでにある材料で作れる料理を考えたり、残り物を使った献立を組み立てたりしてから食料品を買いに出かける。
2. 賞味期限を念頭に置いて食事の準備をする。保存の利かないものがあれば、食べられる分だけ作る。
3. 1人分の量によって、食品や食費に無駄が出る場合もある。料理が多過ぎて食べ切れないようであれば、1人分の量を減らす。
4. 漬ける、煮込む、冷凍するなどの方法で食品を保存する。
5. 冷蔵庫の中身に細かく優先順位をつけ、古いものを先に使ってなるべく無駄にしない。駄目になった食材はコンポストで堆肥化する。食材がごみとして埋立地に運ばれて腐ると有害なメタンが発生するので、それを削減するためだ。
6. SNS上で、あるいは家族や友人に食品の保存を勧める。お気に入りの食品節約レシピやコツを教え合って無駄を減らし、食料消費が気候にもたらす影響を低減させる。

031

> 世界が抱えている大きな問題とは、
> 自然の働きと人々の考え方が
> 違うために生じた結果だ。
>
> ―グレゴリー・ベイトソン（米国の人類学者、社会学者）

炭素吸収源としての農業の利用

農業が始まって以来、133ギガトンの炭素が土壌から放出されたとの推定がある。

リジェネラティブ（環境再生型）農業を行えば、栄養素がより豊富な食料を作れるうえに、農家は生産性や収益率も上げられると言われる。リジェネラティブ農業に古来の農業技術と最新の技術を組み合わせれば、食料生産システムを部分的に炭素吸収源に変えて、CO_2を吸収する可能性が生まれる。食料システムを強化して不安定な気候の影響に対する回復力を高めたり、次のような方法で炭素含有量を取り戻したりすることもできる。

- **カーボンファーミング**　輪作を行い、さまざまな被覆作物（土壌保護のために植える作物）を育て、化学肥料を使用しない、または最小限にとどめる。
- **カーボンランチング**　家畜の集中的な計画輪換放牧を行い、牧草地を再生させる。肥やしが土壌やそこにすむ微生物の栄養となる。

現在の成長率が続けば、リジェネラティブ農業は2050年までに23.15ギガトンのCO_2を削減すると予測されており、気候変動に対して特に影響力のある解決策の1つとして期待されている。

218

マンハッタン
スカイライン

59.4 km^3

133ギガトンの二酸化炭素とはどのくらいの体積か？

$CO_2$133ギガトンはマンハッタン全体の1330倍よりも重い。石炭で考えると、1辺が59.4キロ（マンハッタンの長さの2.72倍、最も高いビルの高さの136.57倍）の立方体だ。

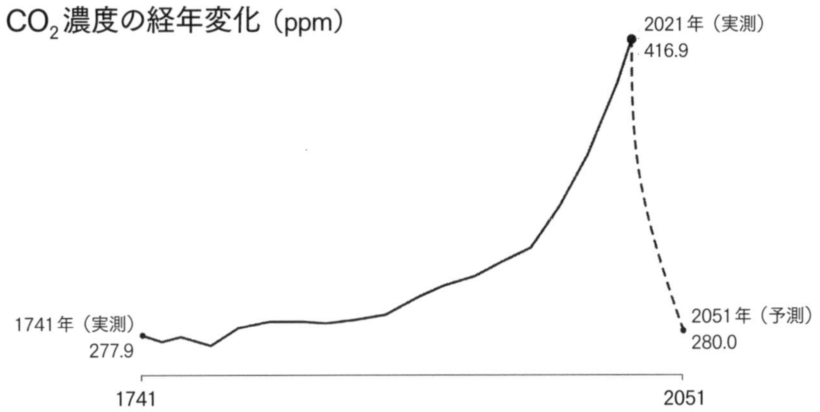

プラントベースの食生活

すべての人が米国の食生活をまねしたら、世界中の居住地を丸ごと農地に変えなければならず、それでも全員に食料を行き渡らせるためには38%ほど土地が足りない。

現在、世界中の農地の80%近くが家畜を飼育するために使われている。それでも世界に供給するカロリーの20%足らずにしかならない。

南アジアやサハラ以南のアフリカ全域、それに南米の一部の国の人たちは、野菜中心の食生活を送っている。世界中の人がこれをまねれば、広大な土地が新たに農地として利用可能になり、地球に暮らすすべての人たちに食料を供給できるだろう。

肉などの動物性の食材をたっぷり使った食事を取る国々には、家畜や飼料の生産のためにさらに多くの場所が必要だ。野菜や穀物や海産物中心の食事を取る国々では、生産のために利用する土地も最小限で済む。

099

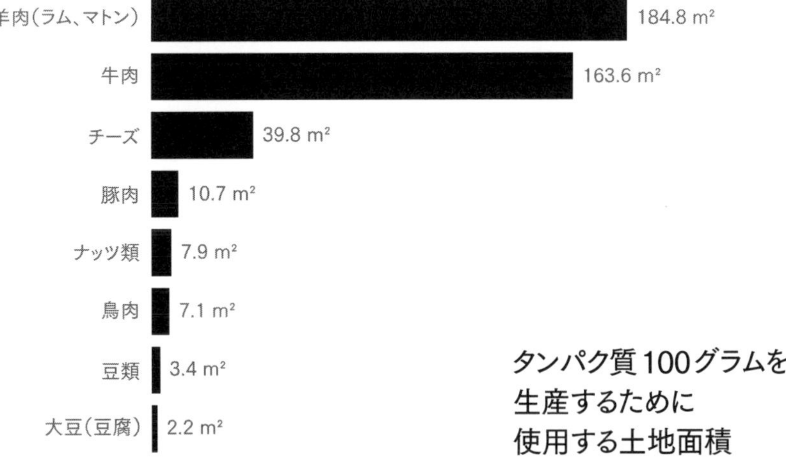

タンパク質100グラムを
生産するために
使用する土地面積

点滴灌漑（かんがい）

1930年のことだ。中東のある少年が、並木の中の1本だけが他の木よりもはるかに高く成長しているのに気づいた。その木には他とは違う何かが起きていた。地中で細いパイプから水漏れが発生し、その水がこの木の根を潤していたのだ。

30年後、イスラエルの科学者たちは、近代的で大規模な点滴灌漑を他に先駆けて開発した。乾燥した気候と水不足に悩まされる現地で、点滴灌漑は広く採用されるようになり、他の土地にも普及していった。

点滴灌漑は根に直接ゆっくりと水を滴らせる。この方法なら、古くから利用されている開水路と比べて、蒸発を最小限に抑えられるのだ。適切な量の水を適切な場所に運ぶ点滴灌漑は、従来の灌漑方法と比較して、必要な水量が約60％減り、収穫量が約90％増える。

とはいえ、問題もある。

- 標準的な設備を設置するのに資金（約4000平方メートル当たり2000〜4000ドル＝約26万〜52万円、およびエネルギー費用）が必要。
- 地下パイプが詰まらないよう監視が必要。
- 特に小規模農家にとって、新技術の採用はハードルが高い。

農業における最新のイノベーションには次のようなものがある。

2015年、米国の農家は1日に約5360億リットルの水を灌漑に使用した。しかし、点滴灌漑を行っているのは、灌漑の対象となる土地全体の9％に及ばない。世界全体で見ると、この数字は5％未満にまで下がる。

- **IoTセンサー**　スマートテクノロジー搭載の湿度モニターを土壌に埋め込み、含水量が特定の閾値（いきち）を下回ったときに灌漑システムを作動させる。なお、IoTとは「モノのインターネット」の意である。
- **N−ドリップ**　イスラエルの土壌物理学教授、ウーリー・シャニが2017年に発明したこの技術は、外部エネルギー源や複雑な機械装置を必要としない。その代わりに、重力を利用して灌漑に必要な圧力を得る。つまり、使用水量も少なく済み、一般的な方法と比べてもコストはごくわずかなので、小規模農家には恩恵となり得る。N−ドリップ・テクノロジーは現在、米国、オーストラリア、ベトナム、ナイジェリアなど17カ国で稼働している。

248

農場の広さは問題か?

地球上の農地の数は5億7000万カ所を超えるが、その広さはさまざまだ。中国で実施した最新の農業調査によると、中国国内にある2億カ所の農場のうち93%は広さが1万平方メートル、もしくはそれに満たないくらいだった。米国の感覚では、「小さい農場」と言えば「100エーカー（40万平方メートル）程度」だが、それでも他の国の小規模で家族経営の農場からすればはるかに広い。下表の通り、農場の広さでは米国、ブラジル、英国の順で大きく、インド、エチオピア、ベトナムでは大勢の人たちが1万平方メートル、あるいはもっと狭い農場で働いて生計を立てている。

こうしたばらつきはあるものの、
世界の農用地の88%が
2万平方メートルかそれ以上の広い農場だ。

工業型農業は効率性と面積当たりの利益を追求しており、それゆえに工業型農業が進む国では大農場が優勢となる。農場の統合と規模拡大が短期的利益を向上させるのだ。

世界各国の平均的な農場規模
（2000年現在）

小さい農場の傾向

- 機械設備が少ない
- 面積当たりに栽培される作物の種類が多い
- 肥料は既製品に頼らず、厩肥（きゅうひ）や堆肥を使う

ごく小規模な農場は一般的に、家族が自給自足のために営んでいる。そして、余剰の農産物がその家庭の収入源となる。

小規模農場（2万平方メートル未満）は一般的に、類似した環境下にある大規模農場よりも面積当たりの栽培作物の種類が多い。農地が狭い農家ほど、利用可能な土地全体にかける時間もエネルギーも増えがちだ。しかし、米国のような土地環境での工業型農場は、インドなど発展途上国の小規模農場に比べて、面積当たりで10倍もの生産が可能である。

工業型農場では短期的に収穫量は増えるものの、小規模農場のほうが炭素を出さずに済む。350を超える調査プロジェクトの結果を総括した信頼性の高いメタ研究によれば、不耕起栽培*による農業は、大農場の特徴である集中的な工業型農業に比べて、炭素を隔離固定する量が著しく多いことが明らかだ。

215

しかし、私のこれまでの経験では
事故など……語るに値するような
出来事になど遭ったことは一度もない。
これまでの航海で遭難した船を
見かけたのはただの一度きりだ。
難破船を見たことも、難破したことも、
何らかの災難に見舞われるような
苦境に陥ったこともない。

—E・J・スミス（タイタニック号船長）

*農地を耕さずに作物を栽培する方法。

ピーナッツバターを作るために排出する温室効果ガスは、チーズを同じ量だけ作る場合の４分の１未満で済む。

チョコレートと気候

チョコレートはおいしい。その原料となるカカオ豆は、赤道付近に生育し寿命の長い木から収穫できるので、気候変動に対して何の問題もない作物のように思える。ところが、チョコレートの未来に影を落とす要因もあるのだ。

世界の極貧農家の中にはカカオを栽培する人たちもいるが、世代交代や経済的な事情から、その多くがパーム油など持続可能性の低い農業に転換せざるを得なくなっている。それに加え、ネスレなどの大企業が生産を工業化しているため、貧しい農家はカカオ豆だけを栽培し、相場で売らざるを得なくなっている。相場で売るための価格設定競争のせいで、児童労働という大きな問題が発生し、解消の目処が立っていない。

しかも、世界中で作られるチョコレートの3分の1近くの原材料を生産するカカオ豆栽培地域（コートジボワール、ガーナなど）が、気温上昇に脅かされている。気温が上がると（湿度が変わらなければ）、植物が蒸散作用で放出する水分が増え、木やその作物に害が及ぶことがあるのだ。

古くからある294カ所のカカオ豆栽培地を対象とした調査で、生産の安定性が向上していたのは31カ所だけであることが分かった。その他の栽培地では、転地するか、作物を変えるか、生産の減少に直面しなくてはならないだろう。

一方で、チョコレート業界にとって有利に働きそうな点もある。伝統的な方法で植えられたカカオの木は、1万平方メートルで200トンを超えるほどの炭素を貯蔵するのだ。カカオの木はていねいに育てれば何世代にもわたって生き続け、炭素の隔離固定サイクルを長くすることができる。

さらに、オリジナルビーンズ（チョコレートのブランド）のような小規模生産者の増加が、児童労働の廃止、賃金の倍加、持続性の高い技法による環境保護に結び付いている。持続性の高い技法には、例えば「カブルーカ」と呼ばれるブラジル式の栽培方法がある。この方法を使えば、カカオ農家はもとの熱帯雨林にはほとんど手をつけずに、木々に覆われた場所に低いカカオの木を植え、涼しい日陰で炭素をたっぷりと吸収させることができる。ある調査では、カブルーカによって、カカオを植えた土地の炭素吸収量を2倍以上にできることが明らかになった。

とはいえ、問題は収穫量だ。カブルーカで栽培を行う農園で木1本当たりの利益が下がると、カカオが高騰する。そうなると、消費者がチョコレートを購入する価格が上がるか、カカオ農家が収穫量の多い農場と競争するために他の形で補償を受けるかのいずれかになる。カーボンクレジットが、人類にとって極上の甘美な楽しみを守るための解決策となるかもしれない。

🌐 233

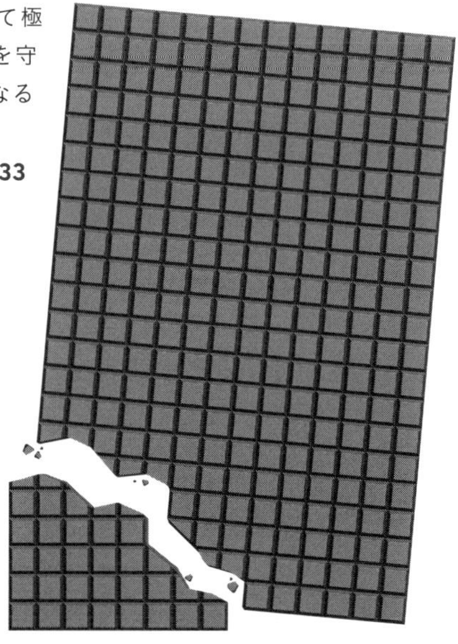

牛乳とその代用品

人類がマンモスと共存していた頃からずっと、母乳は人間にとって重要な食料だ。ほとんどの哺乳類は一定の成長を遂げると、生まれてから飲んできた母乳を消化する能力を失うが、人間の場合は大人になっても多くが消化能力を失わず、牛乳を飲むことができる。

ネスクイック* vs ボーイング747
牛乳は多くの温室効果ガスを排出する。その量はすべての航空機を合わせた量よりも多い。

＊ネスレ社が販売するチョコレート味の牛乳飲料。

おなじみの牛乳は牛から生産され、その牛は一生を通じてメタンを排出する。メタンは強力な温室効果ガスだ。

過去数十年間で、畜乳の新たな代用品が開発されてきた。植物性ミルクには、ビタミンB_{12}やカルシウムなどの栄養素が強化されているものが多い。以前からある牛乳にも、ビタミンAやビタミンDなどが添加され強化されているものも少なくない。

236

牛乳とその代用品がもたらす影響

環境への影響

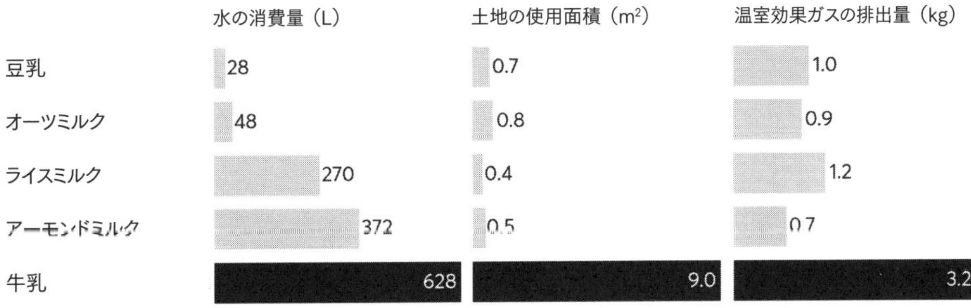

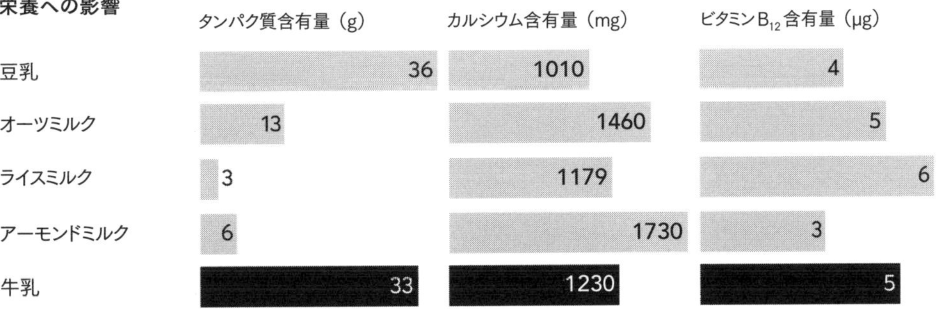

2000以上の昆虫種が食用に適している。

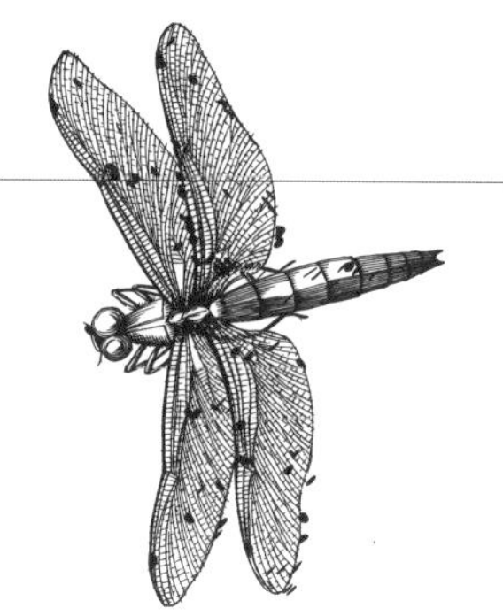

食用昆虫

国際連合食糧農業機関によると、広大な土地の確保が難しく生物多様性が失われていく中で、エントモファジー（昆虫食）は世界的な食料需要に対処する解決策の1つとなる可能性があるという。昆虫は世界113カ国で主要な食品となっており、特にアフリカ、アジア、中南米で消費量が多い。世界中で2000種を超える昆虫が食用に適している。

現在、12種の作物と5種の動物だけで世界の食料消費の75%をまかなっている。

昆虫は食料システムの中でさまざまな用途を担っている。直接食べたり、製品に添加してタンパク質の含有量を高めたり、主原料の添加物に混ぜたりできるからだ。昆虫はほぼどんな気候や環境の中でも育ち、使用する土地も餌もエネルギーも、従来のタンパク源より少ない。また、排出する炭素もはるかに少ない。例えば、バッタ類は家畜に比べて、キログラム当たりでごくわずかな温室効果ガスしか排出しない。

104

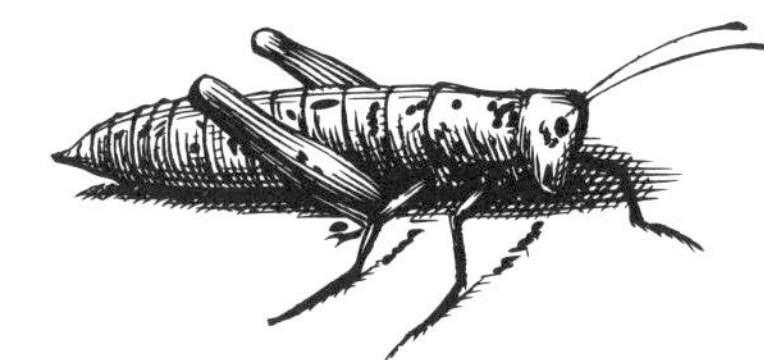

人間が食べている昆虫

31%
甲虫類

18%
イモムシ類

14%
ハチ、アリ類

13%
バッタ、イナゴ、コオロギ類

13%
その他のグループ

10%
セミ、ヨコバイ、ウンカ類

コオロギバーガーの作り方

レシピ考案：スカイ・ブラックバーン

材料

- ひよこ豆 400g　水気を切っておく
- 缶詰のスイートコーン 340g　水気を切っておく
- コオロギまたはイナゴの乾燥粉末（オンラインで入手できる）20g
- 生のコリアンダー 1/2束
- パプリカ 小さじ1/2
- コリアンダーの粉末 小さじ1/2
- クミン 小さじ1/2
- レモンの皮 1個分
- 小麦粉 大さじ3
- 味付け用の塩

調理手順

- コリアンダーの葉を摘み、葉の半量と茎全量をフードプロセッサーに入れる。コオロギ粉末、パプリカ、コリアンダー粉末、クミン、レモンの皮、小麦粉、塩を1つまみ加える。さらに、水気を切ったひよこ豆とコーンを加える。
- 材料をざっくりと混ぜ合わせる。こうしてできた昆虫バーガーのタネを4等分してパティに整形し、くっつかないように軽く小麦粉をまぶす。
- 焼いたとき崩れないようにするため、冷蔵庫か冷凍庫に入れておく。
- フライパンを熱してオリーブオイルを引き、片面が茶色になるまで焼けたら引っくり返し、火が通ったら火を止める。
- ヴィーガンチーズ、古漬けのピクルス、ディジョンマスタードを添え、サワードウのロールパンにのせると非常においしい。
- それがコオロギであることを相手に伝えるのは、食べる前か食べた後か。それはお好みで。

食品1kg当たりのコオロギと牛の比較

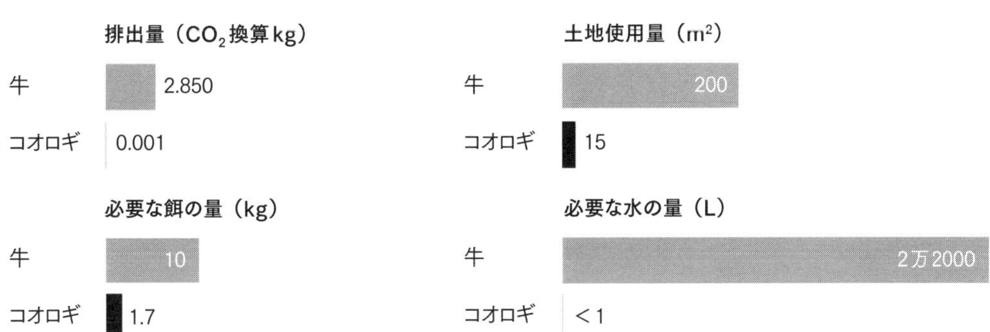

庭の再生

リジェネラティブ農業に基づくアプローチ

自宅の正面にきれいな芝生の前庭を設けることは英国発祥のステータスシンボルであり、やがて米国へと輸出された。広い前庭に雑草が1本も生えていなければ、管理する人員を雇うだけの経済的余裕があることを近所に自慢できるわけだ。

しかし、それには水、化学薬品、燃料が必要である。

米国大統領のジョージ・ワシントン、トーマス・ジェファーソン、そしてウッドロウ・ウィルソンは、ホワイトハウスの芝を適切な長さに保つのに羊を利用していた。

> ステータスに満ちた前庭の芝生を
> 維持するのに必要な、環境面・金銭面の
> 代償が明確になるにつれ、
> リジェネラティブ農業に基づく別の方法に
> 切り替える家主が増えている。

リジェネラティブ農業に基づく方法を実践すれば、炭素は私たちが掘り返す前のまま、土壌に吸収された形で地中にとどまる。最終目標は、裏庭も環境全体も回復・改善させることだ。この基本原理にのっとって実践すれば、生物多様性を向上させ、土壌を豊かにし、流域を改善する可能性が高まる。

庭のフットプリント

米国の土地のうち約1万6000平方キロは芝生に覆われていると推定される。ところが、芝生のような小さな葉がどれだけ炭素を吸収しても、毎週芝生の維持に使うガソリン駆動の装置が排出する炭素の量とは比較にならない。化学肥料を使えば、さらに環境負荷が増える。肥料の生産に使われた窒素1トンにつき4〜5トンの炭素が、大気中に追加されるからだ。

しかし、ささいな変化が大きな効果を生み出す場合もある。先に紹介したリジェネラティブの基本原理に基づいて、庭のフットプリント削減に着手しよう。そのための簡単な3つのステップを紹介する。

・葉は落ちたまま、草は育つに任せる。草刈りとブロワーかけを1週間に1時間未満にすると、炭素排出削減の効果はすぐに現れる。
・堆肥を作る。枯れ葉や草、廃棄食品をかきまぜて混合栄養剤を作り、土壌に還元する。
・芝生を縮小し、土着の草花、低木、樹木、野菜、果実を増やす。生物多様性が向上すると裏庭は自ずと安定し、回復力も上がりやすくなる。

🌐 108

> **米国の元大統領のジョージ・ワシントン、トーマス・ジェファーソン、そしてウッドロウ・ウィルソンは、ホワイトハウスの芝生を適切な長さに保つのに羊を利用していた。**

ウッドロウ・ウィルソン時代のホワイトハウスの芝生管理担当職員。

堆肥を作る

毎年、1兆ドル（約130兆円）相当の食品が埋め立てられており、食品はプラスチックや紙製品をしのいで、埋立地でよく見られるものの第1位だ。廃棄された食品は次々と積み重なり、やがて腐敗する。続いて起こる嫌気性発酵のプロセスで、メタンが排出される。

食品廃棄は、世界中で年間に排出される温室効果ガスの8〜10%分の原因だと考えられている。食べ残した食品を埋立地に捨てるのではなく、堆肥化すれば、温室効果ガスの排出量を50%削減できる。

堆肥化すると、好気性発酵のプロセスを利用してメタンの発生が回避される。温室効果ガスの排出は減り、炭素を土壌に戻せるのだ。

米国では2000年以降、堆肥化が3倍を超えるほど増えており、2018年には230万トン以上が堆肥になった。それでもこれは、年間に廃棄される食品3500万トンのほんの一部にすぎない。

260

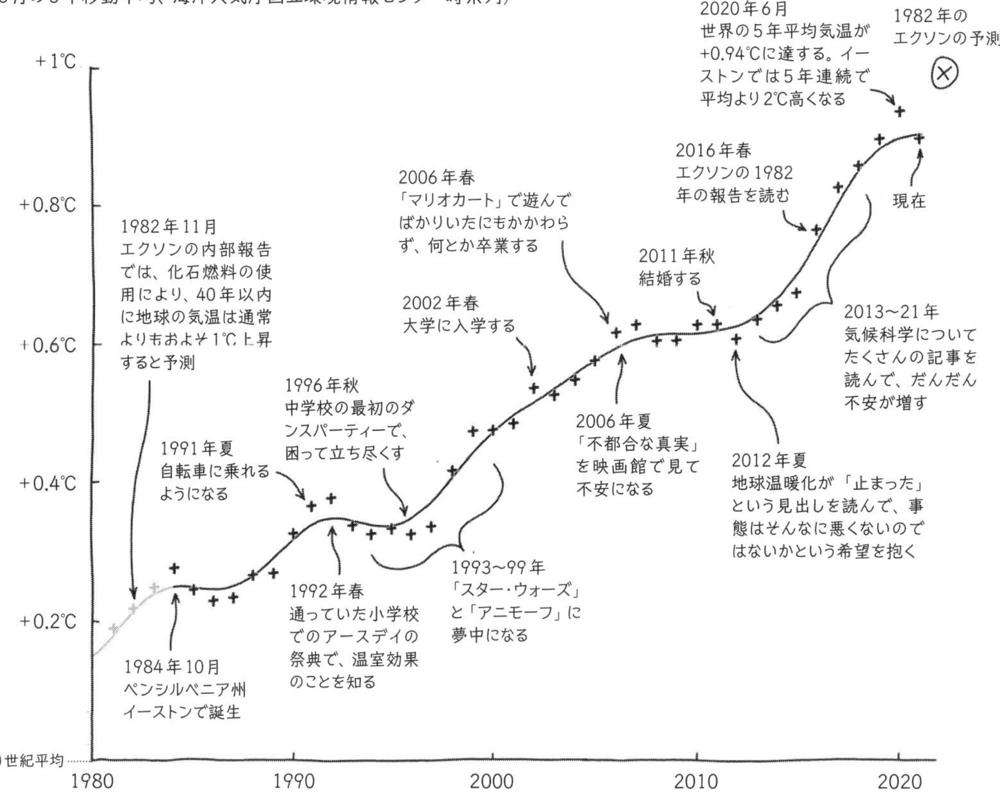

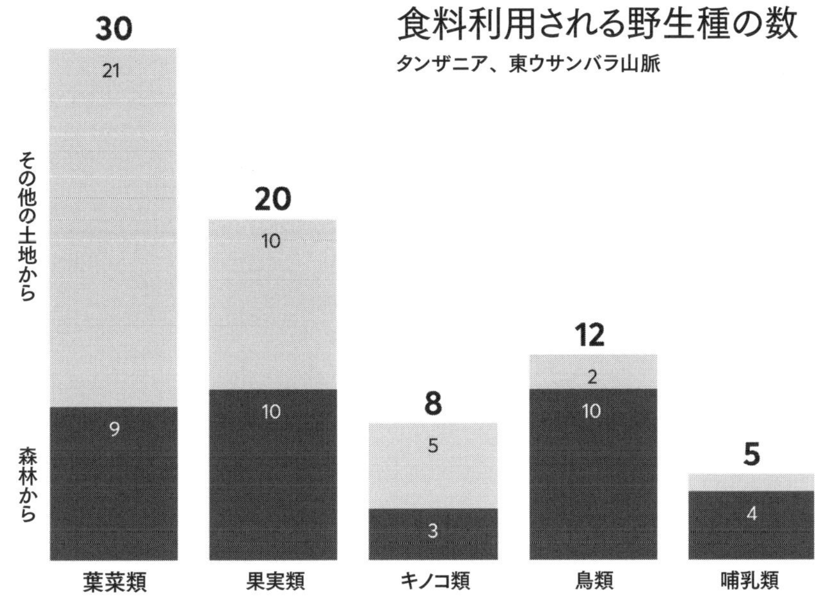

食料確保を支える森林の力

地球に暮らす人々の5分の1（12億～16億人）が、住居、生計、水、燃料、そして食料を確保するために森林に頼っている。その中の6000万人は、全面的に森林に依存している先住民族だ。

アフリカとアジアの22カ国で先住民族社会を調査したところ、一般的に120種類を超える野生食料を消費していることが分かった。森林には、次に挙げるような極めて栄養豊富な天然の食料がある。世界の食料システムを変革する可能性を秘めていると言えるほどだ。

・野生の鳥類や哺乳類の肉（ブッシュミート）
・淡水・海水魚
・ナッツや種子
・果実やベリー類
・キノコ類
・葉菜類
・昆虫

森林とその周辺に住む人々が健康的な天然の食料を入手できるということは、平時の食料確保だけでなく、気候関連の干ばつや不作、戦争などによる困窮時に対するセーフティネットにもなっている。

250

人口当たりの森林面積が広い国

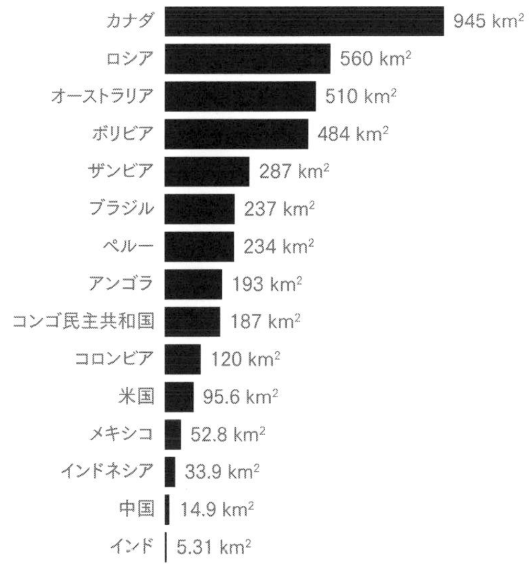

カーボンラベル

カーボンラベルは市民権を得つつあり、食品や消費財のパッケージにも表示が見られるようになってきた。中には、自らの事業そのものをラベルによる評価対象にしている組織もある。栄養成分表示や国際エネルギースターラベルと同様に、カーボンラベルは、消費者が「その商品を買うとどれほど気候に影響を及ぼすのか」を理解したうえで気候に配慮して購買を決める手助けをするための第一歩だ。

カーボンラベルに記される情報は、製品が「生産から廃棄まで」排出する炭素量の推定値をグラム（g）やキログラム（kg）で示す場合が多い。炭素排出量の試算は、製品の製造、輸送、使用、廃棄の各段階で排出される炭素を含むため、製品ごとに異なる複雑な計算となる。

さらに現在では、持続可能性を認証する第三者機関が多数存在し、組織や企業側から申請して認証を受けることもできる。機関ごとに認証する内容は多様であるため、消費者は個々のロゴや認定証が何を示しているのかを見分けなければならない。

まずは、ラベルが何を意味しているのかを理解することだ。

- **カーボンニュートラル**　排出したのと同じ量の炭素を除去すること。カーボンニュートラルになるために、排出量を減らしたり、カーボンクレジットを購入して排出分を相殺したりできる。
- **クライメートポジティブとカーボンネガティブ**　排出したよりも多くの炭素を大気中から除去すること（現状では両者が同じことを指しているので紛らわしいと思われても仕方がない）。
- **クライメートニュートラル**　この基準を満たすためには、温室効果ガスの排出をゼロに減らし、かつ環境にもたらす負の影響をすべて排除しなければならない。
- **ネットゼロカーボンエミッション**　ある活動が大気中に排出する炭素がネットゼロであること。
- **ネットゼロエミッション**　排出された温室効果ガス（炭素以外も含む）の量と、大気中から除去された温室効果ガスの総量とのバランスが取れていること。
- **カーボンオフセットプログラム**　炭素排出のバランスを取るために、炭素削減もしくは貯蔵プロジェクトに投資すること。例えば、業務上の移動による排出を相殺するために、カーボンクレジットを購入してクリーンな風力エネルギーに投資することができる。

オフセットプログラムについては、触れ込みほどには炭素量の削減につながらないとの懸念もある。それでも、妥当なオフセットプログラムは存在するはずだ。

カーボンラベルの信頼性を判断する際には、そのプログラムがどうやって炭素を相殺するのかも理解する必要がある。多くのカーボンオフセット認証プログラムでは、企業はカーボンクレジットを購入して排出を相殺している。

米国環境保護庁も連邦取引委員会も、カーボンラベルの基準を制定していない。規格化されたカーボンラベルが登場して広く普及しない限り、同じカテゴリーの製品が気候に及ぼす影響は、簡単には比較できない。

🌐 214

> ごく普通の人は非凡なことに興味を持つが、
> 優れた人はありふれたことに関心を寄せる。
>
> —ブレーズ・パスカル（フランスの自然哲学者、思想家、発明家）

消費財を飾るロゴの数々。

持続可能な容器

容器に使ったガラスは、品質を落とすことなく何度でもリサイクルできる。使用済みで砕いた混合ガラス（カレットと呼ばれる）を使えば、砂とソーダ灰と石灰石から作り始めるよりもはるかに少ないエネルギーで、新たにガラス瓶を製造できる。昔からの方法でガラスを製造するには、原料を炉で1700℃に熱しなくてはならない。砕いたガラスを溶かすほうがはるかに簡単だ。

フランスで実験中の新技術は、天然ガスの代わりに電気を使うもので、それができれば、リサイクルプロセス全体を再生可能エネルギーでまかなえることになる。

カーボンフットプリントとラベル

どんな決断にも結果が伴うように、エネルギーを利用すれば炭素が排出される。

現代世界に生きるということは、すなわち「私たち1人ひとりには影響力があり、選択次第でその影響力は大きく左右され得る」ということだ。買い物、交通手段、そして毎日の習慣がそうだ。

> プランBはあり得ない。
> プラネット(惑星)Bなど存在しないのだから。
> —潘基文(バンギムン)(国連事務総長*)

「カーボンフットプリント」という言葉が普及したのは2004年のこと。この年、石油大手のブリティッシュ・ペトロリアム社（現BP）が、「気候変動は各個人の責任である」ことを可視化する手段として「カーボンフットプリント計算ソフト」を発表した。自分の家族のフットプリントを減らすことに血眼になって、大規模で根本的な変化にまで視野が広がらない恐れもあるが、1つひとつの選択がやがて多種多様な影響をもたらし得ることも事実だ。

その選択には次のようなものがある。

・飛行機旅行
・通勤手段／乗り物の選択
・食事
・住居

現在では、特定の行動で排出される温室効果ガスの量をカーボンフットプリント計算ソフトで概算できる。このソフトを使えば、家庭やオフィスでのエネルギー利用、交通、製品廃棄に関わる日々の決断によって残したフットプリントが、企業や個人や家族にも分かる。米国環境保護庁が提供するカーボンフットプリント計算ソフトは、個人や家族で利用できるものの一例だ。

さらに、企業は販売する製品にラベルを付け始めている。ここで問題となるのは、ラベル付き製品の影響を計算する際に透明性が欠如していることだ。また、特定の消費財が世界の炭素排出量に与える影響が小さいことも問題である。しかし、根気強く注目し続けることで、ラベルの説得力と透明性が増す可能性はある。

計算ソフトやラベルが気候に対処する世の中の姿勢を変えるとすれば、以下の2つの道筋がある。

1つ目は、個人の習慣に注意を払うという行為は、私たちを取り巻くシステムがどのように機能するかについて、自分にも発言権があることを理解する扉を開くものであること。自分自身の決断を変えた経験があれば、システムの現実的な変化を理解することが容易になる。

もう1つは、企業や政治家に対して、短期的に影響を与えうるデータに敏感に反応するよう、注意を向けさせるものであること。企業は、カーボンラベルのおかげで売り上げが伸びるのを一度でも目にすれば、ラベルをより多く、あるいは優れたラベルを取得するのに精を出すだろう。選挙で選ばれた政治家は、人々が気候問題に注意を払っていると気づけば、自らも同じように注目する可能性がはるかに高くなる。

> 個人の習慣に注意を払うという行為は、
> 私たちを取り巻くシステムが
> どのように機能するかについて、
> 自分にも発言権があることを
> 理解する扉を開くものである

212

＊在任期間は2007年1月〜2016年12月。

グリーンスチール

鉄鋼業は、世界中で年間に排出するCO_2の7〜9%に寄与している。その量は、2019年に日本とインドが排出したCO_2の量を合わせた分よりも多い。

その理由は？　世界の鉄鋼生産のおよそ70%では、高炉の燃料として石炭を使って鉄鉱石を溶かしている。粗鋼1トンを生産するたびに1.8トンのCO_2が排出されるのだ。

環境に優しい「グリーンスチール」の生産では、このような排出の影響はない。スウェーデンのパイロットプラント、HYBRIT（ハイブリット）は、鉄を溶かすのに水素と再生可能電力を利用している。水を電気分解して生成した水素ガスによって、炉を815℃に熱し、鉄鉱石を固体のまま（溶解せずに）還元。その後、電炉で溶解するのだ。HYBRITは2021年8月、実験としてグリーンスチールの第1弾をボルボに納入している。

HYBRITでは、グリーンスチールの商用化を2026年に正式に開始する予定だ。もし鉄鋼業全体がグリーン化すれば、業界の年間のCO_2排出量が90%削減できるだろう。つまり、世界のCO_2排出量が年間で6〜8%減少するということだ。

誤解のないように言うと、この新たな技術を使えば排出ゼロになるというわけではない。HYBRITも従来の方法と同様に、石炭由来の炭素を鉄と結合させて粗鋼を生産している。しかし、そのプロセスで排出するCO_2は、炭素を燃料とする高炉の場合に排出するCO_2と比べれば、ほんのわずかで済む。

また、この方法は大量の電力も使う。鉄を溶かして成形すると、粗鋼1トンを生産するのにおよそ900キロワット時の電気が必要なのだ。さらに、1トンの粗鋼を生産するのに足りる水素ガスを電気分解で生成するには、2600キロワット時の電気が必要である。

平均余命の延長
2013年の調査で、中国北部から石炭を排除すれば平均余命が1人につき5年延びるという結果が出た。ちなみに、欧米からがんがなくなった場合の平均余命の延長は1人当たり3年である。

こうした電力を得るのにどのくらいのCO_2を排出することになるかは、関係施設に給電する送電網や発電所に依存するため、国によってまちまちである。米国で水素方式を採用する工場が削減できるCO_2排出量は20%だが、EU内ならば推定で40%削減できるという。スウェーデンのCO_2削減の見通しはどうかと言えば、実に95%近くにまで上る。その一方で、中国の送電網は石炭への依存が強く、現地でグリーンスチールを生産すると、逆にCO_2排出量が30%増加する。

拡張性もまた障害となり得る。鉄鋼業は、水素ベースの製鉄工場と水素ガス生産工場の両方を新しく建設しなければならない。HYBRIT方式では、毎年20億トンの粗鋼を生産するのに約7兆キロワット時の再生可能電力が必要になる。これは2020年に発電した再生可能電力合計の91%に相当する。

🌐 **224**

鉄鋼業は、世界中で年間に排出するCO_2の7〜9%に寄与している。その量は、2019年に日本とインドが排出したCO_2の量を合わせた分よりも多い。

「車に乗る代わりに、歩いたり、カープールを活用したり、自転車に乗ったり、公共交通機関を使うことを考えましょう」
――フランスの新しい法律では、自動車広告にこのようなメッセージを入れることが義務付けられている。

低炭素型コンクリート

コンクリートは建物のエンボディドカーボンの最大の源だ。エンボディドとは、建設中に排出される炭素の量を指す。コンクリートは住宅、橋、道路などの基礎として使われ、そのために排出されるCO_2は、世界中で排出される人間由来のCO_2の8%を占めている。

コンクリートの主原料の1つがセメントだ。セメントは、回転窯（キルン）の中で石炭や天然ガスをおよそ1450℃という高温で焼成して作る。この燃焼プロセスで、セメント1トンを生産するたびに約1トンのCO_2が大気中に放出される。

コンクリート製の建物を作るときに炭素が排出される段階を、工程に沿って挙げてみよう。

・採石のためのプラントや機械装置を設置する。
・石灰石や砂や骨材を採掘する。
・採石場から運び出す。
・石灰石を熱する。
・コンクリートを製造する。
・建設現場へ運ぶ。

低炭素型コンクリートの製造

セメントの製造によって大気中に放出される炭素を削減するには、大きく分けて次の2通りの方法がある。

1. 回収と貯蔵
2. 改質

従来の製法では、セメント製造中に大気に放出されるCO_2を回収し、生コンクリートの中に戻して貯蔵することができる。

新しい方法では、従来の製法よりもCO_2の発生量が少ない類似の素材でセメントを改質する。例えば、セメントに石炭火力発電所から出た炭素含有量の多い廃棄物（フライアッシュ＝飛灰と呼ぶ）を混合すると、コンクリートのカーボンフットプリントは軽減し、さらには強度と加工性も向上する。

🌐 213

現在の解決策

カリフォルニア州ロスガトスのコンクリート会社、ブループラネット・システムズは、発電所や工場などから排出されるCO_2を回収する鉱化処理の特許を取得した。同社はCO_2を炭酸塩（CO_3）に転換して硬化処理を行う。こうして炭素を閉じ込め、炭素排出量の少ない、あるいはカーボンネガティブなうえに標準的なコンクリートと同等の質を持つコンクリートを実現した。

テキサス州ユーリスのUSコンクリートは、石炭燃焼によるフライアッシュや鉄鋼スラグを回収してセメントに加える。こうしてセメントの使用量をおよそ50%削減している。スラグを骨材として追加すれば、埋立地に廃棄される量が減り、原材料を採掘する必要も少なくなる。

テキサス州コンローのジオポリマー・ソリューションズは、セメントに代えて、再利用したフライアッシュ、粉末状のスラグ、その他の天然鉱物から、熱の必要ないコンクリートを生産している。これにより、セメント入りのコンクリートと比べて炭素排出を90%削減できる。

建築材料のエンボディドカーボンを削減する

世界の炭素排出量の23%は3つの建築材料の生産に起因する。コンクリート、鉄、アルミニウムだ。

建築におけるエンボディドカーボンを削減する6つの方法

1. 建物の転用、および材料の再利用
2. 低炭素型コンクリート開発への投資
3. 低炭素もしくは炭素隔離素材（持続可能性に配慮して生産された木材など）の利用
4. 仕上げ材の少ない構造設計
5. 構造の効率を最大化しつつ、炭素集約型素材の使用を最小化
6. 建築で出る廃棄物の最小化

低炭素の代用建築材料

- 竹は、再生が早く、汎用性のある建築材料だ。
- 持続可能性に配慮して栽培した森林から得られる木材は、頑丈な構造材料であり、多層建築にも使える。
- 小麦、米、ライ麦、オーツ麦の藁は、壁の充填剤や断熱材として使える。
- ヘンプクリートは、麻の茎の木質部分と石灰に硬化剤を加えて作る。粘土製のレンガやセメントを原料としたコンクリートの代用になる。
- 羊毛は、効率が良く断熱性に優れた素材だ。

🌐 229

> 重要なのは私たち１人ひとりだ。
> それぞれが役割を持ち、変化を起こせる。
> それぞれが自分の人生に責任を持ち、
> 何よりも周りの生命を尊び、愛さなければならない。
> 特にお互いを。
>
> —ジェーン・グドール（英国の動物学者、国連平和大使）

カナダの広大な陸地は世界の炭素貯蔵量のほぼ４分の１を保持しており、そのほとんどが泥炭地の中にある。

炭素を隔離する建築材料

世界のCO_2排出量の40%近くが毎年、建物から発生している。中でも、たった3つの素材（コンクリート、鋼鉄、アルミニウム）が世界の総排出量の23%を占めており、そのほとんどが建築環境で使われている。

技術が進歩し、建築材料も変わった。生産過程で炭素を排出するのではなく、炭素を「隔離」できるようになったのだ。炭素隔離とは、二酸化炭素を回収・貯蔵して地球の大気中にとどめないようにすることであり、気候変動に対処するプロセスの1つとなっている。

炭素を貯蔵し、生産過程での排出を削減する生物由来の材料を使えば、建物を炭素吸収源に転換できる。こうした炭素を貯蔵する生物由来の建築材料は、バイオマスから作られる。バイオマスとは、毎年収穫される農作物の残余や計画的に栽培される繊維のことで、具体的には、もみ殻、麦藁、竹の葉の灰、ヒマワリの茎、麻、藻類、海藻などが挙げられる。建物を造るのに植物由来の材料を使うと、その材料に含まれる炭素を建物の中に隔離することになる。

炭素を貯蔵する素材

- **バイオプラスチック**　バイオ炭から作られる。バイオ炭とは、燃焼しない程度の酸素濃度のもとでバイオマスを加熱して生成する、炭素に富んだ物質。
- **菌糸体**　安価なバイオ素材。菌根を形成し、農業廃棄物に取りつく。そうして、バイオマス（取りついた農業廃棄物）に貯蔵した炭素を隔離する。菌糸体は防火材や断熱材としても利用できる。
- **カーペットタイル**　リサイクルされたプラスチックやさまざまなバイオ素材から構成される。この製品は、排出するよりも多くのエンボディドカーボンを貯蔵できる。
- **木材**　成長した木は、1本で毎年22キロのCO_2を大気中から除去する。したがって、正当な管理のもとで調達し、新たに植林をして補えば、木材はカーボンネガティブと言える。
- **3Dプリント木材**　木材産業と製紙産業で廃棄されるおがくずとリグニン（木質素）は、3Dプリントのフィラメントに転用できる。伐採される木が減り、廃棄木材の腐敗や焼却も少なくなる。したがって、貯蔵された炭素の再放出もない。
- **オリビンサンド**　地球上で最もありふれた鉱物であるオリビン（橄欖石（かんらんせき））を粉砕して地面にまくと、質量と同じだけのCO_2を吸収することができる。オリビンサンドは肥料として、また造園の砂や砂利の代わりとしても使われている。炭酸塩化したものは、セメント、紙、3Dプリントのフィラメントを生産する際に添加できる。
- **コンクリート**　ある種のコンクリートは、セメントの代わりに製鉄業で出る廃棄スラグを使うことによって、生産時に炭素を回収する。セメントは排出量が多く、温室効果ガスの8%の原因となっている。
- **レンガ**　CO_2は、尾鉱などの産業廃棄物に注入すると気体から固体に変化し、その形でセメントレンガなどの建築材料を作るのに利用可能となる。製造工程は、自然界で見られる鉱物の炭酸塩化プロセス（二酸化炭素が雨水に溶けて岩石と反応し、新しい炭酸塩鉱物を生成する）を再現している。

私たちの経済システムと地球のシステムは敵対しています。もっと正確に言えば、私たちの経済は人間の命も含めた地球上に存在する多くの生命の形と対立しているのです。気候が破綻しないために必要なのは、人類の資源利用を縮小すること。一方、私たちの経済モデルを守るために必要なのは、無制限に拡張すること。変えられるのはこの2つのシステムのどちらか一方だけですが、自然の摂理は変えられません。

だから、私たちには厳しい選択が待っています。気候が崩壊し、世界がすっかり変わってしまうのを受け入れるか、経済をがらりと変えて破滅を回避するか。いずれにしても、はっきりさせておかなくてはなりません。私たちは数十年にわたり、こぞって選択を拒否してきたために、ゆっくり、少しずつという選択肢はもはや残されていないのです。

要するに、感情的にしろ、理知的にしろ、金銭的にしろ、事実を受け入れることの代価があまりに大きいとき、私たちは皆、否定したがるのです。アプトン・シンクレアの有名な言葉があります。「何かを理解しないことで給料をもらっている男に、その何かを理解させるのは難しい！」

再生可能エネルギーは実際、採掘によって得られるエネルギーよりもはるかに信頼できます。なぜなら、資源採掘型のエネルギーモデルは破綻を避けるために継続的に新しい資金を必要とするのに対し、再生可能エネルギーのインフラは、ひとたび初期投資が済めば、自然がただで原料を供給してくれるからです。

これは文明への警鐘です。火災、洪水、干ばつ、絶滅といった言葉で語られるこのメッセージは、私たちにまったく新しい経済モデルと、この地球を共有する新しい方法が必要であることを告げているのです。

—ナオミ・クライン（カナダのジャーナリスト、作家、活動家）

ゼロエミッション住宅

家は住み始める前から炭素超過の状態だ。住宅に起因する炭素のおよそ3分の1は、建設中に発生している。

建物の施工、運用、解体で用いる電力は、米国における発電量のほぼ半分に上り、それに伴い何ギガトンもの温室効果ガスが排出されている。

建物の施工と維持は、世界中でエネルギーに関連して排出される炭素のおよそ39%の原因となっている。

ゼロエネルギーの基準

ゼロエネルギーの基準を満たすためには、「消費するよりも多くのエネルギーを生み出すこと」が住宅に求められる。すなわち、気密性があり、断熱性に優れ、エネルギー効率の高い電気器具を使用しているということだ。冷暖房には、炭素を排出する石油や天然ガスは必要とされない。

パッシブ住宅*1は、住宅設計を全般的に改善し、再生可能エネルギーをふんだんに取り入れる。そのため、余分な光熱費を払ったり炭素を排出したりすることなく、快適に暮らすことができる。ゼロエネルギー住宅は寒冷な気候でも温暖な気候でも機能し、エネルギー使用率が低く、コストも抑えられている。ただ、一見しただけでは従来の住宅と見分けがつかない場合が多い。

ゼロエネルギープロジェクトによれば、後述の基準を満たすように住宅を建てれば、建築費用は従来よりもおよそ10%高くなる。しかし、エネルギーコストが削減でき、ローン支払いの増加分よりも大幅に節約できるため、長期的に住宅を所有するなら費用は低くて済む。

1. ゼロエネルギー住宅に精通した建築家や建設業者に依頼する。
2. できるだけ冬に日光が射し、夏には日陰になるように建物の方向を決める。
3. 設計段階でモデリングソフトを使い、住宅の将来のエネルギー利用を最適化する。
4. 窓やドアの機密性を高め、冷暖房に使うエネルギーを減らす。
5. 断熱には投資を惜しまない。
6. 3層ガラス窓と高断熱のドアを使用する。
7. 換気システムを導入して、ろ過した新鮮な空気を取り込み、湿度を調整する。
8. ダクトレス*2冷暖房装置のような、エネルギー効率の高い冷暖房システムを選択する。
9. 最新技術を活用し、水の使用を最小限にして効率的に水を温める。
10. LED照明を導入するほか、効果的に窓を配置して自然光を最大限に利用する。
11. エネルギー効率の良い電気器具を選ぶ。
12. 屋根にグリッドタイド式のソーラーパネルを設置し、太陽光を再生可能エネルギーとして利用する。

111

商品の廃棄

商品を廃棄したほうが、再包装して在庫を数えなおし、保管、再出荷、再販売するより安く済む場合もある。そのため、米国では毎年、返品された商品が227万トンほど埋立地に廃棄される。

＊1　ドイツで提供された理念で、最小限のエネルギーと再生可能エネルギーを最大限に生かした省エネ住宅のこと。

＊2　ダクトがないこと。例えばプロペラ式など。

クロス・ラミネーティド・ティンバー

鉄やコンクリートを使わずに、木材でしっかりした多層階の建物を建てることができる。クロス・ラミネーティド・ティンバー（CLT）は、乾燥させた挽材を使い、繊維の向きが直角になるように何層も積み重ねて、接着剤で貼り合わせたものだ。この木材を壁板や梁に当てると、強度に優れ、信頼性が高く、耐火性のある構造ができる。CLTは一般的に、ホルムアルデヒドフリーのポリウレタン（EPI）を使って作られる。

木造の建物

木材は再生可能な資源であり、強度の高い建築材料だ。木造の建物は建築法規に従って安全に建てられる。エネルギー使用と大気汚染という観点から言えば、木材はコンクリートや鉄などの建築材料より優れ、基本的な工具でも容易に加工できるし、再利用も可能だ。

222

クロス・ラミネーティド・ティンバー（CLT）

CLTのパネルは現場から離れた場所で製造する。そのため、製造プロセスの費用が低く、環境にも良い。

鉄やコンクリートを使って施工するよりも、現場での組み立てが手早く行える。

木造建築は軽量なため、基礎が浅くて済む。

木材は炭素を隔離する。

CLTはコンクリートの15倍も熱効率が高く、建物のエネルギー需要を削減できる。

建築環境における炭素循環

建築中はどのプロセスでも、炭素の排出や天然資源の採掘・伐採が発生している。

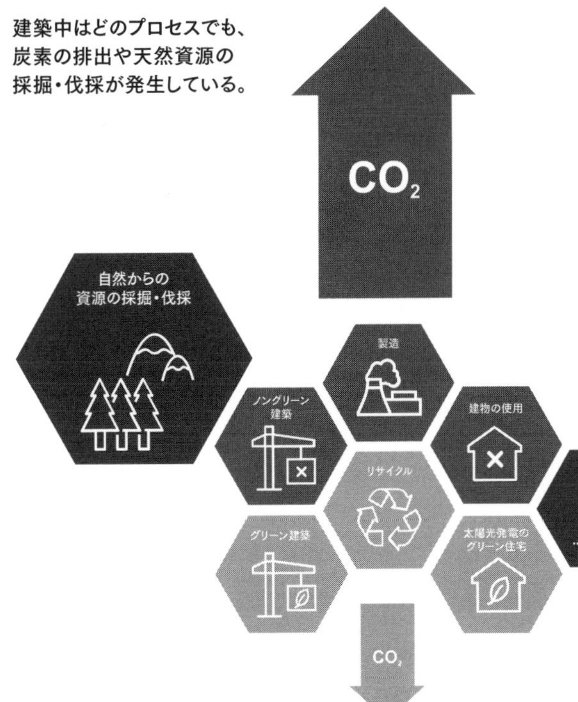

住宅建築時に排出されるエンボディドカーボンの11％ほどは建設中のもので、次のような作業が原因となる。

- 原材料の採掘・伐採
- 既存の建物の解体
- 現場から、あるいは現場までの労働者や材料の輸送
- 窓、ドア、塗料などの部品の製造
- 構造の組み立て

炭素の28％は居住中に排出される。原因となるエネルギー需要は次の通り。

- さまざまなシステムや家電製品への給電
- 住宅の冷暖房

麻と羊毛：建築の味方

麻は成長が早く、除草剤や殺虫剤もいらず、あらゆる気候に適応する。面積当たりで樹木よりも多くの炭素を吸収し、針葉樹が120年かけて使用可能な状態にするのと同じ量のバイオマスを、わずか120日で作り上げる。麻の栽培は土壌を再生し、適切な機械を持たない農家にとって生産性の高い輪作作物の選択肢の1つとなる。

麻は建築にも大いに向いている。石灰と混ぜると「ヘンプクリート」となり、壁を作るのに使用できる。また、非耐力構造*ではコンクリートの代用となる。麻の板は、化学物質を含む可能性のある合板や、その他の種類の板の代わりに使える。

麻製品が伝統的な建築材料より優れている点は、他にもたくさんある。

- カーボンネガティブ（炭素を排出するよりも吸収する）
- 断熱素材として効率的
- 耐火性が高い
- リサイクルが可能
- 軽い

氷河の融解

地球上の氷河は過去20年にわたって、年間約267トン失われた。これはアイルランドの国土全体を毎年3メートルの水で覆うのに十分な水量だ。氷河の喪失は現在、10年平均で年間48ギガトン増加するペースで加速している。

羊は草を食べる。草は炭素を回収し、羊はその炭素を使って成長する。ザ・ウールマーク・カンパニーの報告によれば、刈った羊毛の重量の50%は炭素だ。

麻と同じく、羊毛も建築にうってつけで、建物の断熱材として利用できる。吸湿と放湿を繰り返しながら、断熱効果を発揮するのだ。さらに羊毛はホルムアルデヒド※や窒素酸化物、二酸化硫黄といった化学物質を捕らえて大気の質を改善する。

麻も羊毛も、炭素を隔離固定するだけでなく、建築用途でも次のような利点を持つ。

- 自然で無害
- 生分解性があり堆肥化が可能
- 自然な状態で耐火性や抗菌性がある
- 強固で長持ちする
- 吸音性がある

235

> 私たちは自らの選択の結果だ。
>
> —ジャン=ポール・サルトル（フランスの哲学者）

＊建物を支えるという重要な役割を担わない部分。
※建築材料に含まれる有害な気体

グリーンビルディング認証

世界には「その建築プロジェクトにどのくらい持続可能性があるか」を評価するプログラムやアセスメントが存在する。そのため、建築家や建設業者や不動産業者はできるだけ高評価を得ようと努めるようになり、競争が生まれるようになった。これらの評価において考慮される「グリーンビルディング」の特徴としては、次のようなものが挙げられる。

・エネルギーと水の効率
・再生可能エネルギーの使用
・廃棄と汚染の削減
・屋内空気の質への配慮
・持続可能で無害な素材の使用
・ポジティブな環境の設計・施工・運用
・環境に適応する設計

ところが、実際に用いられているチェックリストでは、「エネルギー効率が高いとは言えない建物ができる可能性がある」との批判的意見も上がっている。

こうしたプログラムやアセスメントには以下のようなものがある。

LEED（エネルギーと環境デザインにおけるリーダーシップ）
・1998年、非営利団体の米国グリーンビルディング評議会が環境への配慮を評価するシステムとして創設。
・LEEDから最高認証を受けた建設プロジェクトには、例えば駐車場の縮小、安全な自転車道に近い立地、飲料水の消費測定といった特徴がある。評価にかかる費用は、5200ドル（約68万円）から100万ドル（約1億3000万円）以上までさまざまだ。

BREEAM（建築研究所環境アセスメント手法）
・1990年、英国の建築プロジェクトを（造成から改修まで）どの段階でも評価する持続可能性基準として、世界に先駆けて制定された。
・90カ国、59万1000棟以上の建物が、設計や建築や利用目的に対する評価を受けてBREEAM認証を取得している。

DGNB（ドイツサステナブル建築協会）
・2009年設立。ドイツに本拠を置くDGNBは、LEEDやBREEAMとは異なり、建築プロジェクトを社会的・政治的・経済的妥当性の面でも評価する。
・2020年1月現在、29カ国の5000以上のプロジェクトがDGNBの認証を受けている。

🌐 247

マイクロプラスチックの脅威

マイクロプラスチックとは5ミリ未満の小さなプラスチック破片のことで、これが環境や人間の健康に大きな脅威を与えている。最近の研究によって、大気中のプラスチックの小片が赤外線を吸収し、気候変動の一因になることが分かっている。

カーボンオフセットとは何か？

気候変動は局所的な問題ではない。CO_2が排出されている場所がアジアであろうがヨーロッパであろうが関係ない。世界のありとあらゆる場所に影響が出るのだから。

カーボンオフセットは、ある人が排出した炭素の影響を帳消しにすべく他の誰かにお金を払い、同量の二酸化炭素などの温室効果ガスを同じ量だけ削減してもらうという発想に基づいている。

カーボンオフセットの仕組み

カーボンオフセット事業では、一定量のCO_2の削除や除去に相当する「カーボンクレジット」が販売される。これを利用すれば、個人や組織は自らの行為に起因する排出を相殺できるわけだ。

オフセットには次のような種類がある。

- **植林**　地域によっては、樹木がCO_2を効率的に隔離固定している。そこで、枯れた森林を再生し、新しい森林を作り、既存の森林を保存することが、CO_2削減の選択肢として注目を集めている。本書のプロジェクトでも、本の印刷に木を1本使うたびに新たに10本を植えて、置き換える予定だ。
- **再生可能エネルギー**　風力、太陽光、水力、原子力のエネルギーで発電した電気、それにバイオ燃料の価格を下げ、化石燃料の使用減少につなげる。
- **炭素やメタンの回収**　この技術を活用して温室効果ガスを大気中から除去し、貯蔵または変換する。
- **省エネルギー**　このプロジェクトは、エネルギー需要を減らすことで新規の排出を相殺する（LED電球やグリーン素材を使用したエネルギー効率の良い建物など）。

2つの市場

カーボンオフセットについては2つの市場が存在する。一方は主体がCO_2排出を特定の数値内に収めるよう法的に規制するもので、もう一方は個人や企業がカーボンフットプリントを自主的に削減するものだ。

コンプライアンス市場

この市場はさまざまな規制機関の監視の下で、国家や企業に年間の排出量の上限を定めて運用される。京都議定書の各国への排出削減義務やクリーン開発メカニズム（CDM）がこれに当てはまる。

この仕組みでは、参加主体の持続可能性への取り組みを、より責任の所在が明確なものにするため、国や企業に特定のCO_2上限と、排出枠を割り当てる「キャップ＆トレード」方式が採用される。規制対象となる国や企業が自らの排出量を上限内に収め、罰則を回避するためにできることは次の通り。

- 排出を削減する。
- コンプライアンス市場内から排出枠を購入し、排出目標を達成する。
- 排出枠が余っている国または企業と取引をする。

ボランタリー市場

民間事業者が主導するこの市場は、2030年までに500億ドル（約6兆5000億円）規模になると予測されているが、ほとんど規制されていない。しかし時がたつにつれて、独立した認証機関が基準を定め、それが世界的に認められるようになった。いくつかの機関では、進行中や終了したオフセットプロジェクトの公式記録を保存している。

いずれの市場も市場原理を利用して、効率的かつ透明性があり、単純な基準を生み出そうとしている。そもそも市場原理が問題を引き起こしてきたのだが、ここではその市場の力を逆向きに働かせているのだ。

カーボンオフセットが成功するには…

カーボンオフセット実践の健全性を確保するために必要なのは、

- **客観的で測定可能であること** カーボンクレジット1単位は、削減、回避、その他の方法で除去された大気中のCO_2（あるいは同等の他の温室効果ガス）1トンに相当しなければならない。
- **永続的であること** 企業としては、きょう排出枠を売ってしまえば明日には森林を切り倒したくなるかもしれない。しかし、一般的な協定では、回収したCO_2はその場におよそ100年間とどめておかなければならないとされている。
- **追加的であること** いずれにしても実施されたであろうCO_2削減行動に対してオフセットが提供されようとするなら、それは認められるべきではない。
- **1回限りであること** カーボンクレジットは一度しか適用されない。いったん償却されると、再販売はできないのだ。これは厳しい測定・施行基準であり、各組織が定量化し認証するために努力している。

注意

「オフセットがあるがために、化石燃料を利用する人が炭素の燃焼に起因する気候危機と向き合わずに済んでいる」という批判的な見解もある。また、オフセットへ派手に投資して、環境にもたらす破壊的な影響を「グリーンウォッシュ」してきた企業もある。

そして、どんな市場でもそうだが、カーボンオフセット詐欺が行われ、数百万という無効なカーボンクレジットが出回っている可能性がある。現在、オフセットを検証する世界的な規制機関は存在しない。企業が注意すべき危険信号は次の通りだ。

- 非現実的な見通しと法外な低価格
- 森林伐採の問題が存在しない地域での植林の取り組み
- 追加的なCO_2削減や除去をする方法を明確にしないオフセット
- 混乱や人権侵害を招くプロジェクト

🌐 348

“世界を良くしろと言うつもりはありません。発展はどうしても必要なものだとは思わないからです。ただ世界の中に生きなさい。耐えるのでもなく、苦しむのでもなく、通り過ぎるのでもなく、ただその中に生きるのです。世界を見て、理解しようとし、がむしゃらに生きなさい。いちかばちかやってみて、自分自身の成果を出し、それに誇りを持ちなさい。チャンスをつかむのです。

なぜわざわざそんなことをしなければならないのかと聞かれたら、私はこう答えます。お墓は誰にも邪魔されない居心地の良い空間だけれど、抱きしめることはできないと。そこでは歌うことも、書くことも、言い争うことも、アマゾン川の海嘯(かいしょう)を見ることも、子どもたちに触れることもない。けれど人間がするべきはまさにそうしたことなのだから、できるうちにやっておきなさい。うまくいきますように。”

—ジョーン・ディディオン（米国の小説家、エッセイスト）

飛行による排出

カリブ海とドイツの間を飛行機で往復すると、乗客1人につき4トンの炭素が排出される。これはタンザニアの住民80人が1年間かけて排出する量と同じだ。

ロワーカーボン・キャピタル*のクレイ・デュマによれば、炭素回収の技術は急成長の段階にあり、新しい企業や基金の設立が頻繁に公表されているという。注目すべき企業は、チャーム、バードックス、ランニングタイド、イーオン、ミッションゼロ、サステラなどだ。

直接空気回収

直接空気回収（DAC）は、気候変動に及ぼす影響を軽減させるために、地球の大気からCO_2を取り除くプロセスのことだ。DACは強力なターボファンを利用して大気中のCO_2を吸い込み、貯蔵または再利用する。

CO_2は温室効果や地球の気温上昇の最大要因だ。DACは、工業化に伴って深刻化した排出プロセスを逆のプロセスに変えることを目指している。すなわち、大気中に風を起こして、空気を強制的に液体溶媒や固体の吸着フィルター（ソーベントと呼ばれる）に通し、CO_2を吸収したあとで残った空気を放出するという仕組みだ。

その後、液体溶媒や固体のソーベントを加熱してCO_2を解放する。液体溶媒を使ったシステムはエネルギー使用量が多く、CO_2を解放するのに900℃近い超高温にしなくてはならない。固体のソーベントを使ったシステムは、CO_2を解放するのに80℃まで加熱するだけでよい。そしてCO_2は回収、貯蔵され、溶剤やソーベントはすぐに再利用できる。

回収された気体のCO_2は地中に注入され、特定の地層で貯留する。空気から引き離されたCO_2は、水と混ざって地中に送り込まれ、鉱化作用を受けて炭酸カルシウムになる。この方法でCO_2を貯留すれば、炭素循環から完全に切り離すことができる。これをネガティブエミッションと呼ぶ。

回収されたCO_2は、コンクリートの強度を高めたり、合成燃料を作ったりといった産業目的でも利用できる。つまり、CO_2は何年もコンクリートの中に閉じ込めておくことも、燃焼させて大気中に戻すこともできるということだ。

合成燃料にすると、炭素を回収した直後にそのまま大気中に戻すことになるため、このサイクルはカーボンニュートラルだとも考えられる。ただし、これにはさらなるエネルギーコストがかかる。

この問題に取り組む企業は、規模の拡大、コストの削減、回復力（レジリエンス）のある方法の開発に向けて努力している。エアルーム社は質の高いDACのために、次のような目標をリストアップした。

- **永続性**　回収したCO_2はできるだけ長く、できれば数千年間貯留する。
- **追加性**　通常の成り行きシナリオで削減・除去されていた量を超える追加的なCO_2を除去する。
- **適時性**　CO_2の除去は先延ばしするのではなく直ちに行う。生態系の崩壊や氷床の消失といった気候のティッピングポイントを回避するために。
- **持続可能性**　土地、水、原料、エネルギーの使用を最小限にとどめ、処理が間違いなく再生的で非収奪的であることを保証する。
- **実質ネガティブ**　「ゆりかごから墓場まで」の排出をよく理解する。そうすると、実質的にどれだけのCO_2が除去されたかを正確に算出できる。
- **監視可能性**　プロセスにおける各段階でのエネルギー使用と排出を継続的に監視し、CO_2が効率的に回収され、システム内に閉じ込められていることを保証する。
- **再生可能性**　どの仕組みもできる限り多くの再生可能エネルギーで稼働させる。
- **強靭性**　装置と稼働には強靭性を持たせ、天気や気候の変化に適応できるよう設計する。
- **安全性**　解決策は、労働者や地域社会の健康状態、周囲の生態系の健全性に、ほとんど、あるいはまったく危害を及ぼさないようにする。

＊脱炭素に取り組む企業に投資する米国のベンチャーキャピタルファンド。

特効薬はあるか？

2050年までのネットゼロ目標に関する分析では、DACは今後大幅に成長し、わずか10年で処理能力は2万倍、つまり少数の小規模施設での処理だったものが年間8500万トンを処理するまでに大規模化することが予測されている。航空輸送のように排出を削減しにくい業界は、自分たちが生み出すCO_2はDACの普及によって緩和されると主張している。

現在、DACを行っている施設はわずか19カ所にとどまる。米国で開発中の最大のプラントでは年間100万トンのCO_2を回収する予定で、2024年までの稼働開始を目指している。

ちなみに、世界中の自動車を合わせれば、この大規模なDACが1年で除去できる量よりも多くの炭素を3時間もかからずに排出してしまう。

さらに、1単位のCO_2を回収するには最大で24.7平方キロの土地が必要となる。最新の技術を物理的に拡張して、現状の排出量を回収できるようにするのは、どう考えても不可能だ。

問題点

- DACは電力を必要とする。発電は、より多くのCO_2を排出する問題を引き起こす。
- DACは規模拡大が難しい。
- DACは能動的なプロセスであって、受動的ではない。エネルギーと労力をかけ続けなければ、炭素の回収も止まる。
- 大気から炭素を除去することは、そもそも炭素を排出しないことほど回復力もないし生産的でもない。

253

自然環境に炭素を貯蔵する

炭素を貯蔵するべく能動的に取り組むことを「隔離」と呼ぶ。地球上に人類が現れる以前には、炭素は2通りの方法で自然に貯蔵されていた。生物的な方法と地質的な方法だ。

生物的隔離は、植物が空気中のCO_2を吸収し、その一部を酸素とグルコースに変換するときに起きる。このプロセスがいわゆる光合成だ。海洋植物も同様に働き、海水にそのままCO_2の一部が溶け込む。地球は炭素を樹木や土壌や海洋に貯蔵するのだ。人類が森林を広げるよう努めれば、この種の貯蔵環境を作っていることになる。こうして貯蔵された炭素は、時に長期間貯蔵されるための遅い循環に移行する。

地質的隔離は、炭素やCO_2が石油や天然ガスや石炭のような化石燃料として貯蔵されるプロセスだ。これには何百万年もかかる。それゆえに「化石燃料」と呼ばれるのだ。

人類が放出した炭素が生物的方法や地質的方法で吸収可能な量を超えると、大気中のCO_2量は増加する。この変化こそが気候変動の主要因だ。

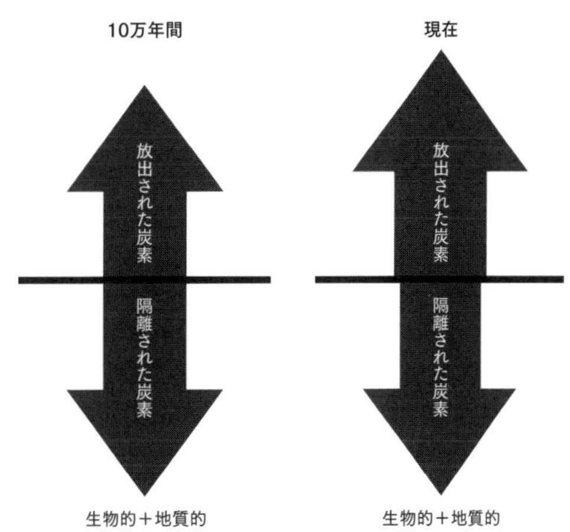

陸にも海にも近い沿岸の湿地は、炭素を隔離する能力が高いため、再生の対象となっている。こうした地域に貯蔵されている炭素は「ブルーカーボン」と呼ばれる。塩性沼沢やマングローブ林、海草地は、放出するよりも多くの炭素を貯蔵する。

107

森林を再生する

木材は炭素でできており、1辺がおよそ1メートルの木製の立方体は1トンのCO_2を蓄える。このため、森林はCO_2排出に対処するための重要な役割を担っている。毎年、世界中の樹木はおよそ2.6ギガトンのCO_2を吸収している。これは、2019年に全世界で化石燃料の燃焼により排出されたCO_2の約7.6%に相当する。

だが、森林の破壊はとどまるところを知らない。2020年には、森林破壊の割合が2019年に比べて7%も高くなった。特に熱帯雨林の破壊は12%も高まっており、ブラジルのアマゾン川流域に限れば森林に覆われた部分の消失が15%という高い水準になっている。

こうした損害の多くは、農業および林業で従来広く行われてきた方法に起因する。

1トンのCO_2

1トンのCO_2は、1辺が1メートルの木製の立方体に等しい。これはメスのコウテイペンギンと同じくらいの大きさだ。

- **森林伐採**　森林を完全に切り開き、その下にある土地を農業や家畜の飼育などに利用する。
- **劣化**　違法な、または不適切な伐採が森林の良質な木を奪い、植生や下草、土壌を荒廃させる。

この2つの方法のいずれもが、気候変動に二重の影響を及ぼしている。

- **CO_2を直ちに放出する**　木を切り倒したり燃やしたりすると、それまで貯蔵されていたCO_2が再び大気中に放出される。木の下の土壌も同じく炭素を排出する。2020年に、米国の土壌は森林の炭素のおよそ50%を貯蔵していた。
- **将来の炭素貯蔵庫が減る**　伐採された樹木や劣化した土壌は、今も将来も、もはや大気からCO_2を除去することはできない。

国連は、2030年までに全世界で森林を3%増やすという目標を定めた。基本的な方法は以下の3つだ。

- **植林**　かつて森林が存在しなかった、もしくは少なくとも過去50年間に存在しなかった場所に森林を作る。成長の早い種の木を植えれば、CO_2吸収にこのうえない結果が出る可能性があり、多様な木を植えれば、地域の生物多様性を保護するのにも役立つ。
- **再植林**　切り開かれてまもない森林を植林によって再生する。やはり多様な種を植えることが重要で、地域の現状で繁栄する種を植えるのか、かつてそこで育っていた種に戻すのかを選ぶ。
- **自然再生**　この手法は劣化した森林に特化している。伐採されてまもない切り株の再成長を促すというものだ。そうすれば、新芽は伐採された木の大きな根系を利用でき、生き残った木がその土地に再び種をまく。

自然再生は、最大2000万平方キロの劣化した森林（アフリカ大陸の面積の3分の2に匹敵する）で実行可能である。他の2つの方法に比べてコストが低く、木の輸送などCO_2排出を伴うプロセスも必要ない。しかし、CO_2吸収に強く影響するほどの密度を確保するのは容易ではない。

これらの方法はいずれも、どれほどの効果があるのか分からない。「1兆本の木を植えれば大気中のCO_2の25%を除去できる」という主張に対し、研究者の間では疑問の声が上がっている。また、樹木密度の再生には時間がかかり、ゆっくりとしか進まない。2020年の国連の報告によると、現在のペースでは「全世界で3%」の目標に届かないという。

 220

再植林の限界

「再植林」はかつて森林だった地域に木を植え直すプロセスだ。大規模な再植林プロジェクトとしては、トリリオンツリー、「三北」防護林プロジェクト、エデン森林再生プロジェクト、アフリカ森林景観復興イニシアチブなどがある。

再植林プロジェクトは、政府、企業、個人から幅広い援助を受けている。その魅力の1つは、プロジェクトを支援する金銭的代価の低さだ。個人は1ドル（約130円）支払えば木を1本植樹できる。企業は排出を相殺するためのカーボンクレジットを1トンにつき3〜5ドル（約400〜650円）で購入できる。

樹木に対する期待感は強く、「植林」プロジェクトも気候問題の解決策として提案されている。これは、例えばサハラ砂漠のように、これまで木が存在しなかった地域で木を育てるというものだ。

ただ多くの木を植えるだけでは、
必ずしも満足な解決策にはならない。

木は複雑な生物であり、すべての森林が同じように炭素を吸収するわけではない。赤道地域の森林、特に沿岸のマングローブ林は、温暖な気候下にある台地の森林に比べて、ずっと効率的に炭素を吸収する。

1種類の木を大量に手早く植林する「単一栽培」に重点を置いたプロジェクトでは、森林を自然に再成長させた場合に比べて、隔離できる炭素の量は少なくなる。成長の早い外来種は、在来の植物を凌駕し、吸収するより多くの炭素を排出する可能性もある。こうした森林は生物多様性も低減させる。

木がどのくらい生きるかは、再植林において考慮すべき重要事項だ。中国の「三北」防護林プロジェクトでは、この点について過去25年間にわたり議論が続いてきた。量か質かの問題もあれば、現地の野生動物の問題、木の耐久性に関する問題もある。2021年に米国で起きた森林火災によって、マイクロソフトやBPなどの企業が購入した排出枠は帳消しになった。

再植林に対しては、「実際の排出量を削減しなければならないという事実を隠蔽している」との批判も出ている。現在の排出量を吸収するのに必要な土地面積を考えても、再植林を排出削減の代替手段にするのは不可能だというのだ。

2050年に人類が生み出す炭素を吸収するのに十分な森林を作るためには、インドの5倍の面積を森林にしなくてはならない。

植林のために土地が奪われるようなことがあれば、再植林という行為が、さらに社会的弱者を疎外し、先住民族を追い出す結果を招くかもしれない。

再植林は有益だが、保全にはかなわない

再植林を適切に行えば有益な結果を生み出すが、それが既存の森林の保全から目をそらすことになってはいけない。多様な種を擁する原生林は、新しく成長した森林よりも多くの炭素を貯蔵できる。原生林は1万平方メートルで年間100トンの炭素を隔離固定できるのに対し、同じ面積の新しい森林は3トンしか炭素を隔離固定できない。

泥炭地、マングローブ林、原生林、アマゾンの林冠、沼地もまた、回収し切れないほど大量の炭素を貯蔵していると考えられる。炭素貯蔵量があまりに多いため、いったん破壊されたなら、相殺も埋め合わせもはるかに及ばないほどの炭素を排出するだろう。

🌐 219

ブルーカーボン

藻類、海草、マングローブ、塩性沼沢や沿岸湿地に生える植物は、成長とともに炭素を吸収し閉じ込める。「ブルーカーボン」とは、沿岸や海洋の生態系に取り込まれた炭素を指す。海底に閉じ込められた二酸化炭素の半分（またはそれ以上）は、こうした沿岸の森林から来たものだ。沿岸の森林は、通常の森林の4倍の速さで二酸化炭素を回収できる。炭素の多くは湿った土壌の地下数メートルまで到達するからだ。こうして取り込まれた炭素は大気中から除去され、大気中の二酸化炭素量が低減する。

1万平方メートルのマングローブ林は、年間およそ8トンの二酸化炭素を取り込む。これは、同面積の熱帯雨林が吸収する量よりも多い。

251

過去半世紀で
世界のマングローブ林の
30~50%が破壊されている。

各バイオーム（生物群系）が貯蔵する炭素

1万 m^2 当たりの CO_2

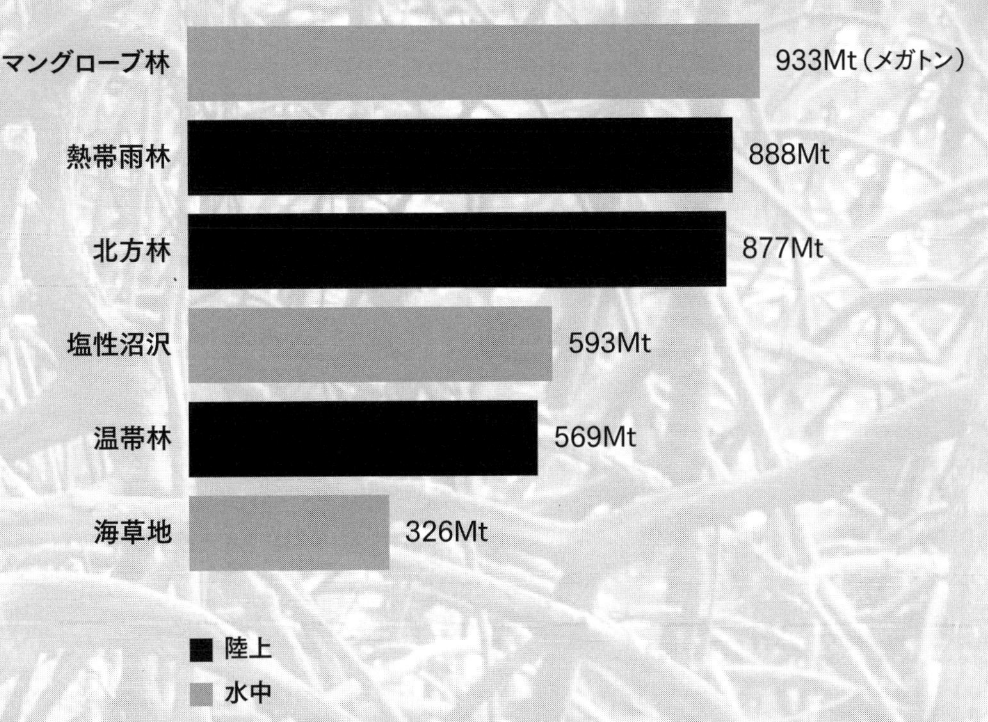

土壌を利用して炭素を貯蔵する

土壌は生きている。泥を植物の成長に不可欠な基質に変える微生物が無数にすみつくと、泥は土壌になる。

地球上の炭素は、土壌中の土壌有機物（SOM）という物質にも多く貯蔵されている。ここで言う有機とは、化学肥料や殺虫剤を使わないということではなく、炭素が多量に含まれているという意味だ。SOMは通常、その50〜60%が炭素である。農業に使われる土壌は、たいがい3〜6%のSOMを含んでいる。

植物の葉や茎などが枯れて地面に落ちると、土壌中の微生物がそれを分解する。このプロセスで植物は炭素に変換され、SOMが生成される。炭素は土壌に固定され、二酸化炭素として大気中に放出されなくなる。

耕起すると、SOMや土壌中に貯蔵された炭素は破壊される。農家が土壌を耕すとSOMが地表に運ばれ、微生物がSOMを利用しやすくなり、SOMを急速に消費して大気中に二酸化炭素を放出するのだ。

毎年、土壌に蓄積されていた約1〜2ギガトンの炭素が、耕起、浸食、または気候変動に伴う永久凍土の融解などの土壌変化によって、二酸化炭素として大気中に放出されている。

SOMを維持したり修復したりすれば、長期にわたって大気中の二酸化炭素を土壌に貯蔵しておける。SOMは、農家が肥やしを使ったり、植物の廃棄物（トウモロコシの茎など）を農地に残して分解されるままにしたり、被覆（ひふく）作物を育てたりすると増加する。被覆作物は、栽培期が終わって何も栽培しなくなってから農地に植える。よく使われるのは、土に深く根差すイネ科の植物やクローバーなどだ。新しい商業作物を植える前に被覆作物を分解させると、土壌中のSOMと炭素が増加してとても有益である。

耕起を最小限にとどめる（保全耕起という）のもSOMの喪失を防ぐ（あるいは時間とともに再生させる）方法だ。不耕起栽培という手法もある。これは、土壌をほぐした狭い範囲に特殊な播種機を使って種をまく方法で、農地全体を耕す必要はなくなる。

254

土壌の健全性の回復

土壌はすべてが同じなわけではない。どのように扱われ、どんな環境にさらされていたかに応じて、土壌の中身は時間とともに変化する。

世界の土壌の3分の1は、動植物の命を支え切れないほど劣化している。その原因を次に挙げる。

・耕起
・家畜の過放牧
・焼き畑による草木の除去
・冬期に被覆作物を栽培しない
・不適切なマルチ（土壌被覆）

アジア、欧州、南米、北米の大規模な工業型農場が、大豆、小麦、米、トウモロコシといった作物を増産し、土壌浸食の原因を作っている。また、価格競争や負債といった経済面での圧力を受け、持続可能な農業を短期間に実践するのは難しくなっている。

土壌の健全性は、生産する食品の質から大気中の炭素量に至るまで、広範囲に影響を及ぼす。土壌が健全なら、水循環のバランスを取り、洪水や浸食を防ぐ緩衝材ともなってくれるのだ。1930年代に米国西部で発生したダストボウル（砂塵嵐）や、2017年のプエルトリコでの洪水は、気候変動と自然災害が土壌の健康に壊滅的な結果を生んだ例だ。こうした変動は、農業にも重大な影響を及ぼす恐れがある。

米国農務省によれば、土壌の質を向上させるために農家に実践できる方法が4つある。

土壌攪乱の最小化

・耕起の制限
・化学物質投入の最適化
・複数の家畜を１つの土地で生育させる

土壌被覆の最大化

・被覆植物の栽培
・有機物マルチ*の使用
・植物残渣(ざんさ)の放置

生物多様性の最大化

・さまざまな被覆作物の栽培
・多種の作物による輪作
・家畜と穀物生産を統合

生存根量の最大化

・休耕の削減
・被覆植物の栽培
・多種の作物による輪作

地域レベルでは、人々は持続可能な農業を支持する法律や政策に投票したり、環境に配慮した経営を行う農家の生産物を購入したりできる。

住宅所有者も、年間を通して多様な植物を育て、自然の作用を定着させることにより、所有地の土壌を改善することができる。そうすることで根系が最大限に活性化され、さらなる生物多様性が生まれるのだ。

105

健全な土壌が水循環のバランスを取る仕組み

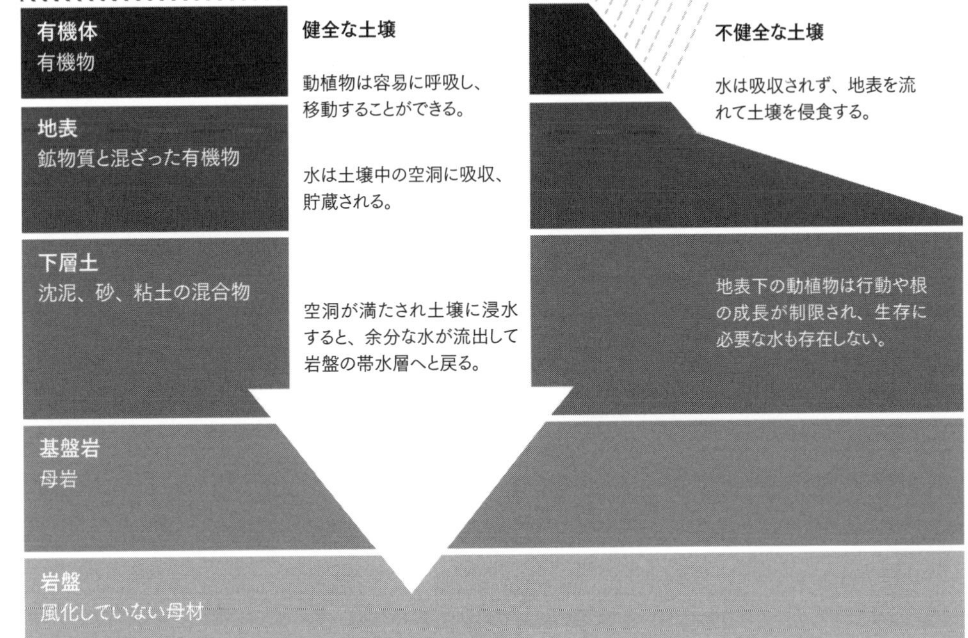

＊畝や植物の根元を、ビニールの代わりに雑草や落ち葉やもみ殻などの素材で覆うこと。

ジオエンジニアリング

あなたがキャンプファイアをしたり、
エアコンをルールに反して捨てたりすれば、
自らの行動で環境を変えていることになる。
しかし、企業や国が環境を意図的に大きく変える場合、
それはジオエンジニアリングと呼ばれる。

ジオエンジニアリング（気候工学）の戦略は、さながらSF映画のストーリーのようだ。例えば、「太陽光シールドを宇宙に配置して、太陽から降り注ぐ光の向きを変える」、「大気中のCO_2を吸い出し、地中に送って石に変える」といったように。科学者たちは、地球のさまざまなシステムに手を加え、地球を大規模に冷やす方法について模索を重ねているが、今のところその多くが莫大な費用を要し、論争の的となり、リスクに満ちている。

太陽光シールドを例に挙げてみよう。シールドというと金属製の硬い板を想像するかもしれないが、実際は、巨大火山が噴火したときに生じる火山灰雲や化学物質が大気中に噴出する様子を模倣し、それによって太陽光を遮断するというもの。化学物質を燃料に入れ、ジェット機で高空飛行し、高層の大気に散布するのだ。

スーパーコンピューターは、大気中に散布された反射性のある硫黄粒子は冷却効果をもたらす、と予測している。言うまでもなく、粒子は降雨や降雪や季節ごとの気温にも影響を及ぼす。しかし、それがどの程度なのかは不明なので、天気があまりに変わり過ぎても、その被害を簡単に元通りにする手立てはないため、全人類が苦しむ羽目になる。たとえ散布を取り消せたとしても、プログラム自体を中止すれば太陽光が遮断されなくなって、世界中で気温や温室効果ガスが危険なまでに急上昇する。

大気中から直接CO_2を吸い出して地中の岩石層に貯留する試みに関しては、すでに欧州や北米の19の施設が年間0.01メガトンのペースで実践している。しかし、この方法でCO_2がどれほど長く安全に隔離できるかは、誰にも分かっていない。CO_2が漏れ出せば、土壌や水や空気が汚染され、地中に気体を集めることにより振動や地震を引き起こす恐れもある。にもかかわらず、このプロセスを成功させるには、より安く、より効率的にしなければならない（現在のコストは1トンにつき600ドル＝約7万8000円）。なぜなら、2050年までにネットゼロを達成するためには、年間に何千メガトンものCO_2を除去するという目標に近づけるよう、おびただしい数の炭素回収施設が必要になるからだ。

CO_2を地中に貯留するのではなく、海洋に目を向けたものが「鉄を肥料にする」という選択肢だ。硫酸鉄を水中に注入すると、CO_2を吸収したあとに海底に沈む藻類ブルームが発生する一因となる。成功率はまちまちで、ブルームが海底深くに沈んで効果が出る確率は、5〜50%のどこかに収まる。いずれにせよ、十分な効果を出すには代償もある。藻類が過剰に発生すると、有害な植物プランクトンの成長も促進される可能性があり、海洋にCO_2を貯留すれば、酸性化が早まる恐れもあるからだ。

ジオエンジニアリングはリスクの高い賭けである。科学界には、「ジオエンジニアリングが地球の気温に及ぼす影響は最小限のものだろう」との見方もある。一方で、「手っ取り早く産業規模の解決策に頼れば、人々や企業が、CO_2排出削減や化石燃料の使用廃止といった本質的な取り組みに目を向けなくなるだろう」とも指摘されている。

単独でジオエンジニアリングに従事できる企業や国は何千とある。数々の実験が世界中で、それぞれの道筋で展開することを期待するとしよう。

240

二酸化硫黄を利用したジオエンジニアリング

技術者の中には、気候変動を遅らせる安価で手っ取り早いアプローチを提案する人もいる。すなわち、地球の状況を調整しようというものだ。

鏡は光を反射し、黒い道路は夏に熱を持ちやすくなる。これと同じように、外気圏が反射する太陽光の量は地球全体の気温に影響をもたらし得る。

1991年、フィリピンのピナトゥボ山が過去100年で最悪の火山噴火を起こし、発生した灰は驚くべき影響をもたらした。地球の平均気温が丸1年、およそ5℃も下がった。地球の大気が太陽光を吸収せずに反射するようになったため、地球が冷えたのだ。

ジオエンジニアリングではこの発想を利用し、地球の周囲に太陽光シェードを意図的に作ろうとしている。さまざまな化学物質を選び、それを特別な装備を施したジャンボジェット機から上層大気中に散布する。一度の散布で地球上の反射率を何年も変化させ、地表の平均気温を人工的に下げようというもくろみだ。

ジオエンジニアリングでは、大気中に微小粒子を加えることで、火山噴火による自然な効果を再現する。こうした成層圏へのエアロゾル注入には、以下のような効果がある。

・太陽光を分散させる。
・空をやや白くする。
・太陽熱の一部を反射する。
・地球をわずかに冷やす。

惑星のアルベド（反射率）は、大気中に二酸化硫黄(SO_2)、チタン、その他の化学物質や鉱物質を注入することで高めることができる。

太陽光ジオエンジニアリングは、地球の放射収支を変えて気候変動の現象を変化させる。これを研究する科学分野は「成層圏エアロゾル修正（SAM）」と呼ばれる。

このアプローチにかかる年間コストは100億ドル（約1兆3000億円）未満と見積もられている。多くの気候変動対策と比べて、これは微々たるものだ。専門家の中には、数百機の飛行機を利用して、大方の予想よりも早期に開始できるという人もいる。

2006年、研究者のマーク・ローレンスは「クルッツェンやサイセローンが著書で論じたようなジオエンジニアリングの可能性に関する本格的な科学研究は、気候や大気化学の研究界からまったく認められていない」と綴っている。だが、2016年にはこう結論づけた。「これらの著書の発表から10年、気候エンジニアリングはいまだ議論の絶えない問題ではあるが、より広い地球科学の研究コミュニティーでは、タブーという意識はほとんどなくなってきている」。

ジオエンジニアリングの手法に関しては、以下に挙げるようにまだ実証されていない現実的な問題が数多く残っている。

・化学物質はオゾン層とどのように影響し合うのか？
・このプロセスをどの国が規制するか？　介入の場所や程度はどのように決定するのか？
・組織や国が単独で実行しないためにはどうすればよいか？　温暖化の進行を望む国が現れたり、名を売ろうとする大金持ちが登場したりした場合にはどうするのか？
・人間や動植物の健康、海洋への影響はどうだろうか？
・永遠に続ける覚悟があるのか？　そうでなければ、比較的安価で手っ取り早い解決策にのめり込んだ場合、どうやって中断を決心すればいいのか？

惑星のアルベド
鏡は光を反射し、黒い道路は夏に熱を持ちやすくなる。これと同じように、外気圏が反射する太陽光の量は地球全体の気温に影響をもたらし得る。

259

6
それぞれの役割

変化を起こすために
政府、企業、個人は何に取り組むべきか?

グラスゴー・ブレークスルー・アジェンダ

COP26（国連気候変動枠組条約第26回締約国会議）には、世界42カ国の首脳たちが集まり、温室効果ガスの排出を削減するための「ブレークスルー・アジェンダ」への加盟を発表した。世界全体のGDPの70%を占める国々の指導者が、アジェンダの目標を達成するために協調することを約束したのだ。

ブレークスルー・アジェンダとは、世界の温室効果ガス排出の50%以上に寄与する世界経済の5つの部門に焦点を当てた、グローバルなクリーンテクノロジー計画だ。その中には、官民の主要なイニシアチブの連携強化や、成功を後押しするための情報共有などが挙げられている。この計画では、2030年までに排出量を大幅に削減することを目指している。

ブレークスルーの５つの目標

電力　クリーン電力を、2030年までにすべての国が効率的に電力需要を満たすための、最も安価で信頼性の高い選択肢とする。

陸上輸送　ゼロエミッション車を、2030年までに新常態（ニューノーマル）とし、世界中のどこでもたやすく手に入り、価格も手ごろで、持続可能なものにする。

鉄鋼　世界全域で、ニア・ゼロエミッション型鉄鋼の生産と効率的な活用を2030年までに確立、成長させ、グローバル市場において優先されるべき価値があるものとする。

水素　再生可能で低炭素の安価な水素を、2030年までに全世界で利用可能にする。

農業　気候に対する回復力（レジリエンス）があり持続可能な農業を、2030年までに世界中の農家にとって最も魅力的な選択肢とし、広く導入を進める。

影響の大きいこの5分野で、炭素排出問題の解決に向けて国際協力を強め、これらを国際的な政治課題の最優先事項に据え続けることがブレークスルー・アジェンダの目的だ。

5つの分野で炭素排出量の削減目標を達成するために、加盟国は以下のような国際協力に貢献することで合意している。

- 政策と基準を整合させることを支援する。
- 地球にやさしい技術の研究開発の振興に努める。
- 国際社会における公共投資の調整に積極的に乗り出す。
- 民間資金を集結して活用し、これらの取り組みを促進する。

各国はブレークスルー目標の一部または全部に署名することができる。すべての目標に署名した国もあれば、1つか2つの目標についてのみ署名した国もある。

また、英国が旗振り役となって、グローバル・チェックポイント・プロセスを毎年実施し、速やかな移行に向けた進捗状況を追跡、検証することになっている。グラスゴー・ブレークスルーの5つの目標には、各国が公約達成の進捗報告をするための指標となる評価基準が定められている。

128

気候変動枠組条約、京都議定書、パリ協定とは？

気候変動枠組条約とは何か？

国連気候変動枠組条約（UNFCCC）は、地球温暖化という困難な問題に、全世界が一致団結して取り組むことを狙いとして制定された。

気候変動の影響はどの国にも及ぶ。しかし、島国や、インフラ整備が遅れリソースが活用できない国などでは、影響が深刻化する可能性がある。

そもそもこの問題に対する責任の程度は国によって差がある。とはいえ、気候変動は地球規模の問題であり、全世界の協力が欠かせない。

1992年に採択された当初の目標は、先進国の排出量を削減する一方、途上国の持続的な成長を支援するための公平な方法を見出すことであり、条約の締約国はいくつかの基本原理について合意した。

- 科学的根拠に不確実性があっても、被害を防止するための行動を取るべきだ*1。
- 締約国は「衡平性に基づいて、また、共通だが差異ある責任とそれぞれの能力に応じて」行動すべきだ。
- 先進国が主導すべきだ。

国連気候変動枠組条約には世界中のほぼすべての国が参加しており、197カ国が批准している。批准国は毎年、締約国会議（COP）の下でまとまって開かれる複数の会議体に代表団を送る。会議での意思決定は全会一致に基づく。利害の一致する国々がグループを形成し、交渉はグループ間で行われることが多い。2021年にグラスゴーで開催されたのが、26回目のCOPの会合だ。

京都議定書とパリ協定

国連気候変動枠組条約には、2つの主要な協定がある。京都議定書とパリ協定だ。

1997年に採択された京都議定書は、温室効果ガス（GHG）の排出量を、先進国の経済の発展状況や能力の違いを反映した形で抑制することを目的としていた。

第1約束期間（2008〜2012年）には、「附属書I」*2の36カ国（先進国および市場経済移行国）がGHG排出量の削減目標の達成を約束した。36カ国すべてが議定書を順守したが、そのうち9カ国は他国からの排出削減分を購入するという形で排出量を埋め合わせなければならなかった。

第2約束期間（2013〜2020年）については2012年に合意に達したものの、発効していない。

京都議定書の第2約束期間の交渉と同時期に、その後に向けた話し合いも進んでおり、これが最終的にはパリ協定につながった。

パリ協定は2015年に採択された。その主な目的は、地球の平均気温の上昇を産業革命前と比べて2℃未満に抑える（できれば1.5℃に抑える努力をする）ことだ。パリ協定が京都議定書と大きく異なるのは、すべての締約国が「国が決定する貢献」（NDC）を策定し、排出量と実施の進捗を定期的に報告しなくてはならないところだ。

NDCでは、各国が温室効果ガスの排出削減に向けた行動に加え、気候変動の影響に適応するための回復力（レジリエンス）の構築に向けた行動も表明する。各国は2020年までにNDCを完成させることになっていた。パリ協定は5年サイクルで進捗状況を確認し、NDCにおける目標をそのたびに引き上げることになる。

パリ協定では、すべての国に行動を義務付ける一方で、先進国は率先して行動すべきであると改めて明言している。パリ協定の下で定められる附属書I国から非附属書I国への支援は以下の通りだ。

- **資金：**先進国は、発展途上国や脆弱性の高い国の緩和（排出削減）と適応の双方を支援すべく追加的な資金供与を行う必要がある。京都議定書との大きな違いは、パリ協定では非附属書I締約国による自発的な資金拠出も奨励している点だ。
- **技術：**締約国間の技術開発および移転を加速するための枠組みを確立する。
- **能力構築：**先進国に対し、気候に関連する途上国の能力構築への支援強化を要請する。

パリ協定には、「強化された透明性枠組み」（ETF）も盛り込まれている。2024年からスタートするこの枠組みでは、各国は緩和と適応における行動と進捗状況、および提供された、あるいは提供した支援について報告し、透明性を保つ。このプロセスで集められた情報は、5年ごとに実施するグローバル・ストックテイクでの評価に活用する。グローバル・ストックテイクは全体の進捗を評価し、各国が次の期間にさらに高い目標を設定する際の情報を提供する。

126

35℃は致命的

35℃（湿球温度の測定値、湿度100%の場合）では、人間は生きていくことができない。

＊1　これを「予防原則」と呼ぶ。
＊2　附属書I国は、UNFCCCの下で、排出削減の約束や情報提供、途上国に対する支援などが規定されている先進諸国。非附属書I国はそれ以外のいわゆる発展途上国。

文化の力で行動を求める先住民族の若者

2021年、スコットランドのグラスゴーで国連気候変動枠組条約会議（COP26）が開催されるのに先立つ数カ月間、パナマの先住民族グナの若い活動家たちが集まり、「モラ」で大きな帆を手作りした。グラスゴーにその帆を持ち込んで、グナの故郷に海面上昇の影響が及んでいることに関心を持ってもらう計画だった。色鮮やかなアップリケを手で縫いつけるモラの技法は、古くからグナの故郷に伝わる独特のものだ。

グナ族の大半（約3万3000人）は、カリブ海に浮かぶサンブラス諸島を中心に広がる地域、グナ・ヤラで暮らしている。しかし、サンブラス諸島は、今後数十年の間に海面が上昇して人が住めなくなるという危機的状況にある。グナの若者たちは、地球規模の気候行動を取るための10年間のリーダーシップ育成キャンペーン「ジオ2030」に積極的に参加している。「ジオ2030」は、2020年にパナマで計画がスタートし、2021年には世界規模で展開した。若者主導の国際団体や先住民族団体、企業などの多様な組織を代表する若者や年配者が構成する協議会が運営に当たっている。

グナ族の職人が37人がかりで手作りした帆は、40平方メートルにも及び、これまでに作られたモラの中でも最大級だ。このプロジェクトでグナ族の人たちの総意を余すことなく示したいと考えた若者たちは、年配者にも助言を求めた。

プロジェクトチームはCOP26に出席するためにグラスゴーに向かう何カ月も前から、「ブルーゾーン」（政府代表団、国家元首、主要なスポンサー企業向けに確保されたエリア）のどこかにモラの帆を掲げるための承認を得ようと模索した。しかし、公式ルートでは誰からも返答がなかった。

そこで若者たちは、自らの判断で行動を起こそうと心に決めた。COP26が始まってまもなく、モラを施した帆を中心にしてデモを行った。そして会期中盤に、モラの帆をつるすのにまたとない場所を見つけた。

若者たちは承認を得ないままに、その帆をメイン会場の近くに掲げたのだ。必要な重機を所有し、自分たちの信念に賛同してくれる人たちを探し出し、ある晩遅く、みんなで協力して巨大なモラを飾った。

COP26が閉幕するまでの期間、モラの帆はあらゆる参加者の目に触れ、先住民族の指導者たちにとっての集いの場の役割を果たした。BBCなどの報道機関や「ザ・ナショナル」などの新聞が、グナの取

迫り来る自然災害
今の世代の子どもたちが気候変動に起因する自然災害に直面する可能性は、親の世代に比べて3倍も高い。

り組みを報じた。

「モラの帆は、グナ民族としての私たちのアイデンティティーの原点を象徴している」。このプロジェクトの共同リーダーを務め、建築学科の学生でありジオバーシティー・デザインのデザインアソシエイトでもある、アガー・インクレニア・テハダはそう語る。「この帆は、私たちが空、太陽、海、大地、そしてすべての生き物に対する敬意とともに、母なる大地へ寄せる深い思いを象徴している。そして、私たちの団結力を強め、母なる地球の森、川、海のために闘う私たちを後押ししてくれる」

「私たちのジオ2030行動指針は、厳しい努力を払うことを前提としている。つまり、私たちは、海面上昇、河川の氾濫、地滑り、伐採業者や牧場主による侵入、乾燥した森林の火災に直面したとき、痛みを伴う変化を強いられることに備えて、海や河岸地域、森林の地域共同体を整えておく努力をしなければならないのだ」。グナ・ユースコングレスとジオバーシティー・スクール・オブ・バイオカルチュラル・リーダーシップの共同設立者、イニキリピ・キアリはこのように述べている。

🌐 120

大都市の取り組み(C40)

世界で特に影響力の大きいおよそ100の都市がC40（世界大都市気候先導グループ）という名のネットワークを作り、気候変動に対処するために活動を共にしている。これらの都市の人口は合計7億人を超えており、世界経済の4分の1以上を占めている。

C40の使命は、加盟都市の温室効果ガス排出量をパリ協定の目標に沿って10年以内に半減させることにある。気候変動に対処するアクションプランを策定し、排出量を削減して都市の回復力（レジリエンス）を高めるための具体的な評価基準を示すのもその必須要件の1つだ。

C40の加盟都市は、どのような取り組みが効果的か、自由に助言し合う。このネットワークには、同様の気候行動に取り組むさまざまな都市の担当者が集まっている。都市間で経験やベストプラクティスを共有することは、互いにコストを削減し、失敗を防ぎ、能力を高めるために有益だ。

C40はまた、行動を促す積極的な相互圧力を生み出す。意欲的な目標を達成できた都市があれば、すべての都市にとってそれが新たな規範になるというわけだ。

125

97
C40に加盟する都市の数

25%
C40の都市が世界経済に占める割合

7億人以上
C40の加盟都市に暮らす人口

都市同士で共有することの好影響

C40の加盟都市のうち、**高公害車の規制**を行う都市が700%以上増加

2009年 **3都市** → 2020年 **23都市**

C40加盟都市のうち、**レンタサイクルの仕組み**を導入する都市が600%以上増加

2009年 **14都市** → 2020年 **86都市**

C40加盟都市のうち、**再生可能な電力の推進**に動く都市が650%増加

2009年 **4都市** → 2020年 **26都市**

C40加盟都市のうち、**洪水リスク対策への投資**を行う都市が1400%近く増加

2009年 **4都市** → 2020年 **55都市以上**

学校と太陽光発電

2016年に、米国で幼稚園から高校までの教育機関が費やしたエネルギー費用は80億ドル(約1兆円)だった。これは、3年前の費用を25%以上上回っていた。欧州では、学校で使うエネルギーが地方自治体のエネルギー費用の70%を占める。フランスの場合、地方自治体の建物で消費するエネルギーの30%が学校で使うエネルギーなのだ。

その一方で、サハラ以南のアフリカ、南アジア、中南米を中心として、2億9100万人の子どもたちが電気の届かない小学校に通っている。これらの学校の状況が改善すれば、将来のCO_2排出量が現在よりも増加する。それを避けるためには、持続可能な電化が必要だ。

学校での取り組みは主に2つある。エネルギーの使用量を減らすことと、必要なエネルギーを再生可能なエネルギー源から調達することだ。授業は通常、日中に行われるため、太陽光発電と相性が良い。週末や休校日には、エネルギーを貯蔵したり、立地的に可能なら送電網に電力供給したりできるため、その投資分は早めに回収できる。ある研究報告によれば、「米国で幼稚園から高校までのすべての教育機関が完全に太陽光発電に切り替えた場合、石炭火力発電所を18基停止した場合と同じくらいのCO_2削減につながる」という。

英国のカウンティ・ダラム内の学校独自のプログラムでは、2010年の開始以来、費用を880万ポンド(1ポンド160円換算で、約14億円)減らし、CO_2を11.2トン削減し、電力を202ギガワット時節約した。

2014年から2019年にかけて、米国で太陽光発電を導入する学校は80%増加して計7332校となり、幼稚園から高校までの全体の5.5%を占めるまでになった。学校だからこそ、未来のリーダーを育てるカリキュラムの一環ともなる。

欧州、米国、オーストラリアの政府や組織の多くは、エネルギー監査を行って省エネの可能性を探り、学校での持続可能性の維持に向けた活動開始を支援している。そして、導入にかかる初期費用を補助するための資金援助プログラムを提供する。地域によっては、国、州、地区、郡の各レベルでプログラムが用意されている。

初期費用の援助がない場合は、補助金や助成金制度、リース契約、電力購入契約などの他の財政的な仕組みがある。

通常、最も大きな財政的利益を得られるのは、学校基金を利用して太陽光発電の導入に資金提供する場合だ。資金は3年から5年で回収できる。一方、OECD諸国の一般的な学校では、行動しないことによる財政的なコストが毎年かかっていく。

116

学校と太陽光発電

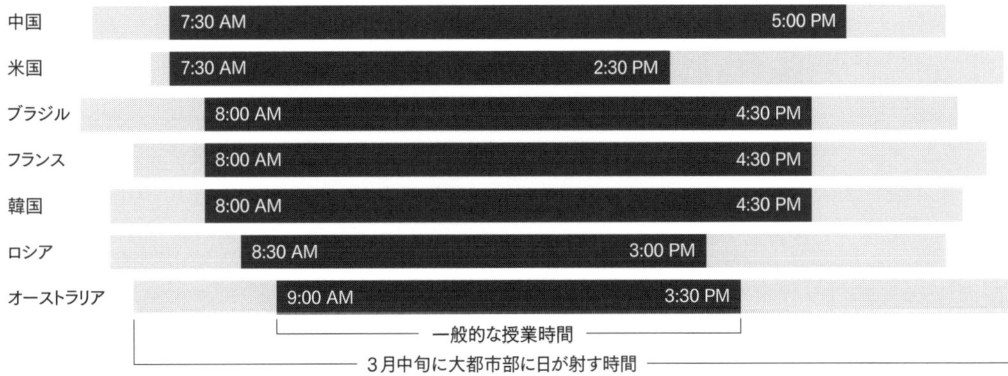

気候変動訴訟の現状

なぜ法律が重要なのか

世界中で、気候変動に対処するための法整備や政府の行動に対する活動家からの要求が高まっている。しかし、新しい法律を制定するだけでなく、訴訟も変革のための強力な手段だ。現在、気候変動に関連する訴訟や申し立てが1843件、進行している。

気候変動訴訟の増加は注目に値する。2017年には、24カ国で884件の訴訟が提起された。2020年末時点では、38カ国で1550件の訴訟が進行中だ。全訴訟の約3分の2は米国で行われている。

気候変動に特化した法整備と、その法律を実施させるための民事訴訟を通じて、温室効果ガスを抑制するための行動変容を組織に対して促すことができる。気候関連の問題に特化しているわけではない法律を適用して気候関連の訴訟を起こすこともできる。

2019年12月20日、オランダの最上位裁判所であるオランダ最高裁は、ウルゲンダ気候訴訟におけるそれまでの判決を支持し、オランダ政府には人権上の義務に基づき、緊急かつ大幅に排出を削減する義務があると認めた。これは、まさに歴史的な成果だった。

誰が誰に対して訴訟を起こしているのか

一般に、被告は中央政府または企業であり、依然として政府が多数を占めている。原告は以下に示すような社会のあらゆる層の人たちだ。

・活動家
・個人
・集団訴訟団体
・先住民の人々
・その他の政府（例えば、地方自治体が中央政府に対して訴訟を起こすなど）
・官民の金融機関ならびに規制当局
・政党

こうした人たち、および団体は、さまざまな法的理論を利用して訴訟を提起しており、どの程度の勝利を得られるのかはケースバイケースだ。

進行中の気候変動訴訟案件

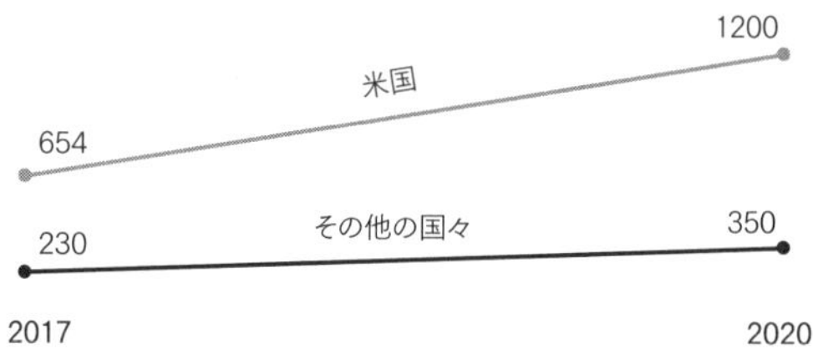

訴訟の根拠となる考え方

気候変動訴訟の分野は“模索”段階と言われている。どのような申し立てが最も効果的であるかを各団体が模索しているからだ。国連環境計画では、次のようないくつかのアプローチの概要を示している。

- **気候に関する権利**：原告は、気候変動を緩和するための対策が不十分であることが、生命、健康、食料、水、自由、家族生活などに関する原告の国際的権利や憲法上の権利を侵害していると主張する。
- **国内での実施**：原告は、関連する法律や規制が実施されていないと主張する。
- **化石燃料の採掘の停止**：こうした訴訟案件では、エネルギーを採掘する企業や政府機関が環境評価プロセスで気候変動への影響を軽視している点を主張する。
- **企業の義務と責任**：原告は、気候変動に関連する損害について、その原因は被告の行為にあるとして責任を追及する。
- **適応の失敗と適応による影響**：さまざまなケースで、被告が被害を回避する義務を遂行しなかったことを証明しようとする。
- **気候変動への情報開示とグリーンウォッシュ**：主に企業を対象とした訴訟案件において、被告が気候変動によって考え得る被害に関するリスクやその他の情報を適切に開示せず、その結果、ステークホルダーの効果的な意思決定を妨げたと主張する。

結果

気候変動訴訟が迎える結果はさまざまだ。多くの場合、裁判所は、原告には訴訟を提起する正当な権利を有するだけの利害関係（原告適格）がないと判断してきた。また、司法判断適合性という観点から、行政機関のような別の部門が決定しなければならないとして、原告の訴えを棄却することもある。米国の裁判所は、原告が適格性を欠いているという理由から多くの案件の審理を拒否してきたが、発展途上国では訴訟が進む場合が増えている。

裁判では勝敗だけでなく、影響の度合いによって評価される場合もある。英国学士院によるCOP26関連の報告書「気候変動活動としての気候変動訴訟　有効なのは何か？」では、影響を及ぼす可能性がある事例として以下の3つのカテゴリーを挙げている。

1. 特定の産業プロジェクトの停止など、気候行動に寄与する可能性が相応にある訴訟で勝訴する場合や、環境保護団体「ウルゲンダ」対オランダ政府訴訟など、影響がより広範囲に及ぶ場合。2019年12月、オランダ最高裁はオランダ政府が人権上の義務に基づき、直ちに排出量を削減しなければならないとの判決を下している。
2. 司法判断適合性などを理由に勝訴には至らなかったものの、社会的にかなり注目を集め、さらなる積極的な行動につながり得る事例。このような事例の典型的なものとして、ジュリアナ対米連邦政府訴訟がある。2021年に21人の若者が起こしたこの訴訟は、政府が生命、自由、財産について、若年世代の憲法上の権利を侵害し、公共の資源を保護していないと主張した。
3. 特に大規模なエネルギー事業を相手とした訴訟など、非常に注目度の高い裁判。法廷で勝つ可能性は低いが、大きく話題となることによって影響をもたらし世論を変えることを意図している。

訴訟は決着までに何年もかかることがあるし、気候変動訴訟という分野全体はまだ比較的歴史が浅い。結果は見通せないが、案件、関係者、戦略が急速に拡大していることから、訴訟は今後も気候変動への世界的な動きの一環であり続けるだろう。

121

気候変動訴訟の主な傾向

気候変動とエネルギー転換に関して、気候情報開示の拡大と企業のグリーンウォッシュの排除を主張

気候変動に起因する被害について、企業の義務と責任を主張

気候関連の法律や政策の国内実施（および不履行）への異議申し立て

化石燃料の採掘の停止を追及

国際法や国内憲法で保護された基本的権利や人権に基づき、気候変動への対応を求める裁判の増加

適応の失敗と適応による影響への対処

サステナビリティーがもたらす投資家の利益への好影響

気候変動に積極的に取り組む企業が株主に高い投資利益をもたらすことを明らかにする研究成果が次第に増えている。持続可能性はお金になるというわけだ。

気候変動は、投資家が直面する最大のリスクと考えられることが多い。排出量を削減し、気候変動がもたらす最悪の影響を回避するための行動は、長期的な投資価値と利益を守るための最善の方法と考えられている。

気候変動の影響を懸念する投資家は、多くの場合に企業の環境・社会・ガバナンス（ESG）評価を投資判断の材料にする。これに対し、ESGへの取り組み（二酸化炭素排出量の削減、再生可能エネルギーの利用拡大、リサイクルなど）を積極的に行っている企業は、定期的なサステナビリティー報告書で測定可能な目標とその達成状況を公表している。

最近では、こうした報告書はグローバル・レポーティング・イニシアチブ（GRI）や国連責任投資原則（PRI）が定めるESGの規範に準拠している。投資家の間でESGの問題がますます重視されるようになるにつれ、この取り組みに署名する投資家の数も年々増加している。

個人投資家が保有するESG資産は、2018年から2020年の間に50％増加し、3兆ドル（約390兆円）から4.6兆ドル（約600兆円）になった。

世界のESG資産は、2025年までに53兆ドル（約7000兆円）を超え、運用資産総額140兆5000億ドル（約1京8000兆円）の3分の1以上を占める見通しとなっている。

現在、世界のESG資産の半分は欧州にあるが、2022年以降は米国がこの分野を独占する可能性がある。次の成長の波はアジア、特に日本からやってくるかもしれない。

ESGでウエイトづけした投資ポートフォリオ設計は、従来の株価指数を利用する場合に匹敵するか、またはそれを超える収益につながることもある。

2021年11月29日現在、S & P500のESGウエイトづけ銘柄に投資した場合、25.33％のYTD（年初来）利益となり、ウエイトなしのS & P500の22.33％より3％高い利益となる計算だ。

131

PRIに署名した機関の数

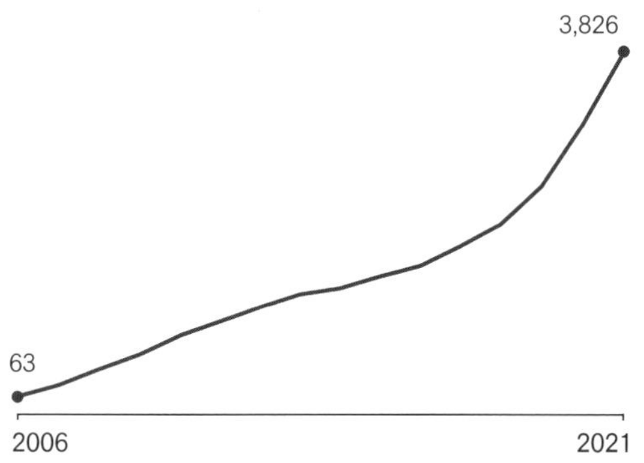

ESG投資信託・ETF（上場投資信託）への年間資金投入額

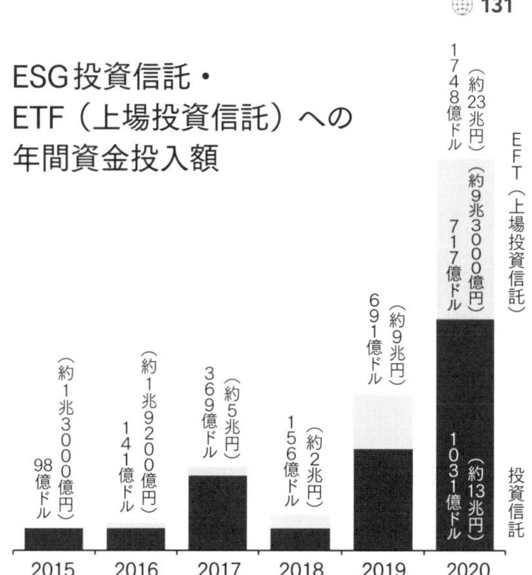

若者主導の気候変動訴訟

現在、世界各地で約2000件の気候変動訴訟が進行しているが、その中には、若者たち、時には選挙権さえ持たないほど若い人たちが起こしているものが相当数ある。彼らが訴えているのは、各国政府が気候変動を防ぐための行動を怠り、その結果として各国の憲法、国連条約、または欧州の司法制度で謳われている生存権が侵害されているということだ。

次に示す4つの事例では、ある独自の基本原則が浮かび上がる。将来起こるであろう被害を軽減するという考え方だ。

ジュリアナvs米連邦政府：憲法違反を問うこの気候変動訴訟は、2015年、21人の若者の代理である「アワ・チルドレンズ・トラスト」が提訴した。原告は、米連邦政府が気候変動の進行に「積極的に」関与し、生命、自由、財産に対する若年世代の憲法上の権利を侵害し、また、公共的に守られるべき資源を保護しなかったと主張している。

2021年2月、第9巡回区控訴裁判所は、原告には訴訟を起こす法的権限がないとする事前判決を支持し、原告と政府に和解に向けて努力するよう促した。5カ月後、両当事者は解決に至らなかった。2021年12月現在、裁判所は、原告による修正訴状の提出要求を検討している。

サーチらvsアルゼンチン、ブラジル、フランス、ドイツ、トルコ：グレタ・トゥーンベリをはじめ12カ国16人の若者が、国連子どもの権利条約第3選択議定書第5条に基づき、5カ国に対して申し立てた。1989年に採択されたこの条約は、歴史上殊に広く批准されている条約だ。若者らは、これらの5カ国が「自分たちの生命を危険にさらし、健康と発達を害する」ことで権利を侵害した、と主張している。

2021年10月、国連の同委員会は「各国の救済措置」が尽くされていないので、申し立ては認められないと判断した。しかし、委員らは「自国の領土に由来する排出が国境外の子どもたちに及ぼす有害な影響について、国家は法的責任を負うという通報者の主張を受け入れた（後略）」

ノイバウアーらvsドイツ：2020年2月にドイツの若者グループが、ドイツの連邦気候保護法に対して提訴した訴訟。2030年までに温室効果ガスを55%削減するという目標は、現在の若者や将来の世代を守るには不十分だと主張した。2021年4月29日、ドイツ連邦憲法裁判所は、若者たちを支持する判決を下し、ドイツ基本法には、「生態学的な懸念を受け入れ、また特に影響を受ける将来の世代を視野に入れて、政治プロセスを拘束する法的規範」があることは明らかだと主張した。

シャルマvs環境大臣：2020年に、オーストラリアの若者8人がオーストラリア環境大臣を相手取り提訴した。石炭採掘プロジェクトの認可は気候への脅威であり、政府が将来の世代に負う注意義務に違反すると主張したのだ。2021年7月、オーストラリア連邦裁判所は、この裁判について一連の判決を下した。同裁判所は、差止命令は出さなかったものの、大臣には「合理的な注意を払い（中略）この訴訟手続きの開始時に18歳未満のオーストラリアの通常居住者である人が、地球の大気中への二酸化炭素の排出によって損傷を受けたり死亡したりすることのないようにする義務がある」という裁定を下した。行政府は、気候への悪影響の原因が同プロジェクトにあるとすることの妥当性に異議を申し立て、大臣はその後、採掘プロジェクトを認可した。現在、控訴審が行われている。

134

> 若者主導の気候変動訴訟によって、裁判所や政府が向き合わざるを得ないのは（中略）気候変動が今の子どもたちや将来の世代に及ぼす壊滅的で不均衡な影響だ。
>
> —マーク・ウィラーズ（弁護士）

カーボンプライシングでカバーされる世界の温室効果ガス排出割合

炭素に価格をつけることは、世界の温室効果ガス排出量を削減するためには欠かせないおなじみの市場原理に基づく手段だと広く認識されている。2005年に欧州排出量取引制度が実施されたことで、この手段が注目を集めた。当時世界の排出量の5.3%がカーボンプライシング（炭素価格付け制度）*の対象となっていたが、この取り組みは徐々に広がり、2021年には世界の排出量の21.5%が対象となった。2019年、各国政府はカーボンプライシングを推進し、約450億ドル（約5兆8500億円）の資金を集めた。

年間の増加率が最も高かったのは2021年で、この年には中国で排出量取引制度が導入された。中国の同制度は全世界の排出量の約7.4%を占めている。

838

プラスチックレンガ

「バイブロックス」と呼ばれる新たな技術を利用すれば、廃棄プラスチックをコンクリートの代わりに使用可能な材料に変換できる。プラスチックを溶かしたり変形したりせず、圧縮して使用するため、さまざまなプラスチックを混ぜ合わせることができ、焼却や埋め立てを行わなくて済む。

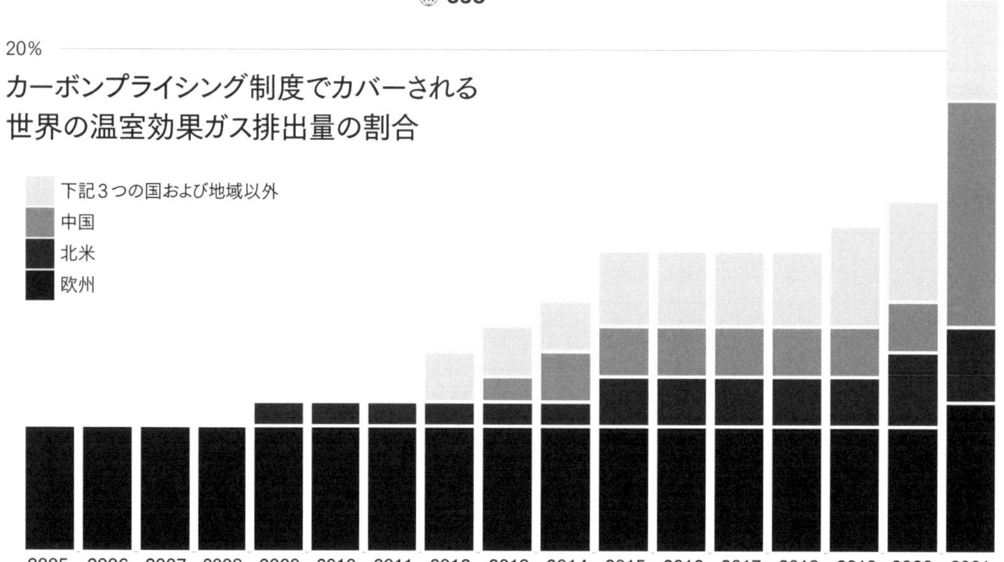

＊主なカーボンプライシング制度には、炭素を取引する「排出量取引制度」、および、税を課す「炭素税」がある。

ファイナンスの役割

事業を成長させるには資本を準備しなくてはならない。しかも、事業が資本集約的であればあるほど、資金調達はますます欠かせない。

エネルギー関連企業は資本集約的な傾向がある。油田の掘削、稼働、風力タービンや発電所の建設にかかるコストは、たちまち膨れ上がる。

債務返済の見込みがある企業への融資に力を入れる金融機関にとって、化石燃料関連の企業は堅実な投資先と考えられてきた。よって、化石燃料関連の大手企業は、主に融資という形で容易に資本を調達できた。

大手銀行は2015年のパリ協定以降も、化石燃料関連企業への融資を続けている。しかも、その融資は毎年約5%ずつ増え続けている。2019年の総融資額は8240億ドル（約107兆円）で、2018年より430億ドル（約5兆6000億円）増えている。ブルームバーグの推計によると、化石燃料関連企業は2015年以降、合計で約3.6兆ドル（約470兆円）相当の新規融資を受けている。また、銀行が2015年以来、化石燃料企業に貸し出した数兆ドルの手数料として受け取った額は165億ドル（約2兆1000億円）を超えている。

代替エネルギー関連の企業やプロジェクトが成功するためには、やはり資本を得る必要がある。2015年以降、“グリーンな”債券の発行額は大幅に増加したものの、同期間の化石燃料関連融資の3分の1にすぎない。

2021年には、グリーン企業への融資額が初めて化石燃料企業への額を上回った。しかし、主に新型コロナウイルス関連の混乱により、総調達額は2020年よりも減少している。

もし、2015年以降もエネルギー関連企業の資金調達の傾向が変わらなければ、世界は化石燃料から脱するのが遅れ、パリで合意した1.5℃という目標を達成するのは難しくなるだろう。

「レインフォレスト・アクション・ネットワーク」の分析によると、現在の投資水準を続ければ、世界のエネルギーミックスに占める化石燃料の割合は2030年にも75%を超えたままだという。また、マッキンゼー・アンド・カンパニーの示したモデルによると、2030年までに地球の気温上昇を1.5℃以下にとどめるためには、それまでに化石燃料が供給するエネルギーを世界全体で半分以下、2050年までにはゼロにしなければならない。

836

エネルギー部門の融資手数料収入のうち、“グリーン”プロジェクトが占める割合
2016～2021年中期

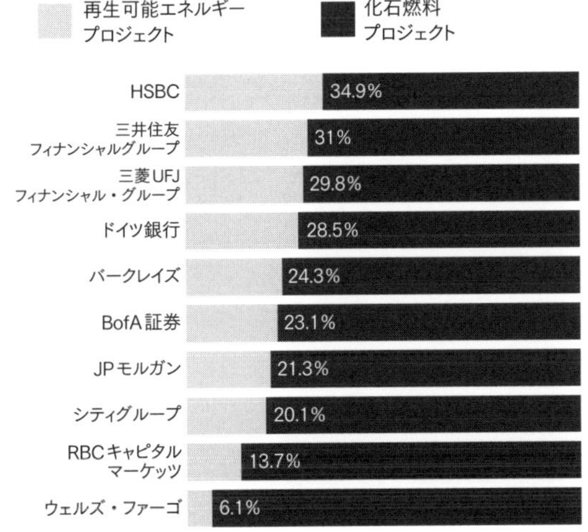

年間起債額

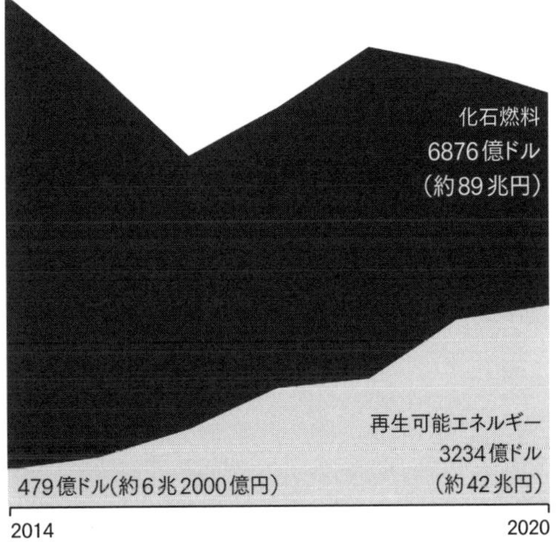

ESG報告の枠組み

環境・社会・ガバナンス（ESG）データは、企業の炭素排出削減の有効性を確かめるために利用される。企業はこのデータに基づいて環境に対して自社がもたらす影響を評価し、投資家は投資に当たって気候リスクをどの程度、考慮するかを判断する。

企業がESGの開示を行う際には、複数の枠組みを使用することがよくある。また、各枠組みのどの部分を使用するかも選択する。こうした点を考えると、精度および信頼性に疑問が湧いてくる。2020年の報告書では、ESGデータの品質が投資家の懸念事項のトップに挙げられている。

現在、グローバルレポートの主要な枠組みが6つと、さほど知名度の高くない選択肢が数十あまりある。統合が進んでいるものもあり、新たに設立された国際サステナビリティー基準審議会（ISSB）にまとめられ始めている。特に一般的なESGの枠組みは、以下の通り。

1. グローバル・レポーティング・イニシアチブ（GRI）

創設年：1997年

利用状況：世界最大手企業250社の72%、52カ国の大企業100社の67%がその基準にのっとっている。

解説：GRIは、「世界で最も広く使われている持続可能性報告のための基準」を制定する役割を担っていると表明。必要かつ推奨される開示フォーマットに加え、一連の基準を公表している。材料、エネルギー、水、生物多様性、排出、汚染、廃棄物、およびサプライヤーの影響に関するもので、これらの基準は、企業が世界に及ぼす影響に焦点を当てている。

2. カーボン・ディスクロージャー・プロジェクト（CDP）

創設年：2000年

利用状況：1万3000社を超える企業、1100の都市や州や地域、運用資産額が合わせて110兆ドル（約1京5000兆円）を上回るおよそ600の投資家が利用している。

解説：CDPは「何千もの企業、都市、州、地域が、気候変動や水の安定供給体制や森林破壊に関するリスクと機会を評価し、管理するための支援を行う」。定量的な環境影響データを重視し、独立したアプローチで報告書を審査するとともに、レターグレードを付与する。2021年には、270社を超える企業が、気候変動、森林、水の安定供給体制の分野でA評価を獲得している。

3. 責任投資原則（PRI）

提唱年：2006年

利用状況：4500を上回る署名投資家（うち75%が投資管理会社）が利用している。

解説：PRIは「責任ある投資を世界的に推進する」と謳う。6つの自主的な原則を定めており、各原則は実行可能な複数の行動に細分化されている。署名機関はオンライン報告ツールを使って、毎年データを提出する。PRIは各署名機関の報告書を公表し、データの独立した検証を推奨する。投資家の間でESGの問題が重視されるようになるにつれ、この取り組みに署名する投資家の数も年々増加している。

4. サステナブル会計基準審議会（SASB）

創設年：2011年

利用状況：全世界で1271人のアクティブユーザーがおり、76兆ドル（約9900兆円）の運用資産を有する23カ国258の機関投資家が支持している。

解説：SASBの会計重視の基準に従えば、「世界中の事業において、財務上重要な持続可能性情報を識別し、管理し、投資家に伝えることが可能だ」。環境への影響よりも、企業や投資家にとって財務上の資料となる情報を報告することに重点を置いている。産業によって炭素、あるいは他のESGに及ぼす影響は多様であるため、77の産業に対して個別の基準を設定している。現在は「価値報告財団（VRF）」という新たな団体がSASBの基準を運用している。

5. 気候関連財務情報開示タスクフォース（TCFD）

創設年：2015年

利用状況：運用資産額を合わせると、194兆ドル（約2

京5000兆円）にも及ぶ数々の金融機関、時価総額25兆ドル（約3300兆円）の非金融企業を含む89の法的管轄区域と2600を超える組織が利用する。

解説：TCFDは、「できるだけ多くの情報に基づいて投資や信用取引、保険引受の判断を下す一助となり、有効性の高い気候関連情報を開示するための提言を行う」。このタスクフォースは、世界の金融システムにおいて投資のリスクとなり得る炭素や気候関連リスクに注目している。TCFDは、主要な4分野、すなわち取締役会やリーダーの役割、戦略的シナリオの分析と計画、気候リスクの評価と管理の能力、現在の指標と将来の目標の開示を組織に求めている。すべての部門を対象とするガイダンスもあれば、特定の産業を対象とする原則もある。

6. 国連持続可能な開発目標（UN SDGs）

開始年：2015年

利用状況：1万5000社を超えるあらゆる規模の企業がこの原則に従っている。

解説：SDGsは、人類が「極度の貧困から脱すべく、不平等や不公正と闘い、私たちの地球を守るための」一般原則であり、具体的な評価の枠組みではない。17種類の目標を設定しており、「年間温室効果ガス総排出量」など231種類の独自指標がある。SDGsを利用している企業は、非財務データやSDGsの原則に従うための取り組みについての情報をはじめとする総合的な報告書「進捗報告書（CoP）」を作成する。他の枠組みにのっとった評価が含まれる場合もある。対象者は、政策立案者、地域社会の利害関係者、一般市民、投資家など。

🌐 124

科学に基づくネットゼロ目標に取り組むグローバル企業

2050年までのネットゼロ目標を掲げる企業

2021年11月現在、1045の企業が気温上昇を1.5℃に抑えるシナリオに沿った短期目標を設定している。これは、2050年までにネットゼロを達成するための行動を取るという約束遂行に向けた動きだ。

これらの企業を合わせると以下のような規模になる。

- 60カ国、53の産業部門、3200万人を超える従業員
- 時価総額23兆ドル（約3000兆円）（米国経済全体に相当）

目標を達成できれば、2030年までに2億6200万トン（スペインの年間排出量に相当）の削減が見込める。

目標の根拠となる科学的事項

ネットゼロとは、大気中に排出した温室効果ガスの量と、大気中から取り除いた温室効果ガスの量が等しいことを意味する。ときにカーボンニュートラルと同じ意味で使われるが、重要な違いがある。カーボンニュートラルを標榜する企業は、多くの場合、カーボンオフセットの購入に大きく依存しており、実際に自社の排出量を減らしているわけではないのだ。

科学に基づく目標（サイエンス・ベースド・ターゲット）は、企業が確実に排出削減に踏み切るよう導くことを狙っている。これは、地球の気温上昇を1.5℃に抑えるというパリ協定の目標に整合し、科学的根拠に基づくネットゼロ目標を企業が設定するための世界的な規範となる。

このアプローチは、企業に対し、その規模と活動に応じて、世界の炭素収支の一部を公平に配分することを前提にしている。そして直接排出だけでなく製品のサプライチェーンやライフサイクルにおける排出も考慮に入れる。このように、排出量をネットゼロにするための道筋は、気候変動に関する政府間パネル（IPCC）、および国際エネルギー機関（IEA）が策定した最新の科学的シナリオに沿いながら、描かれていく。

2050年までにネットゼロ目標を達成するという約束に加え、今後5〜10年間の具体的な排出削減目標を設定し、毎年進捗状況を追跡する。これは、2030年までに排出量削減が間違いなく実行されるようにするためだ。2030年には削減していなければならないのだから。

🌐 112

銀行をどう選ぶか

何兆ドルというお金がどう動くのかが重要な鍵を握っている。当座預金や普通預金として預けたお金は、民間金融機関が化石燃料関連の経済活動に投資する際の原資となる。

具体的には、米国の約95%の世帯が、民間金融機関に当座預金口座や普通預金口座を1つ以上持っている。その1億2400万世帯は、それぞれの口座に平均して4万ドル（約520万円）以上保有している。つまり、**米国の消費者の資金5兆ドル（約650兆円）以上**を銀行が預かっているのだ。これは当座預金と普通預金に限った話であり、銀行はこの他にも個人や世帯の金融資産を同様に保管している。

民間金融機関が資金を運用する方法は3つある。企業や個人に融資する、個別株かファンドという形で証券を購入する、預金者に支払うよりも高い金利が得られる場所に保管する、という3通りだ。

銀行がどのように融資や投資を行うかは、通常、大きな投資収益を得られるかどうかで決められる。

民間金融機関への預金は、ごく一部の企業へ集中する動きが加速している。実際、全預金の約45%がJPモルガン・チェース、シティバンク、ウェルズ・ファーゴ、バンク・オブ・アメリカの4行に集中しているのだ。

全体として見れば、2016年から2019年の間に、世界の上位35行（バンク・オブ・アメリカを含む）から化石燃料関連企業に投資した金額は、2兆7000億ドル（約350兆円）を超えている。この間、上位4行だけでも8110億ドル（約110兆円）を化石燃料関連の経済活動に投資した。化石燃料に対する銀行の支援は、パリ協定の採択以降、膨らみ続けている。

とはいえ、事業規模にかかわらず、化石燃料への投資を抑制し、将来を見据えた転換計画を打ち出す方針を固めつつある民間金融機関が次第に増えている。これは、個人預金者でも銀行口座を持つことの利点を損なうことなく、銀行の投資先の選択に影響をもたらすチャンスだ。

「マイティー」や「価値ある銀行取引のためのグローバルアライアンス」などのウェブサイトを見れば、どの銀行が持続可能で、化石燃料から脱却した融資や投資の方針を掲げているかが分かる。

当座預金や普通預金に4万ドル（約520万円）預けている個人でも、1兆ドル（約130兆円）規模の銀行の融資や投資のあり方に影響をもたらす可能性がある。

1. (化石燃料に投資している）銀行から資金を引き出すと、化石燃料にさらなる投資をする資金が減少する。
2. なぜ資金を他に移動しようとしているのかを銀行に説明し、その判断理由をSNSで共有すると、社会的圧力が生まれる。この圧力が作用して、他の人も同

そうだよ、あの惑星は滅んだのさ。だけど、ある素晴らしい瞬間のために、僕らは株主のために多くの価値を生み出したんだ。

じことをしようという気になったり、カスケード効果が生まれたりする。

これは、株主行動主義やダイベストメント運動*と同じような強力なメッセージだ。4大銀行には、市場シェアに重点的に取り組む経営陣のチームがあり、そのチームが市場動向をうかがっている。

一般的なプロセスや各銀行向けのプロセスについてさらに詳しくは、Banks.orgまたはChime.comで参照可能。

133

> 変化を求めて
> 皆で声を上げることは、
> 選択肢の1つではなく、
> 義務なのだ。
>
> ―ベティ・バスケス

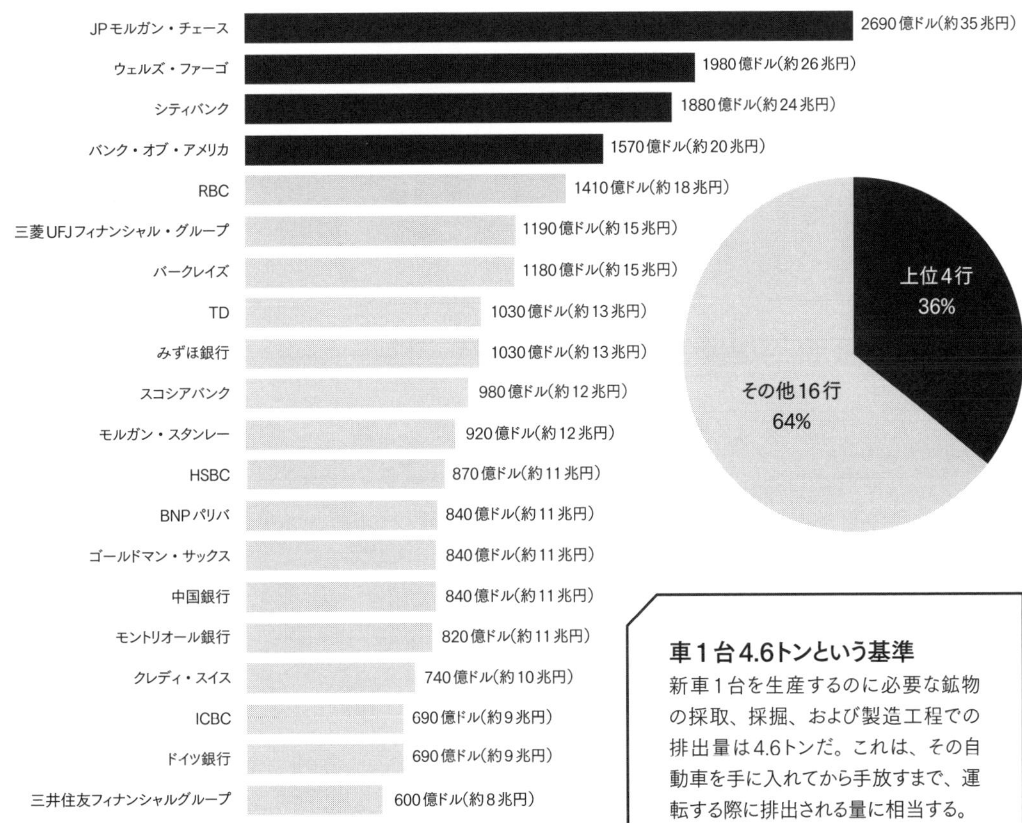

車1台4.6トンという基準

新車1台を生産するのに必要な鉱物の採取、採掘、および製造工程での排出量は4.6トンだ。これは、その自動車を手に入れてから手放すまで、運転する際に排出される量に相当する。

＊金融機関の投資姿勢に反対を表明するため、預金者や投資家が資金を撤退する動きのこと。

化石燃料開発会社トップ20社

化石燃料関連企業は、世界的に最大規模で、収益性も高い企業に挙げられる。そして、その製品は炭素排出量のかなりの割合に寄与している。こうした企業がロビー活動や宣伝活動を行うのは、地中にある資産の価値を守るためだ。

- （化石燃料関連企業の）60%が政府所有
- （同）40%が投資家所有

世界第3位の原油埋蔵量

カナダは世界第3位の原油埋蔵量を誇る。未発掘の埋蔵量は現時点で同国での年間消費量の188倍にも上る。

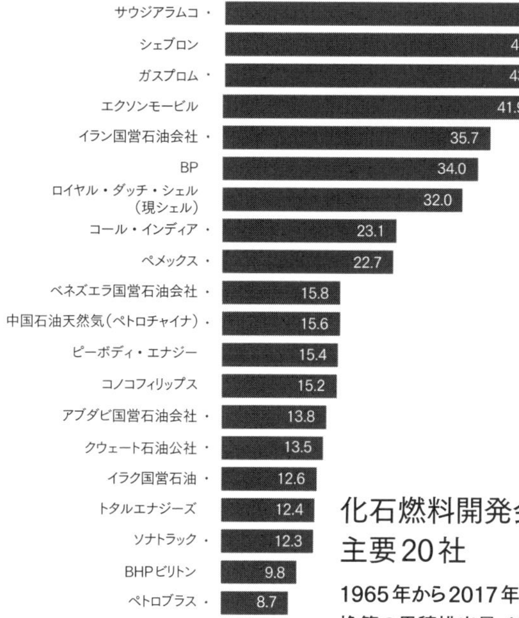

化石燃料開発会社
主要20社

1965年から2017年までの二酸化炭素換算の累積排出量（単位はGt［ギガトン］）

上記に掲載されているうち、株式公開企業の連絡先は以下の通り。

BP
所在地 1 St. James's Square London UK SW1Y 4PD
電話 +1-800-333-3991（米国）

BHPビリトン
所在地 171 Collins Street Melbourne Victoria 3000 Australia
電話 +61-3-1300-55-47-57

シェブロン
（ニューヨーク証券取引所：CVX）
所在地 6001 Bollinger Canyon Road San Ramon CA 94583 USA
電話 +1-925-842-1000

コノコフィリップス
所在地 925 N. Eldridge Parkway Houston Texas 77079 USA
PO Box 2197 Houston TX 77252-2197 USA
電話 +1-281-293-1000

エクソンモービル
所在地 5959 Las Colinas Boulevard Irving Texas 75039-2298 USA
電話 +1-972-940-6000

ピーボディ・エナジー
所在地 Peabody Plaza 701 Market St. St. Louis MO 63101-1826 USA
電話 +1-314-342-3400

トタルエナジーズ
所在地 Charl Bosch Street Sasolburg South Africa 9570
電話 +27-11-283-4900

ロイヤル・ダッチ・シェル（現シェル）
所在地 Carel van Bylandtlaan 16 2596 HR The Hague The Netherlands
PO Box 162 2501 AN The Hague The Netherlands
電話 +31-70-377-911

114

気候変動に懐疑的なコンテンツをインターネット上で掲げるメディア10社

気候変動に懐疑的な意見は、インターネット上のどのような場所に掲載されているのだろうか。

デジタルヘイト対策センター（CCDH）は、フェイスブックに投稿された記事から、気候変動に懐疑的な7000もの記事をサンプルとして抽出した。右に挙げるメディア（サイト所有者）は、気候変動を否定する内容に関わるSNS投稿の69％に関与している。ユーザーとのやり取りのほぼ99％は、匿名の投稿によるものだった。

合計すると、これらのメディアは、主要なSNSプラットフォーム上で1億8600万人のフォロワーを抱えており、そのウェブサイトには、2021年後半の半年間で11億回近くのアクセスがあった。

345

1％の人たちの排出量
世界人口のうち、とりわけ裕福な層の上位1％による排出量は、経済的に恵まれない全体の50％の人たちによる排出量の2倍以上である。

気候変動を否定する内容のやり取りが行われた割合

メディア	割合
ブライトバート・ニュース・ネットワーク	17.1%
ウェスタン・ジャーナル	15.6%
ニュースマックス	9.9%
タウンホール・メディア	6.5%
メディアリサーチセンター	6.1%
ワシントン・タイムズ	6.0%
ザ・フェデラリスト	2.4%
デイリー・ワイヤー	2.0%
ロシア・トゥデイ	1.8%
パトリオット・ポスト	1.6%

どんなことでもいい、何かを始めて、それについて話をしましょう！　あなたが始めたことが家族にとって、故郷にとって、町にとって、自分の好きな活動にとって、どんなに大切なことなのかを話してみてください。点を結んであなたの心につなげば、気候変動を別の問題として見るのではなく、自分の生活の中で既に気がかりなこととして捉えられるようになります。
個人として、家族として、組織として、学校として、職場として取り組むことができる前向きで建設的な行動とはどのようなものなのか、話しましょう。その巨大な岩にあなたの手を差し伸べてください。その岩がもう少し速く坂を転がり落ちてくれるようにしなければならないのです。

―キャサリン・ヘイホー博士（科学者）

石油関連の補助金

産業革命をきっかけに、工場の動力として信頼できるエネルギー源が必要になったことから、強固な産業基盤を持つ国が急成長し、結果として力を持つようになった。このことは燃料需要の増加にもつながった。

化石燃料を安定的に供給するために、政府は生産者に資金援助(現金による直接支払いや減税など)を行い、生産コストを下げたり、化石燃料から得られる対価を引き上げたりしている。政府が消費者の支払う価格を下げることもある。

生産コストを低減したり、石油価格が下がり過ぎないように価格を保証したりすれば、生産者は利益を維持することができる。石油価格が消費者には高過ぎる場合、政府は消費者に直接現金を支給する、あるいは免税などの間接的な方法をとって消費者を支援することもできる。

世界全体を見渡せば、化石燃料に対して4470億ドル(約58兆円)の補助金が支給されているが、再生可能エネルギーに対しては1280億ドル(約17兆円)の補助金しか支給されていない。とはいえ、化石燃料に対する補助金の総額は減少してきている。

123

人工降雨

人工降雨とは、雲中で人工的に水を凝結させて、雨や雪の降る量を増やす方法を言う。また、雹(ひょう)を抑える方法としても用いられている。

気象改変の一種である人工降雨技術は、半世紀以上前から存在しており、50以上の国が天候を変えるために利用している。人工降雨の資金源は、雹の被害を軽減しようとする保険会社、貯水池の水を増加させようとする連邦政府や地方政府、積雪量を増やしたいスキー場などさまざまである。水力発電会社も、雪が多いほど春に流出する水量が多くなるため、人工降雨を利用している。

人工降雨には、意図的なものとそうでないものの2つの形態がある。意図的な人工降雨とは、既に存在している雲に積極的かつ計画的に化合物を注入する方法である(人工降雨では雲そのものを作ることはできない)。意図的でない人工降雨とは、花粉のような生物学的な“ちり”が雲に混入すること、あるいは人間が作り出した汚染物質が雲に混入した場合に起こるもので、不自然で有害なものだ。

人工降雨の仕組み

人工降雨では、雲に氷のような小さな粒子(主にヨウ化銀粒子)を加えて、雲の構造を変化させる。

その粒子は付加的な凝結核として働く。雲の中で結合していない過冷却水滴はこれらの粒子の周りで凝結し、凝結した水蒸気の粒は1カ所に集まる。このプロセスが繰り返されると、水滴はやがて雨として降るのに十分な大きさになる。

雲に粒子を追加するには、次の2つの方法がある。

1. 大型の大砲を使って空中に粒子を発射する方法
2. 上空から航空機で粒子を投下する方法

環境への影響

人工降雨の影響を測定することは困難だが、降雨量が10〜15%増加するという研究成果もある。しかし、こうして介入しなかった場合、どれほどの雨や雪が降ったのかは分からない。さらに、雲の一部で天候を操作することが、最終的に近隣地域の自然や降雨や降雪に影響するのかどうかも不明だ。

大気の汚染は降水量に悪影響を与える。空気が汚染されると、水滴のサイズの小さな雲ができるからだ。雲ができるためには必ず汚れの類が必要であり、海塩、ちり、花粉などのエアロゾルが大きな粒子を生成し、最終的には雨粒が大きくなる。

イスラエルで行われた縦断研究によると、大気汚染は人工降雨がもたらす効果を妨げる環境を作り出し、降雨や降雪の増加を最も必要とする地域で、雨を降らせるための条件が整う可能性が最も低くなることが分かった。さらに、人工降雨に使われるヨウ化銀は、水生生物にとって有害な物質だ。したがって、人工雲からの降水は環境に害を及ぼす可能性がある。

117

富と温室効果ガスの関係

1人当たりのCO_2排出量とGDPの推移（基準値：1990年）

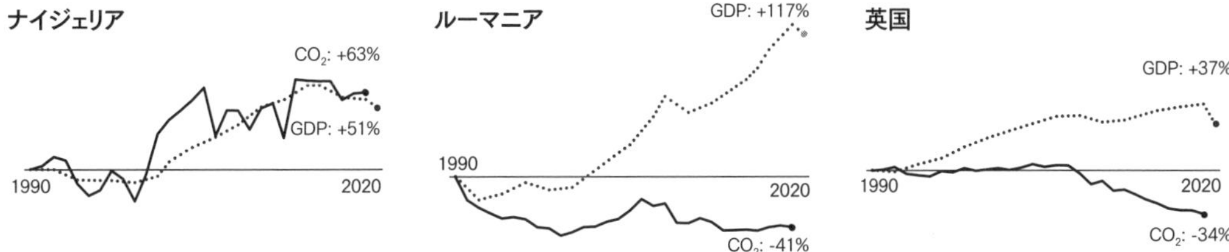

炭素排出量を減らしながら富を増やすことは可能なのだろうか。

温室効果ガスは、人間の活動を定量的に表す国内総生産（GDP）と強い相関がある。従来、燃料価格が（見かけ上）安いことは、生産性向上に有利に働き、燃料をたくさん消費する国ほど大きな利益を得てきた。消費量や生産量が多い国は、排出量も多くなる傾向があるのだ。

ところが、2008年から2018年にかけて、CO_2排出量を削減しつつも、同時に経済成長を遂げた国も多く存在した。それらの国のほとんどは、再生可能エネルギーへの依存を強め、なおかつ石炭火力発電所の使用を減らすという方法でそれを達成したのだ。持続可能性に目を向ければ、エネルギー効率の向上や、サービス産業（金融サービス、接客業、ITなど）への段階的な移行につながる可能性がある。

132

1人当たりのGDPと1人当たりの年間CO_2排出量の比較

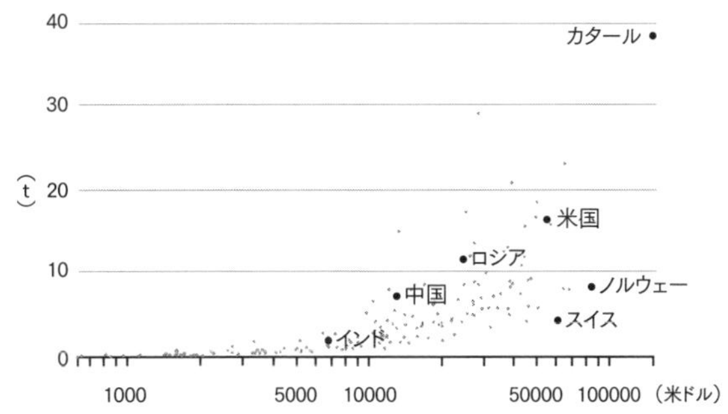

米国民の平均的なカーボンフットプリント（16トン）は、世界平均の4トンに比べて4倍にも及んでいる。

個人のカーボンフットプリントと集団での行動

気候変動の危機は、個人の活動を自主的に縮小するだけでは解決できない。それでも、個人の活動を意識すると、一人ひとりがそれぞれに環境にもたらす影響を減らし、問題の緊急性に対する理解を深め、みんなが行動を起こすきっかけになる可能性がある。個人の活動は、家庭内で始められる。それが地域社会に広がり、やがて産業や国や地球全体に及ぶ行動になる可能性もある。小さな一歩でも、広範囲に変化を及ぼすことができるのだ。

多くの人々にとって、温室効果ガスの排出に何より直接的に寄与するのは、ガソリンを燃料とする自動車の利用である。運転するために自動車のガソリンを満タンにするたびに、100万年前の炭素を二酸化炭素に変えることになるからだ。

間接的に寄与するのは、家を建てるとき、新しいランニングシューズを購入するとき、グレープフルーツを食べるときなどだ。どれもが、製造や輸送や貯蔵といった炭素なしでは成り立たない行動を伴う。サプライチェーンのどの段階も環境に影響を及ぼしている。

プロパガンダの先にあるもの

BP（旧ブリティッシュ・ペトロリアム）がオグルヴィ*と協力し、業界が環境に及ぼしている重大な影響から消費者の目をそらす方法として「カーボンフットプリント」という言葉を積極的に広めたと広く報じられている。これにより、人々が自分もこの問題に責任があると考えるようになれば、業界が石炭を燃焼させ、銀行がそれに投資して利益を得るという仕組みに圧力がかかりづらくなるだろうというわけだ。

とはいえ、この「カーボンフットプリント」が定着してから数十年の間に、消費者は、多くの組織やウェブサイト上で自分個人としての環境への影響度を測定しやすくなり、本人が望むなら、被害の一部を解決するために自らコストを支払うようにさえなった。

しかし実際にカーボンフットプリントを利用して人々が分かったことは、システム全体の問題を解決するには、（個人の行動ではなく）システムアプローチをとることが唯一の方法だということだった。

カーボンフットプリントの計算方法

この炭素の計算方法では、その場所に居住している人数、自宅の広さ、職場や近隣の他の場所への移動手段、航空機などの公共交通機関の利用頻度、食事や買い物の習慣などを考慮に入れて、世帯ごとのカーボンフットプリントを計測する。カーボンフットプリントの推定値は、年間に排出する二酸化炭素のトン数で表す。

カーボンフットプリントが分かればすぐにでも、それまでとは違うやり方を選べる。例えば、エアコンの使用を控える、自転車通勤をする、飛行機で世界を飛

＊世界的な大手広告代理店。

び回るのではなく自宅近くで休暇を過ごすなど、ライフスタイルを見直し、環境に与える影響を軽減できる。

カーボンクレジット

個人として、どこか別の場所（たいがいは発展途上国）で同程度の二酸化炭素を削減するための資金を提供し、既存のカーボンフットプリントを相殺（オフセット）するという選択もできる。一般的なカーボンオフセットとしては、温室効果ガスの影響を逆転させるため、森林再生プロジェクトへ資金提供するなどの方法がある。さらに、航空会社の中には、フライトによって発生する二酸化炭素の一部を相殺するために、チケットの予約時に乗客が追加料金を支払えるようにしているところもある。

119

> すべての真実は3つの段階を踏む。
> 第1に、嘲笑される。第2に、激しい反対に遭う。
> 第3に、自明のものとして受け入れられる。
>
> —アルトゥル・ショーペンハウアー（ドイツの哲学者）

気候変動について語る

気候変動について話し合うことは、変化を起こすために欠かせない一歩だ。まだまだ道のりは遠い。実際、2021年の調査で気候変動が「何より心配だ」と答えた割合は、調査対象者のわずか31％だった。

確かに、人の心を変えるのは、容易なことではない。事実やデータを共有しても、異なる世界観を持つ人々の行動を変えられる確率はごくわずか、3％でしかない。とはいえ、人々が自ら「変えなくてはならない理由」を考えるきっかけとなるような話ができれば、行動の変化につながる可能性は37％に跳ね上がる。

動機づけ面接は個人同士で意見を変化させる手法として研究されてきた。これは、効果的で前向きな変化に向けて、個人の意欲と使命を見出し、関連付け、強化するという手順で行われる。

動機づけ面接の４つのルールは以下の通り。

1. **答えが決まっていない質問をする。**相手に興味を持って接し、「はい」か「いいえ」で答えられるような単純な質問は避け、例えば「気候変動について、あなたの考えや視点を聞かせてくださいますか。ぜひともお考えをうかがいたいです。お孫さんの世代にどのような影響があると思いますか？」などと質問する。
2. **肯定的に受け止める（アファーメーション）。**相手の長所を認め、それをしっかりと伝えれば、相手は心を開いて意見交換しようという気になる。心から肯定すれば、コミュニケーションの効果も高まる。
3. **反映的傾聴法（リフレクティブ・リスニング）。**人に自由に話してもらうことで、反映的傾聴法の土台はできる。誰かが話した後、効果的に応答するには、聞いたことを中立的に反復するといい。そうすると、相互の理解が確認でき、相手も話を聞いてもらえたと感じやすくなる。この傾聴法の目指すところは、人々が自分の決定と行動に主体性を感じられるようにすることだ。反映的傾聴には繰り返し（ミラーリング）、言い換え（パラフレージング）、感情の反映という3つの手法があり、これらを活用して相手との信頼関係を深めていく。
4. **相手の話を要約する。**相手が話したことを聞き手が要約することで、誤解があれば話し手に訂正してもらう余地ができ、情報の齟齬をなくすことができる。これにより、さらに踏み込んだ話ができる。

127

聖カテリ生息地

聖カテリ生息地は、自然環境を育み、回復することを目的として指定されたささやかな領域である。2000年にカトリック信仰を広めるべく聖カテリ保護センターが設立され、そのプログラムの一環として行われている。

屋上庭園、個人的な庭、地域社会の庭園、公園、牧草地、農場など、自然にあふれる景観ならどこでも聖カテリ生息地として指定できる。聖カテリ生息地は、生態系の一部でありながら、神聖な空間でもあるのだ。

聖カテリ自然保護センターの説明によれば、このような生息地には常に、宗教的な造形物や偶像に加えて、以下のような特徴が2つ以上設けられている必要がある。

- 野生生物のための食料、水、植生および空間。受粉を促す昆虫や哺乳類や鳥類といった動物たち、その他の陸上および水上生物の生息地など
- 元からあった樹木、低木、草本植物、および生態系
- 菜園、花壇、地域支援型庭園、屋内庭園、農場
- 生態系からの恩恵、きれいな空気や水、および生態系の働きによる炭素貯蔵
- 再生可能エネルギーと持続可能な庭園造り、造園、農業の実践
- 聖マリア庭園、祈りの庭園、ロザリオ庭園など、礼拝や祈りや瞑想のための神聖な空間

聖カテリ生息地は5大陸190カ所にあり、気候変動と生物多様性の喪失に取り組むための精神的アプローチの場となっている。これらの生息地は、瞑想と内省、受粉と繁殖の場を提供し、人間世界の空間に自然を結び付け、それを享受する人間を精神的に結び付ける。

130

デッド＆カンパニー

米国のロックバンド、グレイトフル・デッドが結成されて57年がたつが、その音楽には決して終わりがない。バンドの元メンバーで構成される「デッド＆カンパニー」の2021年のツアーは、気候変動に配慮して行われ、ライブ会場までのファンの移動も含めて、ツアーに伴って排出する温室効果ガスの5倍の量をさまざまな工夫を通じて削減したという。かつてバンドは、金銭のために演奏していたが、今は生命のために演奏している。

気候変動分野の上位寄付者 2020〜2021年の慈善活動

2021年、慈善寄付の状況に変化があった。気候変動の緩和に対して民間資金から50億ドル（約6500億円）という過去最高額の寄付が行われたのだ。また、2018年に開催された「グローバル気候行動サミット」で新たに寄付の約束の申し出があり、2025年までにさらに60億ドルが寄付されることが決まった。

2020年には、わずか1年で気候変動関連の寄付が14％増加し、気候変動緩和への寄付は、世界の慈善寄付全体の2％を占めると推定されている。

> 経済的利益のために
> 熱帯雨林を破壊することは、
> 料理をするために
> ルネッサンス時代の絵画を
> 燃やすようなものだ。
>
> ―E・O・ウィルソン（昆虫学者）

慈善寄付の実態は複雑で、数値化しにくい側面も多くある。寄付者の中には、自分の情報を非公開にする人もいる。具体的で大規模な約束の場合、資金提供期間についてあらかじめ合意しておき、数十年かけて納められることもある。資金提供の約束からデータが一般に公開されるまでにタイムラグが生じる可能性もある。米国税庁は、納税者が調整後総所得の50％まで慈善寄付金を控除することを認めており、寄付者の意図に疑問を持つ人たちもいる。

このような複雑な状況を踏まえつつ、2020〜2021年の気候変動分野の上位寄付者の一覧を紹介する。

2020〜2021年の高額寄付慈善団体および寄付者一覧

- アルカディア
- イケア財団
- ウィス財団
- ウィリアム＆フローラ・ヒューレット財団
- オーク財団
- グッドエナジー財団
- クリステンセン基金
- ゴードン＆ベティ・ムーア財団
- ジョン・D＆キャサリン・T・マッカーサー財団
- ソブラト・フィランソロピーズ
- チャン・ザッカーバーグ・イニシアチブ
- テスラ＆マスク財団
- デービッド＆ルシル・パッカード財団
- ニア・テロ（団体）
- 熱帯雨林トラスト
- フォード財団
- ブルームバーグ・フィランソロピーズ
- ブレークスルー・エナジー・ベンチャーズ（ビル・ゲイツ出資の基金）
- ベゾス・アースファンド
- リワイルド
- リンダ・レズニックとスチュアート・レズニック夫妻
- ローレン・パウエル・ジョブズ（個人）
- ロックフェラー財団
- ロブ＆メラニー・ウォルトン財団

🌐 839

7

進むべき道を見据えて

素晴らしい未来へと導く人や組織

影響力のある気候科学者30人

ロイター通信は次の3つの観点を基に、最も影響力のある気候科学者1000人のリストをまとめた。

・この分野における研究生産性。各科学者が発表した気候関連の学術論文の件数で測る。
・専門分野における卓越性。各科学者の論文の被引用回数と、同分野における平均的な被引用回数との比率で測る。
・各科学者の学術界以外での影響力。SNS、マスメディア、公共政策文書、またウィキペディア等のウェブサイトでの取り上げられ方を集計したスコアで測る。

次の表で、ロイター通信がまとめた科学者リストの上位30人を紹介する。

🌐 138

順位	科学者	国	関心事（上位3つ）	研究分野（上位3つ）
1	**ケイワン・リアヒ** 国際応用システム分析研究所	オーストリア	エネルギーシステム 統合評価モデル 政策	経済学 応用経済学 環境科学
2	**アンソニー・A・レイセロビッツ** イェール大学	米国	気候変動 知覚 政策	人間社会の研究 心理学と認知科学 心理学
3	**ピエール・フリードリンシュタイン** エクセター大学	英国	気候変動 炭素循環 気候	地球科学 生物科学 大気科学
4	**デトレフ・ペーター・ファン・ヒューレン** ユトレヒト大学	オランダ	統合評価モデル 気候変動 GHG排出	経済学 応用経済学 環境科学
5	**ジェームズ・E・ハンセン** コロンビア大学	米国	気候変動 温暖化 気候	地球科学 自然地理学と環境地球科学 大気科学
6	**ペトラ・ハブリック** 国際応用システム分析研究所	オーストリア	気候変動 ガス排出 GHG排出	環境科学 経済学 応用経済学
7	**エドワード・ワイル・マイバッハ** ジョージメイソン大学	米国	気候変動 知覚 信仰	医学と健康科学 公衆衛生と公共医療 心理学と認知科学
8	**ジョゼップ・G・カナデル** 連邦科学産業研究機構	オーストラリア	気候変動 炭素循環 吸収源	生物化学 環境科学 地球科学
9	**ソニア・イザベル・セネビラトネ** チューリヒ工科大学	スイス	土壌水分 湿気 気候	地球科学 自然地理学と環境地球科学 大気科学
10	**マリオ・エレーロ** 連邦科学産業研究機構	オーストラリア	気候変動 家畜 生産	農業科学と獣医学 環境科学 環境科学と経営
11	**デービッド・B・ロベル** スタンフォード大学	米国	収穫 気候変動 穀物収穫	農業科学と獣医学 穀物生産と牧草生産 生物科学
12	**ケン・カルデイラ** カーネギー研究所地球生態学科	米国	生態系 海洋 種	生物科学 生態学 地球科学
13	**ケビン・E・トレンバース** 大気研究センター	米国	海洋 降水量 変動性	地球科学 大気科学 海洋学

順位	科学者	国	関心事（上位3つ）	研究分野（上位3つ）
14	**スティーブン・A・シッチ** エクセター大学	英国	気候変動 植生モデル 気候	生物科学 地球科学 生態学
15	**グレン・P・ピーターズ** 国際気候環境研究センター	ノルウェー	CO_2排出 気候変動 予算	地球科学 経済学 応用経済学
16	**オベ・ホゥ゠グルベルグ** クイーンズランド大学	オーストラリア	礁 サンゴ サンゴ礁	生物科学 生態学 環境科学
17	**リチャード・アーサー・ベッツ** 気象庁	英国	気候変動 気候 温暖化	地球科学 大気科学 自然地理学と環境地球科学
18	**マイケル・G・オッペンハイマー** プリンストン大学	米国	気候変動 氷床 海面上昇	地球科学 自然地理学と環境地球科学 環境科学
19	**ウィリアム・ニール・アドガー** エクセター大学	英国	気候変動 政策 生計	人間社会の研究 環境科学 環境科学と経営
20	**ウィリアム・W・L・チェン** ブリティッシュコロンビア大学	カナダ	気候変動 水産業 生態系	生物科学 生態学 環境科学
21	**ピーター・M・コックス** エクセター大学	英国	気候 気候変動 温暖化	地球科学 大気科学 生物科学
22	**クリストファー・B・フィールド** スタンフォード大学	米国	生態系 CO_2増加 種	生物科学 植物生物学 生態学
23	**藤森真一郎** 京都大学	日本	気候変動 応用一般均衡モデル 一般均衡モデル	経済学 応用経済学 工学
24	**エルマー・クリーグラー** ポツダム気候影響研究所	ドイツ	気候政策 経済学 統合評価モデル	経済学 応用経済学 環境科学
25	**ヤドビンダー・シン・マルヒ** オックスフォード大学	英国	森林 熱帯林 生態系	生物科学 生態学 環境科学
26	**カルロス・マヌエル・ドゥアルテ** アブドラ王立大学	サウジアラビア	海洋 気候変動 CO_2	地球科学 海洋学 生物科学
27	**クリス・D・トマス** ヨーク大学	英国	種 気候変動 チョウ	生物科学 環境科学 生態学
28	**ステファン・アルガット** 世界銀行	米国	気候変動 自然災害 政策	経済学 応用経済学 地球科学
29	**アンディー・P・ハイネ** ロンドン大学衛生熱帯医学大学院	英国	健康アウトカム 心臓病 危険因子	医学と健康科学 公衆衛生と公共医療 臨床科学
30	**ミヒャエル・オーバーシュタイナー** 国際応用システム分析研究所	オーストリア	価格 気候変動 陸地	環境科学 経済学 応用経済学

> 気候が破綻するのを防ぐには、大聖堂を建てる思考（カテドラルシンキング）が必要となるだろう。天井をどう作るのか、はっきり分かってはいなくても、基礎は築かなければならない。
>
> ―グレタ・トゥーンベリ（スウェーデンの気候活動家）

花が咲かないなら、植える場所を変えてみればいい。花が悪いわけではないのだから。
—アレクサンダー・デン・ヘイジャー（作家）

気候変動対策で世界をリードする国々

気候変動パフォーマンス指数（CCPI）は、気候に対する各国の責任ある取り組みの成果を測る指標だ。CCPIの評価対象は61カ国で、これらの国々の温室効果ガス（GHG）排出量を合わせると、世界の排出量の90%を上回る。400人の専門家が、各国の国内向けおよび国際的な気候政策を評価して報告書にまとめている。

2021年の報告書では上位10カ国のリスト中、上位の国々の欄に数カ所の空きがある。その項目で気候変動緩和の実績評価が「極めて高い」と判定できる国がなかったためだ。

145

各項目の評価比率

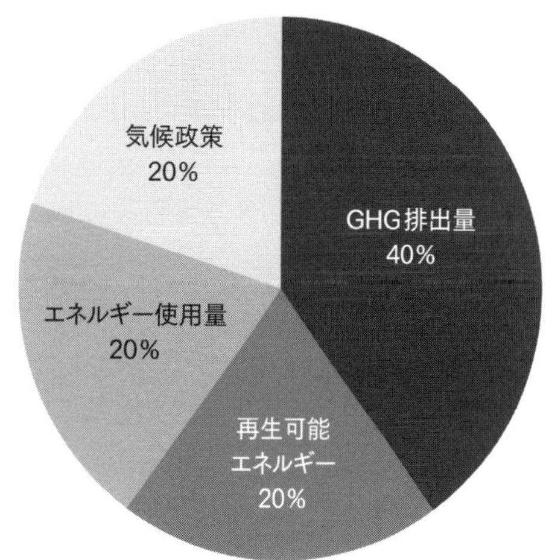

順位	総合力	再生可能エネルギー	気候政策
1	—	—	—
2	—	—	—
3	—	ノルウェー 19.21	—
4	デンマーク 76.92	デンマーク 14.93	ルクセンブルク 18.11
5	スウェーデン 74.46	スウェーデン 14.72	デンマーク 17.87
6	ノルウェー 73.62	フィンランド 14.04	モロッコ 17.23
7	英国 73.29	ラトビア 13.79	オランダ 16.53
8	モロッコ 71.64	ニュージーランド 13.05	リトアニア 16.48
9	チリ 69.66	ブラジル 12.70	ポルトガル 16.27
10	インド 69.22	チリ 12.62	フランス 16.06

日本の総合力は45位

アフリカ森林景観復興イニシアチブ

アフリカ森林景観復興イニシアチブ（AFR100）は、2015年に立ち上げられた官民連携組織で、アフリカ連合開発庁（AUDA-NEPAD）が運営に当たる。

この組織は、森林破壊されて劣化した土地に木を植えて、自然の再生を促し、マングローブや湿地や草原を復活させる活動の推進を担う。目標は、景観の回復力を上げ、生物多様性を高め、食料や水の安全性を改善し、雇用を創出し、経済を強化して持続可能性を向上させることだ。

2021年12月、AFR100の始動以来6年が経過した時点で、各国が回復を公約する森林の面積を合わせると、初期の目標である1億ヘクタールを突破していた。

アフリカの参加32カ国が公約した国内の森林再生目標を次に示す。

148

アフリカの国	森林再生目標	アフリカの国	森林再生目標
ベナン	0.50	モザンビーク	1
ブルキナファソ	5.00	ナミビア	0.07
ブルンジ	2.00	ニジェール	3.2
カメルーン	12.00	ナイジェリア	4
チャド	1.4	コンゴ共和国	2
中央アフリカ共和国	3.5	ルワンダ	2
コートジボワール	5.00	セネガル	2
コンゴ民主共和国	8.00	シエラレオネ	0.7
エチオピア	15.00	南アフリカ	3.6
ガーナ	2.00	スーダン	14.6
ギニア	2.00	スワジランド	0.5
ケニア	5.1	タンザニア	5.2
リベリア	1.00	トーゴ	1.4
マダガスカル	4.00	ウガンダ	2.5
マラウイ	4.5	ザンビア	2
マリ	10.00	ジンバブエ	2

公約された土地の合計は1億2777万ヘクタール

> もはや、切り倒せる木も、捕まえられる魚も、きれいな水の流れる川もない。
> 呼吸をすれば病気になる。そうなってから、豊かさというのは銀行口座には入っていないこと、
> お金だけあっても何も食べられないということに気づいても手遅れなのだ。
>
> —アラニス・オボンサウィン（米国とカナダの映画製作者、活動家）

気候政策を牽引するリーダー

Apolitical.coは使命感にあふれる起業家たちが設立した教育プラットフォームであり、10万人を超える公務員が利用している。2020年を迎える前に、同ウェブサイトには気候変動問題に影響力を持つリーダー100人のリストが掲載された。

以下に抜粋したのは、「気候政策や気候変動に対して影響力がある」としてApoliticalが選んだ個人活動家20人と政治指導者24人だ（残りの56人にはアーティストや若者アクティビスト、NGOおよび国際的個人活動家がいるので、本書内で別途紹介する）。

🌐 147

個人活動家の上位20人

アレクサンドリア・オカシオ=コルテス 米国	2019年に米国で最年少の女性下院議員となり、グリーンニューディールへの支持を率先して打ち出した。グリーンニューディールとは、気候変動に対処すべく提示された経済刺激策であり、米国ではこれに沿ってインフラを再生可能エネルギーに対応するものに移行する取り組みが進んでいる。
アンヌ・イダルゴ フランス	パリ市長として2015年12月に自治体首長による気候サミットを主催した。気候変動対策で世界をリードする90カ国を結び付けるイニシアチブ――C40の議長を務めたこともある。
アンソニー・ニョン	「アフリカを炭素に依存せず気候回復力のある（レジリエントな）地域に変える」というアフリカ開発銀行グループの取り組みを率いる。アフリカでのエネルギー版ニューディール、すなわち「2025年までにアフリカに暮らすすべての人たちがエネルギーを利用できるようにする」ためのイニシアチブを取りまとめた。
ビル・マッキベン 米国	1989年の著書『自然の終焉　環境破壊の現在と近未来』（日本版は1990年刊行）は、気候変動について主流化した初めての書籍として評価されている。ガンジー賞の受賞者であり、350.orgの共同創立者でもある。350.orgは石炭、石油、ガスの新規プロジェクトに反対する国際キャンペーンを188カ国で展開している。
キャサリン・マッケナ カナダ	環境・気候変動大臣としてパリ協定に尽力した。気候変動に対処し、クリーン経済を発展させるために、州や準州、先住民と協力してカナダで初となる計画をまとめた。
デービッド・アッテンボロー 英国	ドキュメンタリー映像「Blue Planet II」（日本ではNHKが「ブループラネット」として放送）の製作に携わった。このドキュメンタリーの影響で、プラスチックのリサイクルが加速する。ボルネオ島の熱帯雨林を守るための世界野生生物基金（現・世界自然保護基金）のキャンペーンなどにも影響を及ぼした。2018年の国際連合気候変動サミットで演説した。
ファティ・ビロル トルコ	国際エネルギー機関事務局長として総合的な近代化プログラムを主導し、インドやブラジルなどの国々にも広めた。国連事務総長が提起した「万人のための持続可能なエネルギー」諮問委員会の委員を務める。

グレタ・トゥーンベリ スウェーデン	スウェーデン議会の前で気候変動への対処を求めるストライキを行ったことで知られる。パリ協定に従い炭素排出を削減するよう各国政府に求めている。
ヒルダ・ハイネ マーシャル諸島	気候変動に脅かされる48カ国が提携する気候脆弱性フォーラムの議長を務めた。マーシャル諸島の大統領在職中には、カーボンニュートラルを2050年までに実現させると公約した。
李会晟(イ・フェソン) 韓国	高麗大学校エネルギー環境大学院碩座教授。気候変動やエネルギー、持続可能な開発の経済的側面などの研究に従事する。
ジェニファー・モーガン ドイツ	グリーンピース・インターナショナル(気候変動、森林破壊、原子力などの問題に対し、率先して数々のキャンペーンを展開する環境NGO)の元事務局長。現在はドイツ外務省で国際気候行動担当特使を務める。
ジョセファ・レオネル・コレイア・サッコ アンゴラ	アフリカの農学者。アフリカ連合委員会で農村経済と農業の委員を務める。アフリカ開発銀行と世界貿易機関での演説が特に有名だ。
キャサリン・ヘイホー 米国	大気科学者。『変化を求める気候　信仰に基づき決断するための地球温暖化の事実』(A Climate for Change: Global Warming Facts for Faith-Based Decisions・未邦訳)の共著者。2014年第3次全米気候評価報告書の執筆者にも名を連ねる。
マリナ・シルバ ブラジル	ゴム樹液採集地区の貧しい家庭の出身ながら、環境大臣となって森林破壊を約60%減らす一方、アマゾン基金の創設に尽力した。
マイケル・ブルームバーグ 米国	ニューヨーク市長として、市のカーボンフットプリントを19%削減した。2010年から2013年までC40都市気候リーダーシップグループの議長を務め、気候変動に立ち向かううえでの都市の役割を強調した。『HOPE　都市・企業・市民による気候変動総力戦』*の共著者。
マイケル・マン 米国	ペンシルベニア州立大学の大気科学教授であり、ペンシルベニア州地球システム科学センターの所長を務める。気候変動に関する著書が数冊あり、科学系ウェブサイトrealclimate.orgの共同創設者でもある。
パトリシア・エスピノサ メキシコ	2022年まで国連気候変動枠組条約の事務局長を務めた。
ローマ教皇フランシスコ バチカン市国	2015年、気候変動、環境保護、持続可能性についての教皇回勅を初めて公表した。
サリーマル・ハク バングラデシュ	科学者であり、国際気候変動・開発センターの初代所長。国際環境開発研究所のシニアフェローでもある。気候変動に関する政府間パネルの主執筆者を務めた。
解振華 中国	中国気候変動事務特別代表として炭素排出量の削減についての中国と米国の合意をまとめ、パリ協定の実施に向けた政治的な支持を集めた。環境保護部の部長として、大気汚染防止、資源保護、持続可能な開発を推進した。

次ページに続く

*マイケル・ブルームバーグ、カール・ポープ著、国谷裕子監訳、大里真理子訳、ダイヤモンド社、2018年

政治指導者の上位24人

アル・ゴア 米国	元副大統領。1992年、活動の成果がUNFCCCの採択として実を結ぶ。2005年に、クライメート・リアリティー・プロジェクトを設立。同組織は現在も世界の活動家を結び付けている。世界の気候変動に関する業績が評価され、2007年にノーベル平和賞を受賞した。
バーニー・サンダース 米国	熱心な環境保護主義者。上院議員として環境公共事業委員会の委員を務めた。カリフォルニア州のバーバラ・ボクサー上院議員とともに、炭素とメタンの排出に課税する気候保護法案を提出。2007年にグリーンジョブ法を共同起草し、グリーンニューディールを強力に推進している。
ブライオニー・ワーシントン 英国	貴族院議員。FoE*[1]による「ビッグアスク」キャンペーンで重要な役割を果たし、新たな気候変動法案を求めた。2008年の英国気候変動法の主要起草者であり、「カーボンバジェット」*[2]を導入した。
カルロス・マヌエル・ロドリゲス コスタリカ	環境エネルギー大臣を務めていた2002年から2006年に、農家や地主に対して環境にやさしい土地の使い方をいち早く奨励し、生態系の保護に貢献した。持続不可能な漁業習慣を抑制する世界的な動きでも、重要な役割を果たした。
キャロライン・ルーカス 英国	世界各地で気候変動に関する講演を行っていて、認知度も高く、世界的な緑の運動（グリーンムーブメント）に影響力を持つ活動家と見られている。緑の党からの初の英国国会議員となった。
デビー・ラファエル 米国	科学者であり公務員。サンフランシスコ市の環境局長として、屋上太陽光パネルや電気自動車用充電設備に関して独自の政策を導入し、2050年までにカーボンニュートラルを実現するとの意欲的な目標を掲げた。都市持続可能性推進ネットワーク*[3]の長も務めている。
エリザベス・メイ カナダ	2011年の議会議員選挙で、カナダ緑の党からの立候補者として初の当選を果たした。8冊の著書があり、国際持続的発展研究所の理事も務めた。
ハーシュ・バルダン インド	2008年にデリーでプラスチック袋廃止キャンペーンを立ち上げるとともに、環境にやさしい製品を作る業者との事業連携を進める「環境にやさしい買い物（Green Shopper）キャンペーン」を始めた。
ジェイ・インスレー 米国	再生可能エネルギーに関する先駆的な考えで知られる。ワシントン州知事としての活動により、同州を再生可能エネルギーと電気自動車に関して主導的な位置へ押し上げた。『アポロの火　米国のクリーンエネルギー経済に火をつける』(Apollo's Fire: Igniting America's Clean-Energy Economy・未邦訳）の共著者。米国気候同盟の共同設立者。この同盟は超党派の組織であり、パリ協定に基づく米国目標を支持している。
ヨルゲン・アビルガード デンマーク	気候プロジェクトのエグゼクティブディレクターとして2025気候プランを率いる。この計画は、2025年までにコペンハーゲンを世界で最初のカーボンニュートラル都市に変えることを目指す。デンマークの環境エネルギー大臣も務めた。

＊1　Friends of the Earth。国際的な環境NGO。日本では、そのメンバー団体であるFoE Japanが活動している。
＊2　炭素収支。累積排出量の上限を表す。
＊3　the Urban Sustainability Director' s Network。米国およびカナダの都市で、健全な環境や経済的繁栄、社会的衡平性の維持に努める行政機関担当者が構成するネットワーク。

カタリーナ・シュルツェ ドイツ	ドイツの政治家でバイエルン緑の党の副党首。社会における持続可能性、欧州統合、環境規則の厳密化を重点に置いた政策をとる。
李干傑 中国	最年少で生態環境部の部長に任命された。2018年に中国の35都市でガスから電気への転換を行った。
マーク・カーニー 英国	気候変動が金融部門にもたらす経済的脅威について意識啓発に努める。銀行や保険会社に対し、気候変動の脅威を担当する上級執行役員を任命して対処するように提案も行う。その結果、銀行は環境に配慮した行動を取る責任を負うことになった。
マウリシオ・ロダス エクアドル	キト市長として持続可能な地下鉄計画に着手。2016年に第3回国連人間居住会議（ハビタットIII）を主催した。
モハメド・セフィアニ モロッコ	シェフシャウエン市長として、持続可能な都市を公約した。モロッコエコシティー協会の会長を務める。中間都市評議会と世界気候エネルギー首長誓約にも参加している。
モハメド・アジョイン・ソワー ガーナ	アクラ市長として、同市をアフリカで最もクリーンな都市にする計画の舵取りをした。都市の衛生状態を改善し、健全性を向上させる政策を実行。例えば、下水処理や廃棄物管理体制を整え、「汚染者負担」策を打ち出して環境に悪い行動を抑止した。
ムッカ・ティラック インド	プネー市長としてリーダーシップを発揮。固形廃棄物の投棄を全面的に禁じ、大気環境を改善する施策を行った。その結果として、プネー市はグローバル気候行動サミットにおける2018年気候大気浄化アワードで革新的政策賞を受けた。
ピユシュ・ゴヤル インド	1万8000ほどの村の電化を指揮し、インドの再生可能エネルギー拡大計画（世界最大規模）に取り組んだ。エネルギー政策への貢献が認められ、2018年にカルノー賞を受賞。
リック・クライスマン 米国	フロリダ州セントピーターズバーグ市長として、革新的計画の立ち上げを導き、大気汚染解消や地域太陽光発電プログラムの導入、再生可能エネルギー融資の拡大を実施した。
セルヒオ・ベルグマン アルゼンチン	ユダヤ教指導者（ラビ）で環境大臣。環境政策に倫理的アプローチを積極的に取り入れた。2017年G20持続可能性ワーキンググループを統括し、開発途上国のために気候変動の議論を再構築するよう尽力した。
シェルドン・ホワイトハウス 米国	ロードアイランド州の後任上院議員で、上院環境公共事業委員会委員。炭素汚染を削減し、大気と水を守るための構想を支持した。上院海洋議員連盟を作り、海洋や海岸、住民、経済を保護するための党派を超えた独創的な政策を推進している。
ソナム・プンツォ・ワンディ ブータン	ブータンが気候変動を緩和するためのリーダー的存在となり、ネットゼロカーボンフットプリントを達成した数少ない国の1つになるよう支援した。
テレサ・リベラ スペイン	企業に対してカーボンフットプリントの報告を義務付け、2050年までにカーボンニュートラルを実現するという目標を定めたスペイン初の気候計画を提案した。
トゥリ・リスマハリニ インドネシア	スラバヤ市を汚染と密集に苦しむ街から、持続可能性の高い緑あふれる街へと変えた。指導力を発揮して緑化された公園を11カ所設置。「フォーチュン」誌が選ぶ世界の偉大なリーダー50人の1人に選ばれた。

地球の気候問題に尽力する若者アクティビスト

気候変動から地球を守る活動に力を尽くす若い世代は、グレタ・トゥーンベリ1人ではない。トゥーンベリが人前に出たり学校ストライキを実行したりしたことで気候問題に注目が集まったが、他にもたくさんの青年リーダーやグループがこの問題に取り組んでいる。

「未来のための金曜日（FFF）」運動が始まったのは2018年8月。その目的は、政策立案者に対して倫理的な圧力をかけ、科学者の意見を聞き入れて地球温暖化に歯止めをかけるために必要な行動を取らせることだ。

Earth.orgには、気候変動の影響を明らかにするための出発点として環境関連のニュースやデータが集められており、2021年11月の国連気候変動ユース会議に参加した世界の青年気候活動家10人もリストアップされている。

139

グレタ・トゥーンベリがプラカードを持ってスウェーデン議会の前でスタンディングを始めてから9カ月もたたないうちに、100万人を超える人たちが気候のための学校ストライキに加わった。

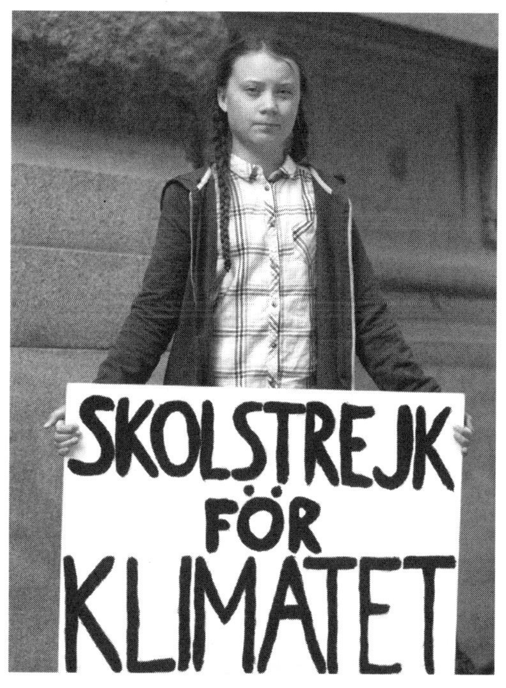

若者アクティビスト	略歴
シューテツコート・マルティネス 米国 化石燃料の使用に反対	環境活動家でヒップホップアーティスト、先住民や見捨てられた人々の代弁者。国連では英語、スペイン語、母語であるナワトル語などを駆使して演説を行った。
ニョンビ・モリス ウガンダ 森林伐採に反対	正義感をもって森林を守る運動に取り組む。身に危険が及んでも、ツイッターのアカウントを停止されても容易には屈しない。異常気象に対して脆弱な母国ウガンダを思い、森林を守る。
リシプリヤ・カングジャム インド 大気汚染に反対	世界最年少の活動家の1人。インド議会の外で抗議活動を展開、学校教育に気候変動教育を義務付けるように要求した。10歳になる前にTEDxで6回の講演を行った。
シエ・バスティダ メキシコ 各国政府に気候行動を要請	リアース・イニシアチブの共同設立者であり、ニューヨークで「未来のための金曜日」運動を率い、「民衆の気候運動」の委員も務める。故郷であるサン・ペドロ・トゥルテペックが大洪水に見舞われて、気候変動の深刻な影響を目の当たりにした。
レセイン・ムトゥンケイ ケニア 植林をミッションとする	ツリーズフォーゴールズ（Trees4Goals）の設立者。サッカーでゴールを決めるたびに11本の木を植えている。学校やサッカークラブに持続可能性を高めるよう促すとともに、このキャンペーンをアフリカ中に広めようと働きかけている。
ルイザ・ノイバウアー ドイツ パリ協定の目標に沿う気候政策を要請	「ドイツのグレタ・トゥーンベリ」と呼ばれることも多い。化石燃料産業への投資をやめるようゲッティンゲン大学に要求し、脱成長などの政策を支持した。ドイツ緑の党の青年部員。
オータム・ペルティエ カナダ 先住民の社会が清潔な飲み水を手に入れるための戦い	2019年の国連総会での演説で、「以前に言いました。もう一度言いましょう。お金を食べることも石油を飲むこともできません」と発言したことはよく知られている。
エラ・ミークとエイミー・ミーク 英国 プラスチックによる汚染と廃棄を防ぐ戦い	2016年に姉妹2人で「キッズ・アゲインスト・プラスチック」を創設。キャンペーンを主導して、1000以上の学校、50以上の会社やイベントなどに参加を促した。多くの講演を行うとともに、2020年には『プラスチックを賢く使おう』(Be Plastic Clever・未邦訳)を出版した。
ケビン・J・パテル 米国 ロサンゼルスの大気汚染と気候変動の影響を防ぐ戦い	汚染された大気のせいで子どもの頃から心臓に重大な問題を抱えていた。ゼロアワーの共同副パートナーシップディレクターの1人、ユース・クライメート・ストライクLAの主要主催者、ワンナップ・アクション・インターナショナルの設立者である。
キユン・ウー シンガポール 複雑な気候問題と持続可能性に関わる要因の啓発	環境活動家でありアーティスト。教育的なイラストで循環経済や持続可能な金融（サステナブルファイナンス）、環境政策、生態学について伝えている。幅広い利害関係者と連携しており、経済モデルやエコフェミニズムについて議論する。

世界で
気候変動に取り組むNGO

現在、世界中で何万もの組織が気候変動問題に取り組んでいる。ここに載せたNGOはほんの一例であり、掲載順にも意味はない。このリストでは10億人を超える人口を抱えているインドの団体を多く紹介する。

組織名	活動内容
国際健康衛生研究所(IIHH)	国内外の研究資金助成機関と協力し、健康状態、衛生習慣、さらには公衆衛生に関わるソフトウエアやハードウェアの開発を手がける。
エネルギー資源研究所(TERI)	エネルギーの保全と革新的な廃棄物管理による持続可能で包括的な開発を目指している。
バタバラン(VATAVARAN)	インドを拠点とする12の組織が連合し、動物と人間の繁栄や廃棄物の減量とリサイクルを推進している。
ワナリ(Vanari)	インドの農村地帯で森林管理と持続可能な開発を手がけ、気候変動と戦う。
ウッタラーカンド環境教育センター(USNPSS)	インド、ウッタラーカンド州の山岳地域にある学校や村で環境教育プログラムを提供している。
オリッサ環境学会	天然資源と環境を保護管理するための研究を行い、資料を公開している。
ラダック生態開発グループ(LEDeG)	インドのラダック地方の町や人里離れた村での持続可能な開発プログラムを策定する。
カルパブリクシ(Kalpavriksh)	環境への意識を高め、キャンペーンや訴訟や研究を推進する。抗議文の送付から街頭デモの実施まで、多様な方法で政府に立ち向かう。
緑の未来財団	インドの景観を保護するために、生態系と持続可能な暮らしの手段を研究している。
シャクティ持続可能エネルギー財団	クリーン電力導入、エネルギー効率向上、持続可能な輸送実現を推進する政策の立案と実行を目指す。
ブダーニャトラスト	インド中に150以上の地域種子銀行(シードバンク)を作った。
M・S・スワミナサン研究財団(MSSRF)	インドの農民や漁民が最新の科学や技術を導入する手助けをする。
インド林業研究教育評議会(ICFRE)	林業分野で、地方に暮らす人や部族の生計支援となる新技術の特許を多数取得。
ディベロップメント・オルタナティブ(DA)	建築、水管理、再生可能エネルギーの分野でイノベーションを起こし、インドの開発途上地域での貧困状態を改善し、自然の生態系を活性化する。

組織名	活動内容
環境管理学トラスト	採掘や災害の影響を受けた地域社会ならびにヒマラヤ山脈や沿岸地域で、社会的に無視されたり退去させられたりした人たちを支援する。
CPR環境教育センター（CPREEC）	インド南部の地域社会で、教師や女性や子どもたちに対して特に重点的に環境教育を行う。
科学環境センター（CSE）	持続可能な開発に関する政策の働きかけや研究を行う。
環境研究センター（CES）	環境に関する教育、啓蒙、訓練、研究を実施している。
G•B•パントヒマラヤ環境開発研究所	インド・ヒマラヤ地域における天然資源の保護と、環境に優しい開発の促進を目指している。
国立労働衛生研究所（NIOH）	インドでの労働衛生における危機管理能力の向上を目指す。
メディア学習センター（CMS）	インドでの衡平性のある開発と即応性の高い統治を目指している。
インド環境協会（IES）	地域に根差した草の根の環境保護推進のイニシアチブを取る。
インド野生生物トラスト（WTI）	野生動物が列車にひかれて命を落とすのを防ぎ、サメのハンターに自然保護主義の考え方を教育する計画を掲げる。
世界自然保護基金（WWF-India）	インドにおける生物多様性を維持するために活動している。
インド野生生物保護協会（WPSI）	州政府と協力して密猟や野生動物の違法取引を防ぐ。
サトプラ財団	政策レベルの活動や草の根運動を実施し、世界最大のトラの生息地を守る。
バラジ奉仕協会（BSS India）	衛生習慣、清潔な水、公衆衛生、恵まれない人たちの社会的・文化的平等などを求めるべく奮闘している。
ASSIST	水源の保護や使用、維持管理のための持続可能な解決策を提供する。
ハリティカ（Haritika）	インドのブンデールカンドで、地方の貧困層に降りかかる気候変動の影響に対処すべく、天然資源の管理方法やインフラの開発を進めている。
テクノロジー情報科学デザイン事業（TIDE）	インドで地方に暮らす女性の経済的自立を促すため、低価格で低燃費の調理器具などの技術を導入する。
アビナブ（Abhinav）	インドのウッタル・プラデーシュ州で、地域住民の生活を向上させるために、特に清潔な水の確保、水の保護管理、農業への技術導入を進めている。
グリーンピース	平和的な抗議手段や独創的なコミュニケーション方法で地球の環境問題をさらけ出そうとする世界的ネットワーク。
地球環境持続可能性研究センター	幅広い協力関係により持続可能性を促進するとともに、生態系や生物多様性の重要性に対する理解を広めている。
地球島研究所	環境問題に関してリーダーシップを発揮するプロジェクトやその他の保全努力を後援するとともに、環境問題に関する法的支援を行う。
地球正義（Earth Justice）	法律を行使し環境問題に取り組む組織として活動し、気候変動や再生可能エネルギー、野生動物、人間の健康に関わる法律案件で依頼人の法的代理を務める。

組織名	活動内容
環境防衛基金	環境に対する差し迫った危機と戦う。
ファウナ&フローラ・インターナショナル	投資、地域に応じた解決策、技術を駆使して、世界的に低下している生物多様性を保護する。
ネイチャーフレンズ・インターナショナル	観光や文化遺産に重点を置く約45の環境団体で構成される。
グローバル・フットプリント・ネットワーク	個人のエコロジカルフットプリントのデータを収集している。
国際自然保護連合(IUCN)	政府や社会活動を行う団体を束ねて自然を守る。
ザ・ネイチャー・コンサーバンシー	生物多様性への懸念事項や気候変動の問題に重点を置き、直接の取り組みや協力関係によって世界中の土地の保護に努める。
自然資源保護協議会(NRDC)	大勢の民間人と科学者や法律家との橋渡しを担い、環境保護を強く訴える。
国際湿地保全連合	世界中の湿地の保護に当たる。
国際アグロフォレストリー研究センター(ICRAF)	樹木の知識を活用して、食料の安全性や持続可能性を向上させている。
世界自然保護基金(WWF)	地域社会と協力して地元の天然資源を保護するとともに、持続可能な活動を優先させるための政策調整を狙いとする。
アフリカ環境財団	アフリカ西部における環境の保護と回復に取り組む。
350.org	世界的な草の根運動を立ち上げて、化石燃料の使用中止、再生可能エネルギーへの転換を目指す。
サステナブル・エナジー	安価で信頼性が高く持続可能な最新のエネルギーを、誰もが確実に使えるようにすべく尽力する。
ブルー・ベンチャーズ	地域社会の協力関係を築き、海洋資源の保護と漁業管理の立案や評価を行っている。
ウクライナ自然保護協会	学校、地域社会、政府機関でのリサイクルや環境教育を推進する。
公衆衛生による保全	人間とゴリラなどの野生動物との安全な共存を実現する。
フィンランド自然保護協会	環境を保護し、自然を維持することを目的とした組織。フィンランドでは最大規模を誇る。
エミレーツ環境グループ	アラブ首長国連邦における清掃活動や廃棄物回収施設を体系化するとともに、自然環境の維持、持続可能性、リサイクルについて人々に教えている。
国際総合山岳開発センター	ヒンドゥークシュ・ヒマラヤ地域の8カ国と協力して、持続可能な山岳開発を行うための革新的な解決策を共有し実施する。
ドイツ環境自然保護連盟(BUND)	再生可能エネルギーを支援し、ブリュッセルとベルリンで環境政策と気候政策の提言を行っている。
欧州企業観測所	企業がEUの政策に及ぼす影響力を調べて明らかにしようとしている。
インティワラヤッシ共同体	環境教育に尽力するとともに、病気にかかったり虐待を受けたり放棄されたりした野生動物の保護や世話に当たる。

組織名	活動内容
クリーン・エアー・ネットワーク	香港の大気の質を高めるために、政府の対応を求めて声を上げ、協力するように人々を促している。
ベローナ財団	生態学者、科学者、工学者、経済学者、法律家、ジャーナリストを雇い、環境問題に対する解決策を突き止めて実践する。
古代森林同盟	ブリティッシュコロンビア州で原生林の少ない地域ではその保護に尽力する一方で、持続可能な林業の確実な実現に努める。
ハリボン財団	フィリピンの自然保護組織で、持続可能性、および地域社会を巻き込んだ環境管理の推進に尽力する。
カサプエブロ	採掘計画の提案に対抗してできたプエルトリコの共同体組織で、土地の生態系や資源の責任ある利用の実践や促進を目指す。
プロ・ナトゥーラ	スイスで最も古くからある自然保護組織。
デービッド・スズキ財団	カナダの自然環境の保護管理を促進するために、研究、教育、政策分析を実施する。
クライメート・リアリティ・プロジェクト	包括的で持続可能な未来の構築を使命とする活動家、文化的指導者、主催者、科学者、語り手が集まっている。
C40	気候変動に対処するため、温室効果ガス排出量と気候リスクの両方を目に見えて減少させる政策やプログラムを策定し、実行する世界の96都市。
FoEインターナショナル	環境保護と人権に重点を置く組織を結ぶ世界的ネットワーク。
レインフォレスト・アライアンス	ビジネスと農業と森林が相交わるところで提携関係を構築し、森林を保護し、農民や地域社会の暮らしを向上させるべく尽力する国際的組織。
グリーンクロス	安全の確保、貧困、環境悪化が複合した難問に、対話や仲介や協力を通して対処する。
世界資源研究所（WRI）	政府や企業、多国間組織や市民団体と協力し、人々の生活の改善、および自然保護のための現実的な解決策を展開する世界的研究組織。
シチズンズ・クライメート・ロビー	草の根レベルで党派を問わず、気候変動に絡む活動に取り組む米国の組織。
気候同盟	気候問題に向き合い、行動を進める。欧州最大級の都市ネットワーク。
カーボン・アンダーグラウンド	土壌再生と環境再生型農業によって、気候変動の影響を緩和する。
アースワークス	新規の採掘やエネルギー生産が行われた影響が土地に及ばないように保護する。

環境問題に取り組む市民向けプログラムのリーダー

ここに紹介するのは、未来を変える人物として北米環境教育学会に認められ、リーダーシッププログラムのフェローに選ばれている人たちだ。このプログラムは、市民への環境教育に関わり、諸問題に取り組むリーダーを育成する。大人や若者向けの企画に従事しているフェローの完全なリストは、オンラインで閲覧できる。

🌐 143

リーダー	イニシアチブ	目的	対象
マンディ・ベイリー	市民の声、情報に基づく選択	教育相談員をトレーニングして、地域社会における「円滑で価値ベースの包括的議論」を主催できるようにする。	教育相談員
ラモーナ・ビッグ・イーグル	食の安全、教育、そして持続可能性のためのタワー・トゥ・テーブル*	食料、栄養、園芸、起業を軸とした世代間の経験を創出する。	福祉の行き届かない地域の高齢者や子どもたち、食の砂漠に暮らす人々
シーザー・アルメイダ	環境正義に向けたダンス	BIPOC(黒人、先住民、有色人種)のアーティストや教育者をシカゴの緑地に集め、芸術イベントを開催する。	BIPOCのアーティストたち、自然地区、自然センター、公園、遺産的地域、植物園
シヤ・アグリー	エルゴン地区山岳社会における地域固有の疾病監視体制を踏まえた統合環境教育	エルゴン山の山岳では、気候変動の影響で破壊的災害に繰り返し見舞われ、農業依存の生計が脅かされていることを受け、地域住民の回復力の向上に尽力する。	エルゴン山の地域住民と地元の高校、医療従事者
シャノン・フランシス	微生物による土壌回復事業	コロラド州コマースシティで土壌や大気や水に含まれる汚染物質を除去する。	コマースシティの中南米系住民
ショーガット・ナズビン・カーン		露天商向けの太陽光発電屋台を開発。	露天商
マット・カーチマン	博物館の環境リテラシー評価指標	博物館の学芸員が展示業務に環境リテラシーを活用できるように資料を開発、公開する。	博物館の学芸員

＊家庭や学校で、野菜や果物を空中栽培し、安定性があり持続可能な食料確保を目指そうとする試み。健康上の意義や教育上の価値もあるとの主張に基づく。

リーダー	イニシアチブ	目的	対象
ジュディス・モラレス	プラスチック汚染意識向上プログラム	プラスチック消費についての認識を高めるとともに、行動変化を促す。	大学生
ケビン・オコナー	地球の番人：地域環境監視プロジェクト	近隣の学校や地域社会と協力し、その場所や土地に根差した教育を行い地域の環境問題に取り組む。	社会問題、地域特有の問題、環境問題、経済問題に積極的な地域住民
メラニー・シャコーリー	ネイバー2ネイバー	「完結自然型農業開発（パーマカルチャー）地域」を作って、まず隣人たちを結び付ける。地域社会での持続可能な行動を実現させるために対話や経験を構築する。	住民
オリビア・ウォルトン	フリーダムシティにおける持続可能な食料	地元の魚市場に分かりやすい看板を立てて、持続可能な漁業の実践や環境管理を促し、魚市場を開かれた地域空間として活用するアイデアを生み出す。	米国領バージン諸島フレデリックステッドの住民
リサ・イェーガー	気候対話：進む道を改善し、市民的関与*をより良いものにする	カジュアルな学びの環境で、気候に関する対話の材料や、ボランティア向けの指導者養成資料を整える。	カジュアルな学習環境におけるボランティア

環境、生態学、気候に関する研究で世界的に優れた大学

順位	学術機関	国
1	バーヘニンゲン大学研究センター	オランダ
2	スタンフォード大学	米国
3	ハーバード大学	米国
4	カリフォルニア大学バークリー校	米国
5	スイス連邦工科大学チューリヒ校	スイス

環境および生態学の分野には、環境衛生、環境モニタリング・管理、気候変動などのテーマがある。ここに挙げたのは、環境や生態の研究に重点的に取り組む世界最高レベルの高等教育機関だ。

このリストは「USニューズ＆ワールド・レポート」誌が発表したもので、2015～19年の5年間におけるウェブ・オブ・サイエンス（Web of Science）のデータに基づいている。

144

＊自らの暮らす地域社会の生活に変化をもたらすために働きかけること。シビックエンゲージメント。

変化が起きるのは、あなたにとって正しいとは思えないことをする人たちの話に耳を傾け、その人たちとの対話を始めるときなのです。—ジェーン・グドール

気候問題に影響力のあるアーティスト

何世代にもわたって、アーティストたちはあらゆる表現技法を用い、人類の文化における数々の議論に対して意見を述べ、影響を及ぼしてきた。以下のリストは、環境や気候変動、自然保護、持続可能性についてこれまでに影響力を発揮してきたアーティストを、クリスティーズ、アーツィー、ハフィントンポスト（現ハフポスト）などが選出したものだ。

142

アーティスト	略歴
アグネス・デネス （ハンガリー、米国） コンセプチュアルアート、ランドアート	見捨てられた空間を天然のオアシスに変える。「小麦畑—対比」はマンハッタンの世界貿易センターの向かい側にある廃棄物埋立地を耕した畑だ（制作は1982年）。この作品から収穫した450キロの穀物は、2次作品として28都市へ出荷されている。ニューヨークの「米／木／埋葬」やフィンランドの「木の山—生きているタイムカプセル」も重大な影響をもたらした。
アイーダ・スロバ（キルギス） ストリートアート	大きく口を開けた顔の写真を街の中のごみ箱に貼り付け、世界の廃棄物が人間のもとに帰っていくことを表現している。
アリソン・ジャナエ・ハミルトン （米国） 彫刻、インスタレーション、写真、動画	ハミルトンの没入型（イマーシブ）作品は、自然災害や気候関連災害が発生すると、社会的不平等や人種的不平等がどのように露呈されるかを表現している。例えば「人々は嵐の中で慈悲を求めた」は、1920年代のハリケーンで犠牲になった黒人の移民労働者を追悼する作品だ。
アマンダ・シャクター **アレグザンダー・レビー** （スペイン、米国） パフォーマンス建築	この夫妻はSLOアーキテクチャーを共同で設立し、「ハーベストドーム2.0」を手がけた。それは、ごみが美しく再生できることを示す作品となった。
アンドレアス・グルスキー （ドイツ）写真	「海洋」（海面上昇）や「バンコク」（運河汚染）など影響力のある作品を制作。
アンディー・ゴールズワージー （英国） ランドアート、彫刻	最先端のランドアート作品を多く手がけ、周辺の景観にある素材を利用してインスタレーションに取り組む。作品として見られるのは、それらが自然に消し去られるまでだ。彫刻はヨークシャー彫刻公園内やニューヨークのストームキングアートセンターの近くに設置されている。
バリー・アンダーウッド（米国） マルチメディア	自然の景観の中に光を使ってインスタレーションを展開し、光害や森林破壊などの問題に人々の目を向けさせている。
蔡國強（中国） 彫刻、コンセプチュアルアート	その作品は、「今では自然が人間のなすがままにしか存在できない」というパラダイムシフトを示す。影響力のある作品には「第9の波」（絶滅危惧種の彫刻でいっぱいになった漁船）や「人間のいないバンド地区」、「沈黙の墨」などがある。
クリス・ジョーダン（米国） 写真	大量に捨てられた携帯電話や電子回路基板などの画像を使って、消費や廃棄といった問題に取り組む。

アーティスト	略歴
クリスト(故人) **ジャンヌ゠クロード** (ブルガリア、フランス、米国) 環境彫刻	公共空間で巨大なランドインスタレーションを展開し、自然界に人々の目を向けさせた。「囲まれた島々」の製作に当たっては40トンのごみを片付けた。
ダーン・ローズガールデ (オランダ) インスタレーション	革新的なデザイナーであり、「スモッグ」や「星々を見る」などの傑作では大気汚染や光害の問題を扱っている。
デービッド・バックランド(英国) 映像	非営利組織ケープフェアウェルの創設者。同組織では、アーティストや科学者や活動家が、持続可能性の高い未来に向けて文化的で環境保護的なプロジェクトを手がけている。
デービッド・メイゼル(米国) 写真	水の再生プラントの建設、伐採、軍事実験、採掘を行ったために姿を変えた自然の景観を空撮し、スケールの大きな画像として表現。
デニルソン・バニワ (ブラジル) 絵画、写真、パフォーマンス	アーバンアーティストとして、先住民の土地における農薬汚染や採掘による有害な残存物など、アマゾンの環境問題や先住民問題への啓発を行う。2019年には、協調的な気候戦略の展開を目的とする北極アマゾンシンポジウムに参加した。
エドワード・バーティンスキー (カナダ) 写真	2005年にTED賞、2022年にソニーワールドフォトグラフィーアワードを受賞。人新世プロジェクトにも寄与した。人間の活動によって荒廃した地表の様子をスケールの大きな風景写真で示す。
エル・アナツイ(ナイジェリア) 彫刻	1970年代から廃材を利用した作品を制作し続け、植民地主義、採取、浪費、再生などの問題に光を当てるための素材を探している。
ガブリエル・オロスコ(メキシコ) マルチメディア、彫刻	自然の中で見つかる物やがらくたを展示して見せている。特に「サンドスターズ」は、メキシコのアレーナ島での工業汚染や商業汚染に目を向けさせる。
ジョン・アコムフラ (英国、ガーナ) 映像、動画撮影	ブラック・オーディオ・フィルム・コレクティブのメンバー。影響力のある動画インスタレーション作品「パープル」について、「人新世に対する有色人の反応」であると語っている。
ジョン・サブロー(米国) 絵画	活動家、環境保護主義者として、完全に持続可能な暮らしの実践を目指している。絵の具は、廃坑になった炭鉱からの流出水に含まれる酸化鉄で作る。現在は、「アンソロトポグラフィー」や「ハイドロフィリック」などのプロジェクトに取り組んでいる。
ジャスティン・ブライス・グリグリア (米国) コンセプチュアルアート、ファインアート	太陽光発電を用いた作品「気候信号」では、NASAや気候博物館、ニューヨーク市市長室などとの連携を通じて、氷床融解の進行などの気候問題に人々の目を向けさせ、海面上昇に対する意識の向上を促す。
レア・アンソニー(カナダ) ジン(自作雑誌)	ナカズリィバンドの出身。アートワーク誌の「でこぼこの地面:複雑な根を張っている」(UNEVEN GROUND: laying down complex root systems・未邦訳)が評価され、フレイザーバレー青年先住民気候アートコンテストで優勝した。
リサ・K・ブラット(米国) 写真、動画、インスタレーション	南極大陸のような広大な風景の中で作られた作品では、研ぎ澄まされた知覚によって、気候変動の見えない影響を可視化する。影響力のある作品としては、「世界で最も澄んだ湖」や2018年に国連が開催したグローバル気候行動サミットに合わせて展示された「ヒートスケープス」のコレクションがある。

アーティスト	略歴
ルーズイントゥラプタス （スペイン） インスタレーション	公共空間でアーバンアートを製作する匿名集団。卓越した作品として「プラスチック廃棄物の迷路」や「プラスチック諸島」などがある。
メアリー・マッティングリー （米国） 写真、彫刻、インスタレーション、パフォーマンス	その作品は、「きれいな水が手に入るか」など、環境にも影響を及ぼす数々の論点に疑問を投げかける。インスタレーション「スウェイル」は、従来のやり方を変えて、地域社会と地元の食料資源を再び結び付けることを試みる、継続的でインタラクティブなパブリックアートである。
マチルド・ルーセル（フランス） 彫刻	生きている芝やリサイクル材料を使って人間をかたどった一連の彫刻「芝の命」は、食物連鎖や豊かさと欠乏への注目を促している。
メル・チン（米国） コンセプチュアルアート	意義深い作品としては、「再生する野原」、「オペレーションペイダート」、「船出」などが挙げられる。「再生する野原」は、野外の土地で植物の力を借り、汚染された土壌から重金属を抽出して見せ、「係留を解く」は、拡張現実（AR）を利用して、水没したタイムズスクエアを体験させる。ケープフェアウェルのメンバーでもある。
ナジア・メスタウィ（ベルギー） 建築	最もよく知られている作品が「1心拍1樹木」だ。これは世界中の森林再生を支援する双方向型のデジタル展示であり、COP21で公開された。
ノングリナ・マラウィル （オーストラリア） 樹皮画、樹皮版画	マダルパ族の高齢のアーティスト。廃棄されたカートリッジから取り出したインクを用いて、天然素材の上に文化や歴史や環境を記している。

写真提供　リサ・K・ブラット

アーティスト	略歴
オラファー・エリアソン （デンマーク、アイスランド） マルチメディア、大規模インスタレーション	国連開発計画の親善大使として気候行動の必要性を訴えるとともに、太陽エネルギー企業、リトルサンの共同設立者として、電気の通わない地域社会で化石燃料に頼らないエネルギーの導入を進めている。パリの気候会議で展示された「アイス・ウォッチ」や、アースデイの50周年を祝う「アース・パースペクティブズ」などの著名な作品がある。
ポロ・グランジョン（フランス） 彫刻	WWFと協力した巡回展示「パンダ・オン・ツアー」が最も有名で、1万6000個の張り子のパンダを使って絶滅危機にある動物に光を当てた。
レイチェル・サスマン（米国） 写真	地球上で極めて長寿の生物を10年もの間、写真に収め続けてきた。中には8万年生きたものもいる。それらは写真集『世界で最も長寿な生物』（The Oldest Living Things in the World・未邦訳）として出版されている。
ランダム・インターナショナル （ドイツ）実験芸術	デジタル技術を利用した展示作品「レインルーム」では、雨を制御する体験と未来の安定した環境の共有へと鑑賞者を誘う。
シェパード・フェアリー（米国） ストリートアート	1990年代半ば以降に環境活動家となる。ニューヨーク近代美術館からロンドンのビクトリア＆アルバート博物館に至るまで、世界各地で幅広い作品が見られる。「地球の危機」は、COP21開催中にエッフェル塔内で展示され、調和と気候の脅威を象徴した。
トマス・サラセーノ （アルゼンチン） 建築	「大気と環境との倫理的協調、国境からの解放、化石燃料からの脱却」を求めて協力するアエロシーンのメンバー。「空気太陽博物館」という作品は再生プラスチックで作られ、宙に浮く太陽エネルギーの博物館を表している。
シューテツコート・マルティネス （米国） ヒップホップ	子どもの頃から活動を続けている。国連総会やブラジルでの国際連合サミットで気候に関するスポークスパーソンを務めた。アース・ガーディアンズの青年理事。

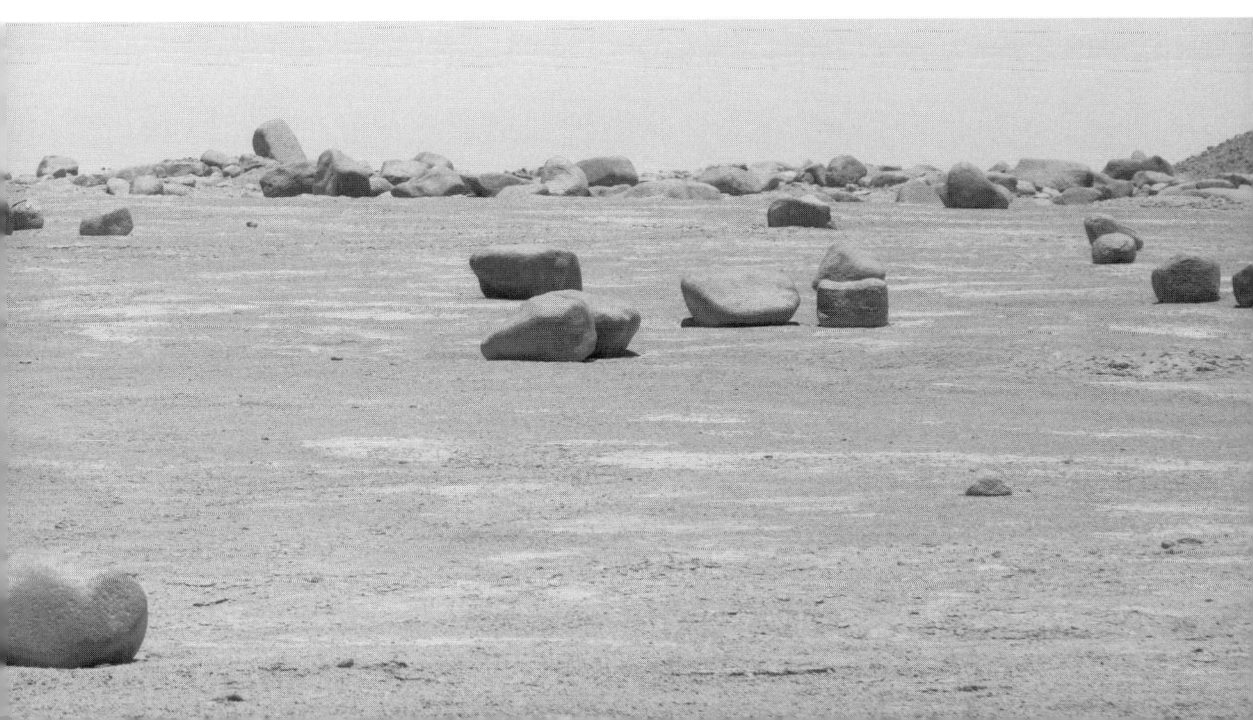

責任投資原則

元国際連合事務総長、コフィー・アナンは在職中、世界最大規模の機関投資家団体に責任投資原則（PRI）の策定を要請した。この原則は2006年4月にニューヨーク証券取引所で提唱され、署名が行われた。

PRIに課せられた役割は、経済効率の高い持続可能な世界的金融体系を作り、その体系によって、長期的な責任ある投資が利益に結び付き、環境も社会も総じて恩恵を受けられるようにすることだ。

この目標は、次のような原則を積極的に採用し実施を促進することで成し遂げられるだろう。

原則1　投資分析と意思決定のプロセスにESG（環境、社会、ガバナンス）の課題を組み込む。

原則2　活動的な所有者になり、所有方針と所有慣習にESG問題を組み入れる。

原則3　投資対象の主体に対して、ESGの課題について適切な開示を求める。

原則4　資産運用業界において本原則が受け入れられ、実行に移されるように働きかけを行う。

原則5　本原則を実行する際の効果を高めるために協働する。

原則6　本原則の実行に関する活動状況や進捗状況に関して報告する。

PRIの開始以来、4600以上の署名が集まった。それらは投資運用会社、アセットオーナー、サービス・プロバイダーに区分できる。

PRIでは、報告書に記載された回答データと評価データに基づき、責任投資において最先端の取り組みを進める署名機関をリーダーズ・グループとして紹介している。

140

偽善は避けられないものだと思う。生きていくうえでは、例えば飛行機に乗るみたいに、時には一線を越えなくてはならないこともある。世の中には不道徳なこともあり、完全な汚れなき生き方をするのは難しい。偽善は避けるべきだが、偽善が最悪の罪だというわけでもない。

妥協は避けられないものだし、もっと言えば妥協はすべきなのだ。環境保護運動には純粋主義や罪の意識があふれているが、それらは捨て去らねばならない。どの人ともどんな人とでも協力できなかったら、もはや失敗なのだ。

―ブライアン・イーノ（英国の音楽家）

2020年の国連PRIリーダーズ・グループ

署名機関	分類	規模（百万ドル）	国
ACTIAM	投資運用会社	50～249.99	オランダ
アカデミカーペンション	アセットオーナー	10～49.99	デンマーク
アリアンツ	アセットオーナー	≧250	ドイツ
AMPキャピタルインベスターズ	投資運用会社	50～249.99	オーストラリア
AP2	アセットオーナー	10～49.99	スウェーデン
APGアセットマネジメント	投資運用会社	≧250	オランダ
オーストラリアン・エシカル・インベストメント	投資運用会社	1～9.99	オーストラリア
アウェア・スーパー	アセットオーナー	50～249.99	オーストラリア
アクサ・インベストメント・マネージャーズ	投資運用会社	≧250	フランス
ブリッジズ・ファンド・マネジメント	投資運用会社	0～0.99	英国
ブルネル・ペンション・パートナーシップ（BPP）	アセットオーナー	10～49.99	英国
カンドリアム・インベスターズ・グループ	投資運用会社	50～249.99	ルクセンブルク
退職年金基金Cbus	アセットオーナー	10～49.99	オーストラリア
フランス預金供託公庫（CDC）	アセットオーナー	50～249.99	フランス
チャーター・ホール・グループ	投資運用会社	10～49.99	オーストラリア
英国国教会財務委員会	アセットオーナー	10～49.99	英国
デクサスインベストメントマネージャー	投資運用会社	10～49.99	オーストラリア
環境庁年金基金	アセットオーナー		英国
ESGポートフォリオ・マネジメント	投資運用会社	0～0.99	ドイツ
イルマリネン共済年金保険会社	アセットオーナー	50～249.99	フィンランド
リーガル・アンド・ジェネラル・インベストメント・マネジメント	投資運用会社	≧250	英国
レンドリース	投資運用会社	10～49.99	オーストラリア
マニュフイフ・インベストメント・マネジメント	投資運用会社	≧250	カナダ
ミローバ	投資運用会社	10～49.99	フランス
ナティクシス・アシュアランス	アセットオーナー	50～249.99	フランス
ニューバーガー・バーマン・グループ	投資運用会社	≧250	米国
ニュージーランド退職年金基金	アセットオーナー	10～49.99	ニュージーランド
ヌビーン、米国教職員退職年金／保険組合（TIAA）運用会社	投資運用会社	≧250	米国
ペイデン＆リゲル	投資運用会社	50～249.99	米国
ロベコ	投資運用会社	50～249.99	オランダ
ステート・ストリート・グローバル・アドバイザーズ（SSGA）	投資運用会社	≧250	米国
公務員年金基金ABP	アセットオーナー	≧250	オランダ
スウェドファンド・インターナショナル	アセットオーナー	0～0.99	スウェーデン
インターナショナル・ビジネス・オブ・フェデレーテッド・ハーミーズ	投資運用会社	10～49.99	英国
大学退職年金基金（USS）	アセットオーナー	50～249.99	英国
バルマ共済年金保険会社	アセットオーナー	50～249.99	フィンランド

企業のサステナビリティー競争

ワールド・ベンチマーキング・アライアンス（WBA）は2018年に設立された非営利組織（NPO）だ。国連の持続可能な開発目標（SDGs）の達成に向けた貢献度に関して、とりわけ強い影響力を発揮した企業を評価し、世界中から上位2000社を順位付けしている。WBAの目的は企業間のトップ争いを促すことだ。

7種類設けられたベンチマーク（指標）のうちの1つが、気候とエネルギーに特化したものだ。パリ協定とSDG13*に照らして、世界的に特に影響度の高い高排出部門の企業450社をそのベンチマークに基づいて順位付けしている。

各企業に低炭素経済への移行準備ができているかどうかを査定する全体論的アプローチとして、企業の気候戦略やビジネスモデル、投資方法、実効性、温室効果ガス排出管理を量と質の両面から評価している。

右の表は、2021年のベンチマークに基づいて、自動車、電力事業、石油・ガス部門における上位10社をまとめたものだ。

 141

*目標の13番目。気候変動に具体的な対策を講じるというもの。

自動車部門 上位10社	本社所在地	点数（100点満点）
テスラ	米国	71
ルノー	フランス	62
フォルクスワーゲン	ドイツ	52
比亜迪(BYD)	中国	50
BMW	ドイツ	49
ダイムラー	ドイツ	48
ゼネラルモーターズ	米国	48
上海汽車集団(SAICモーター)	中国	46
広州汽車集団(GAG)	中国	45
タタモーターズ	インド	44

電力事業部門 上位10社	本社所在地	点数（100点満点）
オーステッド	デンマーク	96
SSE	英国	84
E.ON	ドイツ	79
バッテンフォール	スウェーデン	78
エネルジアス・ドゥ・ポルトガル	ポルトガル	77
エネル	イタリア	74
イベルドローラ	スペイン	70
フランス電力	フランス	67
エンジー	フランス	67
エクセルエナジー	米国	64

石油・ガス部門 上位10社	本社所在地	点数（100点満点）
ネステ	フィンランド	57
エンジー	フランス	57
ナトゥルジーエナジー	スペイン	45
エニ	イタリア	44
bp	英国	43
トタル	フランス	41
レプソル	スペイン	38
エクイノール	ノルウェー	38
ガルプエネルジア	ポルトガル	36
ロイヤル・ダッチ・シェル(現シェル)	オランダ	34

環境保護に重点を移してからというもの、
衣料品会社のパタゴニアは着実に成長を遂げ、利益を伸ばしてきた。
リサイクル商品を販売し、修理を無料化し、買うよりもリユースすることを重視している。

パタゴニアの企業宣言「価値観と事業」

最良の製品を作る

最高の製品についての私たちの基準は機能性、修理可能性、そして何よりも重要な、耐久性です。生態系への影響を最小限に抑える最も直接的な方法のひとつは、何世代にもわたって使用できる、あるいはリサイクル可能な製品です。それにより素材が長く使われます。最高の製品を作ることは、惑星を救うことに貢献するのです。

不必要な悪影響を最小限に抑える

私たちのビジネスも、店内の照明から製品の生地の染色にいたるまで、何らかの形で環境に影響を与えています。私たちは絶えずビジネス慣行を変え、学んできたことを共有しています。しかしそれだけでは十分でないことも理解しています。環境に与える悪影響を最小限に抑えるだけでなく、環境をより良くすることも目指します。

ビジネスを手段に自然を保護する

私たちの社会が直面している問題には優れたリーダーシップが必要です。一旦問題を認識したら、私たちは行動を起こします。リスクを進んで受け入れ、生命網の安定性と全体性と美を守り、修復するために、私たちは活動します。

従来のやり方にとらわれない

私たちの成功、そして楽しみの多くは、新しい方法を開拓することにあります。

（https://www.patagonia.jp/core-values/ より）

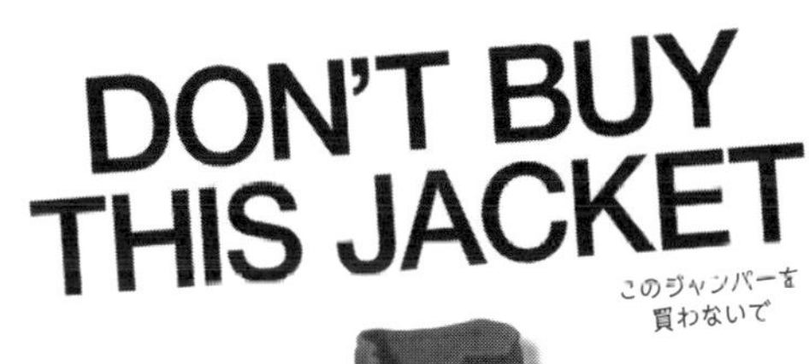

“簡単な解決策などない。着実に進む気温上昇、気候変動、水資源の減少、かつては見えにくかったのに今や明らかで、加速すらしている数々の現象。これらは我々国会議員に難問を突き付け、一貫した意欲的な選択を迅速に行うよう求めている。

誰の目にも明らかだと思うが、地球にとって持続可能ではないと分かっている生活様式を改めねばならない。否定する時間も、遅らせる時間も、妨げる時間ももう残されていない。

現在の困難は空前の規模に達している。先に述べた現象にさらされずにいられる人間はいないのだから、COVID-19のパンデミックを鑑みれば、こうした事態に国境がもはや意味をなさないのは明らかだ。我々に必要なのは、連帯を呼びかけ、人類の歴史上ほぼ前例のない取り組みを共に行い、生活様式を完全に見直し、これまでになく効果的な環境技術を見つけて実行することだ。

人類への贈り物であるこの世界の資源は限られていて、地球は人類が思っていたよりもはるかに壊れやすいのだと、子どもたちや孫たちに教えなくてはならなかった。だが、その逆のことをこれまで何度も重ねてきたのだ。若い世代の人たちを信じて託さねばならない。若者たちは方向転換の緊急性を我々よりも早くから、我々よりも深く理解しているのだから。”

—ダビド・サッソリ(イタリアの政治家、ジャーナリスト)

最もサステナブルな会社のランキング

『コーポレートナイツ』誌が発表した2021年のグローバル100には、最もサステナブル（持続可能）な企業の世界上位10社が挙げられている。そのうち7社は、ネットゼロの実現と、地球の気温上昇を1.5℃に抑える取り組みの少なくとも1つを達成すると公約している。

各企業の総合評価に含まれる要素

1. **エネルギー生産性**　使用エネルギーから、再生可能エネルギーとして認証されたクレジット、もしくはそのどちらかを引いたもの。
2. **温室効果ガス生産性**　企業が直接管理する、または企業が所有する排出源からの排出量と、企業が購入した電気や蒸気、熱、さらに冷却サービスに由来する排出量とを加えたもの。
3. **水生産性**　使用した水、または取水した水で、元に戻ってきてリユースされないもの。
4. **廃棄物生産性**　発生した廃棄物の量から、リサイクルされた廃棄物の量を引いたもの。
5. **汚染物質生産性**　揮発性有機化合物、窒素酸化物、硫黄酸化物、粒子状物質の排出量。
6. **サプライヤーサステナビリティーパフォーマンス**　株式公開している大口サプライヤー（総支出額による）について、コーポレートナイツ・グローバル100の数式を使って計算した値から、サプライヤー持続可能性スコアを引いたもの。
7. **持続可能性と報酬の連動**　執行役員が持続可能性目標に向かうような金銭的インセンティブの仕組み。
8. **制裁控除**　会社が払った罰金・違約金・和解金と総収入との比が、2016～19年の同じ産業部門の同等の企業の値を上回った場合には差し引かれる。
9. **クリーン収益**　環境にプラスの影響をもたらす商品やサービスによって得られた収益。
10. **クリーン投資**　環境にプラスの影響をもたらす商品やサービスに対する企業の支出。

🌐 136

2022年順位	企業名	国	気候公約	評価
1	ベスタス・ウィンド・システムズ	デンマーク	1.5℃, SBTi	A+
2	クリスチャン・ハンセン・ホールディング	デンマーク	1.5℃, SBTi	A
3	オートデスク	米国	SBTi	A
4	シュナイダーエレクトリック	フランス	1.5℃, SBTi	A
5	シティ・デベロップメンツ	シンガポール	1.5℃, SBTi	A
6	アメリカン・ウォーター・ワークス	米国		A
7	オーステッド	デンマーク	1.5℃, SBTi	A-
8	アトランティカ・サステナブル・インフラストラクチャー	英国	SBTi	A-
9	ダッソー・システムズ	フランス	1.5℃, SBTi	A-
10	ブランブルス	オーストラリア	1.5℃, SBTi	A-

1.5℃（ビジネス・アンビション・フォー1.5℃）
企業に対し、地球の気温上昇を1.5℃に抑えると約束するように協力を求める世界規模の連合体。国際連合グローバル・コンパクト、科学的根拠に基づく目標イニシアチブ、ウィー・ミーン・ビジネスによって設立された。

SBTi（科学に基づく目標イニシアチブ）
SBTiに同意した企業は、2030年までに温室効果ガス排出量を半減させ、2050年までにネットゼロを達成するペースで排出量を削減する。

8

情報源

主体的に取り組むために

指導の手引き

本書の「指導の手引き（Educators' Guide）」は、気候について学びたい人たちを指導する側が、自信を持って本書を活用するために役に立つ。この資料は無料で、各種授業や討論や活動に取り入れやすいさまざまな案が満載されている。

177

「Educators' Guide」の内容

本書のクイックスタートガイド、気候科学についての議論を導くためのフレームワーク、本書を活用するうえで役に立つアクティビティー、追加の情報源につながるリンクを収録している。「Educators' Guide」はthecarbonalmanac.org/177で入手できる。
2022年12月現在、英語のみ。

ママと要塞ごっこをしたければ、気候変動のニュースを見せればいいのさ

読む、見る、聞く、行動する

気候変動は経済・社会・文化にも混乱を引き起こしており、それらすべてが複雑に絡み合っている。世界各地のクリエーターが、そうした変動にまつわるストーリーや論点を浮き彫りにしようとしている。ここで紹介するのは、詳しく知ってためになる情報源の一部だ。さらに理解を深めるにはwww.thecarbonalmanac.org/resourcesを見てほしい。

書籍　ノンフィクション

地球の未来のため僕が決断したこと　ビル・ゲイツ著／山田文訳（早川書房、2021年）
現在の排出削減技術と今後も必要とされるイノベーションを実業界の有力者が概説。加えて地域社会、企業、政府に対して、数々の重大な変化をもたらした責任を問うための計画も分かりやすく示す。13歳以上向け。

リジェネレーション（再生）気候危機を今の世代で終わらせる　ポール・ホーケン編著／江守正多監訳／五頭美知訳（山と渓谷社、2022年）
『ドローダウン 地球温暖化を逆転させる100の方法』（後出）の著者が、時間切れが迫る中、地球を守るために手を打つべく新たな見解を提示。インクルーシブなイニシアチブを求める人向け。

地球を滅ぼす炭酸飲料 データが語る人類と地球の未来　ホープ・ヤーレン著／小坂恵里訳（築地書館、2020年）
気候変動について理解し、行動を起こしてほしいと熱く訴える。大人向け。

ドローダウン 地球温暖化を逆転させる100の方法　ポール・ホーケン編著／江守正多監訳／東出顕子訳（山と渓谷社、2020年）
企業、地域社会、家庭、政府が気候変動と戦うために、炭素排出を減らすべく取り組む方法を調査。連携するウェブサイトではさらなる選択肢を紹介。行動を起こしたい人向け。

エネルギーの人類史（上・下）バーツラフ・シュミル著／塩原通緒訳（青土社、2019年）
社会、社会のエネルギー源、およびその影響についての詳細な歴史。技術的側面を重視した内容を求める読者向け。

マツタケ 不確定な時代を生きる術　アナ・チン著／赤嶺淳訳（みすず書房、2019年）
マツタケの話を通じて、持続可能性、および産業活動を受けて育つ生命について語る（マツタケは原爆投下後の広島で最初に生育したと言われている）。大人向け。

植物と叡智の守り人 ネイティブアメリカンの植物学者が語る科学・癒し・伝承　ロビン・ウォール・キマラー著／三木直子訳（築地書館、2018年）
人類が自然の一部であり、独立した存在ではないと気づかせてくれる環境哲学の本。13歳以上向け。

6度目の大絶滅　エリザベス・コルバート著／鍛原多惠子訳（NHK出版、2015年）
迫りくる6度目の大絶滅として、何が起きているのかを著者の視点で述べる。大人向け。

Intersectional Environmentalist　Leah Thomas著、2022年
特権階級の存在や人種差別のせいで社会的に無視されたコミュニティーでは、環境問題や行動主義がどんな影響を受けているのか。その点に関する基本的な考え方とインクルーシブ（包括的）な社会を導くためのヒントが書かれている。著者はBIPOC（黒人・先住民・有色人種）を取り込んだ気候正義を考えるウェブサイトintersectionalenvironmentalist.comの設立者。13歳以上向け。

Green Ideas series　著者複数、2021年
20冊の小著からなるシリーズ。グレタ・トゥーンベリ（No One is Too Small to Make a Difference）、マイケル・ポーラン（Food Rules）、レイチェル・カーソン（Man's War Against Nature）など、環境保護のリーダーたちが執筆。13歳以上向け。

The Future Earth　Eric Holthaus著、2020年
ネットゼロを実現した世界の姿を希望的観測に基づいて描く。楽観論を求める人向け。

The New Climate War　Michael E. Mann著、2021年
気候変動の否定論に切り込み、企業や政府に化石燃料の使用をやめるように圧力をかけるための戦略。活動を効果的に充実させたいと考える人向け。

The Physics of Climate Change　Lawrence M. Krauss著、2021年
地球温暖化を科学的に分かりやすく説明。基本から学びたい人向け。

Saving Us　Katharine Hayhoe著、2021年
環境問題のあらゆる側面について、説得力のある議論を行うためのヒントを気候科学者が伝授する。自らの主張の価値を高め、活動したい大人向け。

Speed & Scale　John Doerr著、2021年
2050年までにネットゼロを実現するためにとるべき戦術を実務重視のベンチャー投資家が解説。ビジネスに根差した行動計画を求める人向け。

Value(s): Building a Better World for All　Mark Carney著、2021年

気候変動（および、社会に浸透した世界規模の問題など）の解決策を元銀行家が提示。多数の人の利益を最大化することを基本とする。経済学や環境政策に詳しい人向け。

All We Can Save: Truth, Courage, and Solutions for the Climate Crisis Ayana Elizabeth Johnson and Katharine Wilkinson編、2020年

グリーンムーブメントを率いる女性たちが書いた希望にあふれるエッセーと詩。海洋生物学者ジョンソンと『ドローダウン 地球温暖化を逆転させる100の方法』（後出）の寄稿者ウィルキンソンが編纂。連携するウェブサイトallwecansave.earthに、同書の読者向け、あるいは気候変動に対する思いを整理するためのさまざまな情報源がある。13歳以上向け。

The Future We Choose Christiana Figueres and Tom Rivett-Carnac著、2020年

気候変動と人類の運命について書かれた、警告的でありながら前向きな本。2人の著者は国際連合で、パリ協定を巡る交渉において先頭に立って尽力した。大人向け。

The Circular Economy: A User's Guide Walter R. Stahel著、2019年

さまざまな分野とコミュニティーでの安定的で持続可能な開発の取り組みを概説する。実業界や政界のリーダー向け。

The End of Ice: Bearing Witness and Finding Meaning in the Path of Climate Disruption Dahr Jamail著、2019年

著者は、米国アラスカ州デナリ山、アマゾン熱帯雨林、オーストラリアのグレートバリアリーフなどを旅した経験を通じて、本書でその惨状を浮き彫りにした。大人向け。

There is No Planet B Mike Berners-Lee著、2019年

気候変動が引き起こす災害を回避する方法を幅広い知識に基づいて語る。大人向け。

Climate: A New Story Charles Eisenstein著、2018年

樹木や海洋などの自然界を構成する要素を、炭素を貯蔵できる場所として見るのではなく、それ自体を神聖で有意義な力として見るべきだと主張。大人向け。

Farming While Black Leah Penniman著、2018年

食料生産の手引きであり、農業における人種差別を終えるとの宣言でもある。連携するウェブサイトfarmingwhileblack.orgには、アフリカ系と先住民の共同体農場Soul Fire Farmへのリンクがある。このファームの共同設立者には、後のジェームズビアード賞受賞者もいる。大人向け。

Ground Truth: A Guide to Tracking Climate Change at Home Mark L. Hineline著、2018年

身の回りの自然の変化に目を向けるためのヒント。大人向け。

What We Know about Climate Change Kerry Emanuel著、2018年

気候変動という差し迫った問題の背景にある科学的事実の基本を解説した85ページの入門書（初版は2007年）をMITプレスが改訂した。大人向け。

The Great Derangement Amitav Ghosh著、2016年

ブッカー賞にノミネートされた著者が、化石燃料に支えられた経済の相反する不可解な複雑性を解きほぐす。大人向け。

Who Really Feeds the World? Vandana Shiva 著、2016年

著者は、受賞歴があり活動家としても活躍する科学者。持続可能な農業に向けた解決策は地域に根差した小規模な農業を実践することと主張する。大人向け。

Learning to Die in the Anthropocene: Reflections on the End of a Civilization Roy Scranton著、2015年

私たちが何もしなければ、現在、そして未来に取り返しのつかない影響が生じる。イラク戦争の兵士として戦った著者はそう指摘する。大人向け。

To Cook a Continent: Destructive Extraction and the Climate Crisis in Africa Nnimmo Bassey著、2012年

化石燃料を得るためにアフリカは略奪され、それゆえにアフリカでの地球温暖化の影響は加速した。その経緯をナイジェリアの建築家で活動家の著者が分析する。大人向け。

The Gort Cloud Richard Seireeni著、2009年

NGO、支援団体、ソーシャルネットワーク、業界団体など、グリーンコミュニティーの母体を活用してブランド力を高める戦略。マーケット担当者や企業のリーダー向け。

書籍　哲学／インスピレーション

倫理の死角 なぜ人と企業は判断を誤るのか マックス・H・ベイザーマン、アン・E・テンブランセル著／池村千秋訳（NTT出版、2013年）

倫理的失敗や意思決定の瑕疵が論点。気候変動には特化していないが、解決策の立案や実行の効果を高める方法を示す。情勢の健全化を目指す活動家、政策立案者、企業幹部向け。

パイプライン爆破法 燃える地球でいかに闘うか アンドレアス・マルム著／箱田徹訳（月曜社、2021年）

スウェーデンの生態学教授が化石燃料の主要事業者との対峙を声高に呼びかける。大人向け。

スモール イズ ビューティフル 人間中心の経済学 E・F・シューマッハー著／小島慶三、酒井懋訳（講談社、1986年）

「大は小を兼ねる」に対する、（特に化石燃料の場合についての）経済学者からの反論。1970年代にエネルギー危機が最も深刻化したときに書かれた。大人向け。

砂の楽園 エドワード・アビー著／越智道雄訳（東京書籍、1993年）

人類が自ら地球を破壊しながら、それを気にかけていないことについて、パークレンジャーである著者が思いを巡らせる。初版は1968年。著者の死後に復刊された。大人向け。

Zen and the Art of Saving the Planet Thich Nhat Hanh

著、2021年
禅師でありながら気候に関する活動に従事する著者が語る、瞑想の勧めと行動の要請。13歳以上向け。

This Is Not a Drill Extinction Rebellion著、2019年
道路封鎖、橋の占拠、抗議者の扇動など、市民が抵抗する際にとる戦術のヒント。読者はrebellion.globalの活動に参加できる。18歳以上向け。

Eat Like a Fish Bren Smith著、2019年
海藻や貝を養殖することで、いかに世界に食料が供給され、水が浄化されるかを事例で示す。責任ある食料選択をしたい人、漁業や伝統的な農業の代替案を探している人向け。

書籍 伝記／回想録

魔術師と予言者 2050年の世界像をめぐる科学者たちの闘い チャールズ・C・マン著／布施由紀子訳（紀伊國屋書店、2022年）
環境問題を巡る議論の土台となる2つの考え方、「予言者」派と「魔術師」派。本書では、それぞれを代表する科学者を取り上げ、その対立を描き出す。歴史的教訓を示しながら、科学について学ぶ。大人向け。

Finding the Mother Tree Suzanne Simard著、2021年
森林についての知識や社会との関連性をたたえる。科学をテーマとする回想録を読みたい人向け。

Warmth: Coming of Age at the End of Our World Daniel Sherrell著、2021年
気候運動の最前線からの希望、絶望、不屈の努力。大人向け。

Horizon Barry Lopez著、2019年
全米図書賞受賞の著者が、ケニアの砂漠、南極大陸、ガラパゴス諸島などの探検を語り、気候変動を考える。大人向け。

The World-Ending Fire Wendell Berry著、2017年
長年にわたり米国ケンタッキー州で農業とエッセーの執筆を続けてきた著者が、田舎暮らしをたたえ、持続可能性は喫緊の要事であると訴える。13歳以上向け。

Beyond the Horizon Colin Angus著、2010年
著者自身が世界で初めて人力のみで完遂した地球一周の旅行記など、ゼロエミッションの旅行への信条について綴る。冒険が好きな人向け。

No Impact Man: The Adventures of a Guilty Liberal Who Attempts to Save the Planet Colin Beavan 著、2009年
マンハッタンで暮らす著者と妻と幼い娘が、環境へのゼロインパクトを目指して生活した1年間の試みの記録。大人向け。

書籍 フィクション

荒潮 陳楸帆著／中原尚哉訳（早川書房、2020年）
近未来の中国を舞台としたディストピア小説。有害な電子ごみを手作業でリサイクルする低賃金の仕事をしている「ゴミ人」の女性が、最後は仲間のゴミ人を率いて流血革命に突き進む。2013年の中国語版が英語に翻訳された。大人向け。邦訳は英語版を元にしている。

オーバーストーリー リチャード・パワーズ著／木原善彦訳（新潮社、2019年）
9人の主人公たちが旅の中で見つけた環境行動主義と抵抗運動を描く、説得力にあふれる物語。2019年ピュリツァー賞フィクション部門受賞作品。大人向け。

こうして、世界は終わる すべてわかっているのに止められないこれだけの理由 ナオミ・オレスケス、エリック・M・コンウェイ著／渡会圭子訳（ダイヤモンド社、2015年）
2393年の地球を科学的根拠に基づいて描くフィクション。干ばつや氷の融解、意図的な無策が何世紀も続き、世界は変貌する。大人向け。

ねじまき少女（上・下） パオロ・バチガルピ著／田中一江、金子浩訳（早川書房、2011年）
タイを舞台に気候と人間の不屈の努力とを描いたサイエンスフィクション。大人向け。

骨を引き上げろ ジェスミン・ウォード著／石川由美子訳（作品社、2021年）
2度の全米図書賞受賞歴を持つ著者の最初の受賞作。米国ミシシッピ州に住む労働者階級の黒人家族にスポットを当て、ハリケーン・カタリーナに襲われる数日前からその直後まで、わずかな期間に一変する家族の姿を描く。異常気象は社会から取り残された人々を壊滅させるのだ。大人向け。

Bewilderment Richard Powers著、2021年
妻と死別した宇宙生物学者と、ニューロダイバージェントである9歳の息子が、環境の危機にさらされた世界を探索する物語。2021年ブッカー賞の最終候補作品。大人向け。

How Beautiful We Were Imbolo Mbue著、2021年
アフリカの架空の村を舞台とする哀しい小説。村の子らの命を奪い、土壌を破壊する原因を生んだ米国の石油会社から土地を取り戻そうとする村人たちの戦いを描く。大人向け。

Once There Were Wolves Charlotte McConaghy 著、2021年
スコットランド高地と最愛の狼たちを、敵である人間から守るために必死の戦いに挑む1人の女性の物語。13歳以上向け。

The Ministry for the Future Kim Stanley Robinson 著、2020年
手遅れにならないうちに人類がいかにして未来を変えられるか、楽観的ながら不安にもさせる展望を示す。必読の書。

The Ministry of Utmost Happiness Arundhati Roy 著、

2017年
ブッカー賞受賞経験を持つ著者による、混乱が渦巻くような壮大な物語。絶滅の危機に瀕するハゲワシ、森林破壊、河川の汚染、スラム街拡大など、インドの抱えるあらゆる問題に向き合う。大人向け。

Ishmael Series trilogy (Ishmael, The Story of B, and My Ishmael)　Daniel Quinn. 1992-1997年
自然を支配する者としての人類の役割を不思議なリアリティをもって描く3部作。主役のイシュマエルはテレパシーを使うゴリラで、生徒役の2人の人間に世界を救う方法を教える。子ども向きに書かれた作品ではないが、10歳以上に適している。Ishmaelシリーズ3部作の第1作「Ishmael」に邦訳がある。『イシュマエル ヒトに、まだ希望はあるか』ダニエル・クイン著、小林加奈子訳、ヴォイス、1994年

書籍　詩

The Glass Constellation　Arthur Sze著、2021年
著者は全米図書賞受賞歴があり、ピュリツァー賞最終候補者にもなった。気候変動の不気味な影が迫る中で生に向き合う詩の新作と再掲作。13歳以上向け。

Ultimatum Orangutan　Khairani Barokka著、2021年
環境を巡る不公平とその根幹にある植民地主義を詳細に調べ上げて書かれた挑戦的な作品群。18歳以上向け。

Habitat Threshold　Craig Santos Perez著、2020年
畏敬の念から哀悼、教訓まで、幅広く詠まれたスタンザ（詩の形式の一種）。グアム島の先住民である著者が、グローバル産業による破壊と故国における生態系の運命について考える。13歳以上向け。

書籍　児童書

Dr. Wangari Maathai Plants a Forest　Rebel Girls 著、2020年
アフリカの女性として初めてノーベル平和賞を受賞したケニアの環境保護主義者ワンガリ・マータイの伝記。人気のエデュテインメントシリーズの1冊。5〜13歳向け。

We Are Water Protectors　Carole Lindstrom、Michaela Goade著、2020年
コールデコット賞を受賞した絵本。石油パイプラインに反対し、抵抗運動を率いるオジブワ族の少女の物語。3〜6歳向け。

The Magic School Bus and the Climate Challenge　Joanna Cole著、2010年
人気のエデュテインメントシリーズから。地球温暖化を子ども向けに平易に解説。7歳以上向け。

Our Changing Climate　UNICEF Zimbabwe著、2017年
ジンバブエの日常生活をイラストで紹介しながら、気候変動の当面の課題を解説する無料のオンラインブック。ウェブサイトunicef.org/zimbabweで紹介している。11〜12歳向け。

Understanding Photosynthesis with Max Axiom, Super Scientist　Liam O'Donnell著、2007年
植物が炭素を使って栄養分を作る仕組みを描いたグラフィックノベル。8〜14歳向け。

The Lorax　Dr. Seuss. 1971年
子どもたち1人ひとりに環境を守る責任を持たせようとする、ドクター・スースのお気に入りの1冊。2012年にクリス・ルノーの監督でアニメ映画化された（原題「Dr. Seuss' The Lorax」、邦題「ロラックスおじさんの秘密の種」、日本公開2012年）。すべての年齢向け。

講演

Climate Justice Can't Happen without Racial Justice
講演者David Lammy、2020年
英国の国会議員がインクルージョン（包括）や気候問題でBIPOCのリーダーシップが重要だと語る。10歳以上向け。

Community Investment Is the Missing Piece of Climate Action　講演者Dawn Lippert、2021年
市民を気候行動に参加させるヒント。TED Talks Dailyシリーズの1つ。10歳以上向け。

The Standing Rock Resistance and Our Fight for Indigenous Rights　講演者Tara Houska、2018年
講演者はオジブワ族の弁護士であり、環境権と先住権を主張する。この講演では、ダコタ・アクセス・パイプラインに反対する立場を直接説明するとともに、化石燃料会社が先住民を立ち退かせ部族の土地を利用できるようにしようという動きが北米に広まっていると訴えている。10歳以上向け。

The Quest for Environmental and Racial Justice for All: Why Equity Matters　講演者Robert Bullard博士、2017年
都市計画と環境政策の教授がMITで行った有名な講演。米国の環境汚染における人種差別を引き起こす要因と、その解決策について。10歳以上向け。

Breaking the Tragedy of the Horizon 講演者Mark Carney、2015年
気候リスクを経済学の立場から説明する。大人向け。

A 40-Year Plan for Energy　講演者Amory Lovins、2012年
科学者そして再生可能エネルギーの支持者として、2050年までに米国が石油や石炭への依存から脱却して5兆ドルの節約になるような自由市場を提案している。これには新たな連邦法を制定する必要がないという。

Global Warming, Global Threat　講演者Michael McElroy博士、2003年
ハーバード大学教授によるオーディオブックの講義シリーズ。温室効果を科学的に説明し、排出増加への対処の失敗

に触れ、誰の責任で次へ進むのかに言及する。大人向け。

ポッドキャスト

Bioneers: Revolution from the Heart of Nature Neil Harvey
気候正義、食料、農業、先住民の知識、企業活動の制限、若者アクティビズムに関するサステナビリティーの話を詳細に感情込めて語る。すべての年齢向け。

Black History Year「Environmental Racism: A Hidden Threat with Dr. Dorceta Taylor」 Jay Walker
環境学の教授との対談。話題は人種差別、経済的不公平、気候変動の影響が相互に関係していることについて。またBIPOCの人たちが社会の中で自分たちの運命を自ら決められるようになるための道程についても語る。13歳以上向け。

The Carbon Copy Stephen Lacey
専門家、ジャーナリストなどのゲストが、時事問題と、それが気候に及ぼす影響について週に一度解説。13歳以上向け。

Catalyst Shayle Kann
脱炭素と気候問題の技術面での解決策について専門家にインタビューする。技術的な話が好きな人向け。

Climate One Greg Dalton
聴衆の前で、活動家、インフルエンサー、政策決定者らと対話し、深く切り込む。13歳以上向け。

Drilled Amy Westervelt
シーズン制の犯罪ドキュメンタリーポッドキャスト。資金を出して気候問題を否定する企業、化石燃料関連企業に正義を求める地域住民などが取り上げられる。

How to Save a Planet Alex Blumberg
自称気候オタクが、くだらないことをするのを恐れず（リサイクルボックスの気持ちを代弁するなど）、リスナーに気候変動に対処する活動を奨励する。すべての年齢向け。

Outrage and Optimism, Christiana Figueres Tom Rivett-Carnac、Paul Dickinson
気候変動問題に第一線で取り組む人たちの自由な会話。13歳以上向け。

Planet Money「Waste Land」 Sarah Gonzalez、Laura Sullivan
製造業者や石油会社が、何事もなく事業を続けるために流してきたプラスチックリサイクルにまつわる嘘についてのエピソード。13歳以上向け。

Political Climate Brandon Hurlbut、Shane Skelton、Julia Pyper
米国のエネルギー政策と環境政策についての党派を超えたポッドキャスト。13歳以上向け。

The Response Tom Llewellyn
自然災害の後で、さまざまな地域社会がどのように復興し、回復力を確立していくのか、深く掘り下げる。13歳以上向け。

Scene On Radio: Season 5, The Repair John Biewen、Amy Westervelt
気候変動の原因を作った西洋の植民地主義に注目したポッドキャスト。ピーボディ賞に2回ノミネートされた。ジャカルタ、ナイジェリア、バングラデシュなど化石燃料による悪影響を受けて荒廃した土地の実情を描き出す。13歳以上向け。

Sourcing Matters Aaron Niederhelman
食料はどこからくるのか、食料調達は気候変動にどのように影響を与えたか、どんな修復が可能なのかについての議論。13歳以上向け。

Sustainababble Oliver Hayes、David Powell
環境問題の研究を取り上げた英国の即興コメディー。13歳以上向け。

Sustainability Defined Jay Siegel、Scott Breen
環境運動のさまざまな面をユーモラスに分かりやすくリスナーに伝える。13歳以上向け。

Think: Sustainability Marlene Even、Sophie Ellis
インクルーシビティー（包括性）の観点から、消費者としてグリーンな習慣をより充実させるための提案。13歳以上向け。

The Yikes Podcast Mikaela Loach、Jo Becker
インターセクショナリティーを重視した英国の番組。気候変動と社会正義に気をかける人たちを元気づける。13歳以上向け。

映画

ドント・ルック・アップ アダム・マッケイ監督（日本公開2021年）
気候変動を、地球への衝突が目前に迫っている彗星になぞらえて風刺した映画。有名俳優が多数出演。報道機関や政府に危機を納得させようとして絶望した科学者たちがリアルだ。R指定（米国のレイティング。以下同）。

その年、地球が変わった ナレーションはデービッド・アッテンボロー（日本公開2021年）
2020年、COVID-19で世界は活動停止や隔離を余儀なくされた。だがその後、私たちの目の前に広がった世界には、澄み切った空、深みを増した緑の大地、生き生きと暮らす野生動物の姿があった。その様子を映し出す注目の映像。PG指定。

デヴィッド・アッテンボロー 地球に暮らす生命 アラステア・フォザーギル、ジョニー・ヒューズ、キース・スコーリー監督（日本公開2020年）
人類が長年にわたって野生に及ぼしてきたとてつもない影響を、自然史家が直接の体験をもとに伝える。PG指定。

キス・ザ・グラウンド 大地が救う地球の未来 ジョシュ・ティッケル、レベッカ・ハレル・ティッケル監督（日本公開

2020年）
二酸化炭素と微生物を土壌に返すことで気候変動を元に戻そうとする科学者と活動家。10歳以上向け。

OUR PLANET 私たちの地球　監督複数（日本公開2019年）
ネットフリックスと世界自然保護基金のコラボによるドキュメンタリーシリーズ。植物や動物、景観の素晴らしさをたたえる。ナレーションはデービッド・アッテンボロー。G指定。

不都合な真実2 放置された地球　ボニー・コーエン、ジョン・シェンク監督（日本公開2017年）
「不都合な真実」の続編。再生可能エネルギー投資とパリ協定の発効を訴えるアル・ゴアの姿を追う。PG指定。

誰が電気自動車を殺したか？　クリス・ペイン監督（日本でのDVD発売は2008年）
電気自動車にまつわる驚きに満ちた歴史。マーティン・シーンがナレーションを担当している。PG指定。

インターステラー　クリストファー・ノーラン監督（日本公開2014年）
2067年、地球は砂嵐と農作物の世界的な病害に悩まされている。地球から逃れるべく他の惑星への移住を試みる人類を描いたSF映画。PG-13指定。

ミッション・ブルー　ロバート・ニクソン、フィッシャー・スティーブンス監督（日本公開2014年）
エミー賞の長編ドキュメンタリー編集部門受賞作品。海洋に国立公園のような「ホープスポット」を作って生物多様性を守り、気候変動に対抗しようとする、海洋生物学者シルビア・アールの活動を追ったドキュメンタリー。13歳以上向け。

アルーナ：コギ族から環境保護の警鐘　YouTubeで閲覧可能、日本語字幕付き。youtube.com/watch?v=RWRQrqhhvXU
人里離れたコロンビアの山岳地帯に住む先住民が環境保護を訴える姿を描く。1990年に製作されたドキュメンタリー「From the Heart of The World: Elder Brother's Warning」の続編。13歳以上向け。

フード・インク　ロバート・ケナー監督（日本公開2011年）
食品産業では世界的に生産過程の経費節減を実践しており、健康と環境がその重い代償を払わされていることを暴露する。姉妹編の書籍『フード・インク ごはんがあぶない』（カール・ウェーバー編／中小路佳代子訳／武田ランダムハウスジャパン、2010年）では、人間の食生活が気候変動にどのように影響しているかを詳らかにする。PG指定。

HOME 空から見た地球　ヤン・アルテュス=ベルトラン監督（日本公開は2009年）
空から見た地球の素晴らしい姿と、人類が自然界に加えた破壊の様子。ナレーションはグレン・クローズ。10歳以上向け。

ウォーリー　アンドリュー・スタントン監督（日本公開2008年）
アカデミー賞の長編アニメ映画賞を受賞。ごみだらけになった29世紀の地球で、1台のごみ処理ロボットが地球復活に向けて孤軍奮闘し、愛と希望にかき立てられていく。G指定。

不都合な真実　デイビス・グッゲンハイム監督（日本公開2007年）
地球温暖化の危機を訴えるアル・ゴアの姿を描き、アカデミー賞の長編ドキュメンタリー映画賞、歌曲賞を受賞。ゴアがスライドを用いて行った講演の様子も収載する。PG指定。

いま ここにある風景　ジェニファー・バイチウォル監督（日本公開2008年）
写真家のエドワード・バーティンスキーによる中国取材の記録。大規模な産業構造物やそれによる地元の環境への影響を説得力ある写真におさめる姿を捉える。10歳以上向け。

グリーンガリー／永遠の熱帯雨林　ビル・クローヤー監督（日本公開1994年）
妖精が自分たちの暮らす熱帯雨林を産業による破壊から守るために戦うミュージカルアニメ。地球を大切にすることの重要性を子どもたちに伝える。G指定。

Vanishing Lines　Fancy Tree Films製作、2021年
ヨーロッパのスキーリゾート拡張計画が大規模な氷河の破壊を招くという18分のドキュメンタリー。10歳以上向け。

Plastic Wars　Rick Young監督、2020年
プラスチック産業がプラスチックの需要と販売を増やすためのマーケティング戦略としてリサイクルをどのように利用し、ごみ問題を悪化させているかを、NPRラジオとPBSテレビの番組「フロントライン」が取材している。PG指定。

Beyond Climate　Ian Mauro監督、2016年
森林火災、氷河浸食、洪水に見舞われ、石油パイプラインに脅かされるカナダ、ブリティッシュコロンビア州の環境への取り組みを中心としたドキュメンタリー。数々の賞を受賞。10歳以上向け。

To the Ends of the Earth　David Lavallee監督、2016年
カナダ、アルバータ州や米国ユタ州、北極圏では化石燃料の採掘によって自然破壊が進む。土地を守るために立ち上がった自然保護主義者と環境保護リーダーの物語。エマ・トンプソンがナレーションを担当している。10歳以上向け。

Nowhere to Run: Nigeria's Climate and Environmental Crisis　Dan McCain監督、2015年
干ばつ、砂漠化、森林破壊と化石燃料消費で生じた土地争奪戦が凄惨化したナイジェリアの姿を描く。同国の環境活動家、故ケン・サロ=ウィワ・ジュニアが案内。13歳以上向け。

Chasing Ice　Jeff Orlowski監督、2012年
大昔からある巨大な氷河が地球温暖化によって破壊されていく。その様子を環境写真家のジェームズ・バログがタイムラプスという手法で撮影した。PG-13指定。

ウェブサイト

(thecarbonalmanac.org/resourcesにリンクあり)

The Arctic Cycle ライブパフォーマンスとストーリーテリングを通じて気候問題について会話の口火を切り、人々を行動に駆り立てる組織。大人向け。

Artists & Climate Change 地球温暖化をテーマにした作品の創作や執筆に取り組み、グリーンムーブメントとつながるきっかけを作るアーティストを支援するブログ。The Arctic Cycleの新たな取り組み。気候問題に関する創造性に富む表現を探しているすべての人向け。

Artists for Climate: The Climate Collection 環境をテーマにしたデジタルイラストのオープンライセンス作品集。楽観的な考えや行動を描いたものを集めている。万人向けだが、特に教育者、グラフィックデザイナー、学生向け。

Cambridge Institute for Sustainability Leadership 企業、政府、金融機関と協力し、国際連合の持続可能な開発目標に従って、世界規模のグリーン経済を築き成長させることを模索する組織。企業、政策立案者、気候行動に関する教育を受けたい人向け。

Canary Media 脱炭素経済や脱炭素社会への転換を重視する主要な報道機関の1つ。The Rocky Mountain Institute(後出)が出資している。大人向け。

Climate Reality Project アル・ゴアが立ち上げた、気候問題のリーダーを育てるための国際組織。構造的なアプローチで運動に参加したいと考える13歳以上の人向き。

The Conversation: Environment + Energy 研究者が執筆し、ジャーナリストが編集した環境関連の記事。米国版と国際版がある。13歳以上向け。

David Suzuki Foundation 企業や政府と協力し、科学研究、教育、政策分析を通じて重要な環境問題を解決する自然保護団体。大人向け。

Earthjustice 無料の環境法律サービス。米国自由人権協会(ACLU)の気候変動版。環境関連の法的な問題に対処するための支援を受ける余裕のないすべての人、およびボランティアで協力したい専門家向け。

Earthwatch 地球の保護につながる環境研究に取り組む科学者とボランティアとを結び付ける世界規模のNPO。日本にも拠点がある(アースウォッチ・ジャパン)。科学に興味がある協力者、企業や教育関係の協力者向け。

Ellen MacArthur Foundation 「採って、作って、捨てて」という心理を、汚染をやめ、物資を再使用し、自然を再生するという心理に変えるという使命を持った慈善団体。消費者、企業、政策立案者向け。

Environmental Voter Project 無党派のNPO。投票に行かない環境保護主義者を見つけて、投票に行くよう促す。18歳以上向け。

First Nations Climate Initiative カナダ、ブリティッシュコロンビア州を拠点として、ラックスカラアムズ、メトラカトラ、ニスガ、ハイスラの先住民が設立したフォーラム。気候変動と戦い、経済を脱炭素化するとともに、貧困から脱し、先住民社会に環境リーダーを作ろうとしている。先住民が率いる気候行動を詳しく知りたいと思うすべての人向け。

Fridays for Future 若者たちの国際的ムーブメントのためサイト。学校ストライキなどで、大人に気候変動の責任を取るよう訴える。グレタ・トゥーンベリが立ち上げた。「Fridays For Future Japan」という日本のサイトもある。学生向け。

The Great Green Wall 植林を進めてアフリカ大陸にまたがる全長8000キロほどの壁を作ろうとするプロジェクト。気候変動や干ばつを緩和し、仕事と食の安全を地元にもたらすことを目指す。すべての年齢向け。

Green 2.0 環境運動における不公平を監視する。数々の環境NGOや財団を調査し、多様性への取り組みに関する報告書を毎年公表している。インクルーシビティーに興味のあるすべての人向け。

Inside Climate News 無党派で環境ジャーナリズムに携わる報道機関。ピュリツァー賞受賞歴がある。10歳以上向け。

Juma Institute ブラジルの先住民活動家ユマ・シパイアが設立した、アマゾン熱帯雨林とその保全事業の保護を目的とする組織。記事はポルトガル語でも表示。13歳以上向け。

Post Carbon Institute 省エネルギー、持続可能性、生態系の回復力に関する解析を行う研究グループ。大人向け。

Reasons To Be Cheerful: Climate + Environment 差し迫った気候問題に対して小さなコミュニティーや都市や政府が実施する革新的な解決策を集め、明るいニュースが満載のウェブサイト。コンゴ、デンマークのサムソ島、日本の徳島県上勝町など、諸地域から記事が集まる。13歳以上向け。

The Rocky Mountain Institute 企業、研究所と協力してエネルギーシステムを脱炭素化しようとする学際的専門家を集めた無党派のNPO。事業、金融、エネルギー部門の人向け。

Sierra Club 健全な地球を求めるすべての人の権利を守る草の根組織。1892年設立。すべての年齢向け。

350.org 化石燃料の使用を全面停止させるために活動する国際的な団体。設立者で環境保護主義者のビル・マッキベンは、2013年にガンジー賞を受賞した。日本の拠点は350 japan。学生、活動家など気候変動に対する行動について知りたいすべての人向け。

Women's Earth Alliance グリーンイニシアチブの先頭に立つための技術的戦術的トレーニングを行い、世界中の女性を力づける団体。寄付者、仲間、助言者による支援ネットワークも提供している。女性向け。

Work On Climate 活動家が連絡を取り合ったり、情報交換したり、仲間を集めたり、有給や無給の環境保護の仕事を探したりできるSlackチャンネル(グループウェアの1つ)。

13歳以上で活動に参加したいと考える人向け。

World Benchmarking Alliance 有名企業のSDG貢献度を評価し、国際連合の持続可能な開発目標を達成しようとする動機付けをする団体。学術機関、研究機関、ビジネスプラットフォーム、金融機関、政府機関、NGO、持続可能性のコンサルティング会社向け。

World Wildlife Fund 動物と地域住民のために地球の自然資源を守る自然保護NGOの代表格。日本法人はWWFジャパン。すべての人向け。

オンラインで視聴できる動画

平田仁子、2021年ゴールドマン環境賞、日本 日本の平田仁子の取り組みの功績を紹介する。平田は、日本国内の石炭火力発電所13基の建設計画を中止させたことなどが評価され、2021年にゴールドマン環境賞を受賞した。本書の監修者でもある。13歳以上向け。

Breathe This Air 米国ルイジアナ州のプラスチック工場が近くの黒人コミュニティーに強いる有害な影響に関して専門家が語るショートフィルム。主な出演者は環境分野の教授ビバリー・ライト、エコ・ジャスティス・オーガナイザーのダンテ・スウィントン、ゴールドマン環境賞を受賞した2人、シャロン・ラビーンとプリギ・アリサンディ。13歳以上向け。

Can You Fix Climate Change? YouTubeで人気のKurzgesagt(「簡単に言うと」の意)チャンネルにある動画。炭素排出問題の解決に必要な多くの段階を分かりやすく楽しめるようにまとめている。10歳以上向け。

Causes and Effects of Climate Change ナショナル ジオグラフィックが提供する初心者向けの動画。増加する排出量が環境や人間に与える影響の原因と結果について説明する。すべての年齢向け。

Climate Victory Gardens 炭素を土壌に戻して大気中のCO_2を減らすガーデニングについて語る動画。出演者はロザリオ・ドーソンと、ロサンゼルスを拠点にゲリラ的な園芸活動を展開するロン・フィンリー。すべての年齢向け。

Ecological Footprint Calculator 生活に関する問題(イラスト付き)に答えると、「みんなが自分と同じ生活をするとしたら地球がいくつ必要になるか」を計算してくれる。すべての年齢向け(小さい子には手助けが必要かもしれない)。

Just Have a Think 危機感を抱く市民、デイブ・ボーレイス(英国在住)が持続可能性の解決策について調べ、毎週紹介する。13歳以上向け。

Studio B: Unscripted - Kumi Naidoo and Winona LaDuke 環境保護に長年取り組む2人の活動家による対談(2部構成)。ナイドゥはアフリカン・ライジング・フォー・ジャスティス・ピース・アンド・ディグニティのグローバルアンバサダーであり、グリーンピースの事務局長も務めた。ラデュークはオジブワ族の農民で、経済学者。13歳以上向け。

The Tipping Point: Climate Change 地球温暖化を簡潔に説明するBBC制作の動画。13歳以上向け。

Wangari Maathai and the Green Belt Movement ノーベル平和賞受賞の活動家ワンガリ・マータイの動画。彼女が設立した草の根のNGOは、ケニアのナイロビを拠点として、地方のコミュニティーに持続・再生可能な農法を教え、経済的に力をもたらす。1977年の発足以来、グリーンベルトムーブメントは数百万本の木を植えるとともに、数千人の女性に林業や養蜂や食品加工の方法を教えた。13歳以上向き。

ニューズレター

Heated(Emily Atkin発行)「気候危機のための責任あるジャーナリズム」として情報を発信する。発行者は極めて評価が高い気候ジャーナリスト。熱意ある取材を求める読者向け。

Minimum Viable Planet(Sarah Lazarovic発行)気候変動と戦う希望に満ちた週刊ニューズレター。行動を起こしたいと考えるすべての人向け。

気候アクションに乗り出す

リーダーズ・フォー・クライメート・アクションのCOO、ピョートル・ドロッズがLinkedInに気候アクションのリストを公開すると、コメントが次々と寄せられ、クラウドソーシングのように情報が増えていった。リストの各項へのリンクは🌐162にある。

個人・市民向けの組織やツール

Bark.today エコロジカルフットプリントを減らして生物多様性のある社会を作りたい個人に、研究成果と情報を届けるオランダの組織。

Count Us In 炭素汚染を大幅に減らすよう10億人の市民を鼓舞し、リーダーたちには大胆で世界的な変革を要求するという使命感に基づくプロジェクト。

TheClimateSavers 気候変動の進行を遅らせることに使命感を持つ人たちの連携や協力関係を促進するプラットフォーム。

持続可能性を高めるクラウドソーシング

Do Nation 人類や地球のために、日々の行動パターンの健全性を高めたいという誓いが多くの人たちから寄せられる世界規模のコミュニティー。

Ecologi 気候行動に出資したり、森林を育てたり、世界の排出量を削減する活動を追跡したりするためのサブスクリプションモデルを提供する環境保護組織。

Good Empire app 国際連合の17の持続可能な開発目標をすべて視野に入れ、世界中の共同行動をまとめるアプリ。

Giki Zero 自分のカーボンフットプリントを計算して理解し、有意義な行動様式を学ぶことを通じて「情報を手に入れ、自分がどんな影響をもたらしているのかを知る（Get Informed, Know your Impact）」ためのツール。

Joro app 消費者が環境を改善する行動を取り、気候にプラスとなる生活様式を身につけるのを後押しするアプリ。

Klima app 自分のカーボンフットプリントを計算して、相殺したり減らしたりするためのアプリ。

Project Drawdown 気候行動について教えたり、活動を促したりする解決指向の組織。

UGO 学生たちと、持続可能な開発プロジェクトやイニシアチブとを結び付けるためのプラットフォーム。Karma Volunteering（ボランティア募集用アプリ）を利用して運営している。

UN ActNow 主要な10分野について生活スタイルのパターンを調べ、改善行動に結び付けるためのキャンペーン、およびそのアプリ。

We Don't Have Time 気候問題の知識を広め、企業や組織や公的指導者に、気候変動に対処するよう行動を促すレビュー、およびソーシャルメディアプラットフォーム。

Crowdsourcing Sustainability 持続可能な行動を起こし、気候変動によって変わってしまった地球環境を元通りにしようと挑むコミュニティー、および活動。

企業向けのネットワークやサービス

B Corp Climate Collective 2030年までのネットゼロ実現を公約するB Corpのグループ。B Corpとは、環境や社会への配慮が認められた企業のこと。米国の非営利ネットワークであるB Lab Globalが認証する。

Business Declares 気候や環境の緊急事態を宣言し、カーボンニュートラルの達成に向けて断固たる行動を取る企業のネットワーク。

Leaders for Climate Action パリ協定の目標に向かって前進を続けるヨーロッパの起業家やビジネスリーダーのコミュニティー。

Planet Mark 持続可能性に関する知識を持つ専門家チーム。企業がネットゼロ目標を達成し、その正当性を立証するための支援として、認証や解決策を提供する。

Pledge To Net Zero 環境型産業に対して世界規模で付託する組織。温室効果ガス排出量削減を目指す加盟組織に、科学的根拠に基づく目標を要求する。

SME Climate Hub 気候行動に取り組む中小企業（SME）が2030年までに排出量を半減、2050年あるいはそれ以前にネットゼロという目標を達成できるように導く世界規模のイニシアチブ。

Tech Zero 気候行動を公約するテック企業の団体。

The Science Based Targets initiative (SBTi) 企業が科学に基づく排出量削減目標を設定する手助けを行い、民間による意欲的な気候行動を促すイニシアチブ。

The Chambers Climate Coalition パリ協定に整合した経済的で持続可能な事業の実践について、現実的かつ実行可能な解決策と助言を会員に提供する世界規模のフォーラム。

The Climate Pledge 2040年までにネットゼロを達成すると公約する企業などが分野の壁を超えて集まったグループ。

B1G1 企業の日常業務に寄付活動を組み入れ、社会貢献度を向上させることを支援する社会的事業。

Compare Your Footprint 包括的なカーボンフットプリントを計算し、ベンチマークの手段を提供する活動を行う企業。
Small99 小規模企業の事業主にネットゼロを実現するための現実的なガイダンスを提供する組織。
Sustaineers 世界的な持続可能目標の達成を使命とするビジネスパーソンのコミュニティー。
TheGreenShot 持続可能な映画制作を支援するアプリ。
Pawprint エネルギー系企業が従業員を気候変動との戦いに起用するためのツール。任を受けた従業員を支援し、また各組織の気候目標に向き合うよう促す。
ClimateScape 気候問題の解決を支援する企業、投資家、NGOなどの組織を紹介するプラットフォーム。

活動家・運動家向けの組織や動き

350 化石燃料への依存を阻止しようとする世界規模の草の根運動。
Climate Action Network 人間に起因する気候変動を環境が持続可能な程度に抑えるため、政府や個人の行動の促進を牽引する世界規模のNGOネットワーク。日本の拠点（Climate Action Network Japan）もある。
The Climate Reality Project 気候教育とアクションを実施するためのトレーニングを提供し、クライメート・リアリティ・リーダーを養成する団体。
Earth Day Network 市民団体を結集し、世界各地で環境運動を広げることを目指すネットワーク。
European Climate Pact 人々や地域社会や組織に気候行動への参加を働きかけるEUのイニシアチブ。
Extinction Rebellion 非暴力直接行動と市民としての抵抗によって、気候と環境の緊急事態にふさわしい行動を取るよう政府に要求する運動。
Fridays For Future 世界的な広がりを見せる学生運動。参加者たちは金曜日に学校の授業に出ずにデモを行い、政治家に行動を要求する。日本の拠点（Fridays For Future Japan）もある。
Rainforest Action Network 森林破壊を止め、化石燃料への出資を中止し、先住民社会を支援するための集団行動を呼びかける組織。日本の拠点（レインフォレスト・アクション・ネットワーク・ジャパン）もある。
SumOfUs 企業の増長を抑止するべく活動に従事する世界規模のコミュニティー。
Sunrise Movement 気候変動を食い止めることを目指し、またそのプロセスとして多数の望ましい仕事を生み出そうとする若者たちの運動。
KlimaDAO 低炭素化技術や炭素除去プロジェクトを利益につなげ、炭素資産の価格上昇の加速を最終目標とするデジタル通貨。
Citizens' Climate Lobby 気候政策に対して影響力を持つことを目指す草の根の国際環境団体。選挙で選ばれた代議士との関係を築くためにボランティアの教育、および支援を行う。

起業家・イノベーター向けの組織やツール

Carbon13 創業を目指す人たちと協力して共に数々のスタートアップ企業を設立、二酸化炭素換算で数百万トンの排出量削減実現につなげる組織。
Cleantech Open 世界最大規模でクリーンテクノロジー促進プログラムを実施する組織。
Conservation X Labs 絶滅の危機を食い止めるべく、技術とイノベーションを基盤とした解決策を打ち出す企業。
Elemental Excelerator 気候とイノベーションと公平をすべて考慮して活動する世界規模のNPO。
Katapult 規模効果が大きい技術系スタートアップ企業に注目する投資会社。
On Deck Build for Climate 気候技術における実用最小限の製品（MVP）を作りたいと考える専門家や事業者を対象に、10週間の短期集中講座を提供する組織。
Postcode Lotteries Green Challenge ドイツ、英国、オランダ、ノルウェー、スウェーデンのスタートアップ企業が参加し、持続可能性を競うコンペ。
Third Derivative オープンで協力的な気候テックの環境を構築し、スタートアップ企業の支援を行う組織。
Third Sphere 開業直後のスタートアップ企業を支援し、気候変動に備えて都市のシステムの再構築を目指す組織。
Build a Climate Startup ヨーロッパを拠点とする気候テック系ベンチャースタジオであり、投資を行う組織。年間排出量を二酸化炭素換算で少なくとも10億トンは削減することを使命として掲げる。
Greentown Labs 米国のボストンとヒューストンにある気候テック系スタートアップ企業のインキュベーター。
VertueLab クリーンテック（環境保全テクノロジー）のスタートアップ企業に資金援助し、全体論的観点から起業支援を行うことで気候変動に挑むNPO。
Active Impact Investments 環境面での持続可能性を推進する組織。その手段として、起業直後の初期のステージにある気候テック企業に投資し、その成長を促す。

従業員向け、あるいは雇用に関する組織やツール

80,000 Hours 最大限プラスの社会的影響を及ぼすキャリアについて、研究に基づく助言を提供する組織。
Work on Climate 気候関連の仕事を本気で考えている人たちのための行動指向のSlackコミュニティー。

Climate People 持続可能性の高い気候関連事業に関する人材採用を仲介する企業。

Climatebase 気候関係のキャリアを求める人のためのトップクラスのプラットフォーム。

Escape the City 意欲的に取り組める仕事、教育課程、イベント、情報源を提供するコミュニティー。

Women in Cleantech and Sustainability クリーンテクノロジー、持続可能なキャリアやライフスタイルを求める女性を支援するNPO。

Planetgroups 職場における気候行動を支援する組織。

Low Carbon Business School コホートベースの無料講座を提供し、（特に消費財企業の）従業員が自社でできる気候行動を学んで実践する道筋を作るスクール。

Terra.do コホートベースの専門家向け教育プラットフォーム。気候変動の解決に向けて働く人を2030年までに1億人養成することを使命とする。

Climate Change AI 気候変動への取り組みに機械学習を採用して大きな成果を引き出すことを使命とする組織。学術界と産業界からボランティアで集まった人たちで構成される。

都市・地方・州向けの組織やサービス

CityInSight 各都市が政策、財務、社会基盤のためのエネルギーや排出のシナリオを描くうえで有益な情報を提供するツール、およびサービス。

ClimateView スウェーデンの気候行動テクノロジー企業。都市が気候計画を前進させるのに協力する。

Futureproofed 脱化石燃料の未来に向けて都市や企業が変わっていくのを助長する組織。

ICLEI ClearPath 温室効果ガスの調査報告や予測、気候行動計画をまとめ、地域レベルや国家レベルで監視するオンライン・ソフトウエア・プラットフォーム。

Kausal 各都市が、重要なデータを賢く利用できるデジタルプラットフォームを利用して、気候目標を実行に移すための一助となる企業。

Resilient Cities Network 世界規模で知識、実践、協力関係、財源を結び付けて、万人のための安全で公平な都市の構築を可能とするネットワーク。

あなたが企業の幹部だろうと、農家だろうと、工場の責任者だろうと、心を砕く一個人だろうとかまわない。これから示すリストを参考にすれば、さらなる情報を手に入れたり、行動を起こしたり、思いを共有する仲間を作ったりできる。

温室効果ガス排出の削減を目指す機関

ここに挙げたのは、温室効果ガスを排出する施設や設備に有益な情報源だ。気候変動への理解を深めたい企業や地域住民の役に立つ。主要な情報源を以下に5つ紹介するが、完全なリストは**www.thecarbonalmanac.org/resources**を参照のこと。

情報源	概要
Science & Innovation／米国エネルギー省(US DOE) **energy.gov/science-innovation**	米国エネルギー省のサイト。当局の現在の方針を提示し、管轄下の17の国立研究所で進行中の、再生可能エネルギーや炭素回収に関する研究について紹介している。認定したプロジェクトに対する同省からの融資や、公共・民間の研究に対する資金提供についての詳細な説明もある。
Energy, Climate Change, Environment／欧州委員会 **ec.europa.eu**	エネルギー、気候変動、環境に関する欧州委員会のホームページ。政策や目標の分類、報告についての、当局の規定を示している。さらに、実践的な助言、プロジェクト推進の見通し、域内全体で利用可能なツールについての基準も定めている。
Carbon Capture, Utilisation and Storage／国際エネルギー機関(IEA) **iea.org**	国際エネルギー機関のサイト。同機関は世界中のエネルギーに関する統計データを収集して評価し、配布するとともに、ベストプラクティスを世界中の政府に周知し、共有している。
California Air Resources Board (CARB)／カリフォルニア州大気資源局 **arb.ca.gov**	カリフォルニア州大気資源局のサイト。同局は、「世界で最も広域な大気観測ネットワーク」の1つを50年以上にわたって監視してきた。主に「移動発生源」(船や乗用車、トラックなど) を注視する一方で、地域ごとに設定されている大気品質管理区域では「固定発生源」からの排出に注目する。
Greenhouse Gas Reporting Program(GHGRP)／米国環境保護庁(US EPA) **www.epa.gov/ghgreporting**	米国環境保護庁のサイト。同庁は、企業などが施設からの温室効果ガス排出量の追跡や比較をしたり、汚染を減らす機会を作ったり、エネルギー浪費を最小化したり、コストを削減したりするのを支援する。州・都市などの地域社会はそのデータを利用して、地元の高排出施設の情報取得、同等の施設との排出量の比較、的確な気候政策の立案ができる。

地方自治体の情報源

ここで紹介するのは気候変動に挑む地方自治体の組織で、政策立案者、あるいは会議や教育向けの資料などの情報が含まれる。以下に3つ挙げるが、完全なリストは**www.thecarbonalmanac.org/resources**を参照のこと。

情報源	概要
イクレイ(ICLEI)－持続可能な都市と地域を目指す自治体協議会 **japan.iclei.org**	持続可能な都市開発を公約している2500以上の地方自治体からなる世界的ネットワーク。125カ国以上で活動を展開し、持続可能な政策に影響力を持つ。さらに、低排出で自然に根差し、公平で回復力がある循環型の開発を求める地域活動を推進する。
世界気候エネルギー首長誓約 **covenantofmayors-japan.jp/**	1万以上の都市が国内外の機関と協力し、地元のイニシアチブ、革新的財政モデル、持続可能なインフラを活用して、気候変動に対処している。
Rocky Mountain Institute(RMI)／ロッキーマウンテン研究所 **rmi.org**	米国を拠点に、世界各地でパートナーシップのもとに活動するNPO。危機的な地域での迅速かつ市場ベースの変化を促している。

運送業界とサステナビリティー

ここでは、運送会社における持続可能性の向上と炭素排出量の削減を目的とした、政府機関および業界固有のウェブサイトや書籍などの情報源をいくつか紹介する。完全なリストは**www.thecarbonalmanac.org/resources**を参照のこと。

情報源	概要
Research & Technical Resources: Sustainability／米国公共交通協会（APTA） **apta.com**	公共の乗り物の持続可能性に関するベストプラクティスについて、北米の公共交通業界団体が解説と提言を示している。
State & Local Sustainable Transportation Resources／米国エネルギー省（US DOE） **energy.gov/eere/slsc/state-local-sustainable-transportation-resources**	州や地方における「交通手段の持続可能性」を主眼とするプログラムについての情報やリンクをまとめている。
Why Freight Matters to Supply Chain Sustainability／米国環境保護庁（US EPA） **epa.gov/smartway/why-freight-matters-supply-chain-sustainability**	この記事では、商品の製造・流通・輸送に関わる企業が、どうすれば排出量の増加を抑え、効果を上げられるかを解説している。
The Centre for Sustainable Road Freight（SRF） **csrf.ac.uk**	ケンブリッジ大学、ヘリオットワット大学、ウェストミンスター大学、そして輸送・物流の業界団体が協力してできたベンチャー事業。学際的なアプローチを通じて、物流におけるカーボンインプリントの削減を目指す。中心となる分野は、データの収集と解析、物流、車両システム、エネルギーシステム、戦略などだ。

企業や投資家のサステナビリティー

気候変動に関する投資情報団体、透明性ガイドライン、企業報告基準へのリンクなどを紹介する。取締役や投資家、活動家のための情報、ならびに教育用資料も含まれている。完全なリストは**www.thecarbonalmanac.org/resources**を参照のこと。

情報源	概要
Asia Investor Group on Climate Change（AIGCC）／気候変動に関するアジア投資家グループ **aigcc.net**	気候変動に関するグローバル投資家連合の一部として発足。気候変動や低炭素投資に関係するリスクや投資機会について、アジアのアセット・オーナーや金融機関の意識を高めようとするイニシアチブ。
CDP Worldwide-Japan **japan.cdp.net**	非営利組織であり、投資家、企業、都市、州、地域が環境情報を測定したり公表したり管理したり共有したりできる世界的な開示システムを運用する。
Financial Stability Board（FSB）／金融安定理事会 **fsb.org**	金融システムの安定を目的とする国際的組織。気候関連財務情報開示タスクフォース（TCFD）を立ち上げ、企業が直面する気候関連の財務リスクについて、投資家、金融機関、保険会社の意思決定に役立つ情報を提供するために、自主的開示の提言集を作成した。
Global Reporting Initiative（GRI）／グローバル・レポーティング・イニシアチブ **globalreporting.org**	国際的な非営利の団体。投資家のみならず多くの出資者のために、世界中の企業や政府が、気候変動、人権、統治、社会福祉などの持続可能性問題に対する自らの影響力を理解して伝え合うのを助ける。その持続可能性報告基準は、マルチステークホルダープロセスを採用して作成しており、公共の利益に根差している。

気候関連の起業家のための情報源

ここに挙げたのは、気候変動の問題に挑む起業家や就職希望者のための幅広い情報源だ。以下の3つに分けてまとめてある。

- ・気候変動に挑む起業家精神にまつわる情報（ポッドキャストやブログなど）
- ・気候関連事業の起業家に資金を提供する投資家のデータベース
- ・さまざまな気候関連分野で影響力を発揮しようとしているスタートアップ企業の例

以下に挙げる企業は、食料、繊維、エネルギー、金融、輸送など幅広い分野でイノベーションを起こしている。これら3社はほんの一部であり、完全なリストは**www.thecarbonalmanac.org/resources**を参照のこと。

情報源	概要
The Exponential View(EV) **exponentialview.co**	テクノロジストのアジーム・アズハールが運営するニューズレターやポッドキャスト、気候関連の求人掲示板。アズハールはExponential Viewを「近未来への学際的ガイド」だと説明し、AI、ブロックチェーン、合成生物学、再生可能エネルギーといった急速に発展中の分野を探究している。大気中の二酸化炭素濃度が450ppmに達するまでの日数を週に1回表示する「カウントダウン時計」で評判を呼ぶ。
Climate Tech VC **ctvc.co**	運営するのは、気候に関連する多彩な投資家と起業家の団体。気候関連分野のスタートアップ企業に注目するベンチャーキャピタルファンドや機関投資家、アクセラレーターの大規模なデータベースを提供する。ニューズレター、研究の展望、求人掲示板もある。
Modern Meadow **modernmeadow.com**	アーリーステージにある非公開のバイオファブリケーション*企業。動物や化石燃料に頼らずに革のような布地などを作るバイオ技術を開発した。毎年23億頭を超える家畜が皮を取るために殺されており、同社の代替手段は牧畜が世界に及ぼす影響を低減するのに大きく貢献している。

建設のサステナビリティー

ここに示す情報源は、建設業者やその契約者によるウェブサイト、記事、ツールだ。そこにあるアイデアは、現地の建築法規や建築基準に従っている限り、どこでも利用可能である。完全なリストは**www.thecarbonalmanac.org/resources**を参照。

情報源	概要
World Economic Forum(WEF)／世界経済フォーラム Japan **jp.weforum.org**	世界の各地域や各産業における問題を解決し、世界情勢の改善を目指す国際組織。気候変動と建設業界の双方について情報や資料を提供する。
World Business Council For Sustainable Development(WBCSD)／持続可能な開発のための世界経済人会議 **wbcsd.org**	業界の垣根を超えて最高経営責任者(CEO)たちが率いる世界規模のコンソーシアム。持続可能な開発を推進する。
International Energy Agency(IEA)／国際エネルギー機関 **iea.org**	世界中のエネルギーに関する統計データを収集して評価し、配布する。また、ベストプラクティスを世界中の政府に周知し、共有している。
National Pollutant Discharge Elimination System(NPDES) Stormwater Program／米国環境保護庁(US EPA) **epa.gov/npdes**	米国環境保護庁ウェブサイトのこのページでは、建築物の水管理（および性能検証後に降る雨）が必要な緩和対策の範囲内に収まるよう、ライフサイクルを通じての雨水管理に設計段階でどのように取り組むべきかを議論している。慎重に設計を行えば、保水量の改善や地下水の補充を行いながら、その建築物が役目を終えるまで利用することができる。

＊生物学的な材料（タンパク質、細胞など）から生物学的なプロダクト（細胞組織、臓器システムなど）を作製することを目的とした研究分野。

サステナブルなパッケージデザイン

サステナブルなパッケージデザインへの移行を目的として、時事的な話題を取り上げたり、人気の高い手法を調べたり試したりできるツールを紹介する。ウェブサイト、動画、ポッドキャスト、書籍などを通じて、持続可能なデザインやリサイクルや循環型経済、サステナブルなパッケージについて知見が得られる。完全なリストは**www.thecarbonalmanac.org/resources**を参照。

情報源	概要
The Rise and Growing Importance of Sustainable Packaging Design／NS Packaging **nspackaging.com/analysis/sustainable-packaging-design-importance/**	サステナブルなパッケージデザインへ移行する動きを解説する記事。
Sustainability Guide: EcoDesign／ヨーロッパ地域開発基金 **sustainabilityguide.eu/ecodesign**	エコデザインのパッケージに関する考え方や実践方法の手引き。8段階からなるエコデザインの輪（EcoDesign Circleの独創的な構想）は、組織や専門職がエコデザインに関心を抱くきっかけとなる。
Plastic Wars／Frontline Public Broadcasting Station（PBS）& National Public Radio（NPR） **pbs.org/wgbh/frontline/documentary/plastic-wars/**	プラスチック製品が環境に悪影響を与えているにもかかわらず、プラスチック産業はなぜ、どのようにして成長を続けることができたのか、その内幕に迫ったドキュメンタリー。

農業と畜産のサステナビリティー

農家などに向けて、地球規模または地域的なサステナビリティーの探究に役立つ時事的な話題やツールを紹介する。多様なウェブサイトとマルチメディア情報が集められている。完全なリストは**www.thecarbonalmanac.org/resources**を参照のこと。

情報源	概要
Carbon Farming／Carbon Cycle Institute **carboncycle.org**	米国を拠点とする組織で、気候科学と農業を結び付ける活動を行う。農家、牧場、研究者、公的機関、企業などの戦略パートナーが「環境への責務や社会的公正や経済的持続可能性を促しながら、自然で科学的に実証された大気中の炭素削減策」の進展を目指している。
FiBL／有機農業研究所 **fibl.org**	スイスを拠点とする世界的な組織で、有機農法についての科学的応用研究を指揮している。特に重視するのは、研究で得られた知識を素早く現場への助言につなげること。慎重な開発を奨励し、効果的で持続可能な実践方法を世界中の農家に伝授する。
Global Agenda for Sustainable Livestock（GASL）／持続可能な畜産のためのグローバルアジェンダ **livestockdialogue.org**	農業、政治、教育、民間分野から集められた、畜産に関わる世界中の利害関係者のパートナーシップ。持続可能な食料確保や資源管理に向けて合意を形成し、公平や健康、成長の問題に対処している。
Regeneration International **facebook.com/regenerationinternational**	教育や人脈構築、政策立案によって環境再生型農業への移行を支援する国際組織。
Natural Resources & Environment: Climate Change／米国農務省（USDA）経済調査局 **ers.usda.gov/topics/natural-resources-environment/**	米国農務省のウェブページ。農業に関連する気候変動問題についての記事や報告、最新の統計が数多く集約されている。
COMET Farm: COMET-Farm Tool／米国農務省（USDA）とコロラド州立大学 **comet-farm.com**	農場や牧場の温室効果ガス排出量を調べるために開発されたツール。利用者はツールに従って将来の農場や牧場の経営シナリオを予測でき、現行のシナリオと将来のシナリオの比較結果を入手できる。

カーボンニュートラルな住居

ここでは、自分の住まいをカーボンニュートラルに近づける方法を示す。紹介しているのは、エネルギーの生産や蓄積、使用に関するウェブサイト、記事、ツール、動画、ポッドキャストなどだ。消費電力を減らしたり、エネルギー依存から脱したりする（「電力網から離脱する」）のに役立つ製品やツールの情報もある。完全なリストは**www.thecarbonalmanac.org/resources**を参照のこと。

情報源	概要
Homeowner's Guide to Going Solar／米国エネルギー省(US DOE)エネルギー効率・再生可能エネルギー局 **energy.gov/eere/solar/homeowners-guide-going-solar**	米国エネルギー省のサイトで、「太陽光発電の仕組みは？」や「私の家に太陽電池パネルを取り付けられる？」といった質問に答える、Q&A式の資料が豊富。
Calculate Your Carbon Footprint／ザ・ネイチャー・コンサーバンシー **nature.org/en-us/get-involved/how-to-help/carbon-footprint-calculator/**	現在の自分のカーボンフットプリントを概算できる計算ツール。個人で行動を起こすきっかけになったり、個人にできる効果の高い活動を知るヒントになったりする。
Net-Zero 101 - The Secret of Building Super Energy-Efficient Homes(動画) **youtube.com/watch?v=qAJlandP5c0**	グリーンエネルギーフューチャーズ(Green Energy Futures)によるドキュメンタリー動画。ネットゼロエネルギーハウスを設計・施工する先駆者のピーター・アメロンゲンとマイク・ターナーが出演する。
The Eco Store **ecostoredirect.com**	太陽光発電、風力発電、水力発電の他、蓄電装置や3Dプリンターなどのオンラインショップ。数多くのブランドやキットがそろっていて、比較も可能だ。

サステナブルな消費者

賢い消費者になるための情報源。ポッドキャスト、記事、計算機ツールなど、消費者が持続可能性の高い選択をするのに役立つ幅広い情報やツールがある。完全なリストは**www.thecarbonalmanac.org/resources**を参照のこと。

情報源	概要
Climate Change: How Consumers And Businesses Can Make A Difference／国立科学メディア博物館 **scienceandmediamuseum.org.uk**	英国の国立科学メディア博物館が専門家を集めて開催したオンラインのパネルディスカッション。彼ら専門家は、「消費者がどう行動すれば気候変動対策に効果的か」、「企業がどのように事業を行えば持続可能な生活を送りやすくなるか」といった問題に取り組んでいる。
"Good Together" Laura Alexander Wittig and Liza Moiseeva **brightly.eco/podcast/**	Brightlyの共同設立者、ローラとライザがホストを務めるポッドキャスト。「廃棄物ゼロのライフスタイルに興味があり、"サーキュラーエコノミー"が何を意味しているか知りたい」人たちがターゲット。各エピソードは30分で、生活の持続可能性を高めるのに役立てられる日常的で実行可能なヒントをテーマにしている。
"Climate Change Food Calculator: What's Your Diet's Carbon Footprint?"／「BBCニュース」2019年8月9日 **bbc.com/news/science-environment-46459714**	英国放送協会（BBC）が提供する対話型ツールで、食べ物のカーボンフットプリントが分かる。
"How to Reduce Your Carbon Footprint"／「ニューヨーク・タイムズ」2019年1月31日 **nytimes.com/guides/year-of-living-better/how-to-reduce-your-carbon-footprint**	環境にできるだけ影響を及ぼさないために、1人ひとりに何ができるかを詳しく学べるガイド。陸や空をどう移動するか、何をどう食べるか、家でどう過ごすか、何を買うか、地球のために何をするか、の5つの項目に分かれている。

気候とサステナビリティーについての教材

本書制作チームは教育者が多様な場面で利用できる資料を豊富に用意している。指導の手引き（本書と連携する文書「Educator's Guide」も含む）のほか、ウェブサイト、動画、ポッドキャスト、書籍、授業計画など。これらは教育機関や地域の学習プログラム、あらゆる年齢層の人たちに役立つだろう。完全なリストは**www.thecarbonalmanac.org/resources**を参照。

情報源	概要
Educator's Guide **thecarbonalmanac.org/177**	本書制作チームがまとめた文書。教える側が学習者同士の対話を導いたり、ストレスに対処したり、解決策に基づいて思考を発展させたりするのに役立つだろう。この手引きを参照しながら本書を活用すれば、抜群の効果が得られる。
『Communicating Climate Change: A Guide for Educators』Anne K. Armstrong、Marianne E. Krasny、Jonathon P. Schuldt著、2018年	いかにして聞き手を気候変動の情報と向き合わせるかについての洞察を示した書籍。環境教育に携わる人向け。著者らはコーネル大学の所属。紙媒体の他に、無料のオンライン版もある。
The Intergovernmental Panel on Climate Change (IPCC)／気候変動に関する政府間パネル **ipcc.ch**	IPCCは国際連合が後援する組織で、気候変動に関わる科学的知見を評価する。また、気候変動に関する最新研究をまとめ、報告する。
OVO Energy guides／ガイドー気候変動について子どもたちに語る　原因、影響、解決策について教えるコツ **ovoenergy.com**	子どもたちに恐怖心を抱かせずに現在の気候状況の現実を理解させるために、教師が使って役に立つ説明や活動のリスト。
Talking to Young People About Climate Change - Educator Guide／ユニセフとユネスコ **worldslargestlesson.globalgoals.org/resource/talking-to-young-people-about-climate-change/**	無料でダウンロードできる教育者用の手引き。核となるのは教育と問題解決、そして希望。学習者の年齢は8〜14歳。

サステナビリティーのための法律関連資料

ここで紹介する情報源は気候変動と戦う法律事務所へのリンクなどだ。政策立案者向けの情報、気候リスクに関する顧客への助言、モデル契約条項、ロースクールや開業弁護士向けの教育資料などがある。
完全なリストは**www.thecarbonalmanac.org/resources**を参照のこと。

情報源	概要
Climate Change Legal Blog Archive **climatechangelegalblogarchive.com**	法律家が世界に向けて発信した法律関連のブログ投稿のアーカイブ。気候変動関係の法律や気候変動訴訟についての情報や洞察、注釈が盛り込まれている。アーカイブには、気候変動についての法律関連ブログをはじめ、ポッドキャストや動画などがある。
Earthjustice **earthjustice.org**	米国を拠点とする公益NPOで、環境関連の問題を法廷に持ち込み、法律の力で解決を目指す。気候変動の影響を受けた地域社会のために尽力する公益団体にサービスを提供する。
ClientEarth **clientearth.org**	国際的な環境法律団体で、国境や体制、分野を超えて協力関係を結ぶ。その目的は、法律の周知、策定、適用により制度を改めることだ。欧州の50カ国以上で市民やNGOのために尽力し、政策決定者への助言を行い、法律や司法の専門家を育てる。
The Chancery Lane Project **chancerylaneproject.org**	世界中の法律専門家が協力して取り組むためのイニシアチブ。その目的は、法律家と協力して契約条項を作り、気候問題の解決策を提供する商業契約にすぐに組み込めるよう備えることだ。

日本の読者のための情報源

日本にも気候変動に取り組む多くの団体や情報、書籍、動画、サイトなどがある。以下には、そのうちほんの一握りの、日本で気候変動に取り組む主なNGOやシンクタンクなどを紹介する。自分に合ったテーマや情報を見つけ出して行動につなげていけるといいだろう。

気候ネットワーク

気候変動に取り組む全国組織。さまざまな団体とネットワークし、国連交渉、国や自治体の政策、石炭火力や原発、地域・市民の取り組みなどに取り組む。イベント企画も多い。
https://www.kikonet.org/

WWFジャパン

世界規模の環境団体の日本の組織。自然保護などと共に気候変動にも国際・国内で幅広く取り組む。企業との取り組みや連携も行う。
https://www.wwf.or.jp/

自然エネルギー財団

自然エネルギーの調査分析、提言で質の高い情報を発信。海外の専門家との強いネットワークを活かし、エネルギーに関する最新の国際情報も発信。
https://www.renewable-ei.org/

FoE Japan

国際的なネットワークの日本の組織。気候正義に立脚し、環境や人権保護のために、開発・原発・森林問題などに取り組む。アクションなども実施。
https://foejapan.org/

環境エネルギー政策研究所

自然エネルギー普及に取り組む団体。世界・国内の政策動向を踏まえて提言や情報発信を行う。地域主導のコミュニティ・パワーの推進や支援も行う。
https://www.isep.or.jp/

グリーンピース・ジャパン

世界規模の環境団体の日本の組織。過激なイメージがあるが、国際的には調査分析力も高く信頼されている。日本でも石炭や自動車の問題などに取り組む。
https://www.greenpeace.org/japan/

350 Japan

国際ネットワークの日本組織。民間金融をターゲットにお金の流れをクリーンにしていく活動をしている。アクションも多く企画。
https://world.350.org/ja/

ゼロエミッションを実現する会

自分のまちをよくしたいと思う市民が集まり、市民主体の地域の脱炭素化を進めている。初めての人でも入りやすい。
https://zeroemi.org/

原子力資料情報室

市民科学者・故高木仁三郎氏が設立した組織。原子力発電の問題について調査・分析・提言を行っている。
https://cnic.jp/

Fridays for Future Japan

グレタ・トゥーンベリが始めた行動に共感した若者グループ。インスタなどのSNSで広がり、地名を冠したグループが各地にあり、スタンディングやマーチなどの活動を行なっている。
https://fridaysforfuture.jp/

環境持続社会研究センター

環境・人権に配慮した官民の資金のあり方について調査し、政府機関や保険会社の投融資の改善などに取り組む。
http://jacses.org/

POW Japan

アウトドアスポーツやスノーコミュニティと共に、そのフィールドやライフスタイルを気候変動から守る取り組みを行なっている。
https://protectourwinters.jp/

日本若者協議会

若者の声を政治に反映させることを目指す超党派の若者団体。さまざまなテーマで政策提言を行っているが、気候若者会議など気候変動に関するテーマも取り上げる。
https://youthconference.jp/

Climate Integrate

本書の監修者が2022年に設立した組織。研究機関やシンクタンクと連携し、脱炭素に関するファクトに基づく情報を発信し、さまざまな主体の脱炭素化の取り組みを支援する。
https://climateintegrate.org/

環境省

カーボンニュートラルに関連する情報を集める「脱炭素ポータル」、再生可能エネルギーのポテンシャルや導入に役立つ「再生可能エネルギー情報提供システム（REPOS）」などを運営している。
https://www.env.go.jp/

国立環境研究所

気候変動について科学的な研究を行う組織だが、動画やわかりやすいサイトなども作っている。「気候変動適応情報プラットフォーム」は適応に関する情報が豊富。
https://www.nies.go.jp/

地球環境戦略研究機関

地球環境に関する政策研究を行う機関。脱炭素への移行に積極的な企業グループ「JCLP」や、地方自治体の協議会「ICLEI」の事務局も務める。研究者によるウェビナーなども開催。
https://www.iges.or.jp/jp

京都大学再生可能エネルギー経済学講座

諸富徹教授が主宰する講座。ウェブサイトでは、再生可能エネルギーに関する研究者らによる研究やコラムなどが紹介される。

用語解説

■組織／会合／枠組み

気候変動に関する政府間パネル（IPCC）　国連機関によって1988年に設立された組織。人為的気候変動に関する知見を高め、その影響を評価する。

京都議定書　国連気候変動枠組条約の締結後、最初の実施協定として発効。1997年に192の締約国によって採択された。2008年から2020年までの第一約束期間の温室効果ガスの排出削減を義務付けた。

金融・世界経済に関する首脳会合（G20）　19カ国と欧州連合で構成され、定期的に開催される会合。グローバル経済、国際金融安定化、気候変動緩和、持続可能な発展などの課題に取り組む。

国連気候変動枠組条約（UNFCCC）　1992年、ブラジルのリオデジャネイロで開催された地球サミットで採択された国際的な環境条約。目的は「気候システムに対する危険な人為的干渉」を防止すること。

国連気候変動枠組条約第26回締約国会議　2021年に英国グラスゴーで開催された国際的な首脳会談。COP26とも呼ばれる。5年ごとに目標を引き上げるよう求めるラチェット・メカニズムが運用された。

パリ協定　2015年に196の締約国によって採択された。京都議定書後の協定として2016年に発効。気候変動緩和、適応、財源を網羅する合意。各締約国が5年ごとに目標を引き上げるよう求めるメカニズムが盛り込まれた。

■一般用語

アクティビスト　あなたのこと。

アクティビズム　ある争点について、支持、あるいは反対の立場で行動を起こすこと。

ESG報告　環境、社会、ガバナンス（ESG）への影響という観点での組織のデータ開示。

一酸化二窒素（N_2O）　笑気ガスとも呼ぶ。熱を閉じ込める力は二酸化炭素の300倍にもなる強力な温室効果ガス。

エアロゾル　固体や液体の微細な粒子が空気中、あるいはその他の気体中に分散した混合体。自然由来のものと人為的なものがあり得る。

永久凍土　北極圏や高高度の山頂付近の凍結した土地。

エネルギー効率　より少ないエネルギーで同じタスクをやり遂げる、または同じ製品やサービスを提供する。

塩水の侵入　海面が上昇して沿岸の低い土地に多くの塩水が入り込むこと。土壌は傷み、水は飲めなくなる。

オゾン層　地球の成層圏における遮蔽物。太陽からの紫外線放射の多くを吸収する。

温室効果　太陽放射エネルギーが地球上で低高度の大気に取り込まれ、地球表面を暖めること。

温室効果ガス　地球の大気に放たれた微小粒子。太陽からのエネルギーを吸収し、熱が大気圏外に放出されるのを妨げる。二酸化炭素、メタン、一酸化二窒素、オゾン、水蒸気、クロロフルオロカーボン（フロン）などがある。

カーボンオフセット　どこかで発生した排出に対する埋め合わせとして、二酸化炭素やその他の温室効果ガスを除去すること。

カーボンニュートラル　炭素排出量が、大気中から除去される炭素量によって相殺される状態を指す。

カーボンバジェット　地球の平均気温が一定の値を超えない状態を維持するために求められる、地球全体での累計の二酸化炭素（CO_2）排出量の上限。

カーボンフットプリント　個人、組織、国に起因する温室効果ガス排出量合計。二酸化炭素換算で測定する。

海氷　海に浮かぶ凍った海水。

海面変動　気温が上昇することで、氷が溶け、海水が広がり、海水面が変動すること。

海洋の酸性化　大気から海洋への二酸化炭素の取り込みが増すことに起因するpH値の低下。それにより海洋の健全性が失われていく。

海流　海洋水の連続的で方向性のある動き。風、温度、塩濃度の差などいくつかの力が働いて起きる。

核エネルギー　原子力発電所において、核分裂と呼ばれるプロセスで原子核が分裂すると放たれるエネルギーから得られる力。核融合が実用化されれば、核エネルギーという言葉は、核融合も意味することになるだろう。

核分裂 原子核が同程度の重さの2つ以上の小さな原子核に分裂すること。このときにエネルギーが生じる。

核融合 原子番号の小さい2つ以上の原子核が結合して重い核を作ること。このときにエネルギーが生じる。

化石燃料 水素と炭素を含み、地下にある物質。長い年月をかけて植物や動物が分解された結果、生成され、石炭や原油や天然ガスとして取り出される。

緩和 有害なものの削減。

ギガトン(Gt) 重量単位。10億トン。1トンは1000キロ。

気候 ある地域での長期(一般的には30年間)にわたる天候のパターン。天候は特定の位置と時間における大気中のすべての状態(気温など)を網羅する。

気候移住 天候パターンの変化(例えば海面上昇、干ばつの頻発、降雨の変化など)を受けて、人々が何世代にもわたって暮らしてきた地域を離れざるを得なくなること。

気候正義 気候変動に倫理的側面から取り組むこと。

気候変動 気温や天候パターンの長期的な移りかわり。

希望 変化の源泉。

クリーンエネルギー 天然に補給される資源から生産するエネルギー。副産物として二酸化炭素を出さない。グリーンエネルギー、再生可能エネルギーとも呼ぶ。

光合成 植物などの有機体が、光エネルギーを化学エネルギーに変換して成長の原動力とするために行うプロセス。

ゴー・ギバー(相手の期待を超える人) 本書を政策決定者と共有する人。

砂漠化 土地が劣化するプロセス。豊かな土壌が、不毛で生物学的に生産力のないものになる。このプロセスは、干ばつ、異常高温、森林伐採、粗末な農業方式の結果として進行する。

産業革命 17世紀終盤から18世紀初頭にかけて、欧州や米国で、農業と手工芸の社会から、工業生産と機械製造が優勢な社会へと変化した時期。

ジーベック マストが3本の帆船。かつて交易目的に使われた持続可能な輸送手段。

ジオエンジニアリング(気候工学) 地球の気候に影響をもたらす、環境的プロセスへの計画的で大規模な介入。気候変動を止める、あるいは逆転させることを目的としている。

持続可能性 元通りにできないものは使用せず、環境を損なわない方法で利益を生み、生産性を維持できる能力。

湿地 自然に水に浸っている土地。例えば、沼地、マングローブ、三角江、泥沼。湖。

小惑星 太陽系内部の小規模な惑星。気候変動の比喩的表現。米国で気候変動問題が注目を集めていない状況を「小惑星が地球を破壊しようとしているのに誰も何もしない」と例えたことから。

浸食 土壌、岩石といった地表の一部をすり減らしたり、地表のある地点から別の地点に運んだりする自然の力。風や水などが引き起こす。

森林火災 生態系を破壊する制御できない火災。

森林再生 種をまく、あるいは若木を植えるという方法で、喪失した森林を取り戻すこと。

森林伐採 森林などの樹木を切り倒し、他の目的のために土地を切り開くこと。

水因性感染症 水中の微生物や有毒な汚染物質から引き起こされる疾病や胃腸疾患。激しい降雨の後に、流れた雨水に接したためにかかる場合が多い。

水力発電 動く水の力を利用して電気を生産し、再生可能なエネルギーを得る手段。

生態系 生命体とその周辺環境が、全体を維持する栄養サイクルとエネルギーフローを介して相互作用する場。

生物多様性 生物における多様性、多種性。遺伝子レベルや種レベル、生態系レベルに見られる変動の尺度。

先住民の知識 何世紀もかけて地域社会が発展させた土地固有の知識や振る舞い。例えば天然資源の最善の利用方法など。

高潮 暴風雨によって生じる海面上昇。

炭素回収および利用 大気中から炭素を吸収、つまり回収して、他の産業目的に利用すること。

炭素隔離 気体を永続的に取り込んでおける自然に形成された地下層に炭素を貯留するプロセス。

炭素吸収源 大気中の二酸化炭素を吸収できる森林、海洋などの自然物。

炭素循環 生物圏と岩石圏と水圏と気圏で炭素を交換し合うプロセス。

地球温暖化 人間が原因となって二酸化炭素をはじめとする温室効果ガスの濃度が上昇し、地球の大気、表面、海洋の温度が徐々に上昇すること。

地熱エネルギー 地下から得られる再生可能エネルギーの1つ。地球が誕生するとき、および物質が放射性崩壊するときに放出される熱がもとになっている。

泥炭地 湿地、沼地と呼ばれることもある湿地の生態系。陸上で最も密に炭素を蓄えることが可能な天然の貯蔵庫。

電気自動車 電気をエネルギー源とする自動車。プラグインハイブリッド（PHV）、ハイブリッド（HV)とは区別されている。

天然ガス 再生不可能な化石燃料。主に暖房、発電、プラスチックなどの製品製造に用いる。

土壌の劣化 不適切な土地の利用によって土壌の質が低下すること。

ドル 本書では米ドルを意味する。また、本書で日本円に換算する場合は1ドル＝130円とする。

ドローダウン 気候変動を逆転させるために計画したマイルストーン。各段階で大気中の温室効果ガスは着実に減っていく。

トン 重さを評価する単位。1トンは1000キロ、あるいは約2205ポンドと等しい。

二酸化炭素換算排出量（CO_{2e}） 二酸化炭素ではない温室効果ガスが地球に対してもたらす影響の尺度。CO_2に換算して定義する。本書では、すべての温室効果ガスによる影響全般を説明するためにCO_{2e}を採用する。さらに、他の気体がもたらす影響を具体的に説明する際にも利用する。

二酸化炭素除去 大気中の二酸化炭素を取り出し、長期間にわたって埋蔵したり貯留したりするプロセス。CCS（二酸化炭素回収・貯留）とも言う。

人間由来の 人為的に、つまり人間の活動が原因となって何らかの変化が生じること。

ネットゼロエミッション 人間の活動に起因する温室効果ガス排出と排出削減を均衡させること。

バイオ燃料 地質の作用で石油が生成されるような時間をかけたプロセスではなく、現代のプロセスに従ってバイオマスから製造する燃料。天然ガス、石油、ディーゼル燃料（軽油）の代わりに使える。

バイオマス 主に熱や電気を生産するための燃料として利用される有機物（植物や動物）。

排出物 化石燃料の燃焼など人間の活動を通じて放出される温室効果ガス。地球の気候の変化が加速する主な要因。

排出量取引 「キャップ・アンド・トレード」とも呼ぶ。企業や国に経済面でのインセンティブをもたらして温室効果ガスの排出を減らす市場ベースの仕組み。

人新世 私たちが暮らしている時代。人間の行動が地球、および地球環境に著しく影響をもたらす時代のこと。

氷床 5万平方キロよりも広い氷河氷の塊。地球上の真水のおよそ99%が大陸氷河に閉じ込められている。

フッ素ガス 人工の気体で、さまざまな工業や製造プロセスで用いられる。すべての温室効果ガスの中でとりわけ寿命が長いため、何世紀もの間、大気中に残り、地球温暖化に著しい影響を与える。

プラスチック 石油、天然ガス、石炭などの化石燃料を主な原料として作られる固体。必ず炭素と水素を含む。

pH 液体の酸性度の程度を示す尺度。数値が低いほど酸性度が高い。

メガワット（MW） 力の尺度。動力源からの出力を測定するために用いる。1メガワットは100万ワットの力に当たる。ギガワット（GW）は10億ワット。メガワット時（MWh）は、電気エネルギーの尺度の単位で、1000キロワット時（KWh）と等しい。

メタン（CH_4） 無色、無臭、可燃性の温室効果ガス。20年間の潜在的な温暖化効果は二酸化炭素の82倍。

有機農法 環境にやさしい手法を提唱し、生態系のバランスを維持しながら、作物を育てたり家畜を育成したりする農業の仕組み。

LEED 米国グリーンビルディング評議会が構築し、広く受け入れられているシステム。持続可能性と環境への影響という観点から建物の能力を評価する。

リサイクル 何か（通常は廃棄物）を処理し、同じ形の、あるいは新たなものを作って再利用できるようにすること。

謝 辞

本書はこの種の書籍として初めて刊行されたものだと言っても過言ではない。41カ国から集まった300人を超えるメンバーでカーボンアルマナックネットワーク・チームを結成し、全員がボランティアとして、本書のすべてを作り上げるのに尽力した。本書を制作している間ずっと、私たちの素晴らしいチームには、熱心で活発で見識ある友人たちからの支援や幸運を祈る言葉や前向きな話が届いた。特に感謝したいのは、フィオナ・マッキーン、トビ・ルーク、マイケル・カーダー、スチュアート・クリチェフスキー、パム・ドルマン、アダム・グラント、ジャスティン・ブライス・グアリグリア、マヤ・リン、シェパード・フェアリー、ケビン・フォーリー、そしてゲッティイメージズのチームだ。また、ジェフ・アトウッドやサム・サフランをはじめとするディスコース・チームのソフトウエアと支援とがなければ、本書は完成しなかっただろう。

次の人たちにもお世話になった。アーロン・シュライヒャー、アダム・ウムホーファー、カーラ・バーノン、キャリー・エレン・フィリップス、ダナ・パッパス、デビー・ミルマン、ディラン・シュライヒャー、ゲールハルト・ボルテ、キャサリン・シェプラー、マディ・ロス、マルタイン・フィンケ、マイケル・ジャンツ、ミシェル・キッド・リー、レベッカ・シュウォルツ、サイモン・シネック、スティーブ・プレスフィールド、ティナ・ロート・アイゼンバーグ、ネイサン・グレイ、渡辺由佳里、アイバン・X・エスキルドセン、ダニエル・M・フィノ。また、アンドリュー・パーシング、ベン・ストラウス、ダニエル・ギルフォード、サム・ミラー、チップ・コンリー、ポール・ホーケン、ケビン・ケリー、スチュアート・ブランド、そしてゲオバーシティ・ファウンデーションにもお礼を申し上げる。

イラストは、ダン・ピラーロ、トム・トロ、ランドール・マンローにお願いした。臆することなく一石を投じる人たちだ。

そして言うまでもなく、ニキ・パパドプロス、エイドリアン・ザックハイム、クラウンのディビッド・ドレイク、およびペンギン・ランダムハウスのマルクス・ドールと素晴らしいチームにもお礼を言いたい。

ファゾム・インフォメーション・デザインのベン・フライ、グレタ・トゥーンベリの写真を提供してくれたアンデシュ・ヘルベリにも感謝している。アイコンでお世話になったノウン・プロジェクト、スコット・ベルスキーとそのチームにもお礼申し上げる。

ファクトチェックはウィル・マイヤーズとステボニー・ロス、原稿整理はD・オルソン・プークが担当した。誤りがあればすべて製作者の責任だ。誤りを見つけたらthecarbonalmanac.orgにお知らせいただきたい。今後の版で修正する。索引はルーシー・ハスキンズにお願いした。

www.thecarbonalmanac.orgにアクセスしてぜひ情報源を確かめてほしい。Our World in Data、専門家や出版社のウェブサイトによる重要な成果に感謝している。私たちのサイト（www.thecarbonalmanac.org）には、本書で参考にしたデータセットにアクセスできるリンクがある。

執筆者

カーボン・アルマナック・ネットワークのチームには、次の40を超える国々から、ここに名前を記す人々が参加した。オーストラリア、ベルギー、ベナン、ブラジル、カナダ、コロンビア、コスタリカ、コートジボアワール、クロアチア、チェコ共和国、デンマーク、フィンランド、フランス、ドイツ、ギリシャ、インド、アイルランド、イスラエル、イタリア、ジャマイカ、ケニア、メキシコ、オランダ、ニュージーランド、ナイジェリア、ポーランド、ポルトガル、ルーマニア、スコットランド、セネガル、セルビア、シンガポール、南アフリカ、オーストラリア、スペイン、スウェーデン、スイス、アラブ首長国連邦、英国、米国、ウルグアイなど。

Aarón Blanco Tejedor
Abhishek Sharma
Adam Davidson
Alberto Parmiggiani
Alessio Cuccu
Alexandre Poulin
Alexis Costello
Allyson Alli
Amy Maranowicz
Andrea Hunter
Andrea Martina Specchio
Andrea Morris
Andrea Ramagli
Andrea Sakiyama Kennedy
Andreas Andreopoulos
Ángela Conde del Rey
Angelica Liberato
Anna Cosentino
Anne Marie Cruz
Annie Parnell
Asante Tracey
Ash Roy
Azin Zohdi
Barbara Orsi
Barrett Brooks
Belinda Tobin
Benjamin Collins
Benjamin Goulet-Scott
Blessing Abeng
Boon Lim
Brent Brooks
Brian Stacey
Bruce Clark
Bulama Yusuf
Cameron Palmer
Carlo Tortora
Carlos Saborío Romero
Casey von Neumann
Charlene Brown
Charles Dowdell
Chirag Gupta
Christopher G. Fox
Christopher Houston
Colin Steele
Con Christeson
Conor McCarthy
Corey Girard
Covington Doan
Craig Lewis
Crystal Andrushko
Dalit Shalom
David Kearns
David Kopans
David Meerman Scott
David Olawumi
David Robinson
Dawn Nizzi
Debbie Cherry
Debbie Gonzalez
Deepa Parekh
Denis Oakley
Diane Osgood, Ph.D.
Dianne Dickerson
Dillon Smith
Donal Ruane
Dorothy Coletta
Dr. Meenakshi Bhatt
Elena-Madalina Florescu
Eva Forde
Fabio Gambaro
Felice Della Gatta
Fernando Laudares Camargos
Gabriel Campbell
Gabriel Salvadó
Gillian McAinsh
Giorgia Lupi
Helena Roth
Hiten Rajgor
Inbar Lee Hyams
Inma J Lopez
Isabelle Fries
J. Thorn
Jasper Croome
Jay Wilson
Jayne Heggen
Jeff Goins
Jennifer Hole
Jennifer Myers Chua
Jennifer Simpson
Jennifer V Taylor
Jessica P. Schmid
Jim Kennady
Joaquin Ilzarbe
José Ignacio Conde
Kady Stoll
Kanakalakshmi Balasubramani
Karen Mullins
Kat Chung
Kate Shervais
Katharina Tolle
Kathryn Bodenham
Keary Shandler

Kelsey Longmoore
Kevin Caron
Kevin Lockhart
Kirsten Campbell
Kristin Hatcher
Kristy Sharrow
Kurt Hinkley
Lars Landberg
Laura Holder
Laura Shimili
Laurens Kraaijenbrink
Leah Granger
Leekei Tang
Leonardo Scopinho Heise
Lewis Thompson
Linda Westenberg
Lisa Blatt
Lisa Duncan
Lisa Oldridge
Lisa Sarasohn
Liz Cyarto
Lori Sullivan
Louise Karch
Lucy Piper
Luke Keating Hughes
Lynne E. Richards
Magdalena Zwolak
Maggie Hobbs
Manon Doran
Marcelo Lemos Dieguez
Margo Aaron
Marjolaine Blanc
Mark Belan
Mark Conlon
Mark Deutsch
Markus Amalthea Magnuson
Marty Martens
Maryanne Sherman
Massimiliano Freddi
Matthew Andreus Narca
Matthew NeJame
Maureen Price
Max Francis
"Maya" Aparajita Datta
Mayank Trivedi
Mel Sellick
Meredith Paige NeJame
Michael Bungay Stanier
Michel Porro
Michelle Miller
Michi Mathias
Monica Wilinski
Natalia Alvarez
Natasa Gacesa
Natashja Treveton
Nell Boyle
Nick Delgado
Noura Koné
Pasquale Benedetto
Paul McGowan
Philip Amortila
Polo Jimenez
Rachel Ilan Simpson
Ray Ong
Reginald Edward
Richie Biluan
Robert Gehorsam
Robert L. Hill
Roger R. Gustafson
Rohan Bhardwaj
Roma G Velasco
Ronald Zorrilla
Ryan Flahive
Sally Olarte
Sam Nay
Scott Ash
Scott Hamilton
Scott Papich
Sean Kim
Selena Ng
Seniorita Polyester
Seth Barnes
Seth Godin
Shaun McAnally
Sisi Recht
Stella Komninou Arakelian
Steve Wexler
Suparna Kalghatgi
Susan Hopkinson
Susan Z Martin
Susana Juárez
Sydney Alexandra Shoff
Szymon Kurek
Tania Marien
Teresa Reinalda
Tobias Kern
Tom Gelin
Tonya Downing
Tracey Ormerod
Virginia Shaw
Vivek Srinivasan
Winny Knust-Graichen
Yan Tougas
Yolanda del Rey Chapinal
Zrinka Zvonarevic

経歴・写真などは、
thecarbonalmanac.orgを参照。

索引

数字・英字

あ行

か行

さ行

た行

な行

は行

ま行

や行

ら行

わ行

今からでも間に合う

ポリオウイルスは何千年にもわたって世界中の人たちを苦しめた。古代エジプトのヒエログリフにも書かれている。有史以来、ポリオは常に私たちの身近にあったのだ。

ポリオウイルスは腸内に入り込むと中枢神経系に達し、麻痺を起こす。罹患する人の多くが幼い子どもなのは何とも痛ましい。

ポリオが初めて医学文献に登場したのは1789年だった。しかし、ポリオワクチンが開発されたのは1955年になってからだ。

米国では、幅広く取り組みを行って、1979年にようやくポリオを克服し、その根絶を宣言した。

しかし世界に目を向ければ、まだ年間約40万件の症例があった。数年後、インドでは大規模な予防接種が始まった。まずは草の根レベルで活動を進め、家庭やNGOの協力を得たのだ。

2011年、世界保健機関（WHO）はインドでのポリオ根絶を宣言した。この幅広い活動が行われた頃、インド国内にテレビはまだ普及していなかった。インターネットも利用されていなかった。電話すら満足には使えなかった。

現在、ポリオ常在国はわずか3カ国で、2020年に記録された症例は140件にとどまる。

下水の管理次第で病気が大幅に減らせることが明らかになったときも、人間は同様の取り組みを見せた。シカゴでは1800年代に都市全体を約3メートルもかさ上げしたのだ。とてつもない規模の土木工事の成果だ。

人類はこれまで、公衆衛生、病人の看護、市民社会の向上に関して数々の問題に直面した。私たちはその都度、厄介で、実態はほぼ不明、とてもかなわないと思える問題に果敢に立ち向かってきた。そして協調して行動し、意識を向上させて流れを変えている。

今日の知識があれば、ほんの1世紀前には克服できないだろうと思えた苦難を克服できるのだ。

問題には解決法がある。すぐには分からないかもしれないし、簡単ではないかもしれない。しかし問題の本質は、前に進む方法はあるということだ。

世界のあちこちに目下取り組み中のさまざまな解決法がある。政策決定者や政治家を後押しし、問題に対処してもらう必要もある。

今からでも間に合う。それに、あなたには思いも及ばぬ力がある。声を上げれば必ず良くなるのだ。この問題を解決するために、あなたは人と人とをつなぎ、リーダーとなって、粘り強さや独創力を発揮できるのだ。

私たちは
力を合わせて
変えることができるのだ。

今日、やるべきこと

今こそ始めるときだ。

- 私たちのウェブサイト（www.thecarbonalmanac.org/162）にアクセスして、あなたの助けを必要としているグループを見つけよう。グループが組織として活動するために、どのような手伝いができるのか、連絡して尋ねてみてほしい。手を貸すほうが寄付するよりも役に立つ。でも、できればどちらもしてほしい。
- 無料のDaily Differenceニューズレターに登録し、毎日1つ、ちょっとした地域活動をしよう。
- 友人にも本書を勧めよう。
- 無料のEducators Guideを先生と、無料の子ども向け電子書籍を親と一緒に活用しよう。
- 検索エンジンをEcosia（エコジア）に切り替え、ネットサーフィンする活力を植林に当てよう。
- 炭素税と配当について知り、学んだことを伝えてほしい。この政策1つで、問題の構造全体のシステムに変化を起こせるかもしれない。
- 論じて争うのではなく、会話が生まれる方法を共有しよう。この規模の問題に必要なのは全員が総力を挙げること、さまざまな知恵を余すところなく結集することだ。今のやり方がうまくいかないと思えば、方法を改善すればいい。
- 自分が属する組織はどのような方法で気候についての会話を広げ、旗振り役になれるだろうか。まずはその話し合いに取りかかってほしい。
- 石炭やコンクリート、燃焼を削減しようと努力する組織を支援しよう。
- 自分が利用している銀行に手紙を書いて、化石燃料業界への投資状況を尋ねてみよう。銀行の頭取は手紙を10通受け取っても歯牙にもかけない。しかし100通受け取ればスタッフミーティングを招集する。そして1000通に至れば事態が変わる。
- 地方政治に参加しよう。ボランティアをする場を見つけ、気候に関する活動を生み出す手助けをしてほしい。
- 1週間に一度、畜産物を食べない日を作ろう。
- 散歩に出かけて、周りを見わたそう。誰かと一緒に。

> 完璧でなくてもいい。
> そんな人はいない。
> でも今すぐに始められる。

未来を作るのはあなた

この本を読み終えたら、ここにあなたの名前を書いて、次の人に渡してください。

日付	送る人	受け取る人
02/15/1927	Buckminster Fuller	Charles David Kettering
February 23, 1934	Charles David Kettering	Jean Senebier
01/28/37	Jean Senebier	Guy Callendar
MARCH 27th 1941	GUY CALLENDAR	SVANTE ARRHENIUS

www.thecarbonalmanac.orgにアクセスすると入手できるもの（英語）

- 世界中から集めた気候変動の影響による衝撃的な画像。PDFファイルで無料ダウンロード可能。

- 本書を利用する教職員のための無料ガイド。教育者向けに数々のプロジェクト、プランなどを紹介している。

- 気候について学ぶ子どもたちのための無料ガイド。楽しみながら理解できる。6歳から10歳の子ども向け。

- 日々の行動を提示するメール。シンプルながら効果的で共有すべきアイデアが毎日届く。

- 本書に掲載した各記事の情報源や正誤表。すべての図とグラフのaltテキスト（代替テキスト）も入手できる。

［編者］

カーボン・アルマナック・ネットワーク／
The Carbon Almanac Network

世界40か国、300人以上の研究者、作家、アーティストなどで構成された多様で国際的なグループ。国連、NASA、世界経済フォーラムなど1000以上のオリジナル資料を分かりやすくまとめあげた。本書の参加メンバーや内容のリソースは、公式サイトで確認できる。
https://thecarbonalmanac.org/

セス・ゴーディン／Seth Godin

米国の著作家、マーケティングの専門家。オンライン上のマーケティング手法を数多く開発した。20冊に及ぶベストセラーで扱うテーマは、脱工業化社会、非凡な存在になる方法、アイデアの宣伝方法など多岐にわたる。『THIS IS MARKETING 市場を動かす』（あさ出版、2020）をはじめ、邦訳された著書は多数。

［日本語版監修］

平田仁子／Kimiko Hirata

一般社団法人Climate Integrate代表理事。1996年より米国環境NGOで活動し、1998年から2021年までNPO法人気候ネットワークで国際交渉や国内外の気候変動・エネルギー政策に関する研究・分析・提言及び情報発信などを行う。2011年の福島第一原子力発電所事故の後に石炭火力発電所の建設計画の多くを中止に導いたことや、金融機関に対する株主提案などが評価され、2021年ゴールドマン環境賞を日本人女性で初めて受賞。2022年にClimate Integrateを設立し、現在は、各ステークホルダーの脱炭素への動きを支援している。著書に『気候変動と政治–気候政策統合の到達点と課題』（成文堂、2021）。千葉商科大学大学院客員准教授。

THE CARBON ALMANAC
気候変動パーフェクト・ガイド
世界40カ国300人以上が作り上げた資料集

2022年12月19日　第1版1刷

編者	カーボン・アルマナック・ネットワーク セス・ゴーディン
翻訳	宮本寿代
翻訳協力	倉橋俊介 柴田浩一 渡邉ユカリ 株式会社トランネット
日本語版監修	平田仁子
装丁	宮坂淳(snowfall)
編集	尾崎憲和 川端麻里子
編集協力・制作	リリーフ・システムズ
発行者	滝山晋
発行	株式会社日経ナショナル ジオグラフィック 〒105-8308　東京都港区虎ノ門4-3-12
発売	株式会社日経BPマーケティング
印刷・製本	日経印刷

ISBN978-4-86313-552-9　Printed in Japan

乱丁・落丁本のお取替えは、こちらまでご連絡ください。
https://nkbp.jp/ngbook

本書は米国ポートフォリオ社の書籍『THE CARBON ALMANAC』を翻訳したものです。内容については原著者の見解に基づいています。